北京工业大学研究生创新教育系列教材

数值模拟技术与分析软件

龙连春 编著

科学出版社

北京

内 容 简 介

在科学研究和工程设计领域，数值模拟方法是继理论解析方法、实验观测方法之后的又一最有力的研究、求解和设计的工具。本书首先介绍数值模拟基础：软件工程基础、程序语言和一种常用开发工具；然后从分析模拟软件中挑选两个应用最广的进行介绍，并配以丰富的算例；分析的目的往往是为了确认方案或得到更好的方案，最后对作者所在课题组开发的优化基础软件进行简要介绍。

本书可作为工科各专业研究生和本科高年级学生的教材，也可供从事研究或设计工作的科技人员参考。

图书在版编目(CIP)数据

数值模拟技术与分析软件/龙连春编著. —北京：科学出版社，2012
北京工业大学研究生创新教育系列教材
ISBN 978-7-03-033288-2

Ⅰ.①数… Ⅱ.①龙… Ⅲ.①数值模拟－应用软件－研究生－教材
Ⅳ.①O242.1-39

中国版本图书馆 CIP 数据核字(2012)第 001578 号

责任编辑：钱　俊／责任校对：陈玉凤
责任印制：徐晓晨／封面设计：陈　敬

科 学 出 版 社 出版
北京东黄城根北街 16 号
邮政编码：100717
http://www.sciencep.com

北京京华虎彩印刷有限公司 印刷
科学出版社发行　各地新华书店经销
*
2012 年 1 月第　一　版　开本：B5(720×1000)
2018 年 4 月第二次印刷　印张：26 1/4
字数：510 000
定价：**178.00元**
(如有印装质量问题，我社负责调换)

前　言

　　本书是为力学、机械工程、结构工程等专业硕士生开设的"数值模拟技术与分析软件"课程而编写的教材，也可以作为需要使用数值分析技术的其他专业研究生的参考用书。对于从事数值分析的工程技术人员、大学高年级学生，本书是一本具有系统基础知识的参考书。

　　20世纪随着电子计算机的发展，出现了数值模拟方法。相对于实验方法，数值模拟方法更普适、快速、廉价；相对于理论解析方法，数值模拟方法更形象生动，更适合于复杂的研究对象。因此，在科学研究和工程实践中，数值模拟方法已经成为同理论解析、实验方法同样重要的解决问题的手段。

　　数值模拟技术的任务，就是将科学、工程技术以及日常生活中的各种问题抽象为数学物理模型，利用建模技术表示成计算机可以识别的模型，采用数值计算方法对其结果进行计算预测，最后将计算得到的结果以便于人体感官接受的形式呈现出来。数值模拟实际上是科学或工程问题、先进的计算方法与卓越的计算机硬件性能的结合，除了对计算机硬件性能的要求外，其他因素都体现在软件的开发和应用上，因此，本书着重介绍数值模拟软件开发基础、软件开发工具以及重要的有限元分析软件的应用。

　　数值模拟软件已成为当今几乎所有科学研究、工业设计制造等部门必不可少的工具，大型通用软件已成为分析设计所必需的工具。20世纪70年代初，我国开始开展数值模拟的研究工作。目前已经有一大批数值模拟工程分析软件在各行各业中发挥作用，本书在较系统地介绍数值模拟软件技术的基础上，从应用最广的软件中挑选了几个做较详细的应用示例介绍。

　　本书内容共划分为10章。作为绪论的第1章介绍了数值模拟技术、数据的可视化和数值模拟软件的概况。第2章介绍了软件工程基础。第3章介绍了常用的几种程序语言及其发展。第4章介绍MATLAB软件基础及其使用，MAT-LAB既是数学计算工具，也可以作为编程语言。第5章介绍有限元数值模拟方法的计算机实现及主要步骤。第6章简要介绍有限元分析软件ANSYS及使用实例。由于ABAQUS软件在解决非线性问题上的强大功能，本书特意分成3章予以介绍，第7章、第8章和第9章依次介绍ABAQUS软件基础、分析实例及非线性分析实例。第10章介绍了优化设计及软件，分析模拟的一个目的是寻求更好的设计，这一章为优化设计打下基础。值得指出的是，由于通用的数值分析软件很多，限于篇幅与作者的水平，本书无法对其进行全面论述。书中难免有不妥之处，有待不断改进完善。

感谢隋允康教授对作者多年从事数值模拟研究工作给予的支持，以及为本书提出的许多宝贵意见。同时感谢北京工业大学力学系的老师们在本书形成过程中给予的支持与帮助。书中部分算例取自作者所指导的研究生或讲授研究生课程"数值模拟技术与分析软件"的多届研究生们的报告，对他们及其指导老师的贡献表示感谢。此外，为保证本书的完整性与本领域知识的覆盖性，在撰写过程中除了对作者自己的研究成果进行论述外，还吸收了目前已出版、发表或没有正式发表，以及网络上他人的研究成果，本书尽量将用到的资料列在参考文献中，但仍难免会有所遗漏，在此表示诚挚的歉意。

本书的出版得到了"北京工业大学研究生创新教育系列教材"出版基金的资助，同时得到了北京工业大学研究生院常务副院长乔俊飞教授、刘永平老师以及初旭新老师的帮助与支持，科学出版社钱俊编辑对书稿做了细致的校改工作并提出宝贵的修改意见，在此表示衷心的感谢。

作 者
2011 年 3 月于北京工业大学

目 录

前言

第1章 绪论 ··· 1

1.1 数值模拟技术 ··· 1
- 1.1.1 引言 ··· 1
- 1.1.2 数值分析方法 ··· 2

1.2 科学与工程数据可视化 ··· 3
- 1.2.1 科学与工程数据可视化的意义 ··· 3
- 1.2.2 数据可视化的特点 ··· 4
- 1.2.3 数据可视化的发展 ··· 4
- 1.2.4 数据可视化的过程 ··· 6
- 1.2.5 数据可视化的应用 ··· 7

1.3 数值模拟软件 ··· 8
- 1.3.1 数值模拟软件呈现的趋势特征 ··· 8
- 1.3.2 大型数值模拟软件 ··· 10

第2章 软件工程基础 ··· 13

2.1 概述 ··· 13
- 2.1.1 软件与软件的组成 ··· 13
- 2.1.2 软件工程及其发展 ··· 15

2.2 需求分析及可行性分析 ··· 16
- 2.2.1 需求分析 ··· 16
- 2.2.2 可行性分析 ··· 19

2.3 软件设计基础 ··· 20
- 2.3.1 软件设计阶段的任务 ··· 21
- 2.3.2 软件总体结构设计 ··· 22
- 2.3.3 数据结构设计 ··· 22
- 2.3.4 软件过程设计 ··· 22

2.3.5　过程设计技术和工具 ………………………………………… 22
　　　2.3.6　软件设计过程 ……………………………………………… 23

第3章　程序语言 ………………………………………………………… 28

　3.1　程序与程序员 …………………………………………………… 29
　3.2　程序语言简史 …………………………………………………… 29
　3.3　程序语言评价标准 ……………………………………………… 32
　　　3.3.1　可读性 …………………………………………………… 32
　　　3.3.2　可写性 …………………………………………………… 35
　　　3.3.3　可靠性 …………………………………………………… 36
　　　3.3.4　代价 ……………………………………………………… 37
　3.4　影响语言设计的因素及语言分类 ……………………………… 38
　3.5　程序实现方法 …………………………………………………… 38
　　　3.5.1　编译 ……………………………………………………… 39
　　　3.5.2　单纯解释 ………………………………………………… 39
　　　3.5.3　混合实现系统结果 ……………………………………… 39
　　　3.5.4　预处理器 ………………………………………………… 40
　3.6　程序设计环境 …………………………………………………… 40
　3.7　Fortran语言 …………………………………………………… 40
　3.8　C语言 …………………………………………………………… 42
　3.9　Java语言 ………………………………………………………… 44

第4章　MATLAB软件及其应用 ……………………………………… 48

　4.1　MATLAB及其特点 …………………………………………… 48
　4.2　桌面工具与开发环境 …………………………………………… 49
　　　4.2.1　主菜单 …………………………………………………… 51
　　　4.2.2　工具栏 …………………………………………………… 53
　　　4.2.3　当前路径 ………………………………………………… 54
　　　4.2.4　工作区间 ………………………………………………… 54
　　　4.2.5　命令窗 …………………………………………………… 54
　　　4.2.6　历史命令记录 …………………………………………… 54
　4.3　MATLAB通用命令 …………………………………………… 55

4.3.1 帮助命令 …………………………………………………………… 55
4.3.2 工作空间管理 ……………………………………………………… 55
4.3.3 路径管理 …………………………………………………………… 55
4.3.4 操作系统指令 ……………………………………………………… 56
4.4 MATLAB变量与赋值 …………………………………………………… 56
4.4.1 变量名规则 ………………………………………………………… 56
4.4.2 预定义变量 ………………………………………………………… 57
4.4.3 数据显示格式 ……………………………………………………… 57
4.4.4 复数 ………………………………………………………………… 57
4.4.5 直接赋值语句 ……………………………………………………… 57
4.4.6 函数调用语句 ……………………………………………………… 58
4.5 MATLAB基本运算 ……………………………………………………… 58
4.5.1 算术运算 …………………………………………………………… 58
4.5.2 关系运算 …………………………………………………………… 58
4.5.3 逻辑操作 …………………………………………………………… 59
4.5.4 特殊运算符 ………………………………………………………… 59
4.5.5 基本数学函数 ……………………………………………………… 59
4.6 MATLAB向量和矩阵运算 ……………………………………………… 60
4.6.1 创建向量 …………………………………………………………… 60
4.6.2 矩阵输入 …………………………………………………………… 61
4.6.3 矩阵运算 …………………………………………………………… 63
4.7 MATLAB语言编程 ……………………………………………………… 65
4.7.1 语言流程控制 ……………………………………………………… 66
4.7.2 文本M文件 ………………………………………………………… 68
4.7.3 函数M文件 ………………………………………………………… 68
4.8 MATLAB绘图 …………………………………………………………… 68
4.8.1 常用作图命令和函数 ……………………………………………… 69
4.8.2 坐标控制 …………………………………………………………… 69
4.8.3 图形窗口的分割 …………………………………………………… 70
4.8.4 二维绘图 …………………………………………………………… 70
4.8.5 三维绘图 …………………………………………………………… 74
4.8.6 动画生成 …………………………………………………………… 77

4.9 MATLAB 有限元数值计算 ··· 78
4.9.1 有限元法求解平面桁架结构 ··· 78
4.9.2 弹性力学平面问题有限元求解 ·· 82
4.9.3 一维传热问题有限元求解 ·· 87
4.10 MATLAB 界面制作示例 ··· 90
4.10.1 新建图形用户界面 ·· 90
4.10.2 图形用户界面 GUI 设计界面 ··· 91
4.10.3 天线多目标优化程序操作选择窗口 ·································· 91
4.10.4 数据文件输入方式操作界面 ··· 92
4.10.5 参数输入方式操作界面 ·· 93
4.10.6 界面运行结果及以文本方式打开的数据结果文件 ·············· 95
4.10.7 界面设计部分程序说明 ·· 95
4.11 基于 MATLAB 的地震信号处理 ··· 98

第 5 章 有限元数值模拟方法的计算机实现 ····································· 103
5.1 有限元法的实施过程 ··· 103
5.2 有限元分析前处理 ·· 104
5.2.1 几何建模 ·· 104
5.2.2 网格生成 ·· 105
5.2.3 物理建模 ·· 107
5.2.4 网格测试 ·· 108
5.2.5 计算结果的评价与误差分析 ··· 108
5.2.6 自适应与缩减网格有限元法 ··· 109
5.3 线性代数方程组的求解 ·· 110
5.3.1 直接解法 ·· 111
5.3.2 迭代解法 ·· 114
5.4 后处理程序 ··· 115

第 6 章 有限元分析软件 ANSYS 及其应用 ······································· 117
6.1 ANSYS 软件介绍 ·· 117
6.2 槽形截面梁分析 ·· 119
6.2.1 问题描述 ·· 119

6.2.2 详细操作步骤 ……………………………………………………… 120
6.3 复合铺层板分析 ………………………………………………………… 127
6.3.1 问题描述 ………………………………………………………… 127
6.3.2 详细操作步骤 …………………………………………………… 128
6.3.3 结果分析 ………………………………………………………… 131
6.4 叠梁弯曲的数值分析 …………………………………………………… 134
6.4.1 问题描述 ………………………………………………………… 135
6.4.2 详细操作步骤 …………………………………………………… 135
6.5 永磁缓速器磁头的热分析 ……………………………………………… 147
6.5.1 问题描述 ………………………………………………………… 147
6.5.2 详细操作步骤 …………………………………………………… 148
6.5.3 结果分析 ………………………………………………………… 155
6.6 薄壁柱壳结构的轴压稳定性分析 ……………………………………… 155
6.6.1 光滑薄壁圆柱壳轴压稳定性分析 ……………………………… 155
6.6.2 薄壁加筋圆柱壳轴压稳定性分析 ……………………………… 162

第 7 章 有限元软件 ABAQUS 基础 ……………………………………… 166

7.1 ABAQUS 软件简介 ……………………………………………………… 166
7.1.1 单位设定 ………………………………………………………… 167
7.1.2 基本特征 ………………………………………………………… 167
7.1.3 重要文件 ………………………………………………………… 169
7.2 ABAQUS/CAE 操作过程 ………………………………………………… 170
7.2.1 PART 步创建模型 ……………………………………………… 170
7.2.2 PROPERTY 步定义属性 ………………………………………… 171
7.2.3 ASSEMBLY 步装配实例 ………………………………………… 174
7.2.4 STEP 步定义分析步与输出 …………………………………… 176
7.2.5 INTERACTION 步定义接触与相互作用 ……………………… 179
7.2.6 LOAD 步加载边界条件和载荷 ………………………………… 180
7.2.7 MESH 步划分网格 ……………………………………………… 183
7.2.8 JOB 步提交管理分析作业 ……………………………………… 185
7.2.9 VISUALIZATION 步后处理 …………………………………… 186

第8章 ABAQUS 分析实例 190

8.1 带孔平板的应力集中分析 190
8.1.1 问题描述 190
8.1.2 基本理论 190
8.1.3 详细操作步骤 191
8.1.4 结果分析 199

8.2 倒角应力分析 199
8.2.1 问题描述 199
8.2.2 详细操作步骤 200
8.2.3 结果分析 204

8.3 圆管弯扭联合作用下的应力分析 204
8.3.1 问题描述 205
8.3.2 基本理论 205
8.3.3 详细操作步骤 205

8.4 实心圆轴与空心圆轴对比分析 208
8.4.1 详细操作过程 209
8.4.2 数值解与材力解对比分析 213

8.5 工字梁三维静力分析 215
8.5.1 问题描述 215
8.5.2 分析过程 215

8.6 热膨胀节的作用分析 223
8.6.1 问题描述 224
8.6.2 基本理论 224
8.6.3 详细操作步骤 225
8.6.4 结果分析 228

8.7 管的模态分析 230
8.7.1 问题描述 230
8.7.2 建模与分析 231

第9章 ABAQUS 非线性分析实例 241

9.1 铰链连接接触分析 241

- 9.1.1 问题描述 …… 242
- 9.1.2 详细操作步骤 …… 242
- 9.2 材料非线性超静定梁分析 …… 256
  - 9.2.1 问题描述 …… 256
  - 9.2.2 详细操作步骤 …… 256
- 9.3 板的大变形分析 …… 264
  - 9.3.1 问题描述 …… 264
  - 9.3.2 详细操作步骤 …… 265
- 9.4 球与平面接触分析 …… 273
  - 9.4.1 问题描述 …… 273
  - 9.4.2 详细操作步骤 …… 273
- 9.5 大变形橡胶圈接触分析 …… 282
  - 9.5.1 问题描述 …… 282
  - 9.5.2 详细操作步骤 …… 283
- 9.6 弹塑性材料、大变形接触分析 …… 293
  - 9.6.1 问题描述 …… 293
  - 9.6.2 创建几何模型 …… 294
  - 9.6.3 定义材料截面属性 …… 297
  - 9.6.4 装配部件 …… 298
  - 9.6.5 创建载荷步 …… 299
  - 9.6.6 划分网格 …… 300
  - 9.6.7 施加约束和载荷 …… 301
  - 9.6.8 运行程序计算 …… 304
  - 9.6.9 结果查看 …… 304
  - 9.6.10 修改模型进行扭曲分析 …… 306
- 9.7 含黏弹阻尼材料工字梁动力分析 …… 309
  - 9.7.1 目的 …… 309
  - 9.7.2 建模方式 …… 309
  - 9.7.3 模型描述 …… 310
  - 9.7.4 建模及分析过程 …… 312
  - 9.7.5 查看分析结果 …… 321

第 10 章 优化设计及软件 ……………………………………………………… 324

10.1 最优化概论 …………………………………………………………… 324
- 10.1.1 最优化源于自然 ……………………………………………… 324
- 10.1.2 最优化在工程中得到发展 …………………………………… 325
- 10.1.3 最优化对社会持续发展的作用 ……………………………… 326
- 10.1.4 最优化模型 …………………………………………………… 327

10.2 数学规划 ……………………………………………………………… 327
- 10.2.1 数学规划及其发展概述 ……………………………………… 327
- 10.2.2 线性规划 ……………………………………………………… 330
- 10.2.3 二次规划 ……………………………………………………… 334
- 10.2.4 通用近似规划 ………………………………………………… 337
- 10.2.5 对偶规划 ……………………………………………………… 339

10.3 数学规划程序介绍 …………………………………………………… 340
- 10.3.1 常用数学规划程序 …………………………………………… 340
- 10.3.2 程序功能 ……………………………………………………… 341
- 10.3.3 线性规划程序说明 …………………………………………… 341
- 10.3.4 二次规划程序说明 …………………………………………… 347
- 10.3.5 对偶二次规划程序说明 ……………………………………… 353
- 10.3.6 近似规划程序说明 …………………………………………… 357

10.4 线性规划源程序 ……………………………………………………… 361

10.5 二次规划源程序 ……………………………………………………… 379

参考文献 ……………………………………………………………………… 404

第 1 章　绪　　论

1.1　数值模拟技术

1.1.1　引言

计算机的出现带来了一场重要的技术革命，使科学研究和工程分析方法继理论方法、实验方法之后产生了第三种方法——数值模拟，也称为计算机模拟。数值模拟以电子计算机为手段，将工程问题、物理力学问题乃至自然界各类问题用数字形式或数字、图像形式表示出来，达到对其进行研究或演示的目的。

通俗地讲，数值模拟实际上就是用计算机来做实验。比如某高层建筑在地震载荷下的响应，可以通过对计算机软硬件的应用构建建筑物的虚拟模型，并赋予相应的结构与材料特性，模拟真实载荷的作用，运用相关定理公式进行分析计算，在计算机屏幕上显示各种细节，如建筑物的振动形态，各点在不同时刻的位移、速度、加速度，结构中各部分的应力分布随时间的变化规律等。

通过数值模拟方法，人们可以清楚地看到通过实体实验能看到的有关结果。在实体实验无法进行或具有太大的风险时，数值实验还可以代替实体实验，获得相关研究结果。

数值模拟主要包含以下几个基本步骤。

首先要建立反映问题本质的数学模型。具体说就是要建立反映问题各量之间关系的微分方程及相应的定解条件，这是数值模拟的出发点。没有正确完善的数学模型，数值模拟就无法模拟真实的情况。如弹性力学基本方程就是求解结构线弹性问题的基本条件。

数学模型建立之后，需要解决的问题是寻求高效率、高精度的计算方法。目前已发展了许多数值计算方法。计算方法不仅包括微分方程的离散化方法及求解方法，还包括坐标的建立、边界条件的处理等。

模型及计算方法确定以后，需要通过软硬件来实现。根据待求解问题的性质和复杂程度，采用相应的计算软件和硬件完成模拟与计算工作，对复杂的问题，有时候还需要通过实体实验或已经通过检验的数据结果加以验证。

在计算工作完成后，大量数据需要通过图形图像形象地显示出来。因此数值的图形图像显示也是一项十分重要的工作。目前图像模拟的水平越来越高，可以达到非常逼真的程度。

1.1.2 数值分析方法

在科学技术和工程领域内，要研究某一物理或力学问题，首先必须对所研究的问题建立数学模型，然后根据主要变量之间的关系建立起微分关系，得到描述该问题的一个或一组微分方程和相应的定解条件。

求解上述微分方程可以采用解析方法和数值近似方法，但能用解析方法求出精确解的只是极少数方程性质简单、几何形状规则的问题。对于绝大多数问题，由于方程性质比较复杂，或由于求解区域的几何形状比较复杂，不能得到解析的结果。解决这类复杂问题通常有两种途径：一是引入简化假设，将微分方程和几何边界简化为能够处理的简单情况，从而得到问题在简化状态下的解析结果。但是这种方法只是在少数情况下是可行的，因为过多的简化可能导致误差很大甚至产生根本不符合实际情况的解答。因此，人们多年来寻找和发展了另一种求解途径和方法，即数值方法。自 20 世纪 60 年代以来，随着数字计算机的飞速发展和广泛应用，数值分析方法已成为求解科学技术问题的主要工具。

数值分析方法主要分为两大类。一类以有限差分法为代表，其特点是直接求解微分方程和相应定解条件的近似解。采用有限差分法求解某个问题时，首先将该问题的求解域划分为网格，然后在网格的节点上用差分方程近似微分方程，最后得到以节点变量为未知量的代数方程组，将求解微分方程的问题转化为求解联立代数方程组的问题。有限差分法解的精度完全取决于网格划分的粗细，当网格划分得比较精细时，可以得到精度很高的近似解。借助于有限差分法，能够求解某些相当复杂的问题。在求解建立于空间坐标系的流体流动问题时，有限差分法有自己的优势。因此，在流体力学领域内，它至今仍占重要地位。另外，在求解与时间有关的问题中，也常常通过对时间进行差分来求解。

另一类数值分析方法以有限单元法为代表，其特点是首先建立起与求解问题的微分方程及相应定解条件相等效的积分公式，然后求积分方程的近似解。通常，由于与微分方程等效的积分公式中的导数阶数比微分方程本身的导数阶数低，所以，在数值分析方法中，大多采用基于等效积分公式的近似方法。基于等效积分公式的近似方法有很多种，除有限单元法外，还有边界单元法、有限条法等。

有限单元法的出现，是数值分析方法研究领域内的重大进展。1943 年，科兰特（Courant）在其数学论文中提出在三角形区域内定义分段连续函数求解近似数值解。1956 年，特纳（Turner）、克洛夫（Clough）、马丁（Martin）等将刚架位移法的解题思路推广应用于弹性力学平面问题，采用三角形和矩形单元对飞机机翼结构进行分析研究取得成功。有限单元法第一次成功尝试，打开了人们的眼界。1960年，克洛夫把这个新的工程计算方法进一步由航空结构扩展到土木工程，并第一次正式命名为有限单元法（finite element method，FEM），这一命名逐渐被人们接受。1965年，辛凯维茨（Zienkiewics）及其合作者认为，可以将有限单元法应用于所有的场问题。此后，有限单元法的理论和应用得到迅速、持续不断的发展。

从确定单元特性和建立求解方程的理论基础和途径来说，正如上面所提到的特纳、克洛夫等开始采用有限单元法时是利用直接刚度法，它来源于结构分析的位移法。直接刚度法有利于我们明确有限单元法的一些物理概念，但是它只能处理一些比较简单的实际问题。1963～1964年，贝西林（Besseling）、梅隆施（Melosh）、琼斯（Jones）等证明了有限单元法是基于变分原理的里兹法的另一种形式，从而使里兹法分析的所有理论基础都适用于有限单元法，确认了有限单元法是处理连续介质问题的一种普遍方法。利用变分原理建立的有限单元法和经典的里兹法的主要区别是：有限单元法假设的近似函数不是在全求解域而是在单元上成立的，而且事先不要求满足任何边界条件，因此有限单元法可以用来处理很复杂的连续介质问题。20世纪60年代后期开始，许多研究者进一步利用加权余量法的伽辽金法来确定单元特性和建立有限元求解方程，这就是伽辽金有限元法。伽辽金有限元法可以求解已经知道问题的微分方程和边界条件、但变分的泛函尚未找到或根本不存在的情况，因而进一步扩大了有限元法的应用领域。

随着计算机科学技术的飞速发展，有限单元法已经发展成为解决大型复杂工程分析问题的有效工具。从前分析采用的一些过于简陋的数学模型现在已经被更加符合实际的复杂模型所代替。分析计算的高速度与高精度，使某些实验也逐渐被数值计算所取代。最优化设计方法和计算机辅助设计又使结构设计从单纯的验算过程变为真正的设计过程。在解决科学和工程问题上，数值分析方法已成为与理论分析、实验分析并列的第三种手段。随着计算技术的发展，新的分析方法如无网格法、粒子法等也在不断取得进展，但在工程分析领域中，有限元分析方法仍然占有绝对主导地位。

1.2 科学与工程数据可视化

1.2.1 科学与工程数据可视化的意义

人们很早就知道图形、图像乃至动画有助于帮助我们理解对象的属性以及对象之间的关系。研究表明，人类日常生活中接受的信息80%来自视觉，也就是说视觉信息是人类最主要的信息来源。而图形、图像、动画则是人类最容易接受的视觉信息。

科学与工程计算的结果往往通过大量的数据来描述科学问题或工程问题，过程中也会产生巨量的数字信息。但科学计算的目的不是产生数据，而是要通过对数据的分析，洞察隐含于数据中的规律与特点，从而获得对研究对象的认识与理解。由于大规模数据的出现，对传统的数据处理与分析方法提出了挑战。一方面，如果这些数据不能得到及时的分析与处理，提取出必要的信息，这些计算或测量所获得的数据也就失去了意义；另一方面，面对巨量的数据，传统的数值分析方法与公式图表的分析方式远不足以承担这一工作。因此人们希望能够借助一些工具与手段，以直观、形象的方式将数据场完整、准确地表现出来。可视化技术就是在这种需求下产生的。数据可视化可以大大加快数据的处理速度，使时刻都在产生的巨量数据得到有效利用，并可以在人与数据、人与人之间实现图像等通信，从而使人们能够观察到数据中的现象与规律，为发现和理解科学规律、服务工程、医疗诊断和业务决策等提供有力依据。

1.2.2　数据可视化的特点

对于科学与工程分析的大量、复杂和多维的数据，处理起来非常费时费力。数据可视化可提供人眼直觉的、形象的、灵敏的、可交互的虚拟可视环境。数据可视化主要有以下特点。

（1）可视性。数据可以用图像、曲线、二维图形、三维立体和动画来显示，并可对其模式和相互关系进行可视化分析。可视化功能使大量抽象的数据变得简单明了、易于分析。巨量的数据通过可视化变成形象、直观的图像动画，激发人的形象思维，并可从中找出规律。

（2）多维性。可以看到表示对象或事件的数据的多个属性或变量，而数据可以按其每一维的值，将其分类、排序、组合和显示。

（3）交互性。用户可以方便地以交互的方式管理和开发数据。

1.2.3　数据可视化的发展

计算机用于科学计算和数据处理已有半个多世纪的历史。但是由于计算机技术发展水平的限制，早期数据只能以批处理形式输出，也不能对计算过程进行干预和引导，只能被动地等待计算结果的输出，大量的输出数据也只能采用人工方式进行处理。后来则可以使用绘图仪输出二维图形。这样显然不能满足实际需求，而且还有可能丢失大量信息。随着科学技术的发展，需要处理的数据与日俱增，使数据可视化日益成为迫切需要解决的问题。另外，由于计算机的计算速度迅速提高，内存容量和外部存储器空间不断扩大，网络功能日益增强，并可用硬件来实现许多重要的图形生成及图像处理算法，使得数据可视化技术得以实现，可以直观、形象地显示巨量的数据和信息，并进行交互处理。

计算可视化是计算机图形学的一个重要领域，它的核心是将数据转换为图像，它涉及标量、矢量、张量的可视化，流场的可视化，数值模拟及计算的交互控制，巨量数据的存储、处理及传输，图形及图像处理的向量及并行算法等。

可视化作为一个专门的研究领域与科学概念出现是在1987年，在美国国家科学基金会（NSF）的一个研讨会的报告中正式给出了科学计算可视化（visualization in scientific computing）的定义、覆盖的领域以及近期与长期的研究方向。可视化作为一门新兴学科，自确立之日起就得到了迅速的发展，成为自20世纪90年代计算机科学中的一个重要的研究热点。

可视化技术运用计算机图形学和图像处理技术将数据转换为图形或图像在屏幕上显示出来，并进行交互处理，它涉及计算机图形学、图像处理、计算机辅助设计、计算机视觉及人机交互技术等多个领域。科学家们不仅需要通过图形图像来分析由计算机算出的数据，而且需要了解在计算过程中数据的变化。随着计算机技术的发展，可视化概念已大大扩展，它不仅包括科学计算数据的可视化，而且包括工程数据和测量数据的可视化。近年来，随着网络技术和电子商务的发展，又出现了信息可视化的要求。通过数据可视化技术，发现大量金融、通信和商业数据中隐含的规律，从而为决策提供依据。这已成为数据可视化技术中新的热点。因此，可视化技术不仅应用于科学与工程领域，成为科学研究中分析和理解各种自然现象的强有力的工具，并已扩展至众多其他领域。

可视化的一个发展方向是虚拟现实（virtual reality）。1965年，哈佛大学的Ivan Sutherland在IFIP会议上的《终极的显示》报告中首次提出了包括具有交互图形显示、力反馈设备以及声音提示的虚拟现实系统的基本思想，从此，人们正式开始了对虚拟现实系统的研究探索历程。随后的1966年，美国麻省理工学院的林肯实验室正式开始了头盔式显示器的研制工作。在第一个HMD（helmet-mounted displays）的样机完成不久，研制者又把能模拟力量和触觉的力反馈装置加入到这个系统中。1970年，出现了第一个功能较齐全的HMD系统。基于从20世纪60年代以来所取得的一系列成就，Jaron Lanier在80年代初正式提出了"virtual reality"一词。

20世纪80年代，美国航空航天局（NASA）及美国国防部组织了一系列有关虚拟现实技术的研究，并取得了令人瞩目的研究成果，从而引起了人们对虚拟现实技术的广泛关注。

进入20世纪90年代，迅速发展的计算机硬件技术与不断改进的计算机软件系统相匹配，使得基于大型数据集合的声音和图像的实时动画制作成为可能；人机交互系统的设计不断创新,新颖、实用的输入输出设备不断地进入市场,这些都为虚拟现实系统的发展打下了良好的基础。虚拟现实系统有极其广泛的应用领域,如军事、航天、设计、生产制造、信息管理、商贸、建筑、医疗保险、危险及恶劣环境下的遥控操作、教育与培训、信息可视化以及远程通信等,人们对迅速发展中的虚拟现实系统的应用前景充满了信心与期待。

1.2.4 数据可视化的过程

可视化技术从图表发展到二维图形,又从二维图形到三维视图。可视化技术使人们能够利用计算机在多维世界中直接对形体、亮度、颜色等信息进行操作,并和它们直接交流。可视化技术赋予人们对物体进行仿真并且实时交互的能力,这种技术把人和机器以一种直观而自然的方式加以统一,极大地提高了人们的工作效率。人们可以在多维世界中用以前不可想象的手段来获取信息并发挥自己思维的创造性。

视景仿真技术(scene simulation technology)是计算机仿真技术的重要分支,是计算机技术、图形图像处理与生成技术、多媒体技术、信息合成技术、显示技术等诸多高新技术的综合运用,其组成部分主要包括仿真建模技术、动画仿真技术和实时视景生成技术。

为了计算生成在颜色、光照、立体感和运动感等方面都有真实感的物体,必须讨论如何由给定顶点生成物体的表面、如何在表面上着色和加上高光与阴影,以及物体发生形变时表面的变化,并给出适当的背景图像。利用计算机图形学生成逼真景物的关键步骤如下。

1. 建立几何模型

对象的几何模型是用来描述对象内部固有的几何性质的抽象模型,所表示的内容包括:

(1) 对象中基本的轮廓和形状,以及反映基本表面特点的属性,如颜色。

(2) 基元间的连接性,即基元结构或对象的拓扑特性。

(3) 应用中要求的数值和说明信息。例如,基元的名称、基元的物理特性等。

对象中基元的轮廓和形状可以用点、直线、多边形、曲线或曲面方程,甚至图像等方法表示。几何模型一般可以表示成分层结构,因而我们可以使用自顶向下的方法将一个几何对象分解,也可以使用自底向上的构造方法重构一个几何对象。

2. 建立物理模型

物理建模包括定义对象的质量、密度、惯性、弹性模量、泊松比、硬度、热容、热传导系数、介电常数、表面纹理等，这些特性与几何建模和行为规则结合起来，形成真实的虚拟物理模型。

3. 生成三维图形

使用计算机在图形设备上生成连续有真实感的图像的四个基本步骤。

(1) 用数学方法建立所需三维物体的几何描述，并输入至计算机。这一步骤可以由三维实体造型或专用建模系统来完成。

(2) 将三维几何描述转换为二维视图。这可通过透视变换来完成。

(3) 确定所有可见面。这需要使用隐藏线和隐藏面消除算法将视域之外或被其他物体遮挡的不可见线面消去。

(4) 计算场景中可见面的颜色亮度。根据基于光学物理的光照模型计算可见面投射到观察者眼中的光亮大小和色彩，并将它转换成图形设备的颜色值，从而确定投影面上的每一像素的颜色和亮度，最终生成图像。

如需生成动画还需要应用动画生成技术。动画是指在计算机上表现出连续的动态画面。它不仅是计算机图形学、计算机辅助设计（CAD）、机器人学、物理学、艺术等诸多领域的综合应用，还由于自身的特色而形成了一个独立的研究领域。它综合了计算机图形学特别是真实感图形生成技术、图像处理技术、运动控制原理、视频显示技术，甚至包括了视觉生理学、生物学等领域的内容。它的研究大大推动了计算机图形学乃至计算机学科本身的发展。

1.2.5 数据可视化的应用

可视化技术不仅应用于科学与工程，而且广泛应用于社会生活的各个领域。包括气象预报、地震勘探、海洋观察、地理信息、洪水预报、环境保护、材料分子结构、天体物理、金融、通信、商业、文化教育、娱乐、医学及医疗等各种领域。

在工程领域，计算机辅助工程（CAE）包括计算机辅助设计（CAD）、计算机辅助制造（CAM）和计算机集成制造系统（CIMS）等，可视化技术有助于整个工程过程一体化和流线化，可将多种来源的各种数据融合成三维图形图像。计算机辅助工程中的有限元分析在飞机设计、水坝建造、机械产品设计、建筑结构分析等领域都得到广泛应用。在有限元分析中，应用可视化技术可实现形体的网格划分及有限元分析结果数据的图形显示，即实现有限元分析的前后可视化处理，并实现时间相关问题（如动力问题、流体流动问题等）的实时动态模拟。

在医学领域，数据可视化已成为非常活跃的研究领域之一。非侵入诊断技术，如断层扫描（CT）、核磁共振图像（MRI）和正电子放射断层扫描（PET）的发展，可以在对病人没有损伤的前提下获得有关部位的断层图像。CT通过计算机重构人体器官或组织的图像，使医学图像从二维走向三维，从人体外部可以看到内部。PET 把核技术与计算机技术结合起来。经核素标记的示踪剂注入人体后，核素衰变过程中产生的正电子湮灭通过电子检测和计算机重构成像，使我们可以得到人体代谢或功能图像。在此基础上，利用可视化软件，对上述多种模态的图像进行图像融合，准确地确定病变体的空间位置、大小、几何形状以及它与周围生物组织之间的空间关系，从而及时高效地诊断疾病。电子束 CT（EBCT）由电子束扫描替代了 X 射线管与检测器的机械扫描，因而扫描速度提高近百倍，检查运动的器官也能得到清晰的图像。在可视化技术的基础上可以进一步实现放射治疗、矫形手术等的计算机模拟及手术规划。可视化技术不仅有利于检测、诊断和治疗，而且有利于学习、了解，并通过虚拟现实技术进行模拟手术等。

在气象预报、海潮观测及地下矿藏勘探等领域，可视化技术也得到了广泛的应用。气象预报关系到人民的生活、国民经济的发展和国家安全，对灾害性天气的预报和预防可大大减少人民生命财产的损失。气象预报的准确性依赖于对大量数据的计算和对计算结果的分析。科学计算可视化可将大量的数据转换为图像，显示出某一时刻的等压面、等温面、旋涡、云层的位置及运动、暴雨区的位置及强度、风力的大小及方向等。在石油等矿藏勘探方面，如何寻找埋藏在深处的矿藏是一个必须解决的问题。工程技术人员通过对大量的勘探测量数据进行处理分析，探明矿藏位置及其分布，估计蕴藏量及其开采价值。由于数据量极其庞大，因而很难根据大量的数据作出分析。利用可视化技术可以从大量的数据中构造出各种参数的图像，从而对数据作出正确解释，得到矿藏位置及储量大小等重要信息。

由于数据可视化所处理的数据量十分庞大，生成图像的算法又比较复杂，过去常常需要使用巨型计算机或高档图形工作站。近年来随着 PC 机性能的提高、各种图形显卡以及可视化软件的发展，可视化技术已扩展到各个领域，并在许多领域发挥重要作用。

1.3 数值模拟软件

在数值计算领域，发展最快、成熟可靠、应用最广的是有限元分析及其前后处理，形成了许多优秀成熟的大型商业软件，并在不断地升级中。

1.3.1 数值模拟软件呈现的趋势特征

纵观有限元数值模拟软件的发展过程，主要有如下趋势特征。

1. 由二维扩展到三维

早期计算机的能力十分有限，受计算时间和计算机储存能力的限制，数值模拟软件大多是一维或二维的。随着计算机技术的发展，逐渐发展到三维计算软件。现在，计算软件几乎都具有三维计算功能。

2. 从单纯的力学计算发展到求解多物理场问题

数值模拟分析方法最早是从结构矩阵分析发展而来，推广到板、壳和实体等连续体固体力学分析并取得成功。逐渐发展到流体力学、温度场、电场、磁场、声场和渗流等问题的求解，而后又发展到求解交叉学科的问题，如流-固耦合问题、力-热耦合问题、电-磁耦合问题等。

3. 由求解线性问题发展到非线性问题

随着科学技术的发展，线性理论已经远远不能满足要求，许多科学和工程问题都是非线性的。如在力学分析中，往往会遇到诸如大变形问题、材料本构关系非线性问题以及接触问题等，这些问题采用传统的线性方法不能准确描述或求解，因而需要发展非线性求解方法。非线性的数值计算很复杂，它涉及很多专门的数学问题和运算技巧，为此，开发了专长于求解非线性问题的有限元分析软件，并广泛应用于工程实践。这些软件的共同特点是具有高效的非线性求解器以及丰富和实用的非线性材料库。

4. 从单一坐标体系发展到多种坐标体系

数值模拟软件在开始阶段一般采用单一坐标，或采用拉格朗日坐标或采用欧拉坐标，由于这两种坐标自身的缺陷，计算分析问题的范围受到限制。为克服这种缺陷，在同一软件中采用多种坐标体系。也可采用新的无网格计算方法，该方法不用网格，没有网格畸变问题，所以能在拉格朗日格式下处理大变形问题，同时允许存在材料界面，可以简单而精确地实现复杂的本构行为。

5. 增强可视化的前、后处理功能

早期数值模拟计算软件的研究重点在于推导新的高效率求解方法和高精度的单元。随着数值分析方法的逐步完善，尤其是计算机运算速度的飞速发展，整个计算系统用于求解运算的时间越来越少，而数据准备和运算结果的表现问题却日益突出。软件使用者在计算分析一个科学或工程问题时，大量的时间和精力都花在数据准备和结果分析上。因此目前几乎所有的商业化数值模拟软件系统都有功能强大的前、后处理模块，使用户能以可视图形方式直观快速地进行模型与数据准备，并按需求将大量的计算结果整理成图形、图表和动画输出。

6. 与设计软件的无缝集成或增加设计优化

实现分析软件与通用 CAD 软件的集成使用，即在用 CAD 软件完成结构设计后，自动数值模拟计算，如果分析的结果不符合设计要求则重新进行构造和计算，直到满意为止，从而极大地提高了设计水平和效率。

分析是在研究对象的形状尺寸和各种参数等确定之后进行的，是一个验证检验的过程，而设计优化则完全不同于分析，是可以在一些规则和条件的约束下获得最佳的设计方案，因此许多软件在这方面的功能正不断增加。

7. 软件开发由小作坊式的开发到大规模工程规划

早期的有限元软件都是由研究者或工程技术人员针对某一个或某一类具体问题编制相应的软件代码进行计算求解，开发出来的软件产品使用不便、适应范围小、缺少前后处理，往往算完具体的问题软件的寿命就基本终结。如今，这种状况已经被大型通用商业软件改善，除了少数特殊的问题可能需要进行一些二次开发外，绝大多数工程问题已经都可以解决。

1.3.2 大型数值模拟软件

自 20 世纪 70 年代以来，在国际上出现了许多大型通用和专用有限元软件，如 ABAQUS、ADINA、ALGOR、ANSYS、ASKA、DYNA、DYTRAN、MARK、NASTRAN、SAMCEF、SAP 等。随着有限元软件和数字计算机的迅猛发展，有限单元法的应用也逐步扩展到几乎所有的科学技术和工程领域。由弹性力学平面问题扩展到空间问题和板壳问题；由静力问题扩展到动力问题、稳定问题和波动问题；由弹性问题扩展到弹塑性、塑性、黏弹性、黏塑性问题；由普通材料扩展到超弹性材料、复合材料、岩土材料等；由应力强度问题扩展到疲劳与断裂问题；由固体力学扩展到流体力学、渗流与固结理论、热传导与热应力问题、电磁场问题，以及建筑声学与噪声问题；由结构分析问题扩展到结构优化问题；由工程力学扩展到力学的其他领域，如冰川力学、地质力学、生物力学和运动力学等。随着现代力学、计算数学和计算机科学技术的发展，有限单元法作为一种具有坚实理论基础和广泛应用前途的数值模拟工具，将在科学与工程中发挥更大的作用，大型数值模拟软件将功能更强大、使用更便捷。就目前最流行的商业软件来看，国外的软件占据绝对优势地位，下面简要介绍几个常用软件的一些特点。

1. ABAQUS 软件

ABAQUS 软件是一套先进的通用有限元分析系统，也是功能最强大的有限元软件之一，可以分析复杂的固体力学和结构力学问题。ABAQUS 有两个主要分析模块：ABAQUS/Standard 和 ABAQUS/Explicit，ABAQUS/Standard 提供通用的分析功能，如结构静力分析、热传导热交换分析等；ABAQUS/Explicit 对时间进行显式积分求解，为处理短暂、瞬态的动力问题和复杂的接触问题提供了有力的工具。ABAQUS 是一个很好的处理非线性问题的软件，ABAQUS 软件的开发一开始就是基于高度非线性问题，其理论性、专业性较强，要求用户背景知识的起点较高。其自带的 PYTHON 语言工具可供用户进行二次开发，其不足之处是可供参考的中文资料目前相对较少。

ABAQUS 软件的功能可以归纳为线性分析、非线性和瞬态分析及机构分析三大模块：模块一功能包括线性静力学、动力学、模态、热力学、声学和压电等分析；模块二是非线性和瞬态分析，可分析汽车碰撞、飞机坠毁、电子器件跌落、冲击和损毁、接触、塑性失效、断裂和磨损、橡胶超弹性等；模块三是多体动力学分析，可分析机械臂运动、起落架收放、汽车悬架、微机电系统 MEMS、医疗器械等。

2. ANSYS 软件

ANSYS 软件是融结构、流体、温度场、电场、磁场、声场分析及结构优化于一体的大型通用软件。它能与多数 CAD 软件接口实现数据的共享和交换，如 Pro/Engineer、PATRAN、I-DEAS、AutoCAD 等。ANSYS 软件比较适合于教学和科研，而且拥有最多的用户，可借鉴的参考资料也是最多的。其多场分析功能比较突出，而且可以做基础的结构优化设计和拓扑优化设计，其自带的 APDL 语言工具也可以方便用户进行二次开发。

ANSYS 软件的分析功能包括结构分析、非线性分析、热分析、电磁场分析、流体流动分析、耦合场分析等。具体如下。

（1）结构分析包括静力学分析、模态分析、谐波分析、瞬态分析、响应谱分析、随机振动分析和屈曲分析。

（2）非线性分析包括材料非线性、几何非线性和单元非线性分析。

（3）热分析包括传导、对流和辐射，可进行稳态热分析、瞬态热分析和相变分析。

（4）电磁场分析包括静态电磁场、低频时变电磁场和高频时变电磁场；电场分析还包括电流传导、静电分析和电路分析。

（5）流体分析包括层流、湍流和热流体及声学分析。

（6）耦合场分析包括热力耦合、磁热耦合、流体结构耦合、热电耦合、电磁耦合及压电分析等。

3. MSC.Nastran 软件

MSC.PATRAN/Nastran 软件最早是由美国航空航天局倡导开发的，是工业领域最著名的并行框架式有限元前后处理及分析系统，其开放式、多功能的体系结构可将工程设计、工程分析、结果评估和交互图形界面集于一体，构成一个完整的 CAE 环境。是常见工程问题分析求解的最佳软件之一。MSC.Nastran 软件能够有效地解决各类大型复杂结构强度、刚度、屈曲、模态、动力学、热力学、非线性、声学、流体-结构耦合、气动弹性、超单元、惯性释放以及结构优化等问题。

还有一些软件，例如，ADINA、ALGOR、ASKA、DYNA、DYTRAN、

MARK、SAMCEF、COSMOS、SAP 等，只是影响相对较小。

4. 国产数值模拟软件

国产数值模拟软件有较多用户的包括大连理工大学工程力学系的 JIFEX 软件、中国农业机械化科学研究院的 MAS 和杭州自动化技术研究院的 MFEP4 等。其中大连理工大学工程力学系和工业装备结构分析国家重点实验室研制开发的自主版权 CAE 软件 JIFEX 用于面向各类工程结构的有限元分析与优化设计，实现了 CAD 造型设计与 CAE 的软件集成、有限元计算与前后处理一体化以及实时计算可视化，具有大规模工程计算能力，可以进行静力、动力、传热、屈曲稳定、非线性分析等，在一些方面的分析功能甚至优于国外大型软件，且具有较强的结构优化设计能力。

总的来说国产软件虽然价格相对较低，但市场占有率比较小。原因是缺少早期的大量投入和后期的商业运作。

值得一提的是飞箭公司的有限元程序自动生成系统 FEPG（finite element program generator），采用元件化编程思想，只要给出微分方程表达式和算法表达式，就可以由计算机自动产生有限元分析的全部计算程序，从而可以大大节省有限元编程需要的时间，对从事科学研究、特殊问题的有限元分析可节省大量编程时间。

5. 专用数值模拟软件

对于一些专门的问题，可以采用一些针对某一专门问题的数值模拟软件，这样更能保证其可靠性和经济性。例如，非线性分析，可以用诸如 LS-DYNA、MARC、ABAQUS、ADINA 和 AUTODYN 等；碰撞冲击分析，可以选用 DYNA、DYTRAN 等；板料成形分析，可以选用 DEFORM、AUTOFOR 等；注重优化时，可以选用 iSIGHT；虚拟样机仿真或机构运动分析，可以选用 ADAMS；流体分析可以选用 CFD、FLUENT、COSMOSFLOWORKS 等。

第 2 章　软件工程基础

2.1　概　　述

2.1.1　软件与软件的组成

1. 什么是软件

软件（software）是指程序以及开发、使用、维护程序所需的所有文档。它由两部分组成：一是机器可执行的程序及有关数据，由系统程序和应用程序组成；二是机器不可执行的，与软件开发、运行、维护、使用和培训有关的文档。

程序（program）是用程序设计语言描述的、适合于计算机处理的语句序列。它是软件开发人员根据需求开发出来的。程序设计语言编译器可以将程序翻译成一组机器可执行的指令。这组指令也称机器语言程序，它将根据需求控制计算机硬件的运行，处理用户提供的或机器运行过程中产生的各类数据并输出结果。目前的程序设计语言有三种类型：依赖于具体计算机的机器语言、汇编语言，独立于机器的面向过程的语言，以及独立于机器的面向问题的语言。机器语言是用中央处理器指令集表示的、直接操作硬件运行的语言。高级语言是适合人的逻辑思维、便于阅读理解的计算机语言，高级语言与机器无关，容易阅读和修改，提高了软件开发效率。高级语言必须通过编译器或解释器转换为机器语言，然后再运行。如比较容易掌握的 Basic 语言，用于科学计算的 Fortran 语言，用于事务处理的 COBOL 语言，支持现代软件开发的 C 语言，支持面向对象设计方法的 C++语言等。

文档（document）是软件生产的各个阶段必须完成的有关计算机程序的功能、设计、编制的文字或图形资料。文档记录软件开发的活动和阶段成果，具有永久性并能供人或机器阅读。它不仅用于专业人员和用户之间的通信和交流，而且可以用于软件开发过程的管理和运行阶段的维护。为了提高软件开发的效率，提高软件产品的质量，对软件文档都制定了详尽具体的国家或行业规范和标准。

2. 软件的特点

软件是逻辑产品而不是物理产品。因此，软件在开发、生产、维护和使用等方面与硬件相比均存在明显的差异。软件开发更依赖于开发人员的业务素质、智力、人员的组织、合作和管理。软件在提交使用以前，尽管经过了严格的测试和试用，但仍不能保证软件没有潜伏的错误。软件开发成功之后，复制成本接近零。其次，由于软件是逻辑产品，而不是物理产品，所以不会磨损和老化。

但软件的维护工作复杂。首先，软件在运行期间可能会暴露潜伏的错误，需要进行"纠错补漏"。其次，用户有时需要提高和完善软件的性能或增加功能，这就需要进行"完善性维护"。最后，由于支撑软件产品运行的硬件或软件环境的改变，也需要对软件产品进行修改升级，进行"适应性维护"。因此，软件产品在使用过程中的维护工作繁杂。

3. 软件的种类

软件已经应用于所有计算系统、控制系统以及具有最基本自动功能的电子电器系统。这里仅仅对主要应用作简单介绍。

（1）系统软件。计算机系统软件是计算机管理自身资源，如 CPU、内存空间、外存空间、外部设备等，是为用户提供各种服务的基础软件。系统软件依赖于机器的指令系统、中断系统以及运算、控制、存储部件和外部设备。系统软件为各类用户提供尽可能标准、方便的服务，是计算机系统的重要组成部分，并支持应用软件的开发和运行。系统软件包括操作系统、网络软件、各种语言的编译程序、数据库管理系统、文件编辑系统、系统检查与诊断软件等。

（2）实时软件。监视、分析和控制正在发生的事件，以足够快的速度对输入信息进行处理并在规定的时间内作出响应的软件，称为实时软件。实时系统的服务往往是连续的，处于实时响应的状态。大多数嵌入式软件都是实时软件。

（3）科学和工程计算软件。以数值算法为基础，对数值量进行处理和计算，主要用于科学和工程计算。也是使用最早、最广泛、最为成熟的一类软件。这类软件大多数用 Fortran 语言编写，近年来也用 C 语言等编写。

（4）事务处理与管理软件。用于处理与管理事务信息，特别是商务信息的计算机软件。事务处理与管理软件需要访问、查询、存放有关事务信息的一个或几个数据库，经常按某种方式和要求重构存放在数据库中的数据，能有效地按一定的格式要求生成各种报表。有些管理信息系统还带有一定的演绎、判断和决策能力。

（5）个人计算机工具软件。个人计算机上使用的大量的文字处理软件、图形处理软件、报表处理软件、个人和商业上的财务处理软件、数据库管理软件、网络软件、多媒体信息处理软件等。个人计算机软件人机界面采用了多窗口、多媒体，使个人计算机具有用文字、图形、图像、声音进行人机交互的能力。将个人计算机与网络连接在一起，进行通信、共享网络资源，加速了社会信息化的进程。

2.1.2 软件工程及其发展

第一个写程序的人是Ada（Augusta Ada Lovelace），在19世纪60年代她就尝试为Charles Babbage的机械式计算机写程序。她与发明家Charles Babbage合作，设计出世界上首批计算机——Difference Engine和Analytical Engine。

20世纪50年代，现代程序伴随第一台电子计算机的问世诞生了。以写程序为职业的人也开始出现，他们多是经过训练的数学家和电子工程师。20世纪60年代美国大学里开始出现授予计算机专业的学位，教人们写程序。在计算机系统发展的初期，硬件通常用来执行一个单一的程序，而这个程序又是为一个特定的目的而编制的。早期当通用硬件成为平常事情的时候，程序的通用性却是很有限的。大多数程序是由使用该程序的个人或机构研制的，往往带有强烈的个人色彩。早期的软件开发也没有什么系统的方法可以遵循，软件设计是在某个人的头脑中完成的一个隐藏的过程。而且，除了程序源代码往往没有软件说明书等文档。20世纪60年代中期到70年代中期是计算机系统发展的第二个时期，在这一时期软件开始作为一种产品被广泛使用，出现了"软件作坊"专职应别人的需求写软件。这一时期软件开发的方法基本上仍然沿用早期的个体化软件开发方式，但软件的数量急剧膨胀，软件需求日趋复杂，维护的难度越来越大，开发成本令人吃惊地高，而失败的软件开发项目却屡见不鲜。由此引发了"软件危机"（software crisis）。

"软件危机"这个名词是计算机科学家在1968年第一次提出的。概括来说，软件危机包含两方面问题：一是如何开发软件，以满足不断增长、日趋复杂的需求；二是如何维护数量不断膨胀的软件产品。为了解决这些问题，1968年秋，北大西洋公约组织（NATO）科技委员会召集了近50名一流的编程人员、计算机科学家和工业界巨头，讨论和制定摆脱"软件危机"的对策。在那次会议上第一次提出了"软件工程"（software engineering）的概念。

"软件工程"是关于软件开发、运行、维护和引退的系统方法，是一门研究如何用系统化、规范化、数量化等工程原则和方法进行软件开发和维护的学科。它包括两方面内容：软件开发技术和软件项目管理。软件开发技术包括软件开发方法学、软件工具和软件工程环境。软件项目管理包括软件度量、项目估算、进度控制、人员组织、配置管理、项目计划等。软件工程的目标是实现软件的优质高产。

为解决软件危机问题，人们进行了不懈的努力。这些努力大致上是沿着两个方向同时进行的：一是软件开发技术，二是软件工程管理。

软件开发技术包含软件工程方法学、软件工具和软件工程环境。软件工程方法学包括三个要素：方法、工具和过程。软件工程环境是方法和工具的结合。软件开发技术侧重于对软件开发过程中分析、设计方法的研究。这方面的重要成果包括20世纪70年代流行的结构化开发方法,即面向过程的开发或结构化方法以及结构化的分析、设计和相应的测试方法。

软件工程管理学包含软件工程经济学和软件管理学。从管理的角度实现软件开发过程的工程化。目的是为了能按预定的时间和费用,成功地生产软件产品。实现费用管理、人员组织、工程计划管理、软件配置管理。这方面最为著名的成果就是提出了"瀑布模型"。它是在20世纪60年代末"软件危机"后出现的第一个生命周期模型。后来,又有人针对该模型的不足,提出了快速原型法、螺旋模型、喷泉模型等对瀑布模型进行补充。

这方面的努力,还使人们认识到了文档的标准以及开发者之间、开发者与用户之间的交流方式的重要性。一些重要文档格式的标准被确定下来,包括变量、符号的命名规则以及原代码的规范格式。

软件工程的目标是研制开发与生产出具有良好质量和费用合算的软件产品。费用合算是指软件开发运行的整个开销能满足用户要求的程度。软件质量是指该软件能满足明确的和隐含的需求能力有关特征和特性的总和。软件质量可用主要特性来作评价:包括功能性、可靠性、易使用性、效率、维护性、易移植性等。

传统的软件工程强调物性的规律,现代软件工程就是人和机器在不同层次的不断循环发展的关系。面向对象的分析、设计方法的出现使传统的开发方法发生了根本的变化。随之而来的是面向对象建模语言、软件复用、基于组件的软件开发等新的方法和领域。与之相应的是从企业管理的角度提出的软件过程管理,即关注于软件生存周期中所实施的一系列活动,并通过过程度量、过程评价和过程改进等涉及对所建立的软件过程及其实例进行不断优化的活动,使得软件过程循环往复、螺旋上升式地发展。

2.2 需求分析及可行性分析

生产软件的目的是为了使用,并且这一生产过程往往要耗费大量人力财力,因此,在付诸实施之前需要进行详细的需求分析和严格的可行性分析。

2.2.1 需求分析

在软件需求分析阶段,初步确定的软件范围将得到提炼且具体化,而且还将分析各软件部件可能采用的解决办法。

完善的软件需求说明是软件开发项目得以成功的基础。不管设计如何精心或者编码如何巧妙,如果对软件需求不加以明确规定,将使用户感到失望并给软件开发者带来严重后果。

在分析软件需求时,软件的开发者和需求者起着同样重要的作用。软件开发者应起到询问、顾问和问题解决者的作用,而软件需求者应设法把有关软件的功能和性能加以阐述,使之具体细化。

软件需求说明书主要包括。

(1) 项目概况,内容包括项目名称、项目用户、开发单位、项目目标、主要功能。

(2) 数据描述,内容包括数据流图、数据字典、系统接口说明和内部接口说明。

(3) 功能描述。

(4) 性能描述。

需求分析以软件范围为指南,软件需求分析试图实现如下几个目标。

(1) 通过揭示信息的流程与结构为软件的开发打下基础。

(2) 通过确定接口细节、深入描述软件功能、确定设计的约束以及规定软件的检验需求来说明该软件。

(3) 建立并保持与用户或软件需求者的联系,以便实现上述两个目标。

需求分析阶段的研究对象是软件产品的用户需求。这些需求最终要在所开发的软件产品上体现出来,或得到一定程度的满足。这些需求通常包括。

(1) 功能需求。

(2) 性能需求。

(3) 可靠性需求。

(4) 安全保密需求。

(5) 成本消耗需求。

(6) 开发进度需求。

(7) 资源使用需求。

(8) 用户接口需求。

在研究用户需求的基础上,进一步完成可行性分析和成本-收益分析,将可以接受的需求和分析结论编写成软件需求说明书,这是需求分析阶段的主要工作成果。

需求分析阶段的工作主要由软件人员承担,较大的软件开发机构通常有更明确的分工,系统分析员和高级程序员各有不同的职责。在需求分析阶段,系统分析员处在用户和高级程序员之间,沟通用户和开发人员的认识和见解。系统分析员一方面要协助用户对所开发的软件提出需求,另一方面还要和高级程序员充分交换意见,探讨其合理性和实现的可能性。

事实上,用户在软件开发的需求分析中也负有重要的责任。系统分析员应该认真听取和考虑用户的意见和要求。若是开发在某个企业中使用的应用软件，则所谓的用户应该包括企业的业务负责人、企业中有关部门的负责人以及与系统运行有关的操作人员等。这些人员在不同的工作岗位上，熟悉并掌握着企业的技术发展方针、部门的业务工作以及具体的操作技术，他们所提供的意见和要求在需求分析中是十分宝贵的原始资料。

经过分析确定下来的软件需求应该在软件需求说明书中给出确切的阐述。在软件开发过程中，以及在该项软件投入运行以后，需求说明书都是一份重要的资料，它被当作是用户和开发人员双方达成的协议书，其中阐明的需求是经过分析以后双方对问题共同的理解，而且是准备组织力量加以实现的。很显然，需求说明书中不应包括那些不可实现的或不准备实现的需求，因为需求说明书是下个阶段进行软件设计的基础和依据。此外，在项目开发工作完成以后，它也将成为产品验收的依据。

软件需求说明书编写的语言应该精确，不能在叙述上出现多义性。由于要让用户容易看懂它，所以在软件需求说明书中应尽量避免使用软件技术的专门术语。

软件需求分析完成后，这一阶段应交付的文件有。

(1) 软件需求说明书。
(2) 修改后的项目开发计划。
(3) 初步的用户手册。
(4) 确认测试计划。
(5) 数据要求说明书。

编写需求分析文档的步骤。

(1) 编写软件需求分析说明书。
(2) 编写初步的用户手册。
(3) 编写确认测试的计划，作为今后软件确认和验收的依据。
(4) 修改、完善项目开发计划。

其中用户手册包括：①引言；②软件用途；③软件运行环境；④软件使用过程及范例。

需求工程是软件工程的一个组成部分，是软件生命周期的第一个阶段。软件需求分析的工作，是软件开发人员与用户密切配合，充分交换意见，达到对需求分析一致的意见。在开发人员一方，进行需求分析工作的主要是系统分析员和系统工程师等，他们处于用户和高级程序员之间，负责沟通用户和开发人员的认识和见解，起着桥梁作用，是需求分析的主要角色。

需求分析阶段的最终任务是要完成目标系统的需求规格说明，确定系统的功能和性能，为后阶段的开发打下基础。需求工程是系统工程和软件工程的一个交叉分支，涉及软件系统的目标、软件系统提供的服务、软件系统的约束和软件系统的运行环境。它还涉及这些因素和系统的精确规格说明以及系统进化之间的关系，也提供现实需要和软件能力之间的桥梁。

一般来说，需求分析的作用包括。

（1）系统工程师说明软件的功能和性能，指明软件和其他系统成分的接口，并定义软件必须满足的约束。

（2）软件工程师求精软件的配置，建立数据模型、功能模型和行为模型。

（3）为软件设计者提供可用于转换为数据设计、体系结构设计、界面设计和过程设计的模型。

（4）提供开发人员和客户需求规格说明，用于作为评估软件质量的依据。

2.2.2 可行性分析

可行性分析工作一般在需求分析之前完成，主要涉及。

（1）一份《项目开发计划》，描述为成功地进行软件项目而要做的工作、需要的资源、工作量和费用及应遵循的进度安排。

（2）项目开发计划的目的是提供一个框架，使得主管人员在项目开始以后很短的时间内就可以对资源、成本、进度进行合理的估计。

（3）项目开发计划由分析和估算两项任务组成。分析是对系统内各软件功能界限的划定，估算是指根据已有的定性数据和以往的经验对系统开发的资源、费用和进度进行定量的估计。研制项目的复杂性越高，估算的难度就越大；项目的规模越大，估算的难度也越大；当项目的结构化程度较高且估算人员的经验丰富时，则估算更为准确。

可行性分析内容包括以下几个方面。

1. 项目概况

项目概况包括：项目名称、项目用户、开发单位、项目目标、主要功能、工作内容。

2. 系统资源

在软件开发工作中的资源包含人力资源、硬件资源和软件资源。对每一种资源都应指明要点，包括资源的描述、使用资源的起始时间和持续时间。

（1）人力资源。人力资源包括管理人员、分析和设计人员及编码和测试人员，人员数量、时间、职责。

（2）硬件资源。硬件资源包括开发系统、目标机器和新系统的其他硬件部分。开发系统是指在软件开发阶段使用的计算机及其指定的外部设备，它应该能够适应多种用户的需求，保持大量的信息，并应尽可能多地提供各种软件工具。目标机器是指所开发的软件最终在其上运行的计算机系统。

（3）软件资源。软件资源包括支持软件和应用软件，支持软件包括各种软件工具。适当地使用支持软件可以显著地改善软件开发的效率。应用软件是从各种软件包或程序库中取来并最终成为新软件的一个组成部分的软件。在采用应用软件时必须注意，如果现有的应用软件需要做某些修改才能与系统正确地结合，一定要小心从事，因为在一般情况下，修改现有软件的费用会高于开发同样软件的费用。

3. 费用预算

包括设备费、开发费、工具购置费等。

4. 进度安排

软件开发项目的进度安排可以从如下两点来考虑：一是项目的交付日期已定，负责开发工作的机构被限定在一个规定的时间范围内分配其工作量，在多数项目中往往遇到的是这种情况；二是项目最后的交付日期由软件开发机构自己确定，可以从最佳地利用各种资源的角度出发来分配工作量。项目最后的交付日期要经过对软件各部分仔细分析后再确定。

一种比较好的工作量分配方案应满足 40-20-40 规则，即前期的计划、需求分析与设计工作量约占 40%，其中计划占 2%～3%，需求分析占 10%～25%，设计占 20%～25%，后期的测试任务约占 40%，而编写程序则占比较少的工作量，约占 20%。进度的安排应按计划评审和关键路径两个角度来设定。估算一个单独任务可能需要的时间，并计算出边界时间，即为具体的任务规定一个起始与结束时间，完成软件各阶段工作的时间进度安排。

2.3 软件设计基础

软件设计是对软件的结构、系统的数据、系统组件之间的接口以及所用算法的描述。软件设计是软件开发中的关键步骤，直接影响软件的质量。

在软件需求分析阶段已经弄清楚了软件的各种需求，解决了所开发的软件"做什么"的问题，并已在软件需求说明书中阐明，下一步就要着手实现软件的需求，即软件设计阶段要解决"怎么做"的问题。软件设计过程是对程序结构、数据结构和过程细节逐步求精、复审并编制文档的过程。

过去软件设计曾被狭隘地认为是"编程序"或"写代码"，致使软件设计的方法学显得缺乏深度和各种量化的性质。经过软件工程师们多年的努力，一些软件设计技术、质量评估标准和设计表示法逐步形成并用于软件工程实践中。

2.3.1 软件设计阶段的任务

从工程管理的角度来看,软件设计分为概要设计和详细设计两个阶段,其工作流程如图 2-1 所示。具体设计任务可分为三部分。

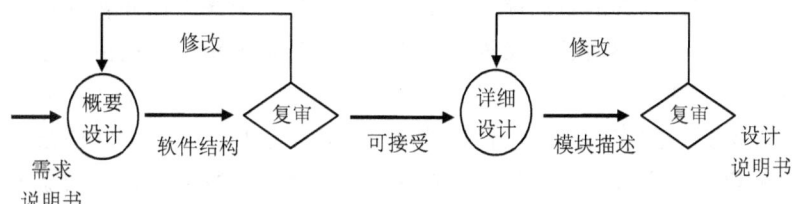

图 2-1　软件设计工作流程

1. 划分模块,确定软件结构

开发方法不同,确定软件结构的方法也不同。一般包括确定系统的软件结构、分解模块、确定系统的模块层次关系。

2. 确定系统的数据结构

数据结构的建立对于信息系统而言尤为重要。要确定数据的类型、组织、存取方式、相关程度及处理方式等。

3. 设计用户界面

作为人机交互的用户界面起着越来越重要的作用,它直接影响到软件的使用与寿命。

在软件设计阶段应达到的目标包括:提高可靠性、可维护性、可理解性和效率。衡量该目标的准则有。

(1) 软件实体有明显的层次结构,利于软件元素间控制。

(2) 软件实体应该是模块化的,模块具有独立功能。

(3) 软件实体与环境的界面清晰。

(4) 设计规格说明清晰、简洁、完整和无二义性。

软件结构设计优化准则包括。

(1) 提高模块独立性。

(2) 模块的接口要简单、清晰,含义明确,便于理解,易于实现、测试与维护。

(3) 模块的作用范围应在控制范围之内。

(4) 模块的深度、宽度、扇出和扇入应适当。

(5) 模块的大小应适中。

2.3.2 软件总体结构设计

软件总体结构应该包括两方面内容：一方面是由系统中所有过程性部件（即模块）构成的层次结构，亦称为程序结构；另一方面是输入输出数据结构。

软件总体结构设计的目标就是产生一个模块化的程序结构并明确各模块之间的控制关系，此外还要通过定义界面，说明程序的输入输出数据流，进一步协调程序结构和数据结构。

因此，无论是程序结构还是数据结构都是逐步求精、分而治之的结果。软件设计总是从需求定义开始，逐步分层地导出程序结构和数据结构，当需求定义中所述的每个部分最终都能由一个或几个软件元素实现时，整个求解过程即结束。

2.3.3 数据结构设计

数据结构描述各数据分量之间的逻辑关系，数据结构一经确定，数据的组织形式、访问方法、组合程度及处理策略基本上随之确定，数据结构是影响软件总体结构的重要因素。

数据结构与程序结构一样，也可以在不同的抽象级别上表示。以栈为例，作为一个抽象数据类型，在概念级上只关心"先进后出"特性，而在实现级上则要考虑物理表示及内部工作的细节，比如，用向量实现或用链表实现等。

2.3.4 软件过程设计

前述的程序结构仅考虑软件总体结构中模块之间的控制分层关系，而不关心模块内各处理元素和判断元素的顺序，过程设计紧跟在数据结构设计和程序结构设计之后，其基本任务恰恰是描述这方面的信息。

所谓过程，应包括有关处理的精确说明，诸如事件的顺序、确切的判断位置、循环操作以及数据的组成等。

程序结构与软件过程相互关联，程序结构中任何模块的所有从属模块必将被引用出现在该模块的过程说明中。

2.3.5 过程设计技术和工具

结构化程序设计的概念最早由 Dijikstra 提出，其理由是 GOTO 语句对程序的可读性、可测试性和可维护性带来极大的危害，应该用更可维护的控制结构替代它。随后 Bohm 和 Jacopini 证明了仅用"顺序"、"分支"和"循环"三种基本的控制构件即能构造任何单入口单出口程序，这个结论奠定了结构化程序设计的理论基础。

过程设计常用三种描述工具：图形、表格和语言。其中图形包括程序流程图、N-S图和PAD图。流程图常用符号如图2-2所示。

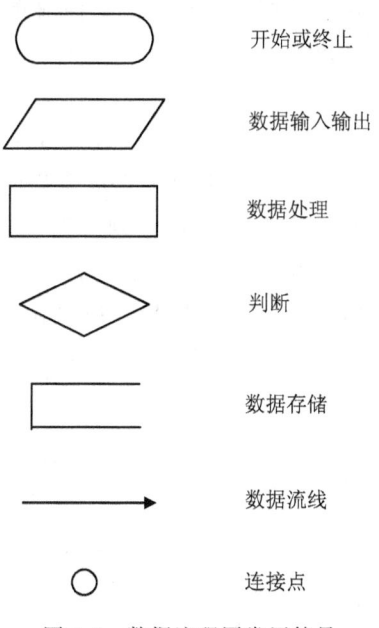

图 2-2 数据流程图常用符号

2.3.6 软件设计过程

一般认为，软件开发阶段由设计、编码和测试三个基本活动组成，其中"设计活动"是获取高质量、低耗费、易维护软件的一个最重要环节。采用不同的软件设计方法会产生不同的设计形式。设计活动中的数据设计把信息描述转换为实现软件所要求的数据结构，总体结构设计旨在确定程序各主要部件之间的关系，过程设计完成每一部件的过程化描述。根据设计结果进行编码，编码完成后交给测试人员测试。在设计阶段所做的种种决策直接影响软件的质量，没有良好的设计，就没有高质量的软件。统计表明：设计、编码和测试这三个活动一般占用整个软件开发费用的75%以上。

软件设计也可看成是将需求说明逐步转换为软件源代码的过程。从工程管理的角度，软件设计可分为概要设计和详细设计两大步骤。概要设计是根据需求确定软件和数据的总体框架，详细设计是将其进一步精化成软件的算法表示和数据结构。而在技术上，概要设计和详细设计又由若干活动组成，除总体结构设计、数据结构设计和过程设计外，许多现代应用软件，还包括一个独立的界面设计活动。

通常，结构化方法可使用瀑布模型、增量模型和螺旋模型进行开发；面向数据结构方法可使用瀑布模型、增量模型进行开发；面向对象方法可采用快速原型、喷泉模型、软件重用开发模型进行开发。下面对瀑布模型、快速原型模型、增量模型和螺旋模型做简要介绍。

1. 瀑布模型

1970 年，Winston Royce 提出了瀑布模型（waterfall model），直到 20 世纪 80 年代早期，它一直是唯一被广泛采用的软件开发模型。

瀑布模型将软件生命周期划分为制订计划、需求分析、软件设计、程序编写、软件测试和运行维护等基本活动，并且规定了它们自上而下、相互衔接的固定次序，如同瀑布流水、逐级下落。瀑布模型过程如图 2-3 所示。

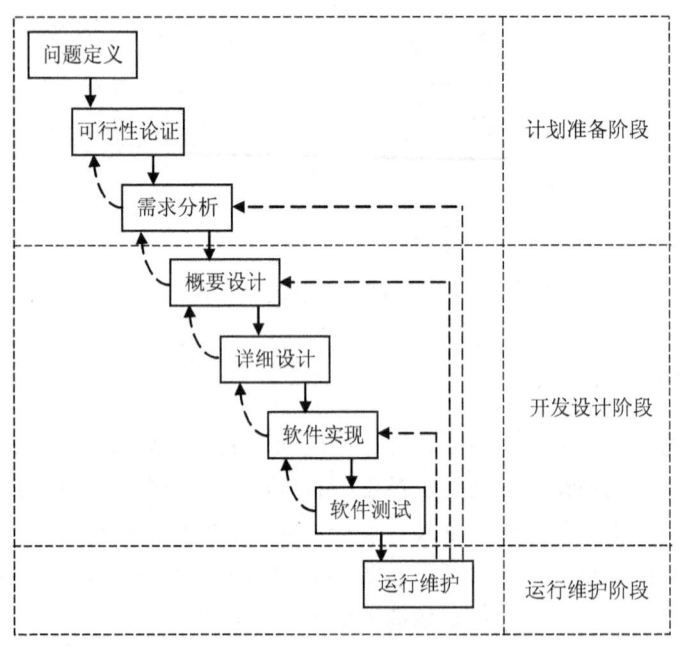

图 2-3　瀑布模型

在瀑布模型中，软件开发的各项活动严格按照线性方式进行，当前活动接受上一项活动的工作结果，实施完成所需的工作内容。当前活动的工作结果需要进行验证，如果验证通过，则该结果作为下一项活动的输入，继续进行下一项活动，否则返回修改。

瀑布模型强调文档的作用，并要求每个阶段都要仔细验证。这种模型的缺点是线性过程太理想化，各个阶段的划分完全固定，阶段之间产生大量的文档，极大地增加了工作量；并且由于开发模型是线性的，用户只有等到整个过程的末期才能见到开发成果，从而增加了开发的风险。

但"线性"是人们最容易接受、掌握、应用的思想方法。对于复杂的"非线性"问题，人们也总是千方百计地将其分解或转化为一系列简单的线性问题，然后逐个解决。增量模型就是分段的线性模型，在其他模型中也能够找到线性模型的影子。

2. 快速原型模型

快速原型模型（rapid prototype model）的第一步是建造一个快速原型，实现客户或未来的用户与系统的交互，客户或用户对原型进行评价，进一步细化待开发软件的需求。通过逐步调整原型使其满足客户的要求，开发人员可以确定客户的真正需求是什么；第二步则在第一步的基础上开发客户满意的软件产品。

显然，快速原型方法可以克服瀑布模型的缺点，在减少由于软件需求不明确带来的开发风险方面，具有显著的效果。

快速原型的关键在于尽可能快速地建造出软件原型，一旦确定了客户的真正需求，所建造的原型将被丢弃。因此，原型系统的内部结构并不重要，重要的是必须迅速建立原型，随之迅速修改原型，以反映客户的需求，如图 2-4 所示。

3. 增量模型

与建造大厦相同，软件也是一步一步建造起来的。在增量模型（incremental model）中，软件被作为一系列的增量构件来设计、实现、集成和测试，每一个构件是由多种相互作用的模块所形成的提供特定功能的代码片段构成。

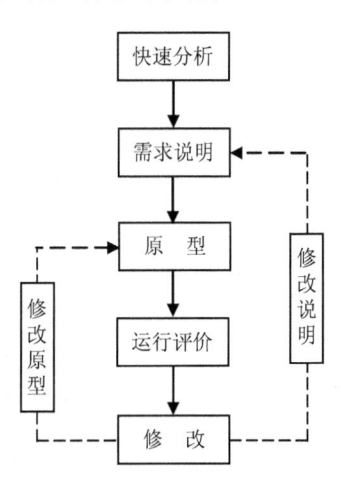

图 2-4 快速原型模型

增量模型在各个阶段并不交付一个可运行的完整产品，而是交付满足客户需求的一个子集的可运行产品。整个产品被分解成若干个构件，开发人员逐个构件地交付产品，这样做的好处是软件开发可以较好地适应变化，客户可以不断地看到所开发的软件，从而降低开发风险。但是，增量模型也存在以下缺陷。

（1）由于各个构件是逐渐并入已有的软件体系结构中的，所以加入构件必须不破坏已构造好的系统部分，这需要软件具备开放式的体系结构。

（2）在开发过程中，需求的变化是不可避免的。增量模型的灵活性可以使其适应这种变化的能力大大优于瀑布模型和快速原型模型，但也很容易退化为边做边改模型，从而使软件过程的控制失去整体性。

在使用增量模型时，第一个增量往往是实现基本需求的核心产品。核心产品交付用户使用后，经过评价形成下一个增量的开发计划，它包括对核心产品的修改和一些新功能的发布。这个过程在每个增量发布后不断重复，直到产生最终的完善产品。

4. 螺旋模型

1988 年，Barry Boehm 正式发表了软件系统开发的螺旋模型（spiral model)，它将瀑布模型和快速原型模型结合起来，强调了其他模型所忽视的风险分析，特别适合于大型复杂的系统。

螺旋模型沿着螺旋线进行若干次迭代，图 2-5 中的四个象限代表了以下活动。

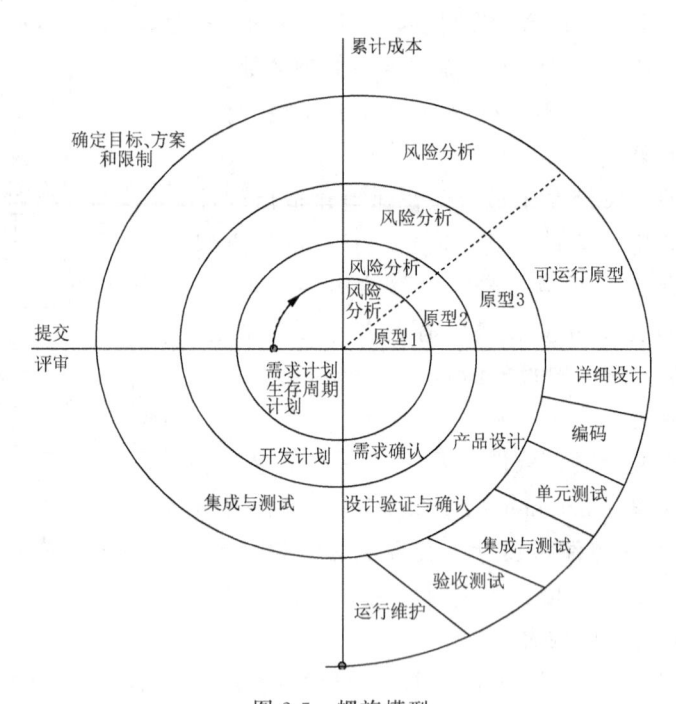

图 2-5　螺旋模型

(1) 制订计划。确定软件目标，选定实施方案，弄清项目开发的限制条件。
(2) 风险分析。分析评估所选方案，考虑如何识别和消除风险。
(3) 实施工程。实施软件开发和验证。
(4) 客户评估。评价开发工作，提出修正建议，制订下一步计划。

螺旋模型由风险驱动，强调可选方案和约束条件从而支持软件的重用，有助于将软件质量作为特殊目标融入产品开发之中。但是，螺旋模型也有一定的限制条件，具体如下。

（1）螺旋模型强调风险分析，但要求许多客户接受和相信这种分析，并做出相关反应是不容易的，因此，这种模型往往适应于内部的大规模软件开发。

（2）执行风险分析可能会影响项目的利润，因此，螺旋模型只适合于大规模软件项目。

（3）软件开发人员应该擅长寻找可能的风险，准确地分析风险，否则将会带来更大的风险。

第3章 程序语言

程序设计语言，或称编程语言，是一组用来定义计算机程序的语法规则，是人与计算机进行交流的工具。计算机完成某一特定任务必须执行一系列指令，这个指令序列我们称为程序，而程序设计必须借助语言来描述，这就是程序设计语言。程序设计语言让程序员能够准确定义计算机所需要使用的数据和在不同情况下所应当采取的行动。

程序设计语言原本是被设计成专门使用在计算机上的，但它们也可以用来定义算法或者数据结构。高级程序设计语言使程序员能够比使用机器语言更准确地表达他们所想表达的目的。对从事计算科学的人来说，懂得程序设计语言是十分必要的，因为所有的计算任务都需要通过程序设计语言实现。

在过去的几十年间，大量的程序设计语言被发明、被完善、被修改、被取代或被组合在一起。尽管人们多次试图创造一种通用的程序设计语言，却没有一次尝试是成功的。之所以有各种不同的编程语言存在，其原因是：编写程序的初衷其实也各不相同；新手与老手之间技术的差距非常大，许多语言对新手来说太难学；不同程序之间的运行成本各不相同；有许多用于特殊用途的语言，只适合在特殊情况下使用。

高级程序设计语言的出现使得计算机程序设计语言不再过度地依赖某种特定的机器或环境。这是因为高级程序设计语言在不同的平台上会被编译成不同的机器语言，而不是直接被机器执行。

如果所使用的翻译的机制是将所要翻译的程序代码作为一个整体翻译，并之后运行内部格式，那么这个翻译过程就称为编译（compiled）。因此，一个编译器是一个将可阅读的程序文本，即源代码，作为输入的数据，然后输出可执行文件。所输出的可执行文件可以是机器语言，由计算机的中央处理器直接运行，或者是某种模拟器的二进制代码。

如果程序代码是在运行时才即时翻译，那么这种翻译机制就被称作解释（interpreted）。经解释的程序运行速度往往比编译的程序慢，但往往更具灵活性，因为它们能够与执行环境互相作用。

虽然大多数的语言既可被编译又可被解释，但大多数只在一种情况下能够良好运行。在一些编程系统中，程序要经过几个阶段的编译，一般而言，后阶段的编译往往更接近机器语言。虽然在很多时候，中间过渡的代码往往是解释，而不是编译的。

3.1 程序与程序员

程序是用程序设计语言描述的、适合于计算机处理的语句序列。自从1945年Eckert和Mauchily发明了第一个电子计算机系统埃尼亚克（ENIAC）以来，计算机技术便吸引了世界上聪明且富于创造力头脑的人。20世纪80年代，纯程序员（real programmer）开始正式登上历史舞台，所谓纯程序员，是那些往往具备工程或者物理方面的学科背景，使用机器语言、汇编语言、Fortran语言，以及一大堆早被人们遗忘的语言编程的人们。

3.2 程序语言简史

有了计算机，就得有程序语言。早期的计算机，每一台都有自己独立的操作系统，同时配有自己特殊的程序语言。

1822年，查尔斯·巴巴奇（Charles Babbage）发明了他的差分机（difference engine），从那时起，就必须给计算机找到一种指示它们完成特定任务的方法。这种方法，现在我们把它称作程序语言。

程序语言是这样工作的：先由一系列步骤组成一个特别的程序，然后将这些程序输入计算机并让它照此执行。随着后来的发展，计算机语言又提出了更进一步的要求，比如逻辑分叉、面向对象等特征。

一开始，查尔斯·巴巴奇的差分机仅能执行计算齿轮的任务。也就是说，最早的计算机语言的形式是物理运动。

直到1942年制造出ENIAC之后，物理运动才被电子信号所取代，它遵循了巴巴奇差分机的许多原则。ENIAC要执行新的计算指令时，需要预先把"程序"预置到系统内才行。

1945年，约翰·冯·诺依曼（John Von Neumann）提出了直接影响计算机程序语言发展方向的两个重要概念。

第一个概念是"程序分享技术"。这一技术指出，实际的计算机硬件应该非常简单，不需要做相应的手工设置来针对每个程序。而复杂的指令应该被用来控制简单的硬件，让它能更快地运算。

第二个概念对程序语言的开发也极其重要，冯·诺依曼叫它"有条件的控制传输"。这个想法产生了子程序的概念，小块的代码可以在任意顺序中执行，无须设定为单一顺序步骤；其次，计算机代码应该可以基于逻辑语言表达式分叉（如IF…Then语句）和循环（如For语句）。

"有条件的控制传输"催生了"库"（libraries）的概念，"库"即能被重复使用的代码。

1949年，"短码"（short code）语言出现。它是电子设备的第一个计算机语言，它要求程序员手工把代码全部转成0和1。虽然难度很大，却迈出了通往今天复杂程序语言的第一步。

1949年，格蕾丝·霍波（Grace Hopper）为世界上第一台储存程序的商业电脑编写了软件，开始第一次使用"短码"。1951年，格蕾丝·霍波又写出第一个程序语言编译器A—0。编译器就是把计算机语言的语句转换为0和1的程序。这使得程序员们编程的速度大大加快，而且无需手工转换。能够把类似英文的符号代码转换成计算机能够识别的机器指令。到了20世纪50年代中期，她又开发出Flow-Matic语言，为COBOL高级语言的诞生奠定了基础。1959年5月日，她领导的一个工作委员会成功地研制出第一个商用编程语言COBOL。COBOL最重要的特征是语法跟英文很接近，可以让不懂电脑的人也能看懂程序。编译器软件只要做少许修改，就能运行于任何类型的电脑。1963年，美国国家标准局对它进行了标准化。用COBOL写作的软件，比其他语言多得多，霍波也因此被誉为计算机语言领域的先驱人物。

20世纪50年代计算机存储器非常昂贵，为了节省内存空间，霍波开始采用6位数字来储存日期，即年、月、日各两位。随着COBOL语言的影响日益扩大，这一习惯做法被人们沿用下来，到2000年前，居然变成了危害巨大的"千年虫"，这当然是霍波始料不及的。

COBOL并不是第一种高级计算机语言。早在1957年，第一个真正的高级计算机语言就出现了，名叫Fortran。这个名字是FORmula TRANslating的缩写，它是专为IBM公司设计的。这个语言仅仅包括"IF"、"DO"和"GOTO"语句，以现在的眼光来看是非常简陋和有局限性的，但在当时却是了不起的进步。今天还在使用的基本数据类型，包括逻辑变量"True"和"False"，也是Fortran里首先提出来的。

尽管Fortran非常擅长数字的处理，但对输入输出的支持并不太好，偏偏输入输出又和大多数的商业计算息息相关。1959年，当商业计算飞速发展起来之后，COBOL语言诞生了。COBOL的最初设计理念就是成为商业使用的基础语言，它的数据类型只包括数字和字符串。为了能更好地跟踪和组织数据，数字和字符串便被组织到数组和记录中。COBOL程序就像散文那么优雅，由四到五节组成一章，它又像英语一样有语法，学习起来非常容易。它所有的设计都是为了使用户能更好更容易地接受和学习。

1958年，为了研究人工智能，麻省理工学院的约翰·麦卡锡（John McCarthy）设计了LISP（list processing）语言。这种语言和其他语言最显著的差别是，它只支持"表"这种数据类型。

LISP 语言把自己也当成一套表来描述，因此它具有自我完善的功能，也由此发展了起来。

1964 年，约翰·凯门伊（John Kemeny）和托马斯·克茨（Thomas Kurtz）开发了 BASIC 语言，随后在此基础上改进的 VB，目前已经是软件教学中最常用的语言之一。

BASIC 语言是为没有计算机基础的人设计的语言，能力非常有限。微软把 BASIC 扩充成了自己的主打产品 VB。VB 的核心是表单（form），能在空白窗口上拖动部件、滚动窗、图像。这些小构件被称作"窗口部件"（widgets）。部件中有属性（如颜色）和事件（点击或者双击），能够开发用户所需的界面。

VB 现在常用来为微软的其他产品（如 Excel，Access）开发简单快速的接口界面，当然用它也能开发完善的应用程序。

ALGOL 语言是 1958 年开始开发的。它的突出贡献是为类似 Pascal、C、C++以及 Java 这类的语言奠定了基础。它也是第一个有语法形式的计算机语言，比如大家知道的 Backus-Near 以及 BNF。

ALGOL 提出了一些很新奇的概念（如递归功能），造成新版本的 ALGOL68 异常庞大，难以使用。于是体积更小结构更紧凑的语言 Pascal 出现了。Pascal 是由尼克劳斯·维斯（Niklaus Wirth）在 1968 年提出的。维斯开始只是想设计一个好的教学语言，没想过要让它为世人广泛接受。因此，他集中精力设计了调试器（debugger）和编辑器，还把它设计成一种可以在当时教学机构内使用广泛的、过时的微处理器机上运行。

Pascal 整合了当时通用语言 COBOL、Fortran、ALGOL 的最佳特点，在整合的同时，清除了这些语言的不规则陈述。因此，大量的用户开始使用 Pascal，使它逐渐发展成一种非常成功的语言。

Pascal 改进了 Pointer，增加了"Case"语句，允许指令执行它后以树形方式分支。

Pascal 改进了动态变量，使其可以在程序执行时通过"New"和"Dispose"命令出现。但是 Pascal 没有实现动态数组和变量组的功能，这导致了它后来的衰落。

维斯后来又开发了一个 Pascal 的继承者——Modula-2，可惜 Modula-2 生不逢时，此时，C 语言已经把市场都占领了。

1972 年，新泽西贝尔实验室的丹尼斯·里奇（Dennis Ritchie）开发了 C 语言。C 语言的直系父母应该是 B 和 BCPL 语言，但它和 Pascal 之间的继承关系也显而易见。Pascal 的所有特性都能在 C 里执行。但是 C 修正了 Pascal 的错误，因而赢得了前 Pascal 用户们的心。

里奇是为当时同步开发的 Unix 系统而设计的 C 语言，因此，C 和 Unix 是一对孪生兄弟。C 有很多先进的特点，比如动态变量、多任务处理、中断处理等，而且它在输入输出上也很强。在 Unix、Windows、MacOS、Linux 系统下，C 的应用都非常普遍。

到了 20 世纪 70 年代末 80 年代初，一种新的编程方法，即面向对象编程（object oriented programming，简称 OOP）被设计出来。所谓对象，是程序员能包装和能操作的数据块。布贾恩·斯特斯特普（Bjarne Stroustrup）很欣赏这个方法，把它扩展到了 C 语言上。

1983 年，C++带着全部的新特征正式登场。C++的设计思路是，把 OOP 融合到 C 语言上，同时维持 C 的运算速度，能在不同的计算机上运行。C++常用于模拟运算，比如追踪升降机内上百人的操作或者监控军团里不同类型士兵行为等。

20 世纪 90 年代初期，交互电视机技术看起来很有前途，为了配合这种交互技术，Sun 公司决定开发一个便捷式跨平台的语言，这语言最终发展成了 Java。

1994 年，交互式电视项目失败，Java 开发组把重点转到网络应用上。第二年，Netscape 浏览器内支持 Java 程序。这时 Java 变成了"未来的语言"，若干公司都宣布自己的应用程序将用 Java 开发。

Java 的跨平台思路、真正地面向对象工作、垃圾代码收集等特性，必然会成为未来程序语言的发展方向。

计算机语言经历了曲折的历程，开始为最简单的功能而设计，以后演化成了软件，并且获得了越来越多更新的特性。现在我们区分一门语言，着眼点是看它更适合哪一方面的应用，虽然实际上它们几乎能被用来实现各方面的功能。

3.3　程序语言评价标准

语言的特性直接影响软件的开发过程与维护过程，因此也需要有一系列的评估标准来评判语言的特性，虽然这样的标准必定有争议，但绝大部分计算机科学工作者赞同下面所讨论的这些标准的确是重要的，而且这些标准并不是全部，也不都是同等重要的。

3.3.1　可读性

判断一种程序设计语言优劣的最重要的标准，是用它所编写的程序好读、好懂的程度。1970 年之前，人们普遍认为软件开发就是编写代码。当时考虑程序设计语言的主要特征是效率与机器的可读性。而语言中结构的设计更多地是从机器的角度，而较少考虑计算机用户的因素。然而自提出了软件生命周期概念以后，编程降格为较为次要的角色,而软件维护则被认为是软件生命周期中的主要部分,尤其是从成本的角度而言。由于软件维护的难易在很大程度上取决于程序的可读性,所以可读性就成了衡量程序以及程序设计语言质量的重要标志。这也是程序设计语言发展中的一个重要转折点,程序设计语言的关注点明显地转移,从面向机器转向了面向人。

影响程序设计语言可读性的特征主要包括整体简单性、正交性、控制语句、数据类型与数据结构、语法设计。

1. 整体简单性

一种程序设计语言的整体简单性极大地影响着它的可读性。一种具有大量基本结构的语言较只有少量基本结构的语言要难学得多。当程序员们必须使用一种复杂的语言时,他们往往趋向于只学习这种语言的一部分内容,即该语言的一个子集,而忽略它的其他特性。当程序的编写者学会的语言子集与阅读者所熟悉的语言子集不相同时,可读性的问题就出现了。

程序设计语言的第二种复杂特征是其特性的多样化,即某一种特定的操作存在着多种实现方式。

第三种可能出现的问题是运算符重载,即单个运算符被赋予多种运算意义。虽然这是一种有用的特性,但是如果允许程序编写人员给运算符赋予他们自己的运算意义,而他们又不能谨慎所为的话,就会降低程序的可读性。

第四个重要标准是代价。过分追求语言的简单性也不妥。例如,汇编语言,该语言中多数语句的形式及语义都是简单性的典范。然而,这种极端的简单性导致了汇编语言较差的可读性。由于汇编语言缺乏较为复杂的控制语句,它的程序结构的清晰性欠佳,而且编写类似功能的程序时,往往需要使用比高级语言多得多的语句。

2. 正交性

程序设计语言的正交性是指使用该语言中一组相对少量的基本结构,经过相对少的结合步骤,可以构成该语言的控制结构与数据结构。而且它的基本结构的任何组合都是合法的和有意义的。例如,数据类型,若一种语言具有四种基本数据类型:整数、浮点数、双精度数和字符,另外还具有两个类型操作符数组和指针,如果这两个类型操作符能够作用于自身以及这四种基本数据类型,大量的数据结构就能够由此而被定义出来。

语言的正交性来自于它的基本结构的对称关系。指针应该能够指向任何类型的变量或者数据结构。缺乏正交性会导致语言规则的异常。例如,如果不容许指针指向数组类型,许多可能性就被消除。

语言的正交性与语言的简单性是紧密相关的,程序设计语言的正交性设计得越好,该语言规则中的异常情况就会越少,较少的异常意味着设计中的较高程度的规范性,因而较容易被人们学习、阅读和理解。

过分追求正交性也会产生问题。最为正交的程序语言或许是 ALGOL68。该语言中的每一种结构都具有类型,并且这些类型都不存在任何限制。此外,绝大多数结构都产生数值。这种结合的自由导致了这种语言的极为复杂的程序结构。例如,条件语句可以与变量声明或其他语句一起出现在赋值语句的左面,只要它的结果是一个地址。高度的正交性导致过量的各种结合,即使这些结合都是简单的,它们绝对的大数量也会导致语言的复杂性。

因此,语言的简单性部分是归于相对少量的基本结构所产生的结合,以及限量地运用正交性原理。

3. 控制语句

20 世纪 50 年代和 60 年代的一批程序设计语言由于缺乏控制语句,导致了很差的可读性。70 年代针对这种缺陷兴起了结构化程序设计的变革。尤其是人们已经普遍地意识到滥用 GOTO 语句会严重降低程序的可读性。能够从头顺序读到结尾的程序,比需要读者从一条语句跳跃到另一条语句来跟踪程序的执行顺序要好读得多。

20 世纪 70 年代初期的 BASIC 及 Fortran 的早期版本缺乏严格限制使用 GOTO 语句的控制语句,因而很难用它们写出可读性高的程序。自 20 世纪 60 年代后期所设计的大多数程序设计语言都包括了足够的控制语句,这极大地减少了使用 GOTO 语句的必要。

所以现代语言中的控制语句的设计就不像过去那样对可读性有很大的影响了。当然,使用任何语言都有可能编写出结构性能差的程序,而在一种语言中包括 GOTO 语句尤其容易诱导人们编写这类差的程序。因此,语言中适度的控制语句能够允许人们编写结构优良、可读性高的程序,但这只是必要条件。

4. 数据类型与数据结构

在程序设计语言中给出定义数据类型与数据结构的合理机制是语言可读性的又一种重要辅助。例如,假设在某种语言中不存在布尔数据类型,数值数据类型就被用来作为标志。同样地,记录数据类型比使用一组相似数组来记录档案,可读性更好,在没有记录数据类型的语言中,就必须运用这些相似数组来记录这种信息,其中的每一个数组记录档案中的一列数据。

5. 语法设计

一种语言的组成元素的语法或形式对程序的可读性有着极为重要的影响。

(1) 标识符形式。将标识符的长度限制得很短会降低语言的可读性,这样会很难赋予变量以有意义的名字。一个最为极端的例子是美国国家标准协会关于

BASIC 语言的原始规定，1978 年，它限制标识符只能包含单个字母，后面只能跟随一个数字。

(2) 特殊字。语言中特殊字或保留字的形式如 if 和 for 等将极大地影响程序的外观及与此相关联的程序的可读性。其中特别重要的是构造复合语句或语句组合的方式，尤其是在控制结构中构造复合语句的方式。一些语言使用配对的特殊字或者特殊符号来构造复合语句。C 及其后继语言使用括号来说明复合语句。所有这些语言都有相类似的麻烦：它们的复合语句总是以同样的方式终止，当出现 end 或者 "}" 时，人们很难判断究竟是哪一个语句组合应该被结束。有些语言在这个问题上则较为清晰，它们对不同类型的复合语句采用不同的终止语法。例如，用 end if 来终止 if 选择结构，而用 end loop 来终止 loop 循环结构。为实现语言的简单性，则定义较少的特殊保留字，类似在 C++ 中；为实现较大程度的可读性，则使用较多的保留字，类似在 Ada 中的那样。

(3) 形式与意义。设计程序语言的语句时，使其字面形式至少部分地表明它们的功用。这对语言的可读性有着明显的帮助。语义或者说意义应该紧跟语法或形式。但有时两种语言在结构形式上相同或者相似，而当将其放置于不同的位置时，就会具有不同的语义，这就违反了上述原则。

3.3.2 可写性

程序设计语言的可写性是在给定的应用领域内对该语言产生程序的难易程度的一种度量。大多数影响可读性的语言特征也可以影响可写性。这是因为在编写程序的过程中，编程人员要不断地阅读已经编写好了的程序部分。

如同可读性的情形一样，可写性只能在程序设计语言所针对的问题领域之内来考虑。下面将阐述影响程序设计语言可写性的几个最重要特性。

1. 简单性与正交性

如果一种程序设计语言中具有大量的不同结构，那么一些编程人员可能只熟悉它们的一部分。这种情形会导致一些语言特性被误用，而另外的一些则被忽略。那些被忽略的特性也许比被采用的特性能够写出更加漂亮、更加高效或二者兼备的程序来。更有甚者，人们可能会意外地采用一些他们所不理解的特性，产生出莫名其妙的结果。所以，一组较少量的基本结构以及一套相互一致的组合规则，比仅仅具有大量的基本结构要优越得多。这样，编程人员在学会了一套简单的基本结构之后，就能针对复杂问题设计出解决办法。

另外，过分的正交性也有损于可写性。当基本结构的任意结合几乎都是合法时，程序中的错误就很难被检测出来。这也会导致编译器不能够发现代码中的错误。

2. 支持抽象

抽象指的是以合法省略许多细节的方式来定义并且使用复杂结构或复杂运算的能力。在当代程序设计语言的设计之中，抽象是一个关键性的概念。这反映了抽象在现代程序设计方法学中所起的主角作用。一种程序设计语言所允许的抽象程度，以及这种抽象表现形式的自然程度，对语言的可写性是非常重要的。程序设计语言可以支持两种不同类型的抽象，即过程抽象与数据抽象。

过程抽象的一个简单例子，是采用子程序来实现在程序中反复运用的排序算法。如果没有子程序，这段排序代码将重复出现于程序中所有需要的地方，这使得程序冗长而且编写的过程也麻烦得多。尤其重要的是，如果不采用子程序，程序里将会乱糟糟地充满了应该写在子程序中的排序算法的细节，这将使程序的流程和总意图很不清楚。

数据抽象的一个例子，考虑一种将整数数值存储于其节点的二叉树结构。在一种类似 Fortran77 的、不支持指针、且不支持运用堆的动态存储管理的语言中，这种二叉树结构通常被实现为三个并行的整数数组，其中的两个整数被用来定义子节点的下标。而在 C++ 和 Java 语言中，就能够使用树节点的抽象来实现这种树结构，而其中每个节点的形式为具有两个指针以及一个整数的简单的类。后一种表示方法在表达形式上的自然性，使得运用这类语言来编写具有二叉树结构的程序比用 Fortran77 编写要容易得多。这仅仅是因为这种程序设计语言解决问题的范畴更接近实际问题的领域。对抽象是否全面支持显然是影响语言可写性的重要因素。

3. 表达性

语言的表达性可以指语言中几种不同的特征。如某种语言中具有一些功能很强的运算符，这些运算符可允许使用很小的程序完成极大量的运算。更一般地，表达性是指一种程序设计语言具有相对方便、非繁琐的方式来说明运算。这些都增进了程序设计语言的可写性。

3.3.3 可靠性

如果一个程序在任何条件下的运行都能够达到它的说明标准，我们称这个程序是可靠的。下面将阐述在特定语言中，对程序可靠性有影响的一些主要语言特性。

1. 类型检测

类型检测就是用编译器或在程序的运行过程中测试给定程序中的类型错误。类型检测是语言可靠性中的一个重要因素。编译时的类型检测要比运行时的类型检测更为理想，因为运行时的类型检测是高代价的。程序中的错误发现得越早，改正错误的代价就越低。

2. 异常处理

一个程序如果具有中断运行错误并改正错误然后继续运行的能力，将有助于提高程序的可靠性。这种程序设计语言的机制就称为异常处理。

3. 使用别名

使用别名就是用两个或多个名字来访问同一个存储单元。现在人们已经普遍意识到使用别名是程序设计语言中的一个危险特性。大多数的程序设计语言允许一定程度的别名使用，例如，在大多数语言中都有可能将两个指针指向同一个变量。程序员必须时刻记住，在这样的程序中，如果这两个指针中的一个所指向的数值改变了，将引起另外一个指针所引用的数值的改变。

一些语言靠使用别名来克服其数据抽象机制的低效率，而另一些语言则严格禁止使用别名以提高语言的可靠性。

4. 可读性与可写性

可读性与可写性都会影响到可靠性。如果编写程序的语言不具有表达所需算法的自然方式，就必然会采用非自然方式。非自然的方式不能保证在所有可能的情况下都是正确的。一个程序越容易编写，则其正确的可能性就越大。

在软件生命周期中的编写与维护阶段，程序的可读性和可写性都会影响其可靠性。难于阅读、编写和修改的程序也很难保证其可靠性。

3.3.4 代价

程序设计语言的最终总代价是这种语言中各种特征的一个函数。

第一是训练程序员使用这种语言所付出的代价。

第二是使用这种语言来编写程序所付出的代价。这种代价是程序设计语言可写性的一个函数，它部分地取决于这种语言的设计目的与特定应用问题的接近程度。

第三是在这种语言中编译程序的代价。

第四是程序运行的代价。一种语言的设计方式极大地影响着用这种语言所编写的程序的运行代价。无论该语言编译器的质量如何，要求进行大量运行时类型检测的语言必将阻碍代码的高速执行。尽管在早期的语言设计中，程序的执行效率是最优先考虑的因素，然而现在却认为不是那么重要了。但在生产环境中，编译过的程序会需要多次执行，这必然值得付出额外的代价来优化代码。

第五是一种语言实现系统的代价。如果一种语言的实现系统价格昂贵，或者只限于运行在价格昂贵的硬件设备之上，这种语言被广泛应用的机会就要小得多。

第六是可靠性差的代价。即软件在一个系统中出错的代价。

最后要考虑的一点是程序维护的代价。程序维护包括程序的改错，以及为增加新功能而进行的修改。这种软件维护的代价取决于语言的许多特征，但主要是语言的可读性。软件维护的重要性无论怎么强调都不为过。据估计，对于使用期相对长的大型软件系统，软件维护的代价可以是软件开发代价的若干倍甚至数十倍。

在影响程序设计语言代价的所有因素之中，三种因素最为重要，即程序开发、软件维护及可靠性。由于这三种代价又都是可写性与可读性的函数，由此可得出结论：可写性与可读性就成为评估程序设计语言的两种最重要的标准。

当然，其他的一些标准也可以用来评估程序设计语言。如可移植性、语言的通用性及定义良好性等。

3.4　影响语言设计的因素及语言分类

除了在上节中阐述的那些因素以外，还有一些因素会影响到程序设计语言的基本设计。其中最为重要的是计算机体系结构及程序设计方法学。

程序设计语言通常可以被分为四类：命令式语言、函数式语言、逻辑语言和面向对象的语言。

3.5　程序实现方法

计算机的两个主要组成部分是它内部的存储器及处理器。内部存储器被用来存储程序和数据，处理器则是一组电路，用来实现一系列的基本运算或机器指令，如进行算术运算和逻辑运算的指令。在大多数计算机中，有一些指令通常被称为宏指令，实际上这些指令是通过定义于更低层次的指令来实现的。

计算机的机器语言是一套指令。在没有其他支持软件的情况下，机器语言是大多数硬件计算机能够"理解"的唯一语言。理论上也可以这样来设计和建造一台计算机，即可以使用一种特殊的高级语言作为它的机器语言。但这样建造的计算机会十分复杂且非常昂贵。此外也会极不灵活，通用性非常低，因为很难通过其他的高级语言来使用它。计算机设计中较合理的选择是：在其硬件实现上采用最普遍需要的、基本操作的、较低层次的语言，而要求其系统软件生成使用高层次语言编写程序的接口。

一种语言的实现系统并不是一台计算机上的唯一软件。它还需要一个操作系统，这个系统提供高于机器语言层次的基本操作。这些基本操作包括系统资源的管理、输入和输出操作、文件系统管理、文字或者程序编辑，还包括其他各种普遍需要的功能。因为语言的实现系统需要许多操作系统工具，所以实现系统是与操作系统接口，而不是直接与处理器打交道。程序实现的方法可以是编译、解释或这两种方式的结合。

3.5.1 编译

编译是将程序翻译成能够在计算机上直接运行的机器语言，这种方法称为编译器实现。这种方法的优点是，一旦完成翻译过程，程序执行速度非常快。大多数程序设计语言的实际实现都是借助于编译器的。被编译器翻译的语言称为源语言。从源程序到程序的执行往往跨越了几个阶段。

3.5.2 单纯解释

单纯解释在实现方法中是正好与编译相反的另一个极端。使用单纯解释的方法，程序不需要经过任何翻译过程，而是由另一个被称作解释器的程序来解释执行。解释器的作用就如同一个机器的软件模拟。这种软件模拟显然给程序设计语言提供了一个虚拟机器。

单纯解释技术的优点是，它能够容易地实现在许多源程序层次上的调试操作；这是因为运行时的所有出错消息能够指向出错的源程序中的具体位置。但另一方面，这种方法存在着严重的缺陷，程序执行的速度要比编译过的程序速度慢许多倍。其速度缓慢的主要原因是对高级语言中语句的解码过程；这种解码过程远比机器语言指令的解码过程复杂得多。而且一条语句无论被执行多少次，对它的每一次执行都必须解码，因而语句的解码是单纯解释方法的瓶颈。

单纯解释的另一个缺点是它常常需要较多的存储空间。因为除了源程序之外，符号表在解释过程中也必须出现。

3.5.3 混合实现系统结果

一些程序设计语言的实现系统介于编译与单纯解释之间。因为编译器对高级语言源程序进行语法分析，生成简捷的中间代码（伪代码），执行的解释器针对伪代码逐条翻译成机器代码并执行，由于执行时解释器不必针对高级语言进行语法分析，因此，执行速度比单纯解释要快。这样的语言实现系统就被称为混合实现系统。

有些时候，实现程序可以给同一种语言同时提供编译和解释两种实现方法。在这种情况下，解释器被用来开发和调试程序。当达到无错状态之后，再编译程序，以便于提高执行的速度。

3.5.4 预处理器

预处理器是在一个程序被编译之前对这个程序进行处理的程序机制。预处理器的指令被嵌入程序中。归根到底，预处理器是一个宏指令扩展器。预处理器的指令通常被用来说明程序所应该包括的、来自于其他文件的代码。另外一些预处理器指令被用来定义表达式中的符号。

3.6 程序设计环境

程序设计环境是指一系列在软件开发过程中所使用的工具。这套工具可能只包括了一个文件系统、一个文本编辑器、一个链接器以及一个编译器。或者，它也可能包括经由一个统一的用户界面来调用的一系列集成工具。后面的这种情形极大地提高了软件开发和维护的效率。因而一种程序设计语言的特征并不是一个系统的软件开发能力的唯一衡量标准。

3.7 Fortran 语言

第一个真正的高级语言——Fortran 语言。

1953 年 4 月，IBM-701 计算机诞生，相对以前的计算机，它具有惊人的运算速度，如何提高其效率成为关键问题。

将一个工程或科学问题输入计算机的准备工作既艰巨又神秘，要花几周的时间，还需要特殊的技能。只有一小部分人有这种神奇的可以和机器对话的能力，其中一个就是年轻的程序员约翰·巴克斯（John Backus），他在与机器的战斗中受阻后，急切地想加快编程的速度并使编程简化。

1953 年年底，巴克斯为了寻找更好的编程方法，专门成立了一个项目研究小组，这个研究小组便是为了研究编程语言 Fortran 而成立的。

Fortran 小组的成功应归功于两点，首先，他们发明了一种编程语言，它是英文速记和代数的结合，这是一个数学计算的语言，与科学家和工程师们日常工作中要用到的代数公式十分相似。在那时，Fortran 对于那些想在计算机上解决问题的人来说无疑是提供了一个相当开放的编程环境。通过训练，人们不再像以前那样需要把问题转换成机器语言。Fortran 使人机交流达到一个新的水平，更接近人的语言习惯。这就是为什么 Fortran 被称作第一个高级语言。其次，Fortran 更大的成功在于它的良好运行性能。用 Fortran 编的程序运行十分高效，与那些编程精英们费力用手工编出的机器代码执行效率差不多。如果不是在自动化编程方面的飞跃，Fortran 可能不会被采用，因为当时的机器时间十分宝贵，属于极为昂贵的一种资源，如用 Fortran 的程序运行得慢，或比手工编机器代码花费更多的机器时间，那 Fortran 从经济角度来说就是不可行的。当时人们普遍认为，程序员不可能高效地进行运行时间的匹配。然而 IBM 的这个小组做到了，Fortran 的编译程序做得很好。

现代版本的 Fortran 仍广泛地用于科学计算和数值模拟计算工作中，比如大型结构分析、天气预报、气候变化、高能物理等方面。它仍时常被那些经验丰富的科学家和程序员提起，因为这是他们学会的第一个编程语言。当然，更多更新的语言开发出来后，他们就很少用它了。但必须指出的是，无论编程工具变化多快，都绝对不能抹煞 Fortran 给软件世界带来的特殊贡献，因为所有的高级编程语言都是在 Fortran 的基础上发展起来的。

弗吉尼亚工程学院的教授、资深计算机历史学家 J. A. N. Lee 称，Fortran 是编程语言发展的转折点；1969 年创立了 Unix 操作系统的肯·汤普森（Ken Thompson）说："早期编程人员中有 95% 的人离开了 Fortran 就无法工作。Fortran 迈出了巨大的一步。"一位微软的软件研究员吉姆·格雷（Jim Gray）宣称："万物初始，只有 Fortran。"

在计算机科学领域中，一直存在一个巨大的挑战，这就是寻找一条使人提出的问题能被计算机解决的途径。巴克斯选择的突破口是编译器的问题，这正是 Fortran 的真正成就。人们可以发现，今天的大多数语言编译器和 20 世纪 50 年代 Fortran 中巴克斯所采用的是一样的解决问题的方法。

Fortran 编译器的工作被操作任务分开。编译器首先执行对高级语言、代数符号和英文缩写的扫描和分析。接着对程序进行一次复杂的分解，以便编译器将精力集中到自动完成程序的核心工作上。接着编译器必须计算出如何分配它的编译指令以便在机器上运行，并使其运行时耗费的计算机时间最少。最后，将被编译的程序转换为机器代码。

Fortran 的编译器在没有外力的作用下完成了所有的编译工作，但是从一流的效率来说，如果不能使软件最优化，那就不算成功。1957 年初，Fortran 工程接近尾声时，小组从计算机上取回编译后的程序，他们经常发现编译器在程序编译过程中，改变了编程中的表示式和计算的顺序，使程序的计算效率得以提高。事实上，Fortran 小组主要是观察一个设计良好的、复杂的软件块的工作情况，按照通常的规则，将特殊的指令包含在程序的算法中以便完成指定的任务。

Fortran 不仅使人们编程变得容易，由其编译器生成的机器代码的运行效率也远远超出了人们的预期，这确保了 Fortran 的地位。尽管它最初只是为 IBM 开发的，但 Fortran 设计得可以使自己从专用机器环境中走出来。

Fortran 具有说服力地突破了一一对应的汇编程序算法。用 Fortran 写的一条指令可以转换成多条机器指令，再次简化了编程工艺。

程序员们的工作就是遭遇挑战、研究、失败、再研究、再失败，最后的成果以及整个过程是成功的。Fortran 语言经过曲折的发展过程走向了成功。

3.8 C 语 言

世界上使用最为广泛的编程语言——C 语言。

C 语言于 20 世纪 70 年代早期被编写出来，其功能是作为刚刚出现的 Unix 操作系统的执行语言。它起源于一种不算经典的语言 BCPL，却发展出一个经典结构。为了构建一个无限的程序环境，在一台很普通的机器上把它编写出来，今天它已经成为计算机世界中占据统治地位的一种语言。

这里将介绍 C 语言的发展，它所经历的变化，以及产生它所需要的各种条件。重点说明语言的特色，以及它们的发展历程。

早期的操作系统等系统软件主要是用汇编语言编写的，如 UNIX 操作系统。由于汇编语言依赖于计算机硬件，程序的可读性和可移植性都比较差，编程效率也低，但汇编语言可以对硬件进行直接操作。高级语言程序有较好的可读性和可移植性，但一般高级语言难以实现汇编语言的某些功能，人们试图找到一种既具有一般高级语言特性，又具有低级语言功能的语言，集它们的优点于一身。于是，C 语言就在这种需求情况下应运而生了，之后成为国际上广泛流行的计算机高级语言。C 语言既适合作为系统描述语言，用来写系统软件，也可以用来写应用软件。

1. C 语言的开始

C 语言是在 B 语言的基础上发展起来的，它的根源可以追溯到 ALGOL60。1960 年出现的 ALGOL60 是一种面向问题的高级语言，它离硬件比较远，不宜用来编写系统程序，1963 年剑桥大学推出了 CPL（combined programming language）语言。CPL 语言在 ALGOL60 的基础上更接近硬件一些，但规模比较大，难以实现。1967 年剑桥大学的 Matin Richards 对 CPL 语言作了简化，推出了 BCPL（basic combined programming language）语言。1970 年美国贝尔实验室的 Ken Thompson 以 BCPL 语言为基础，又作了进一步简化，它使得 BCPL 能在 8K 内存中运行，这个很简单的而且很接近硬件的语言就是 B 语言（取 BCPL 的第一个字母），并用它写了第一个 UNIX 操作系统，在 DEC PDP-7 上实现。1971 年又在 PDP-11/20 上实现，并写了 UNIX 操作系统。但 B 语言过于简单，功能有限，并且和 BCPL 都是"无类型"的语言。

1972 年至 1973 年，贝尔实验室的丹尼斯·里奇（Dennis Ritchie）在 B 语言的基础上设计出了 C 语言（取 BCPL 的第二个字母）。C 语言既保持了 BCPL 和 B 语言的优点（精练，接近硬件），又克服了它们的缺点（过于简单，数据无类型等)。最初的 C 语言只是为描述和实现 UNIX 操作系统提供一种工具语言而设计的。1973 年，Thompson 和 Ritchie 合作把 UNIX 的 90%以上用 C 语言改写，即 UNIX 第 5 版。原来的 UNIX 操作系统是 1969 年用汇编语言写的。

后来，C 语言多次作了改进，但主要还是在贝尔实验室内部使用。直到 1975 年 UNIX 第 6 版公布后，C 语言的突出优点才引起人们普遍关注。1977 年出现了不依赖于具体机器的 C 语言编译文本《可移植 C 语言编译程序》，使 C 语言移植到其他机器时所需做的工作大大简化了，这也推动了 UNIX 操作系统迅速地在各种机器上实现。

2. 可移植性

到 1973 年年初，现代 C 语言的基本内容已经完成了。在这段时期，这个编译器已经瞄准了其他机器，因为这种语言不可能孤立地生存，这种现代库的原型仍然在发展。

1973～1980 年，这个语言又有了进一步的成长：其类型结构获得了无符号、共用体和枚举类型。结构成为近乎第一级的对象（只是缺乏一个字面上的符号）。用 C 语言编写 Unix 内核给了他们对于这种语言有效性和效率的充足信心。他们开始重新为这个系统的实用程序和工具编写代码。

在这个时期，特别是在 1977 年前后，这种语言的改变在很大程度上是针对可移植性和类型安全的，在处理这些问题的过程中，他们预见并观测了相当大的一个编码体移入新的平台的情况。C 语言在那时仍然表现出它的弱类型先辈的明显痕迹。比如其指示器就和早期语言编码中的整数储存目录几乎毫无区别。这个字符指示器和无符号整数之间算法道具的相似性使得对它们的识别工作变得非常重要。这个无符号类型被加载，以确定无符号算法不会因为指示器操作问题而对这种语言产生混淆。相同的，早期语言在整数和指示器之间要进行补偿分配，但这种实践被证明是不合人意的。

3. 标准化

1982 年，C 语言已经明显需要一个正式的标准。美国国家标准化组织于 1983 年夏在计算机和商业设备制造商协会之下建立了委员会，其目标就是创建一个 C 语言的标准，这个标准称为 ANSI C，1987 年，ANSI 又公布了新标准——87 ANSI C，1989 年末这个标准被 ISO 接纳。

比较同层次的其他语言，C 语言有两个鲜明的特点：优先级与指令的关系和采用模仿表达式语句的描述方式来构成声明语句，而其他较易理解的高级语言的表达式语句采用自下而上的描述，声明语句采用自上而下的描述，这比较符合大多数自然语言的习惯。它们也是最经常遭到批评的特点，而且它们经常会成为初学者的绊脚石。在这两方面，历史性的事故和错误使它们的困难程度更加恶化。C 语言的另一个特点，就是对序列的处理，虽然它有着明显的优点，但在实际应用上还是产生了很多疑问。虽然指示器和序列之间的关系与众不同，不过它还是可以领会的。而且，这个语言在描述重要概念上表现出了相当强的能力。

4. 成功之处

C 语言的成功远远超过了早先对它的预期，是什么样的品质导致了它如此广泛的使用？

毫无疑问，Unix 本身的成功是最重要的一个因素，它让数百万人接触到了这种语言。同样，Unix 对于 C 语言的使用和 C 语言随后在各种机器上广泛的移植也使这个系统大获成功。但这种语言在其他环境中的应用要归功于一些更基础性的优点。

尽管它在表面上会使新手，甚至是老手都有些茫然不知所措，C 语言仍然不失为一个简单和小巧的语言，转换它的编译器也同样简单和小巧。学习它的习惯用语以节约时间和空间并不很难，而且这种语言可以充分适应机器的细节，让程序实现可移植。

同样重要的，C 语言和它的核心库支持从未和真实环境脱节。它并非被设计为证明一个孤立的点，或者只是作为一个例子，而是作为一种书写实用程序的工具。它总是要和一个更大的操作系统发生互动，也是一个建立更大规模工具的工具。和 C 语言发生关系的东西都受到了简单而注重实效的手段的影响：它满足了许多程序师的需要，并不要求太多支持。

最后，自从第一版发布以来，它一直发生着变化，而已被认为缺乏正式和完整的版本。但实际上，和同样广泛传播的 Pascal 和 Fortran 相比，C 语言在数百万使用者手中的许多编译器里，一直保持着有口皆碑的稳定性和统一性。通行的 C 语言之间确实有所差别，但整体而言，C 语言比起其他语言保留了更加自由的所有权扩展。也许最显著的扩展就是用于处理一些 Intel 处理器的特性的 "far" 和 "near" 指示器限定。虽然可移植性并不是 C 语言一开始的设计目标，但它成功地在从最小型的个人电脑到最大型的超级计算机的所有机型上表达了各种程序，甚至是操作系统。

C 语言是一种离奇的、有缺陷的，也是一种取得了巨大成功的语言。尽管在它的发展史上有过很多意外，但它还是优异地完成了在一个系统中替代汇编语言的任务，并在一个广泛的环境里描述运算法则和交互作用的时候能够充分地表现出抽象性和流畅性。

3.9　Java 语言

信息互联共享时代的奇迹——Java 语言。

1. Java 的产生与发展

1991 年，Sun 的 Java 语言开发小组成立，其目的是开拓消费类电子产品市场。SUN Microsystem 公司的 James Gosling、Bill Joe 等，为在电视、控制烤面包箱等家用消费类电子产品上进行交互式操作而开发了一个名为 Oak 的软件，但当时并没有引起人们的注意。直到 1994 年下半年，Internet 的迅猛发展，促进了 Java 语言研制的进展，使得它逐渐成为 Internet 上受欢迎的开发与编程语言。1995 年发表 Java 后，在产业界引起了巨大的轰动，Java 的地位也随之而得到肯定，Java 是 Java 程序设计语言和 Java 平台的总称。又经过一年的试用和改进，Java 1.0 版终于在 1996 年年初正式发表（Java 的名称来源于太平洋一个名为 Java 的小岛，该岛出产一种味道美妙的咖啡）。

一些著名的计算机公司纷纷购买了 Java 语言的使用权，如 Microsoft、IBM、Netscape、Novell、Apple、DEC、SGI 等，因此，Java 语言被美国的著名杂志 *PC Magazine* 评为 1995 年十大优秀科技产品，随之大量出现了用 Java 编写的软件产品，受到工业界的重视与好评。

2. Java 的特点

Java 是一个被广泛使用的网络编程语言。首先，作为一种程序设计语言，它简单、面向对象、不依赖于机器的结构、具有可移植性、健壮性、安全性，并且提供了开发的机制。Java 编程语言的风格十分接近 C++语言，Java 继承了 C++语言面向对象技术的核心，舍弃了 C++语言中的指针、运算符重载、多重继承等成分，增加了自动垃圾收集功能用于回收不再被引用的对象所占据的内存空间。

其次，它最大限度地利用了网络，Java 的小应用程序（applet）可在网络上传输而不受 CPU 和环境的限制。另外，Java 还提供了丰富的类库，使程序设计者可以很方便地建立自己的系统。

具体地说，Java 语言具有下面一些特点。

1) 简单、面向对象

Java 语言是一种面向对象的语言，它通过提供最基本的方法来完成指定的任务，只需理解一些基本的概念，就可以用它编写出适合于各种情况的应用程序。Java 略去了 C 中的运算符重载、多重继承等模糊的概念，并且通过实现自动垃圾收集大大简化了程序设计者的内存管理工作。另外，Java 也适合于在小型机上运行。

Java 语言的设计集中于对象及其接口，它提供了简单的类机制以及动态的接口模型。对象中封装了它的状态变量以及相应的方法，实现了模块化和信息隐藏。并且通过继承机制，子类可以使用父类所提供的方法，实现了代码的复用。

2）健壮性与安全性

Java 在编译和运行程序时，都要对可能出现的问题进行检查，以消除错误的产生。它提供自动垃圾收集来进行内存管理，防止程序员在管理内存时容易产生的错误。通过集成的面向对象的例外处理机制，在编译时，Java 提示出可能出现但未被处理的例外，帮助程序员正确地进行选择以防止系统的崩溃。另外，Java 在编译时还可捕获类型声明中的许多常见错误，防止动态运行时不匹配问题的出现。

作为网络语言，Java 必须提供足够的安全保障，并且要防止病毒的侵袭。Java 在运行应用程序时，严格检查其访问数据的权限，比如不允许网络上的应用程序修改本地的数据。下载到用户计算机中的字节代码在其被执行前要经过一个核实工具，一旦字节代码被核实，便由 Java 解释器来执行，该解释器通过阻止对内存的直接访问来进一步提高 Java 的安全性。同时 Java 极高的健壮性也增强了 Java 的安全性。

3）结构中立与可移植性

网络上充满了各种不同类型的机器和操作系统，为使 Java 程序能在网络的任何地方运行，Java 编译器编译生成了与体系结构无关的字节码结构文件格式（伪代码）。任何种类的计算机，只要在其处理器和操作系统上有 Java 运行环境，字节码文件就可以在该计算机上运行。即使是在单一系统的计算机上，结构中立也有非常大的作用。随着处理器结构的不断发展变化，程序员不得不编写各种版本的程序以在不同的处理器上运行，这使得开发出能够在所有平台上工作的软件集合是不可能的。而使用 Java 将使同一版本的应用程序可以运行在所有的平台上。

Java 是面向网络的语言。通过它提供的类库可以处理 TCP/IP 协议，用户可以通过 URL 地址在网络上很方便地访问其他对象。

4）解释执行、多线程并且是动态的

Java 解释器直接对 Java 字节码进行解释执行。字节码本身携带了许多编译时的信息，使得连接过程更加简单。

多线程机制使应用程序能够并行执行，而且同步机制保证了对共享数据的正确操作。通过使用多线程，程序设计者可以分别用不同的线程完成特定的行为，而不需要采用全局的事件循环机制，这样就很容易地实现网络上的实时交互行为。

Java 的设计使它适合于一个不断发展的环境。在类库中可以自由地加入新的方法和实例变量而不会影响用户程序的执行。并且 Java 通过接口来支持多重继承，使之比严格的类继承具有更灵活的方式和扩展性。

5）高性能

虽然 Java 是解释执行的，但它仍然具有非常高的性能，在一些特定的 CPU 上，Java 字节码可以快速地转换成为机器码进行执行。而且 Java 字节码格式的设计就是针对机器码的转换，实际转换时相当简便，自动的寄存器分配与编译器对字节码的一些优化可使之生成高质量的代码。随着 Java 虚拟机的改进和"即时编译"技术的出现使得 Java 的执行速度有了更大的提高。

3. Java 的应用前景

各界对 Java 的好评非常多，并预测其必将对整个计算机产业发生深远的影响。

SUN Microsystem 公司的总裁 Scott Mc Nealy 认为 Java 为 Internet 和 WWW 开辟了一个崭新的时代。

环球信息网 WWW 的创始人 Berners-Lee 说："计算机事业发展的下一个浪潮就是 Java，并且将很快会发生。"

Microsft 和 IBM 两大公司都计划在 Internet 上销售用 Java 编写的软件。

微软总裁比尔·盖茨在观察了一段时间后，不无感慨地说："Java 是长时间以来最卓越的程序设计语言"，并确定微软整个软件开发的战略从 PC 单机时代向着以网络为中心的计算时代转移，而购买 Java 则是他的重大战略决策的实施部署。

Dta 咨询公司的高级软件工程师 RichKadel 说："Java 不仅仅是一种程序设计语言，更是现代化软件再实现的基础；Java 还是未来新型 OS 的核心；将会出现 Java 芯片；将构成各种应用软件的开发平台与实现环境，是人们必不可少的开发工具"。

Java 语言应用领域。

（1）面向对象的应用开发。

（2）计算过程的可视化、可操作化的软件的开发。

（3）动态画面的设计。

（4）交互操作的设计。

（5）Internet 的系统管理功能模块的设计。

（6）其他应用程序。

网络成就了 Java，而 Java 正在推动信息共享的发展。

第 4 章 MATLAB 软件及其应用

4.1 MATLAB 及其特点

MATLAB 是 "Matrix Laboratory" 的缩写，意为 "矩阵实验室"，是由美国 MathWorks 公司开发的集数值计算、符号计算和图形可视化三大基本功能于一体的、功能强大、操作简单的语言。是国际公认的优秀数学应用软件之一。信息技术、计算机技术发展到今天，科学计算在各个领域得到了广泛的应用。MATLAB 软件在许多诸如控制论、时间序列分析、系统仿真、图像信号处理等方面产生了大量的矩阵及其他计算问题，给人们提供一个方便的数值计算平台。MATLAB 是一个交互式的系统，它的基本运算单元是不需指定维数的矩阵，按照 IEEE 的数值计算标准，能正确处理无穷数 Inf（infinity）、无定义数 NaN（not-a-number）及其运算。系统提供了大量的矩阵及其他运算函数，可以方便地进行一些很复杂的计算，而且运算效率极高。MATLAB 命令和数学中的符号、公式非常接近，可读性强，容易掌握，还可利用它所提供的编程语言进行编程完成特定的工作。MATLAB 还具备图形用户接口（GUI）工具，允许用户把 MATLAB 当作一个应用开发工具来使用。除基本部分外，MATLAB 还根据各专门领域中特殊需要提供了许多可选的工具箱，如应用于自动控制领域的 Control System 工具箱和神经网络中 Neural Network 工具箱等。这些专家编写的 MATLAB 程序，代表了某一领域内的最先进的算法，在很多时候能够给予我们极大的帮助。

最初的 MATLAB 软件包是 1967 年由 Clere Maler 用 Fortran 语言编写的，新版的 MATLAB 是由 Mathworks 用 C 语言完成的，它自 1984 年推向市场以来，逐渐发展成为一个具有极高通用性的、广泛应用于科技计算和视图交互领域的、便捷高效的程序语言，MATLAB 可以运行在十几个操作平台上。与其他高级语言相比，MATLAB 语法规则简单、容易掌握、调试方便，调试过程中可以设置断点、存储中间结果，从而很快查出程序中的错误。像线性代数、高等数学、信号处理、振动理论、自动控制等许多领域，它都能表现出高效、简单和直观的性能，是计算机辅助设计和计算分析强有力的工具。

MATLAB 程序主要由主程序和各种工具箱组成，其中主程序包含数百个内部核心函数，工具箱则包括复杂系统仿真、信号处理工具箱、系统识别工具箱、优化工具箱、神经网络工具箱、控制系统工具箱、样条工具箱、符号数学工具箱、图像处理工具箱、统计工具箱等。

现在，MATLAB已经发展成为适合多学科的大型软件，它以矩阵作为基本数据单位，在线性代数、数值分析、数理统计、优化方法、自动控制、数字信号处理、动态系统仿真等方面已经成为首选工具，同时也是科研人员和大学生、研究生进行科学研究的得力工具。MATLAB在输入方面也很方便，可以使用内部的Editor或者其他任何字符处理器，同时它还可以与Word结合在一起，在Word的页面里直接调用MATLAB的大部分功能，使Word具有特殊的计算能力。我们在以往的工作中主要应用的是MATLAB软件在数值模拟方面的功能，将一些工程问题数值化和可视化，从而有效地解决一些工程实际问题。

MATLAB软件具有以下主要特点。

（1）运算符和库函数极其丰富，语言简洁，编程效率高。MATLAB除了提供和C语言一样的运算符号外，还提供广泛的矩阵和向量运算符。利用其运算符号和库函数可使其程序相当简短，两三行语句就可实现几十行甚至几百行C或Fortran的程序功能。

（2）既具有结构化的控制语句（如for循环、while循环、break语句、if语句和switch语句），又有面向对象的编程特性。

（3）图形功能强大。它既包括对二维和三维数据可视化、图像处理、动画制作等高层次的绘图命令，也包括可以修改图形及编制完整图形界面的、低层次的绘图命令。

（4）功能强大的工具箱。工具箱可分为两类：功能性工具箱和学科性工具箱。功能性工具箱主要用来扩充其符号计算功能、建模仿真功能、文字处理功能以及与硬件实时交互的功能。而学科性工具箱专业性比较强，如优化工具箱、统计工具箱、控制工具箱、小波工具箱、图像处理工具箱、通信工具箱等。

（5）符号运算功能。可以用字符串进行数学分析；允许变量不赋值而参与运算；用于解代数方程、微积分、复合导数、积分、二重积分、有理函数、微分方程、泰勒级数展开、寻优等，可求得解析符号解。

（6）易于扩充。除内部函数外，所有MATLAB的核心文件和工具箱文件都是可读可改的源文件，用户可修改源文件和加入自己的文件，它们可以与库函数一样被调用。

4.2 桌面工具与开发环境

桌面工具与开发环境能够帮助用户方便地使用MATLAB函数和文件。当启动运行MATLAB时，最先显示的是它的桌面，桌面主要由主菜单、工具栏、当前路径、工作区间、命令窗、历史命令记录以及 Start 菜单组成，如图 4-1 所示。下面简要介绍几个主要窗口。

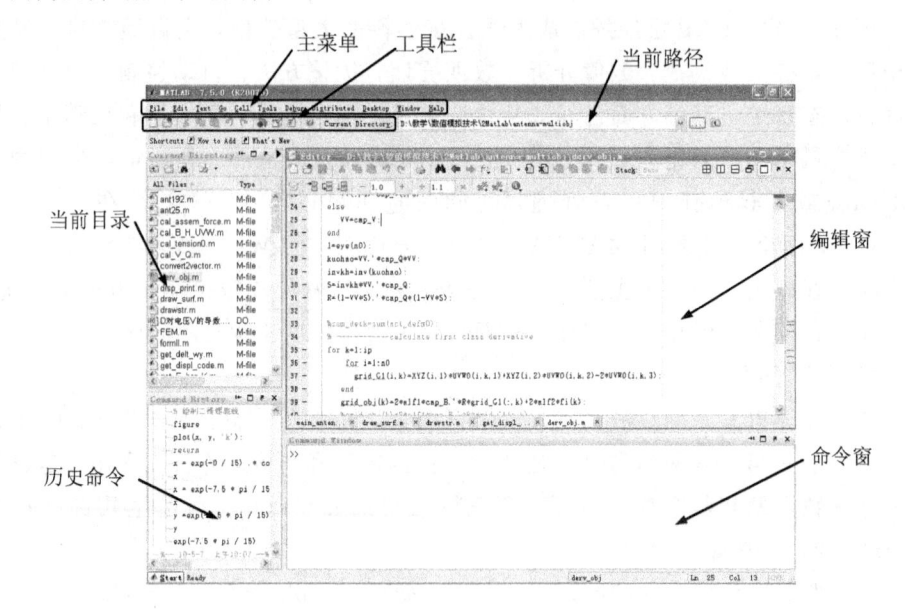

图 4-1 桌面工具与开发环境

1. 命令窗口

命令窗口（Command Window）是对 MATLAB 进行操作的主要载体，默认情况下，启动 MATLAB 时就会打开命令窗口，一般来说，MATLAB 的所有函数和命令都可以在命令窗口中执行。在 MATLAB 命令窗口中，命令的实现不仅可以由菜单操作来实现，也可以由命令行操作来执行，下面就详细介绍 MALTAB 命令行操作。

命令行操作实现了对程序设计而言简单而又重要的人机交互，通过对命令行操作，避免了编程序的麻烦，体现了 MATLAB 所特有的灵活性。为求得某表达式的值，只需按照 MALAB 语言规则将表达式输入即可，结果会自动返回，而不必像其他的程序设计语言那样，编制冗长的程序来执行。在一行之内无法写完表达式，可以使用续行符"…"换行。

在 MATLAB 命令行操作中，有一些键盘按键可以提供特殊而方便的编辑操作。比如："↑"可用于调出前一个命令行，"↓"可调出后一个命令行，避免了重新输入的麻烦。

2. 历史窗口

默认设置下历史窗口（Command History）会保留自安装时起所有命令的历

史记录，并标明使用时间，以方便使用者查询调用。双击某一行命令，即在命令窗口中执行该命令。

3. 当前目录窗口

在当前目录窗口（Current Directory）中可显示或改变当前目录，还可以显示当前目录下的文件，包括文件名、文件类型、最后修改时间以及该文件的说明信息等并提供搜索功能。

4. 工作空间管理窗口

工作空间管理窗口（Workspace）是 MATLAB 的重要组成部分。在工作空间管理窗口中将显示所有目前保存在内存中的 MATLAB 变量的变量名、数据结构、字节数以及类型，而不同的变量类型分别对应不同的变量名图标。

5. MATLAB 帮助系统

完善的帮助系统是任何应用软件必要的组成部分。MATLAB 提供了丰富的帮助信息，同时也提供了获得帮助的方法。首先，可以通过桌面平台的 Help 菜单来获得帮助，也可以通过工具栏的帮助选项获得帮助。此外，MATLAB 还提供了在命令窗口中获得帮助的多种方法。

4.2.1 主菜单

缺省主菜单如图 4-2 所示。点击其中任一项将出现下拉菜单。

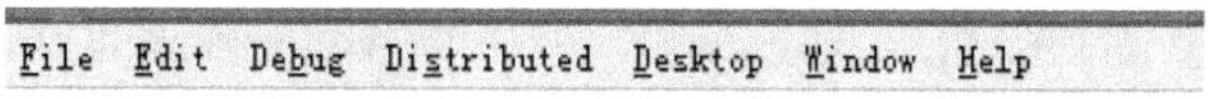

File Edit Debug Distributed Desktop Window Help

图 4-2 主菜单

1. 文件（File）菜单

文件菜单如图 4-3 所示，主要内容包括：

New：新建文件；

Open：打开文件；

Import Data：向工作区间导入数据；

Save Workspace As：将工作区间变量存储在一个 .mat 文件中；

Set Path：设置搜索路径；

Preferences：环境设置。

2. 编辑（Edit）菜单

用于复制、粘贴文字或文件，与 Windows 的 Edit 菜单基本类似。如图 4-4 所示。

Undo、Redo：取消或重做上一命令；

Cut：剪切选定内容到缓冲区；
Copy：复制选定内容到缓冲区；
Paste：粘贴缓冲区内容；
Select All：选定全部；
Delete：删除；
Find、Find Files：查找内容或文件，这部分内容与当前工作窗口有关，若在编辑窗口则有所不同；
Clear …：清除有关窗口内容。

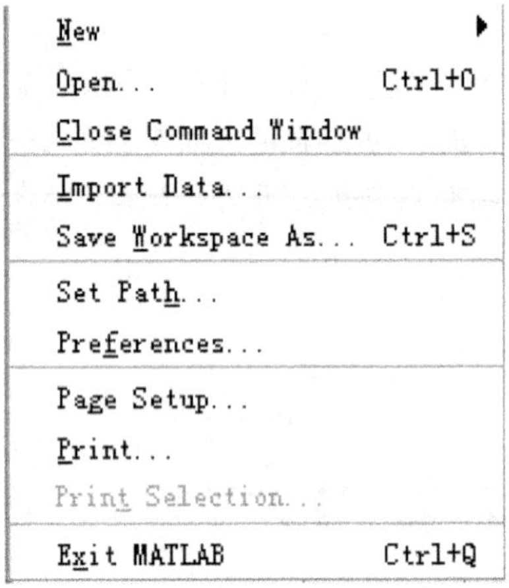

图 4-3　文件菜单 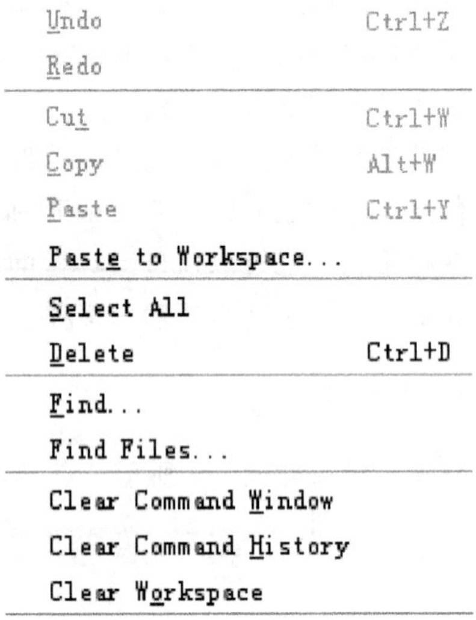　　　　　图 4-4　编辑菜单

3. 调试（Debug）菜单

Debug 菜单用于设置程序的调试，这部分内容与当前工作窗口有关，在命令窗口和在编辑窗口内容则不同。

4. 桌面（Desktop）菜单

Desktop 菜单用于设置当前窗口的显示形式，以及打开或关闭某个窗口，显示或不显示某个工具栏，如图 4-5 所示。这部分内容与当前工作窗口有关，在命令窗口和在编辑窗口内容有所不同。

5. 窗口（Window）菜单

Window 菜单用于激活某个窗口，如图 4-6 所示。

第 4 章　MATLAB 软件及其应用　　　· 53 ·

```
↗ Undock Command Window
  Move Command Window
  Resize Command Window
  Desktop Layout         ▶
  Save Layout...
  Organize Layouts...
✓ Command Window
✓ Command History
✓ Current Directory
✓ Workspace
  Help
  Profiler
✓ Toolbar
✓ Shortcuts Toolbar
✓ Titles
```

```
  Close All Documents
0 Command Window     Ctrl+0
1 Command History    Ctrl+1
2 Current Directory  Ctrl+2
3 Workspace          Ctrl+3
```

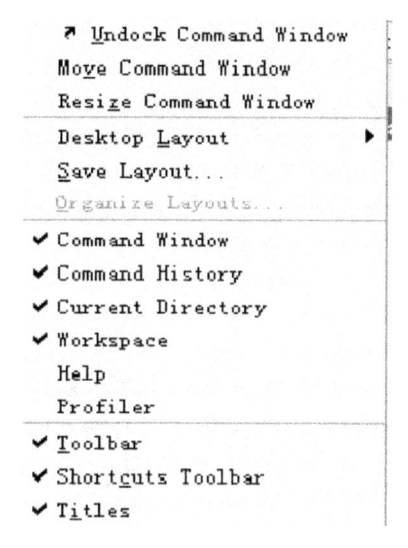

图 4-5　Desktop 菜单　　　　　图 4-6　Window 菜单

6. 帮助（Help）菜单

Help 菜单打开帮助文件，可以多种形式获取帮助，如图 4-7 所示。

```
Product Help

Using the Desktop
Using the Command Window

Web Resources          ▶
Check for Updates

Demos

Terms of Use
Patents

About MATLAB
```

图 4-7　Help 菜单

4.2.2　工具栏

工具栏（Tool bars）中大部分按钮与菜单的功能是重复的，如 New M-File、Open File、Cut、Copy、Paste、Undo、Redo 等，其操作定义也与 Windows 标准工具栏按钮类似，下面简要介绍几个 MATLAB 特有的工具栏按钮。

: 打开 Simulink 模块库浏览器。

: 打开图形用户界面设计窗口。

: 打开 Profile 浏览器，用于优化程序性能。

: 打开帮助系统。

`Current Directory: C:\Documents and Settings\i\My Documents\MATLAB`：设置当前文件路径。

4.2.3 当前路径

当前路径（Current Directory 或 Current Folder）的访问范围被限制在由工具栏设定的根目录范围内。利用当前路径窗口提供的按钮可以实现不同的文件操作。

4.2.4 工作区间

工作区间（Workspace）窗口下可以显示现有内存中的变量以及变量的各种信息，不同类型变量显示的图标也不同。工作区间还提供了很多特殊的按钮来实现对变量的操作。

4.2.5 命令窗

MATLAB 的命令窗（Command Window）是输入数据、运行 MATLAB 函数或 M 文件、显示结果的主要工具，它提供了最快捷的操作方式。在命令窗键入变量及其取值，就可以创建一个变量；在命令窗键入函数及其参数，就可以运行该函数；在命令窗键入 M 文件名或 Simulink 模型文件名，就可以运行该文件。

4.2.6 历史命令记录

历史命令记录（Command History）窗口中显示的是近期在命令窗下运行的命令。绿色注释为每次启动运行 MATLAB 的日期时间，可以单击其左侧的"＋"来显示该部分或"－"来隐藏该部分。如果需要查找某个历史命令，激活任何一个历史命令，然后输入想要查找的历史命令名，当输入第一个字母时，MATLAB 就会给出提示以帮助用户查找。如果需要运行某个历史命令，双击该历史命令即可。用户还可以在命令窗口中用"↑"键或"↓"键来选择需要调入的历史命令。对于一条或多条选中的历史命令，单击右键可以弹出操作菜单，实现历史命令的编辑、运行、创建 M 文件或进行程序性能优化等操作。

4.3 MATLAB通用命令

4.3.1 帮助命令

demo	启动演示程序
helpbrowser	超文本文档帮助信息
help	在线帮助命令
helpdesk	超文本文档帮助信息
doc	以超文本方式显示帮助文档
helpwin	打开在线帮助窗口

4.3.2 工作空间管理

clear	从内存中清除变量和函数
quit	退出 MATLAB
clc	清除命令窗口中的显示
exit	关闭 MATLAB
save	把变量存入数据文件中
who	列出工作空间中的变量
whos	列出工作内存中变量的具体信息
load	从文件中读入数据变量
input	提示输入
disp	输出
format	设置数据显示格式
what	列出当前目录中的 MATLAB 文件
more	分页输出
which	查找指定函数和文件的位置

4.3.3 路径管理

addpath	添加搜索路径
path	控制 MATLAB 的搜索路径
rmpath	从搜索路径中删除目录
pathtool	弹出修改搜索路径窗口

4.3.4 操作系统指令

cd	改变当前工作目录
pwd	显示当前工作目录名
copyfile	文件拷贝
tic	启动计时
getenv	给出环境值
delete	删除文件
dos	执行 DOS 指令并返回结果
dir	列出文件
type	列程序清单
lookfor	查找
find	条件检索
!	执行外部应用程序
mkdir	创建目录
rmdir	删除目录
size	矩阵大小
max	最大值
min	最小值
sum	求和
double	双精度
str2num	字符串转化为数值
num2str	数值转化为字符串

4.4 MATLAB 变量与赋值

4.4.1 变量名规则

变量名由一个字母开头，后面可以为字母、数字、下划线，但不能使用标点，变量最多 63 个字符，后面多出部分将被忽略；变量名区分大小写，如 var 与 Var 表示不同的变量。

有效的变量名：var123，My_Var123 和 My123_Var；
错误的变量名：123var，_MyVar123。

4.4.2 预定义变量

MATLAB 的保留常量,这些预定义变量启动时就已赋值,可以直接使用。包括:

eps	浮点运算误差限,缺省时是 1 与它最近的浮点数的差值
i,j	虚数单位,为 sqrt(-1)
pi	圆周率
NaN,nan	不确定数
Inf,inf	正无穷大
realmax	最大的正实数
realmin	最小的正实数
ans	最新表达式的运算结果

4.4.3 数据显示格式

MATLAB 默认的数据显示格式为短格式（short）,当结果为整数就作为整数显示;当结果是实数,以小数点后四位的长度显示。若结果的有效数字超出一定范围则以科学计数法显示。数据显示格式可使用命令 Format 改变。例如,

```
>>format long;            长格式 16 位显示
>>format short;           短格式显示,小数点后 4 位（系统默认值）
>>format rational;        有理格式近似分数
>>format long e;          长格式指数显示
>>format short e;         短格式指数显示
```

4.4.4 复数

MATLAB 中复数可以如同实数一样直接输入和计算。例如,
```
>>a = 1 + 2i;
>>b = 5 - 4i;
>>c = a/b
c =
    - 0.0732 + 0.3415i
```

4.4.5 直接赋值语句

形式为:赋值变量＝赋值表达式,如 $a = b * c \wedge 2 * d + e$。

例 计算表达式的值,并显示计算结果。在 MATLAB 命令窗口输入命令:
≫x = 1 + 2i;
≫y = 3 − sqrt(17);
≫z = (cos(abs(x + y)) − sin(78 ∗ pi/180))/(x + abs(y))
输出结果是
≫z =
　　− 0.3488 + 0.3286i

4.4.6 函数调用语句

形式为:[返回变量列表]=函数名(输入变量列表);如 [a, b, c, d] = fun_name (e, f, g)

MATLAB 的每条命令后,若为逗号或无标点符号,则显示命令的结果;若命令后为分号,则不显示结果。

4.5 MATLAB 基本运算

4.5.1 算术运算

+	加
/	斜杠或右除
.*	数组乘
−	减
\	反斜杠或左除
./	数组右除
*	矩阵乘
^	矩阵乘方
.\	数组左除
dot	向量内积
cross	向量叉积
.^	数组乘方
kron	Kronecker 乘积或张量积

4.5.2 关系运算

| < | 小于 |
| > | 大于 |

==	等于（2个等号）
<=	小于或等于
>=	大于或等于
~=	不等于

4.5.3 逻辑操作

&	逻辑"与"
|	逻辑"或"
~	逻辑"非"
xor	逻辑"异或"
any	有非零元素则为真
all	所有元素非零时为真

4.5.4 特殊运算符

=	赋值号
'	引号
( )	圆括号
.	小数点
,	逗号
[ ]	方括号
:	冒号
%	注释符
{ }	花括号
…	续行符
'	共轭转置
@	函数句柄
;	分号
.'	转置

4.5.5 基本数学函数

常用数学函数如表 4-1 所示。

表 4-1　常用数学函数

函数	名称及意义	函数	名称及意义
sin（x）	正弦函数	asin（x）	反正弦函数
cos（x）	余弦函数	acos（x）	反余弦函数
tan（x）	正切函数	atan（x）	反正切函数
abs（x）	绝对值	max（x）	最大值
min（x）	最小值	sum（x）	元素的总和
sqrt（x）	开平方	exp（x）	以 e 为底的指数
log（x）	自然对数	log10（x）	以 10 为底的对数
sign（x）	符号函数	fix（x）	朝 0 方向取整
ceil	朝大（正）方向取整	floor	朝小（负）方向取整
rem	取余	mod	取模
round	四舍五入取整		

4.6　MATLAB 向量和矩阵运算

矩阵是 MATLAB 数据存储的基本单元，而矩阵的运算是 MATLAB 语言的核心，在 MATLAB 语言系统中几乎一切运算均是以对矩阵的操作为基础的。向量是特殊形式的矩阵。

4.6.1　创建向量

下面介绍三种创建向量的方法。

1. 利用逐个输入元素的方法创建向量

在命令行窗口中键入：

≫a＝［1　2　3＋4i　5＊pi］

显示如下：

a＝

　　1.0000　　2.0000　　3.0000＋4.0000i　　15.7080

2. 利用冒号运算符创建向量

利用冒号运算符创建向量的基本语法如下：

a＝k：inc：m

其中，k 为向量的第一个元素，而 m 为向量的最后一个元素，inc 为向量元素递增的步长；k、inc 和 m 之间必须用"："间隔；若在表达式中忽略 inc，则默认的递增步长为 1；inc 可以为正数也可以为负数。例如，在命令行窗口中键入：

≫a = 1 : 2 : 9

显示如下：

a =

    1   3   5   7   9

3. 利用函数 linspace 和 logspace 创建向量

函数 linspace 是用来创建线性间隔向量的函数，linspace 的基本语法为

x＝linspace(x1, x2, n)

其中，x1 为向量的第一个元素，x2 为向量的最后一个元素，n 为向量具有的元素个数，若在表达式中忽略参数 n，则系统默认向量设置为 100 个元素。

如果需要创建列向量，即 n 行一列的二维数组，则需要使用分号作为元素与元素之间的间隔或者直接使用转置运算符""。例如，在命令行窗口中键入：

≫a =[1；2；3；6]

显示如下：

a =

    1

    2

    3

    6

使用转置的方法创建列向量，在命令行窗口中键入：

≫b =(1：4)′

显示如下：

b =

    1

    2

    3

    4

4.6.2 矩阵输入

1. 直接输入法

从键盘上直接输入矩阵是最方便、最常用的创建数值矩阵的方法，尤其适合较小的简单矩阵。在用此方法创建矩阵时，应当注意以下几点：

(1) 输入矩阵时要以 "[ ]" 为其标识符号，矩阵的所有元素必须都在括号内；

(2) 矩阵同行元素之间由空格或逗号分隔，行与行之间用分号或回车键

分隔；

(3) 矩阵大小不需要预先定义；

(4) 矩阵元素可以是运算表达式，若"[ ]"中无元素表示空矩阵。

例　直接输入矩阵

在命令行窗口中键入：

≫A=[1 2 3; 4 5 6; 7 8 9]

显示如下：

A =

  1 2 3
  4 5 6
  7 8 9

也可以将矩阵的每一行或者每一列看作一个向量，矩阵就是由若干向量组合而成的。可以这样输入矩阵

在命令行窗口中键入：

≫A=[1:3; 4:6; 7:9]

显示如下：

A =

  1 2 3
  4 5 6
  7 8 9

2. 外部文件读入法

MATLAB 语言也允许用户调用在 MATLAB 环境之外定义的矩阵。可以利用任意的文本编辑器编辑所要使用的矩阵，矩阵元素之间以特定分断符分开，并按行列布置。也可以利用 load 函数，其调用方法为

load+文件名 [参数]

load 函数将会从文件名所指定的文件中读取数据，并将输入的数据赋给以文件名命名的变量，如果不给定文件名，则将自动认为 matlab.mat 文件为操作对象，如果该文件在 MATLAB 搜索路径中不存在时，系统将会报错。

例如，事先在记事本中建立文件：1 2 3；4 5 6

并以 data1.txt 保存，在 MATLAB 命令窗口中输入：

≫load data1.txt

≫data1

显示如下：

data1 =

```
    1 2 3
    4 5 6
```

3. 函数输入

对于一些比较特殊的矩阵（单位阵、矩阵中含 1 或 0 较多），由于其具有特殊的结构，MATLAB 提供了一些函数用于生成这些矩阵。常用的有下面几个：

zeros（n，m）：创建一个所有元素都为零的矩阵

ones（n，m）：创建一个所有元素都为 1 的矩阵

eye（n，n）：创建对角线元素为 1，其他元素为 0 的矩阵

rand（1，n）：创建一个矩阵或数组，其中的元素为服从均匀分布的随机数

randn（m，n）：创建一个矩阵或数组，其中的元素为服从正态分布的随机数

magic（n）：创建一个方形矩阵，其中行、列和对角线上元素和相等

例　利用函数创建一个零矩阵。

在命令行窗口中键入：

≫zeros（4，5）

显示如下：

ans =

0	0	0	0	0
0	0	0	0	0
0	0	0	0	0
0	0	0	0	0

例　创建一个 6×6 魔方矩阵

在命令行窗口中键入：

≫magic（6）

显示如下：

ans =

35	1	6	26	19	24
3	32	7	21	23	25
31	9	2	22	27	20
8	28	33	17	10	15
30	5	34	12	14	16
4	36	29	13	18	11

4.6.3　矩阵运算

矩阵的基本数学运算包括矩阵的四则运算、与常数的运算、逆运算、行列式

运算、秩运算、特征值运算等基本函数运算，这里只对常用的做简单介绍。

1. 矩阵部分元素的表示

矩阵 A 的第 r 行：A（r,:）

矩阵 A 的第 r 列：A（:, r）

取矩阵 A 的第 i_1~i_2 行、第 j_1~j_2 列构成新矩阵：A（i_1：i_2，j_1：j_2）

删除 A 的第 j_1~j_2 列，构成新矩阵：A（:, j_1：j_2）＝［ ］

将矩阵 A 和 B 拼接成新矩阵：［A B］；［A；B］

2. 四则运算

矩阵的加、减、乘运算符分别为"＋，－，＊"，用法与数字运算几乎相同，但计算时要满足其数学要求，如同型矩阵才可以加、减。

在 MATLAB 中矩阵的除法有两种形式：左除"\"和右除"/"。在传统的 MATLAB 算法中，右除是先计算矩阵的逆再相乘，而左除则不需要计算逆矩阵直接进行除运算。通常右除要快一点，但左除可避免被除矩阵的奇异性所带来的麻烦。

3. 与常数的运算

常数与矩阵的运算即是同该矩阵的每一元素进行运算。但需注意进行数除时，常数通常只能做除数。

4. 基本函数运算

矩阵的函数运算是矩阵运算中最实用部分，常用的主要有以下几个：

det（a）	求矩阵 a 的行列式
eig（a）	求矩阵 a 的特征值
inv（a）或 a^（－1）	求矩阵 a 的逆矩阵
rank（a）	求矩阵 a 的秩
trace（a）	求矩阵 a 的迹（对角线元素之和）

例　矩阵加减法运算

在命令行窗口中键入：

≫x＝［2 9；7 10；5 1］；

≫y＝［11 9；3 5；5 2］；

≫z＝x＋y

显示如下：

z＝

  13   18

  10   15

  10   3

例 矩阵乘法运算

在命令行窗口中键入：

≫x = [2 9；7 10；5 1]；
≫y = [11 9 2；3 5 6]；
≫z = x * y

显示如下：

z =

49	63	58
107	113	74
58	50	16

5. 线性方程求解

线性方程求解编程时常用到的命令：

lu	LU 分解
luinc	不完全 LU 分解
chol	Cholesky 分解
cholinc	不完全 Cholesky 分解
qr	QR 分解
inv	矩阵的逆
cond	矩阵条件数
pinv	伪逆
nnls	非负最小二乘解
rcond	LINPACK 逆条件数
lscov	已知协方差的最小二乘解
\、/	解线性方程组矩阵相除

4.7 MATLAB 语言编程

MATLAB 作为一种应用广泛的科学计算工具软件，不仅具有强大的数值计算、矩阵运算、符号运算能力和丰富的绘图功能，同时也具有与 C、Fortran 等高级语言一样的程序设计功能，且比多数高级语言设计的程序更简短。

利用 MATLAB 的程序控制功能，可以将有关的 MATLAB 命令编成程序存储在以 ".m" 为扩展名的 M 文件中，然后在命令窗口运行该文件，MATLAB 会自动依次执行文件中的命令，直到全部命令执行完毕。

4.7.1 语言流程控制

1. 控制语句

1）顺序结构

依次执行程序各条语句。

2）条件语句

if 条件语句，如

  if 条件

    执行语句

  end

或

  if 条件 1

    执行语句 1

  else

    执行语句 2

  end

以上只是 if 条件语句的 2 种形式，利用 elseif 同 if 一起使用，可以判断多种条件，执行不同的语句。

3）开关结构

开关结构，如

  switch 开关表达式

   case 表达式 1

    语句段 1

   case {表达式 2，表达式 3，…，表达式 m}

    语句段 2

     …

     …

    语句段 m

   otherwise

    语句段 n

  end

4）循环结构

for 循环结构，如

  for 循环控制体

　　　　循环结构体
　　end
while 结构，如
　　while（条件式）
　　　　循环结构体
　　end
5）中断语句

pause	暂停执行直到击键盘
pause（n）	暂停 n 秒后再继续
break	中断执行，用在循环语句内表示跳出循环
return	中断执行该程序回到主调函数或命令窗口
error（字符串）	提示错误并显示字符说明

2. 运行、交互、函数及变量

builtin	执行内联函数
evalin	跨空间计算串表达式的值
eval	运行字符串表示的表达式
feval	函数宏指令
evalc	执行 MATLAB 字符串
run	执行脚本文件
exist	检查函数或变量是否被定义
isglobal	若是全局变量则为真
function	函数文件引导语句
mfilename	正在执行的 M 文件名
global	定义全局变量
persistent	定义永久变量
inputname	实际调入变量名
nargoutchk	输出变量个数检查
nargchk	输入变量个数检查
varargin	输入参数
nargout	函数输出参数的个数
varargout	输出参数
nargin	函数输入参数的个数
disp	显示矩阵和字符串内容
error	显示错误信息

fprintf	格式化输出
input	提示键盘输入
uicontrol	创建用户界面控制
keyboard	激活键盘作为命令文件
uimenu	创建用户界面菜单

4.7.2 文本 M 文件

用 MATLAB 语言编写的程序称为 M 文件。M 文件是由 MATLAB 命令组合的命令序列。MATLAB 提供的内部函数及各种工具箱也是用 MATLAB 开发的 M 文件程序。

用户可以根据需要开发自己的程序或工具箱。一个较复杂的程序常常需要反复调试，需要建立一个文本文件保存起来，以便随时调用调试。在 File 菜单下选择 New，再选择 M-file，在打开的文本编辑窗口里编写、输入命令和数据，以".m"为扩展名存储为文件。

MTALAB 语言中的 M 文件可以分为命令文本文件和函数文件两种。

命令文件比函数文件简单，没有输入参数和输出参数，只是命令行的组合。

4.7.3 函数 M 文件

我们可以根据自己的需要建立函数文件，它与库文件一样方便调用，从而极大地扩展了 MTALAB 的功能。函数文件用来定义一个函数，必须指出函数名、输入输出参数，并有 MTALAB 语句序列的操作与处理，从而生成所需要的数据。文件名必须是 ＜函数名＞.m。

M 函数文件以 function 开头，格式如下：

function 输出变量＝函数名（输入变量）

或：function［输出变量 1，输出变量 2，…］＝函数名（输入变量 1，输入变量 2，…）

4.8 MATLAB 绘图

MTALAB 语言丰富的图形表现方法，使得数学计算结果可以方便地、多样性地实现可视化，这是其他语言所不能比拟的。MTALAB 语言的主要绘图功能特点：

（1）不仅能绘制几乎所有的标准图形，而且其表现形式也丰富多样。

（2）不仅具有高层绘图能力，而且还具有底层绘图能力——句柄绘图方法。

（3）在面向对象的图形设计基础上，使得用户可以用来开发各专业的专用图形。

4.8.1 常用作图命令和函数

常用作图命令和函数如表 4-2 所示。

表 4-2 常用作图命令

命令	名称及意义	命令	名称及意义
plot	基本二维图形	clabel	等高线高度标志
fplot	一元函数图像	grid	格栅
ezplot	画二维曲线的符号命令	hold	图形保持
plot3	画空间曲线	axis	定制坐标轴
meshgrid	网格数据生成	view	改变视点
mesh	网面图	subplot	子图
surf	曲面图	figure	新图形窗口
contour	等高线图	clf	清除图形
contour3	三维等高线图	close	关闭图形窗口
title	标题说明	xlabel	x 轴说明
ylable	y 轴说明	zlabel	z 轴说明
text	图形说明	legend	图例说明

4.8.2 坐标控制

函数的调用格式为

axis（[xmin xmax ymin ymax zmin zmax]）

axis 函数功能丰富，常用的用法还有：

axis equal	纵、横坐标轴采用等长刻度
axis square	产生正方形坐标系（缺省为矩形）
axis off	取消坐标轴
axis on	显示坐标轴
grid on/off	命令控制画或者不画网格线，不带参数的 grid 命令在两种状态之间进行切换
box on/off	命令控制加或者不加边框线，不带参数的 box 命令在两种状态之间进行切换

4.8.3 图形窗口的分割

subplot 函数实现图形窗口的分割，调用格式为

subplot（m，n，p）

把一个画面分割成 m×n 个图形区域，p 代表当前的区域号，每个区域中分别画图。

4.8.4 二维绘图

1. 基本指令

最基本的二维图形指令 plot，plot 命令自动打开一个图形窗口 Figure，用直线连接相邻两数据点来绘制图形，根据图形坐标大小自动缩扩坐标轴，将数据标尺及单位标注自动加到两个坐标轴上，可自定坐标轴，可把 x，y 轴用对数坐标表示。plot 命令可绘一条或多条曲线。作图常用参数如表 4-3 所示。

表 4-3 作图命令常用参数

字元	意义	字元	意义
y	黄色	k	黑色
w	白色	b	蓝色（缺省）
g	绿色	r	红色
c	亮青色	m	锰紫色
.	点线	o	圈线
×	×线	+	+字线
*	*形线	—	实线
:	虚线	—·（——）	点划线

2. 单窗口单图

在一个绘图窗口中绘制一幅图，也是基本的绘图方案。

例 用图形保持功能在同一坐标内绘制曲线 $y = 2e^{-0.5x\sin(2\pi x)}$ 及其包络线，并加网格线。如图 4-8 所示。

x = (0：pi/100：2 * pi)′；
y1 = 2 * exp (-0.5 * x) * [-1, 1]；
y2 = 2 * exp (-0.5 * x) .* sin (2 * pi * x)；
plot (x, y1,′b：′)；
axis ([0, 2 * pi, -2, 2])；
hold on；

```
plot (x, y2,´k´);
grid on; box off; hold off;
```

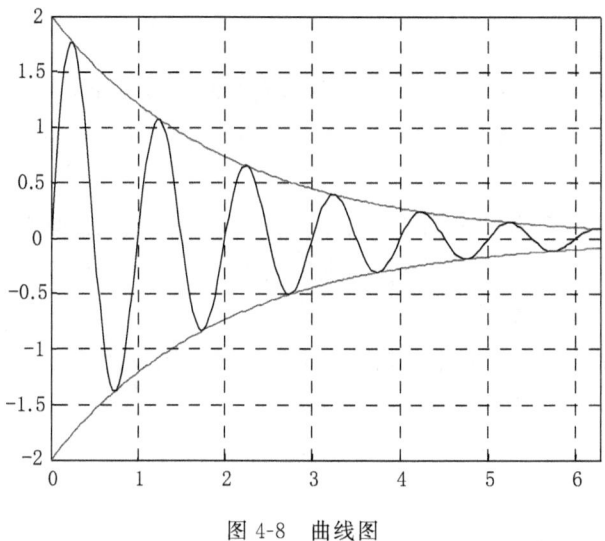

图 4-8 曲线图

在单窗口中绘制多曲线。

例 命令如下,绘制的图形如图 4-9 所示。

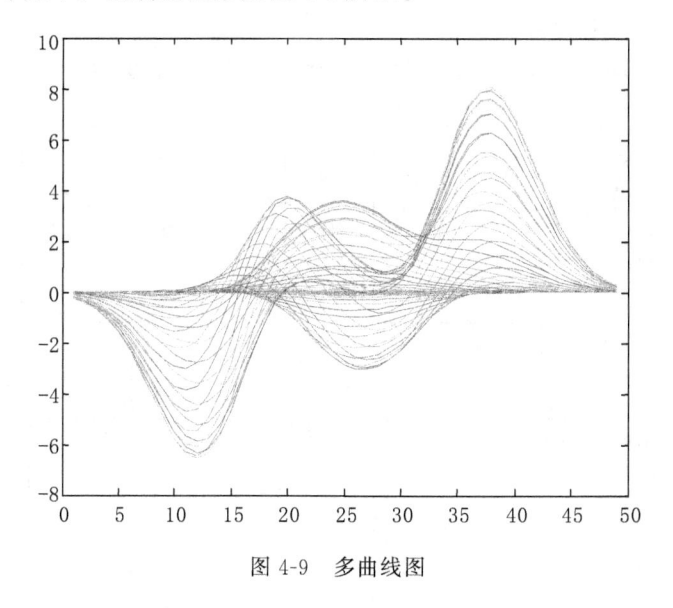

图 4-9 多曲线图

```
x = peaks;
plot (x)
```

x = 1: length (peaks);

y = peaks;

plot (x, y)

3. 单窗口多图

subplot 命令可以在一个窗口中绘制多幅图形，格式如下：

subplot (m, n, p)——按从左至右或从上至下排列，m 行，n 列，p 绘图顺序。

其中，m 表示图排成 m 行，n 表示图排成 n 列，也就是整个 figure 中有 n 个图排成一行，一共 m 行。p 是指把当前图画到 figure 中哪个位置上，位置序号按从左至右、从上至下依次排列。

例 将多个图布置于一个窗口中。命令如下，图形如图 4-10 所示。

subplot (2, 2, 1)

ezplot ('cos (x)')

subplot (2, 2, 2)

ezplot ('x^3 + y^3 - 5 * x * y + 1/5', [-3, 3])

subplot (2, 2, 3)

ezplot ('x^3 + 2 * x^2 - 3 * x + 5 - y^2')

subplot (2, 2, 4)

ezplot ('sin (3 * t) * cos (t)', 'sin (3 * t) * sin (t)', [0, pi])

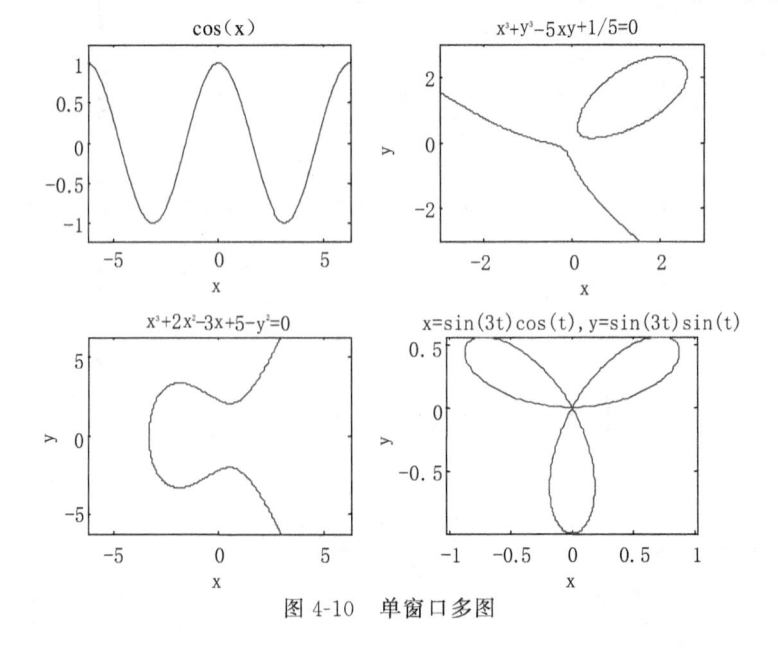

图 4-10 单窗口多图

4. 图形标注

将标题、坐标轴标记、网格线及文字注释加注到图形上，这些函数有：

title——给图形加标题

xlable——给 x 轴加标注

ylable——给 y 轴加标注

text——在图形指定位置加标注

gtext——将标注加到图形任意位置

grid on（off）——打开（关闭）坐标网格线

legend——添加图例

axis——控制坐标轴的刻度

例　图形标注，命令如下，图形如图 4-11 所示。

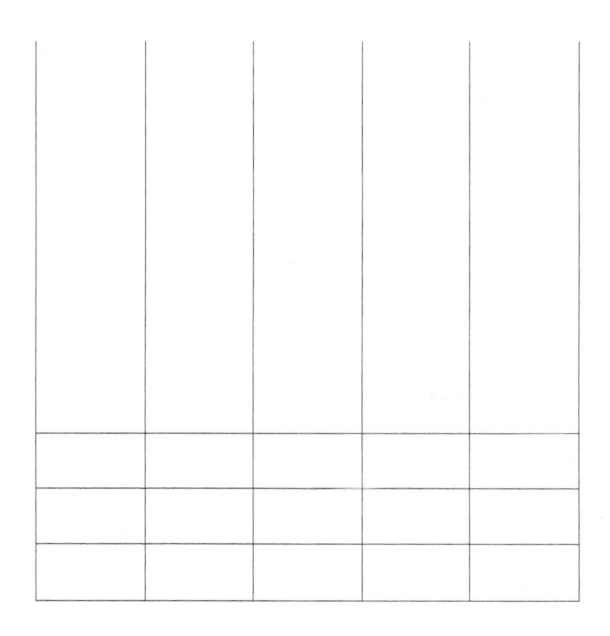

图 4-11　图形标注

t = 0：0.1：10
y1 = sin (t); y2 = cos (t); plot (t, y1,´r´, t, y2,´b - -´);
x = [1.7 * pi; 1.6 * pi];
y = [-0.3; 0.8];
s = [´sin (t)´;´cos (t)´];

```
text (x, y, s);
title ('正弦和余弦曲线');
legend ('正弦','余弦')
xlabel ('时间 t'), ylabel ('正弦、余弦')
grid
axis square
```

5. 其他二维绘图函数

bar	直方图
errorbar	棒形图加上误差范围
fplot	较精确的函数图形
polar	极坐标图
hist	统计直方图
rose	极坐标统计扇形图
stairs	阶梯图
stem	针状图
fill	实心图
feather	复数向量投影图（羽毛图）
compass	复数向量图（罗盘图）
quiver	向量场图
comet	彗星曲线
area	区域图
pie	饼图
convhull	凸壳图
scatter	离散点图

4.8.5 三维绘图

三维绘图的主要功能包括：

(1) 绘制三维线图；

(2) 绘制等高线图；

(3) 绘制伪彩色图；

(4) 绘制三维网线图；

(5) 绘制三维曲面图、柱面图和球面图；

(6) 绘制三维多面体并填充颜色。

二维图形的所有基本特性对三维图形都适用。三维图形的基本指令，plot3,

调用格式：

 plot3 (x, y, z) ——x, y, z 是长度相同的向量

 plot3 (X, Y, Z) ——X, Y, Z 是维数相同的矩阵

 plot3 (x, y, z, s) ——带开关量

 plot3 (x1, y1, z1, 's1', x2, y2, z2, 's2', …)

例 绘制三维线图，如图 4-12 所示。

t = 0：pi/50：10 * pi；

plot3 (t, sin (t), cos (t), 'r:')

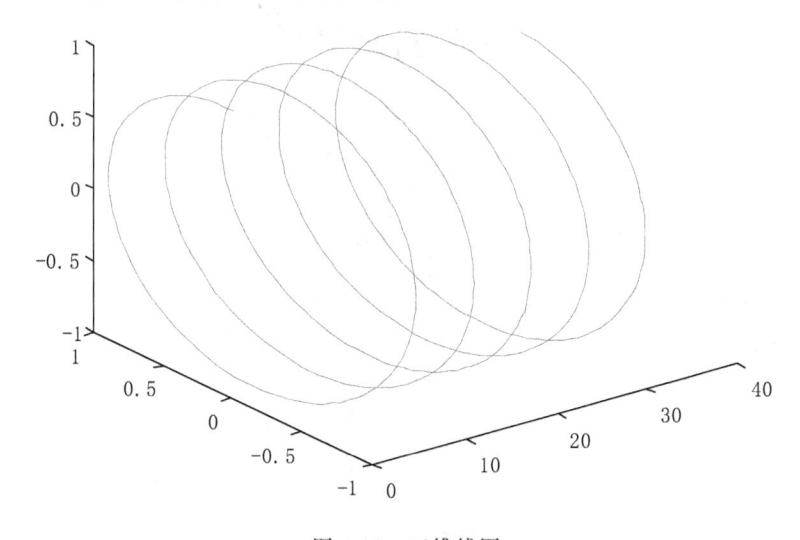

图 4-12 三维线图

例 绘制三维曲面，在矩形域 [-1, 1] × [-1, 1] 上绘制旋转抛物面，如图 4-13 所示。

 x = linspace (-1, 1, 100); %按 100 等分分割 [-1, 1] 生成 x 数组

 y = x; %与 x 相同，按 100 等分分割 [-1, 1] 生成 y 数组

 [X, Y] = meshgrid (x, y); %生成矩形域上网格节点矩阵

 Z = X.^2 + Y.^2; %生成函数值矩阵

 plot3 (X, Y, Z); %画网格曲面

 mesh (X, Y, Z); %画网格曲面并赋以颜色

 surf (X, Y, Z); %画光滑曲面

 shading flat ; %对曲面平滑并除去网格

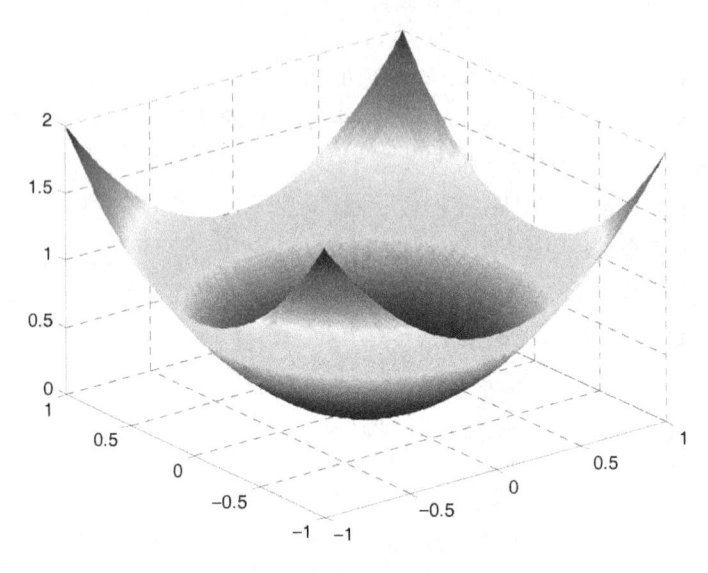

图 4-13 三维曲面图

例　绘制带等高线的三维曲面图，如图 4-14 所示。

[x, y, z] = peaks (30); surfc (x, y, z)

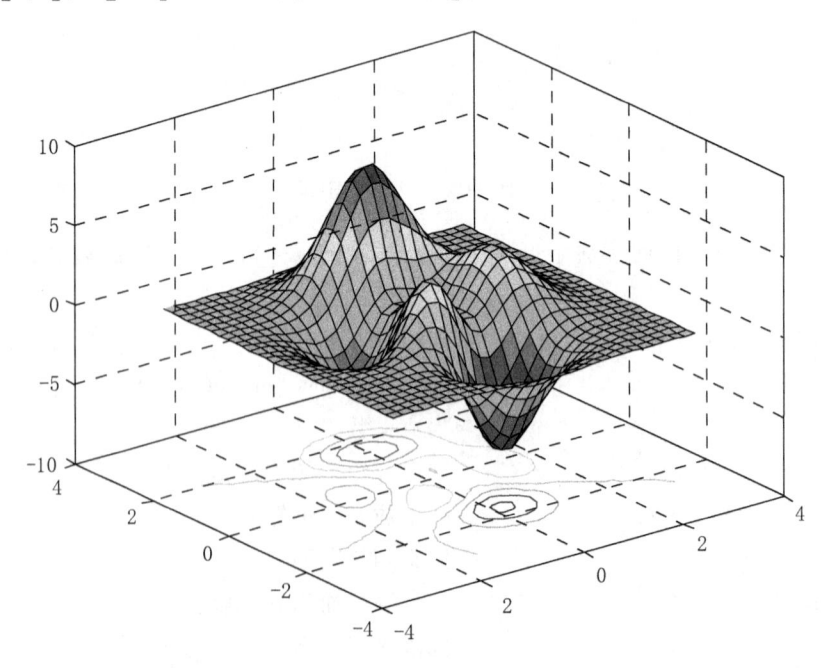

图 4-14 等高线图

4.8.6 动画生成

基本步骤如下：

创建帧矩阵——moviein 命令；

对动画中的每一帧生成图形，并把它们放到帧矩阵中——getframe 命令；

从帧矩阵中回放动画。

例　求解下列热传导定解问题

$$\begin{cases} \dfrac{\partial u}{\partial t} - \left(\dfrac{\partial^2 u}{\partial x^2} + \dfrac{\partial^2 u}{\partial y^2} \right) = 0 \\ u(x,y,t)\mid_{x=y=-1} = u\mid_{x=y=1} = 0 \\ u(x,y,0) = \begin{cases} 1 & (r \leqslant 0.4) \\ 0 & (r > 0.4) \end{cases} \end{cases}$$

求解域是方形区域，其中空间坐标的个数由具体问题确定。

步骤如下，动画截图如图 4-15 所示。

```
g = 'squareg';
b = 'squareb1';
c = 1; a = 0; f = 1; d = 1;
[p, e, t] = initmesh (g);
u0 = zeros (size (p, 2), 1);
ix = find (sqrt (p (1,:) .^2 + p (2,:) .^2) <0.4);
u0 (ix) = ones (size (ix));
nframes = 20;
tlist = linspace (0, 0.1, nframes);
u1 = parabolic (u0, tlist, b, p, e, t, c, a, f, d);
x = linspace (-1, 1, 31);
y = x;
[unused, tn, a2, a3] = tri2grid (p, t, u0, x, y);
newplot;
Mv = moviein (nframes);
umax = max (max (u1));
umin = min (min (u1));
for j = 1: nframes, ...
u = tri2grid (p, t, u1(:, j), tn, a2, a3);
i = find (isnan (u));
```

```
u (i) = zeros (size (i)); ...
surf (x, y, u);
caxis ( [umin, umax]);
colormap (cool), ...
axis ( [-1 1 -1 1 0 1]); ...
Mv (:, j) = getframe; ...
end
nfps = 5;
movie (Mv, 10, nfps)
```

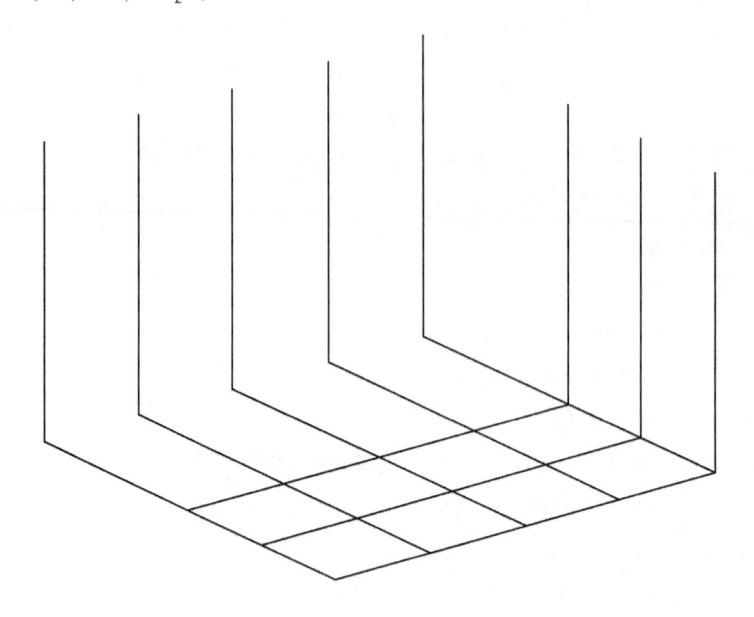

图 4-15　动画截图

4.9　MATLAB有限元数值计算

4.9.1　有限元法求解平面桁架结构

1. 问题描述

用 MATLAB 对平面桁架结构进行有限元求解。如图 4-16 所示平面桁架，材料弹性模量 $E=2\times10^7\,\text{N}/\text{cm}^2$，$L=20\text{cm}$，$A_L=2\text{cm}^2$，$A_{\sqrt{2}L}=2\sqrt{2}\,\text{cm}^2$，$P=1000\text{N}$。求节点位移、单元应力。

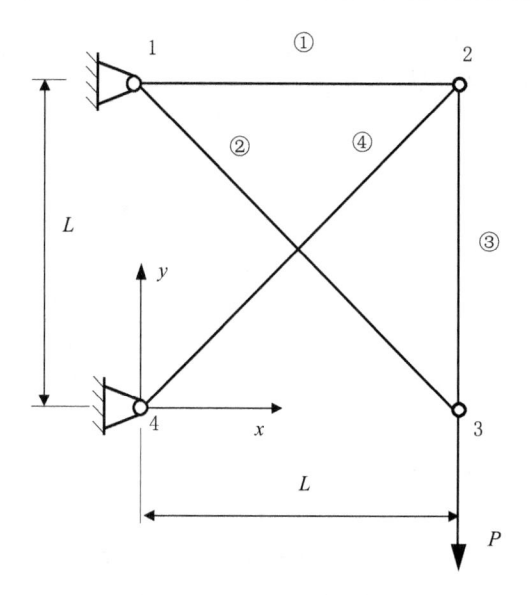

图 4-16 平面桁架

2. MATLAB 求解命令

```
clear; clc
E = 2e7;
A1 = 2;
A2 = 2 * sqrt (2);
L1 = PlaneTrussElementLength (0, 20, 20, 20);
L2 = PlaneTrussElementLength (0, 20, 20, 0);
L3 = PlaneTrussElementLength (20, 20, 20, 0);
L4 = PlaneTrussElementLength (20, 20, 0, 0);
k1 = PlaneTrussElementStiffness (E, A1, L1, 0);
k2 = PlaneTrussElementStiffness (E, A2, L2, -45);
k3 = PlaneTrussElementStiffness (E, A1, L3, -90);
k4 = PlaneTrussElementStiffness (E, A2, L4, -135);
K = zeros (8, 8);
K = PlaneTrussAssemble (K, k1, 1, 2);
K = PlaneTrussAssemble (K, k2, 1, 3);
K = PlaneTrussAssemble (K, k3, 2, 3);
K = PlaneTrussAssemble (K, k4, 2, 4);
%计算节点位移
```

```
k = K (3: 6, 3: 6);
f = [0; 0; 0; -1000];
u = k \ f
%计算节点力
U = [0; 0; u; 0; 0];
F = K * U;
%计算应力应变
u1 = [U(1); U(2); U(3); U(4)];
u2 = [U(1); U(2); U(5); U(6)];
u3 = [U(3); U(4); U(5); U(6)];
u4 = [U(3); U(4); U(7); U(8)];

sigma1 = PlaneTrussElementStress (E, L1, 0, u1)
sigma2 = PlaneTrussElementStress (E, L2, -45, u2)
sigma3 = PlaneTrussElementStress (E, L3, -90, u3)
sigma4 = PlaneTrussElementStress (E, L4, -135, u4)

strain1 = PlaneTrussElementStrain (L1, 0, u1)
strain2 = PlaneTrussElementStrain (L2, -45, u2)
strain3 = PlaneTrussElementStrain (L3, -90, u3)
strain4 = PlaneTrussElementStrain (L4, -135, u4)


function L = PlaneTrussElementLength (x1, y1, x2, y2)
%计算单元长度
L = sqrt ( (x2 - x1) * (x2 - x1) + (y2 - y1) * (y2 - y1));


function k = PlaneTrussElementStiffness (E, A, L, theta)
%计算单元刚度
x = theta * pi/180;
C = cos (x);
S = sin (x);
k = E * A/L * [C*C  C*S  -C*C  -C*S; C*S  S*S  -C*S  -S*S;
   -C*C  -C*S  C*C  C*S; -C*S  -S*S  C*S  S*S];
```

```
function K = PlaneTrussAssemble (K, k, i, j)
%组装总刚
K (2*i-1, 2*i-1) = K (2*i-1, 2*i-1) + k (1, 1);
K (2*i-1, 2*i) = K (2*i-1, 2*i) + k (1, 2);
K (2*i-1, 2*j-1) = K (2*i-1, 2*j-1) + k (1, 3);
K (2*i-1, 2*j) = K (2*i-1, 2*j) + k (1, 4);
K (2*i, 2*i-1) = K (2*i, 2*i-1) + k (2, 1);
K (2*i, 2*i) = K (2*i, 2*i) + k (2, 2);
K (2*i, 2*j-1) = K (2*i, 2*j-1) + k (2, 3);
K (2*i, 2*j) = K (2*i, 2*j) + k (2, 4);
K (2*j-1, 2*i-1) = K (2*j-1, 2*i-1) + k (3, 1);
K (2*j-1, 2*i) = K (2*j-1, 2*i) + k (3, 2);
K (2*j-1, 2*j-1) = K (2*j-1, 2*j-1) + k (3, 3);
K (2*j-1, 2*j) = K (2*j-1, 2*j) + k (3, 4);
K (2*j, 2*i-1) = K (2*j, 2*i-1) + k (4, 1);
K (2*j, 2*i) = K (2*j, 2*i) + k (4, 2);
K (2*j, 2*j-1) = K (2*j, 2*j-1) + k (4, 3);
K (2*j, 2*j) = K (2*j, 2*j) + k (4, 4);
K = K;


function sigma = PlaneTrussElementStress (E, L, theta, u)
%计算单元应力
x = theta * pi/180;
C = cos (x);
S = sin (x);
sigma = E/L * [-C  -S  C  S] * u;


function strain = PlaneTrussElementStress (L, theta, u)
%计算单元应变
x = theta * pi/180;
C = cos (x);
S = sin (x);
strain = 1/L * [-C  -S  C  S] * u;
```

3. 结果输出

（结点位移）

u =

    0.0005

   －0.0015

   －0.0020

   －0.0020

（单元应力）

sigma1 = 500.0000

sigma2 = 3.4106e－013

sigma3 = 500.0000

sigma4 = －500.0000

（单元应变）

strain1 = 2.5000e－005

strain2 = 1.3553e－020

strain3 = 2.5000e－005

strain4 = －2.5000e－005

4.9.2 弹性力学平面问题有限元求解

1. 问题描述

用 MATLAB 对弹性力学平面问题进行有限元求解。受集中荷载作用的薄板，将平板离散成 4 个三角形常应变单元（仅为演示算例，不考虑单元划分规则），材料弹性模量 $E=210\mathrm{GPa}$，泊松比为 0.3；单元厚度为 0.01m，集中力 $P=100\mathrm{kN}$，节点编号和单元编号如图 4-17 所示，求节点位移及单元应力。

2. MATLAB 求解命令

MATLAB 求解命令如下：

```
clear; clc
E = 210e6;
NU = 0.3;
t = 0.01;
k1 = LinearTriangleElementStiffness (E, NU, t, 0, 0, 2, 0, 2, 2, 1);
k2 = LinearTriangleElementStiffness (E, NU, t, 0, 0, 2, 2, 0, 2, 1);
```

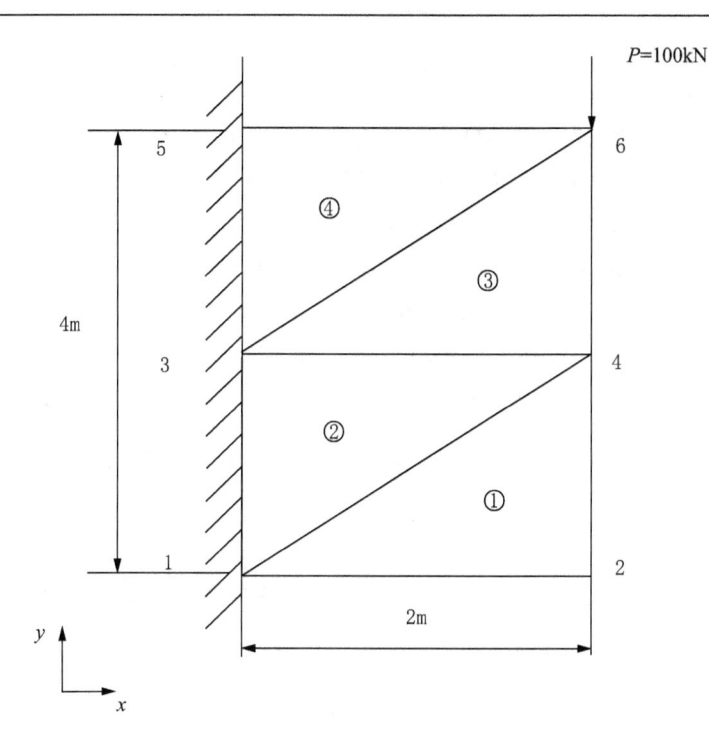

图 4-17 薄板尺寸及单元划分

```
k3 = LinearTriangleElementStiffness (E, NU, t, 0, 2, 2, 2, 2, 4, 1);
k4 = LinearTriangleElementStiffness (E, NU, t, 0, 2, 2, 4, 0, 4, 1);
K = zeros (12, 12);
K = LinearTriangleAssemble (K, k1, 1, 2, 4);
K = LinearTriangleAssemble (K, k2, 1, 4, 3);
K = LinearTriangleAssemble (K, k3, 3, 4, 6);
K = LinearTriangleAssemble (K, k4, 3, 6, 5);
%计算节点位移
k = [K (3:4, 3:4) K (3:4, 7:8) K (3:4, 11:12);
K (7:8, 3:4) K (7:8, 7:8) K (7:8, 11:12);
K (11:12, 3:4) K (11:12, 7:8) K (11:12, 11:12)];
f = [0; 0; 0; 0; 0; -100];
u = k \ f
%计算节点力
U = [0; 0; u (1:2); 0; 0; u (3:4); 0; 0; u (5:6)];
F = K * U;
```

%计算单元应力

u1 = [U (1); U (2); U (3); U (4); U (7); U (8)];

u2 = [U (1); U (2); U (7); U (8); U (5); U (6)];

u3 = [U (5); U (6); U (11); U (12); U (9); U (10)];

u4 = [U (5); U (6); U (7); U (8); U (11); U (12)];

sigma1 = LinearTriangleElementStresses (E, NU, 0, 0, 2, 0, 2, 2, 1, u1)

sigma2 = LinearTriangleElementStresses (E, NU, 0, 0, 2, 2, 0, 2, 1, u2)

sigma3 = LinearTriangleElementStresses (E, NU, 0, 2, 2, 2, 2, 4, 1, u3)

sigma4 = LinearTriangleElementStresses (E, NU, 0, 2, 2, 4, 0, 4, 1, u4)

function k = LinearTriangleElementStiffness (E, NU, t, xi, yi, xj, yj, xm, ym, p)

%计算单元刚度

A = (xi * (yj − ym) + xj * (ym − yi) + xm * (yi − yj)) /2;

betai = yj − ym;

betaj = ym − yi;

betam = yi − yj;

gammai = xm − xj;

gammaj = xi − xm;

gammam = xj − xi;

B = [betai 0 betaj 0 betam 0;

　　0 gammai 0 gammaj 0 gammam;

　　gammai betai gammaj betaj gammam betam] / (2 * A);

if p = = 1

　D = (E/(1 − NU * NU)) * [1 NU 0 ; NU 1 0 ; 0 0 (1 − NU)/2];

　elseif p = = 2

　D = (E/(1 + NU)/(1 − 2 * NU)) * [1 − NU NU 0 ; NU 1 − NU 0 ; 0 0 (1 − 2 * NU)/2];

end

k = t * A * B′ * D * B;

function K = LinearTriangleAssemble (K, k, i, j, m)

%组装总刚

K (2 * i − 1, 2 * i − 1) = K (2 * i − 1, 2 * i − 1) + k (1, 1);

K (2 * i − 1, 2 * i) = K (2 * i − 1, 2 * i) + k (1, 2);

K (2 * i − 1, 2 * j − 1) = K (2 * i − 1, 2 * j − 1) + k (1, 3);

```
K(2*i-1, 2*j) = K(2*i-1, 2*j) + k(1, 4);
K(2*i-1, 2*m-1) = K(2*i-1, 2*m-1) + k(1, 5);
K(2*i-1, 2*m) = K(2*i-1, 2*m) + k(1, 6);
K(2*i, 2*i-1) = K(2*i, 2*i-1) + k(2, 1);
K(2*i, 2*i) = K(2*i, 2*i) + k(2, 2);
K(2*i, 2*j-1) = K(2*i, 2*j-1) + k(2, 3);
K(2*i, 2*j) = K(2*i, 2*j) + k(2, 4);
K(2*i, 2*m-1) = K(2*i, 2*m-1) + k(2, 5);
K(2*i, 2*m) = K(2*i, 2*m) + k(2, 6);
K(2*j-1, 2*i-1) = K(2*j-1, 2*i-1) + k(3, 1);
K(2*j-1, 2*i) = K(2*j-1, 2*i) + k(3, 2);
K(2*j-1, 2*j-1) = K(2*j-1, 2*j-1) + k(3, 3);
K(2*j-1, 2*j) = K(2*j-1, 2*j) + k(3, 4);
K(2*j-1, 2*m-1) = K(2*j-1, 2*m-1) + k(3, 5);
K(2*j-1, 2*m) = K(2*j-1, 2*m) + k(3, 6);
K(2*j, 2*i-1) = K(2*j, 2*i-1) + k(4, 1);
K(2*j, 2*i) = K(2*j, 2*i) + k(4, 2);
K(2*j, 2*j-1) = K(2*j, 2*j-1) + k(4, 3);
K(2*j, 2*j) = K(2*j, 2*j) + k(4, 4);
K(2*j, 2*m-1) = K(2*j, 2*m-1) + k(4, 5);
K(2*j, 2*m) = K(2*j, 2*m) + k(4, 6);
K(2*m-1, 2*i-1) = K(2*m-1, 2*i-1) + k(5, 1);
K(2*m-1, 2*i) = K(2*m-1, 2*i) + k(5, 2);
K(2*m-1, 2*j-1) = K(2*m-1, 2*j-1) + k(5, 3);
K(2*m-1, 2*j) = K(2*m-1, 2*j) + k(5, 4);
K(2*m-1, 2*m-1) = K(2*m-1, 2*m-1) + k(5, 5);
K(2*m-1, 2*m) = K(2*m-1, 2*m) + k(5, 6);
K(2*m, 2*i-1) = K(2*m, 2*i-1) + k(6, 1);
K(2*m, 2*i) = K(2*m, 2*i) + k(6, 2);
K(2*m, 2*j-1) = K(2*m, 2*j-1) + k(6, 3);
K(2*m, 2*j) = K(2*m, 2*j) + k(6, 4);
K(2*m, 2*m-1) = K(2*m, 2*m-1) + k(6, 5);
K(2*m, 2*m) = K(2*m, 2*m) + k(6, 6);
K = K;
```

```
function sigma = LinearTriangleElementStresses (E, NU, xi, yi, xj,
yj, xm, ym, p, u)
```
%计算单元应力

A = (xi * (yj - ym) + xj * (ym - yi) + xm * (yi - yj))/2;

betai = yj - ym;

betaj = ym - yi;

betam = yi - yj;

gammai = xm - xj;

gammaj = xi - xm;

gammam = xj - xi;

B = [betai 0 betaj 0 betam 0 ;

　　0 gammai 0 gammaj 0 gammam ;

　　gammai betai gammaj betaj gammam betam] / (2 * A);

if p = = 1

　　D = (E/ (1 - NU * NU)) * [1 NU 0 ; NU 1 0 ; 0 0 (1 - NU) /2];

elseif p = = 2

　　D = (E/ (1 + NU) / (1 - 2 * NU)) * [1 - NU NU 0 ; NU 1 - NU 0 ; 0 0 (1 - 2 * NU) /2];

end

sigma = D * B * u;

3. 结果输出

(结点位移)

u =

　　1.0e - 003 *

　　- 0.0092

　　- 0.0488

　　0.0053

　　- 0.0580

　　0.0164

　　- 0.1084

(单元应力, σ_x, σ_y, τ_{xy})

sigma1 =

　　1.0e + 003 *

－1.3836

－1.3836

－1.3836

sigma2 =

1.0e＋003 *

0.6151

0.1845

－2.3439

sigma3 =

1.0e＋004 *

0.5647

1.3074

－0.5040

sigma4 =

1.0e＋004 *

－0.5032

－1.2889

0.2696

4.9.3 一维传热问题有限元求解

1. 问题描述

用 MATLAB 对一维热问题进行有限元求解。一维杆等截面圆杆如图 4-18 所示，环境温度为 40℃，杆左端温度为 140℃，杆横截面半径 $r=1\text{cm}$，则横截

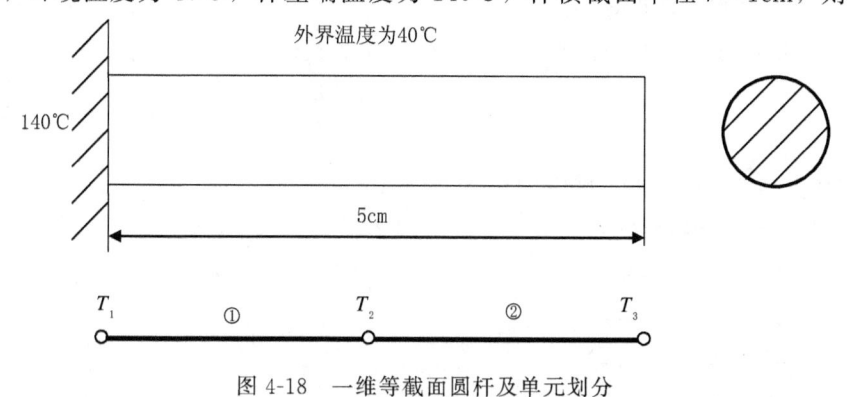

图 4-18 一维等截面圆杆及单元划分

面积 $A=\pi cm^2$，周长 $p=2\pi cm$；材料热传导系数 $k=70W/(cm·K)$，与周围环境的热交换系数 $h=5W/(cm^2·K)$。不计右端面热损失，将杆等分成 2 个单元，求结点的温度。

2. MATLAB 求解命令

MATLAB 求解命令如下：

```
clear; clc
syms q T2 T3 T4 T5
k = 70;                              %%热传导系数
p = 2 * pi;                          %%周长
A = pi;                              %%横截面积
h = 5;                               %%热交换系数
t = 40;                              %%外界温度
noden = 3;                           %%节点总数
elementn = 2;                        %%单元总数
nodec = [0, 0; 2.5, 0; 5, 0];        %%节点坐标
ecode = [1, 2; 2, 3];                %%单元对应的节点编号
kzt = zeros (noden, noden);
for en = 1: elementn
    i = ecode (en, 1);
    j = ecode (en, 2);
    x1 = nodec (i, 1);
    x2 = nodec (j, 1);
    %%单元热传导矩阵
    ke = A * k/ (x2 - x1) .* [1 -1; -1 1];
    %%整体热传导矩阵
    kzt (i:i+1, i:i+1) = kzt (i:i+1, i:i+1) + ke (1:2, 1:2);
end

kzy = zeros (noden, noden);
for en = 1: elementn
    i = ecode (en,1);
    j = ecode (en,2);
    x1 = nodec (i,1);
    x2 = nodec (j,1);
```

```
%%单元热交换矩阵
    ke = h * p * (x2 - x1) /6. * [2 1; 1 2];
    %%整体热交换矩阵
    kzy (i: i + 1, i: i + 1) = kzy (i: i + 1, i: i + 1) + ke (1: 2, 1: 2);
end
Kz = kzt + kzy            %%总刚

kzp = zeros (noden,1);
for en = 1: elementn
    i = ecode (en,1);
    %%单元表面热交换热载荷列阵
    ke = h * p * t * (x2 - x1) /2. * [1;1];
    %%整体表面热交换热载荷列阵
    kzp (i: i + 1,:) = kzp (i: i + 1,:) + ke (1: 2,:);
end
Kzp = kzp + q * A. * [1; 0; 0]         %%总热载荷列阵

KT = [140; T2; T3];
K = Kz (2: 3, 2: 3)
P = [ - Kz (2, 1) * 140 + Kzp (2, 1); Kzp (3, 1)]
T = KT (2: 3,:);
B = K \ P                              %%高斯消去法
B = vpa (B)
```

3. 结果输出

Kz =

  114.1445   - 74.8746   0

   - 74.8746   228.2891   - 74.8746

     0   - 74.8746   114.1445

Kzp =

  500 * pi + pi * q

  1000 * pi

  500 * pi

K =
228.2891   -74.8746
-74.8746   114.1445

P =
1000 * pi + 5762786450016657/549755813888
500 * pi

B =
1884431169155446839/（10252808490057728 * pi）+ 1737000/74599
2472235387057145853/（20505616980115456 * pi）+ 2166000/74599

B =
81.78876392444938449085375503143 9
67.41189560187715514642600777504

4.10 MATLAB 界面制作示例

使用 MATLAB 计算软件的图形界面模块设计制作了天线多目标优化程序的界面。天线多目标优化程序主要是根据天线的具体情况，加入适当的作动器（机械作动器或压电作动器），以确定出最合理的主动调控量，最终得到理想的抛物面天线形状。

4.10.1 新建图形用户界面

图形用户界面 GUI 文件建立

在主菜单中选择 File＞New＞GUI，即可新建一个图形用户界面 GUI 文件，如图 4-19 所示。

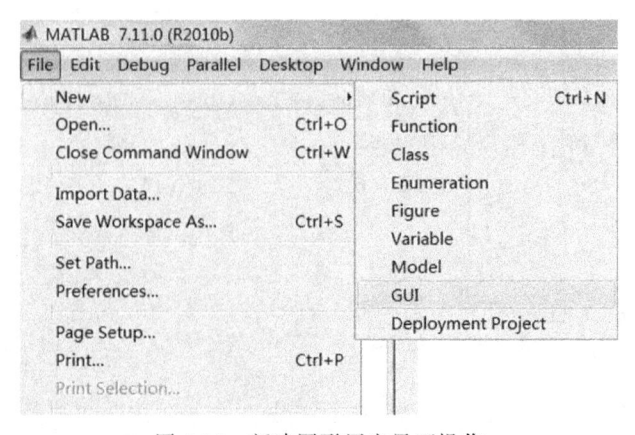

图 4-19 新建图形用户界面操作

4.10.2 图形用户界面 GUI 设计界面

如图 4-20 所示,左边一排为各个控件,直接点击即可在编辑区画出各种控件(控件具体参数可查阅帮助文档)。上排主菜单功能类似于 Microsoft Windows 的主菜单的各功能。

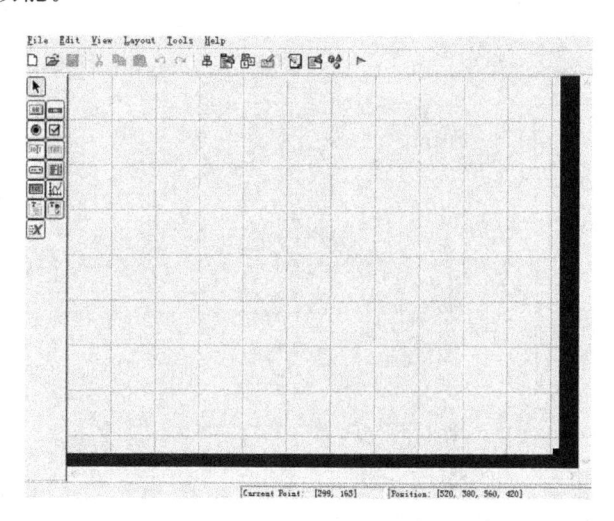

图 4-20 图形用户界面设计

4.10.3 天线多目标优化程序操作选择窗口

作为程序输入参数界面,常用两种输入参数方法。一种是将已有数据导入,另一种是从界面逐个输入。图 4-21 是两种输入方式的选择界面。

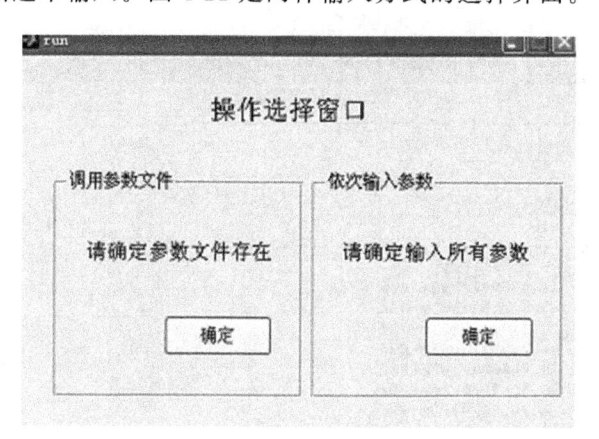

图 4-21 两种不同的参数输入方法

4.10.4 数据文件输入方式操作界面

输入数据文件名后，点击"运行"即可得到计算结果。"显示"按钮用来显示文本方式数据结果文件。"界面关闭"为退出数据文件方式运行界面，"程序退出"为退出界面运行程序（图 4-22）。

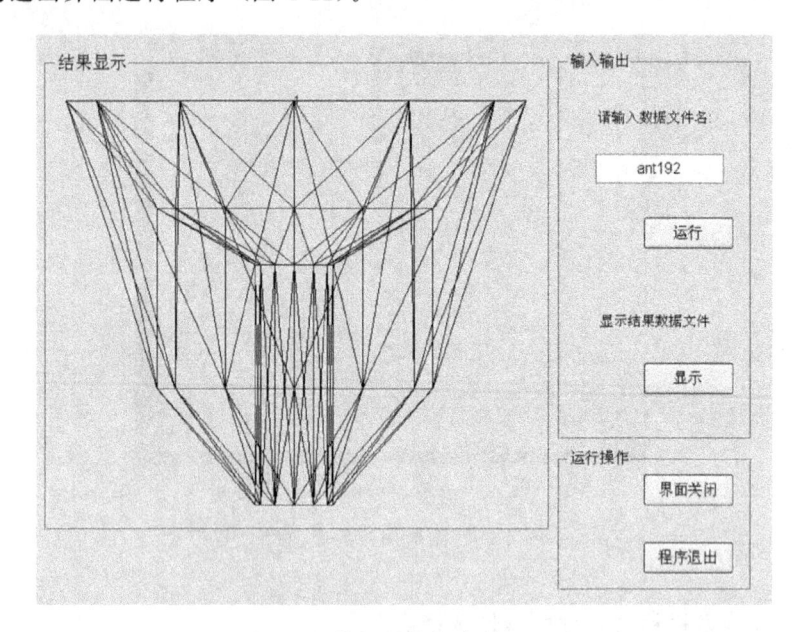

图 4-22 数据文件方式运行界面

在本操作界面中，选用文本方式显示数据结果文件，图 4-23 为 res.m 结果文件。

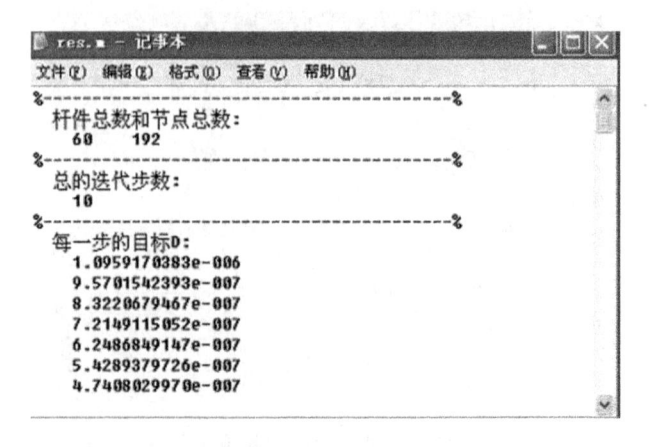

图 4-23 结果文件显示

4.10.5 参数输入方式操作界面

参数输入方式要求输入所有的参数。每个参数都有一个对应的默认值。点击"确定输入"后，提交窗口中所示的所有参数，并运行出计算结果。"界面关闭"为退出数据文件方式运行界面（图 4-24）。

图 4-24 参数输入窗口

对于较复杂的参数输入，选择另打开 M 文件的方式编辑输入参数。点击参数输入窗口中"杆件分组信息"或"载荷信息"弹出子程序界面。确定输入后会打开一个 M 文件，编辑杆件分组信息或载荷信息。完成后保存即可。载荷信息输入界面及 M 编辑文件如图 4-25 和图 4-26 所示。

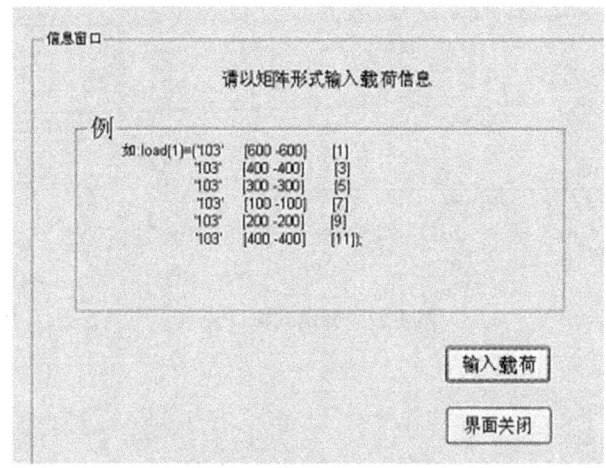

图 4-25 载荷输入窗口

图 4-26 载荷信息编辑

选择不同的作动器，需要输入不同的作动器参数信息。使用弹出式窗口输入参数（图 4-27）。

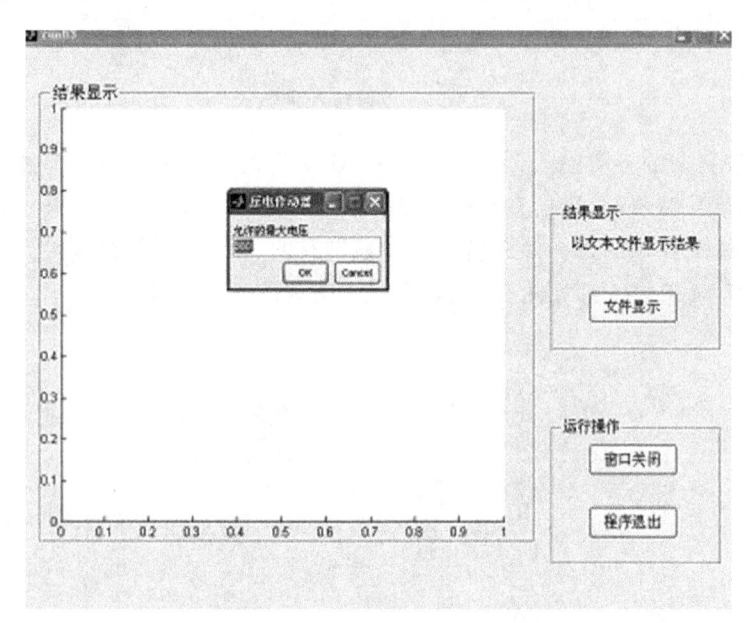

图 4-27 弹出式窗口输入

4.10.6 界面运行结果及以文本方式打开的数据结果文件

在运行结果界面中弹出窗口打开文本结果文件（图 4-28）。

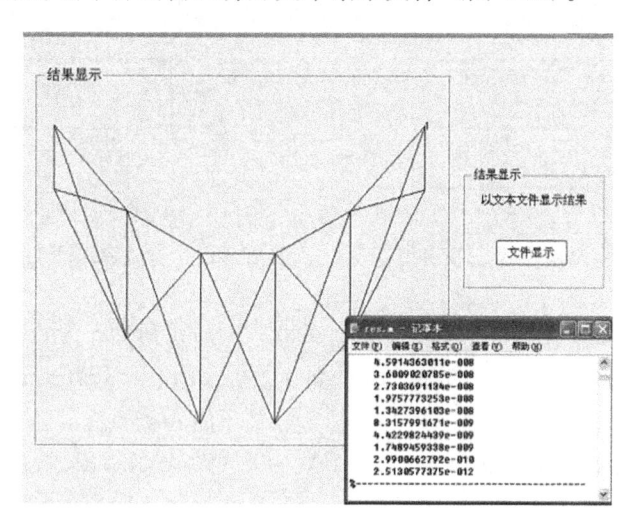

图 4-28 运行结果显示

4.10.7 界面设计部分程序说明

1. 调用已有的参数文件

对于已经存在的 M 数据文件，可使用下列几行程序进行调用。调用 ant192.m 文件的图形界面如图 4-29 所示。

  edit = findobj（gcbf,´Tag´,´edit1´); %找到 tag 为 edit1 的句柄
  editstring = get（edit,´String´); % 让 editstring 得到该句柄的 string
  eval（editstring）; % 参数 editstring 代入运行 eval 函数

2. 显示结果文件

程序运行完成后，会得到一个数据文件，以文本文件的方式打开。打开 res.m 文件的图形界面如图 4-30 所示。

  dos（´notepad res.m´) %使用 dos 环境，以文本方式打开 res.m

3. 获得具体参数数值

各个具体参数数值输入后，将具体参数值赋予参数名。方式类似于调用已有的参数文件的方法。界面示例如图 4-31 所示。

图 4-29　调用 M 数据文件　　　　图 4-30　打开显示结果文件

```
edit4 = findobj (gcbf,´Tag´,´edit4´);        %找到 tag 为 edit4 的句柄
editstring4 = get (edit4,´String´);          % 让 editstring 得到该句柄
                                               的 string
nw = str2num (editstring4);                  % 参数 editstring 代入运行
                                               str2num 函数
```

如运行载荷信息子程序.

MATLAB 运行子程序只需写出子程序名即可。在图 4-32 中界面选择"载荷信息"并"确定输入"。

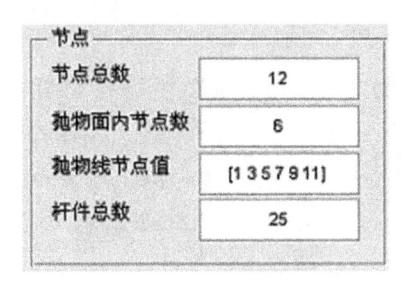

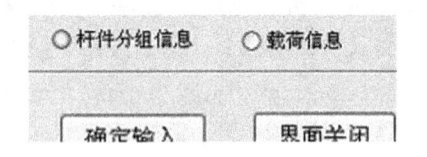

图 4-31　参数输入　　　　　　　　图 4-32　杆件分组信息

```
function radiobutton51 _ Callback (hObject, eventdata, handles)
run0201
%load {1} = {´103´        [600 – 600]        [1]
%             ´103´        [400 – 400]        [3]
%             ´103´        [300 – 300]        [5]
%             ´103´        [100 – 100]        [7]
%             ´103´        [200 – 200]        [9]
%             ´103´        [400 – 400]        [11]}
```

第 4 章 MATLAB 软件及其应用

4. 使用弹出式窗口

对于有特殊参数输入需求的程序，可以用弹出式窗口的方式输入。这种方式的参数输入随意性较大，M 文件中的任何位置写下下列程序行，都会出现如图 4-33 所示的弹出式窗口。可以方便地进行各种参数的输入。

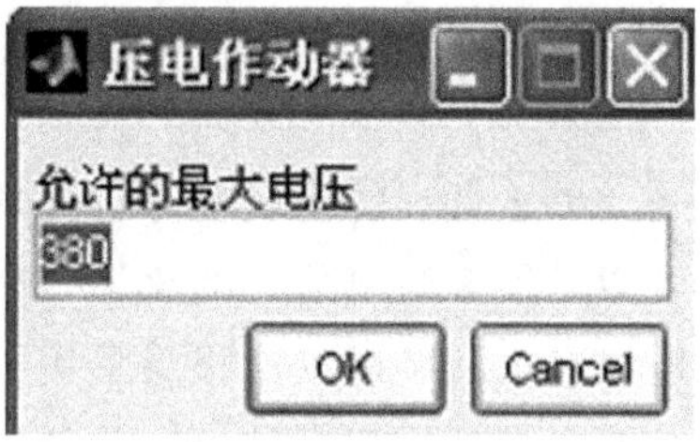

图 4-33 弹出窗口

```
lines150 = 1              %弹出式窗口的数
                          值行数
def150 = {´380´};         %弹出式窗口中的默认值
answer150 = inputdlg (´允许的最大电压´,´压电作动器´, lines150,
def150);                  %弹出式窗口设置,´压电作动器´为弹出窗口标题,´允
                          许的最大电压´为数值输入说明
a150 = str2num (cell2mat (answer150))
```
%弹出式窗口得到的数值为 cell 类型的数值,将得到的数值先从 cell 型转化为 mat 型,再转化为 str

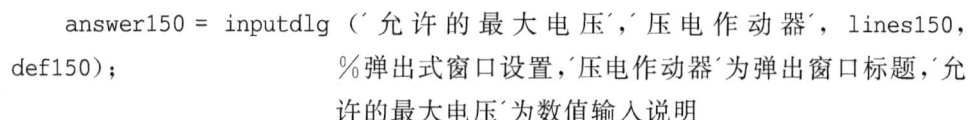

```
Vup = a150
```

5. 用文本文件显示数据结果

为了方便查看结果,将数据结果以文本方式打开,如图 4-34 所示。

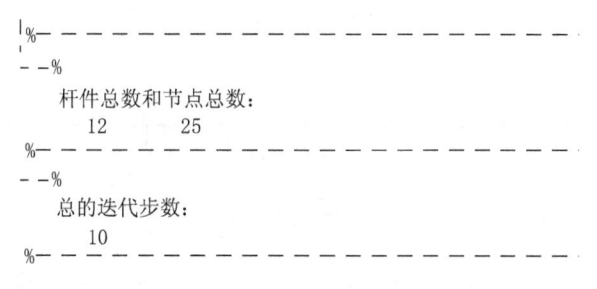

```
%— — — — — — — — — — — — — — — — — — —
— —%
    杆件总数和节点总数:
       12      25
%— — — — — — — — — — — — — — — — — — —
— —%
    总的迭代步数:
       10
%— — — — — — — — — — — — — — — — — — —
```

图 4-34 运行结果显示

```
fid = fopen (´res.m´,´w´);
fprintf (fid,´%s\r\n´,´%— — — — — — — — — — —%´);
fprintf (fid,´ %s\r\n´,´杆件总数和节点总数:´);
fprintf (fid,´%d%d\r\n´, nw, iesg);
fprintf (fid,´%s\r\n´,´%— — — — — — — — — — —%´);
fprintf (fid,´ %s\r\n´,´总的迭代步数:´);
fprintf (fid,´ %d\r\n´, cyc);        %以上程序行用了 fprintf 语句,
                                     具体用法见 help 文档
```

4.11 基于 MATLAB 的地震信号处理

由于真正的地震信号在处理过程中比较复杂，其中的有用信息和干扰噪声都可能是很多简单信号的叠加，因此在处理过程中信号的规律性往往不容易被直观地看出来，所以在这里只采用了一个简单的叠加信号加上一个随机的干扰信号模拟整个处理过程。被处理的信号是含噪声的两个正弦波的组合：

sig1 = sin (2 * pi * 15 * t)

sig2 = sin (2 * pi * 50 * t)

x = sig1 + sig2

y = x + rand (1, length (t))

其图形如图 4-35 所示。

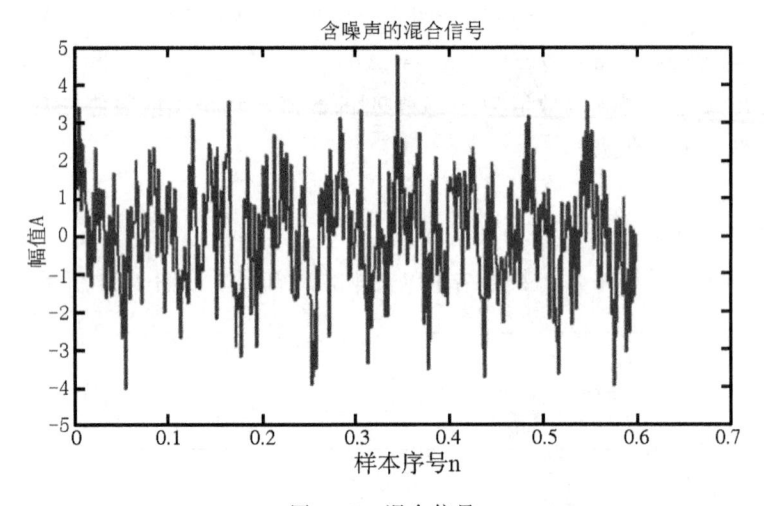

图 4-35 混合信号

然后，编写 MATLAB 程序，运用小波变换实现混合信号的高频分层；再运用快速傅里叶变换，提取出有用信号的主频率。主程序如下：

```
t = 0: 0.001: 0.6;
sig1 = sin (2 * pi * 15 * t);
sig2 = sin (2 * pi * 50 * t);
x = sig1 + sig2;
y = x + randn (1, length (t));
figure (1);
subplot (2, 1, 1);
plot (t, sig1,´LineWidth´, 2);
```

```
xlabel ('样本序号 n');
ylabel ('幅值 A');
subplot (2, 1, 2);
plot (t, sig2,'LineWidth', 2);
xlabel ('样本序号 n');
ylabel ('幅值 A');
%一维小波分解
[c, l] = wavedec (x, 5,'db5');

%重构第 1-5 层逼近系数.
a5 = wrcoef ('a', c, l,'db5', 5);
a4 = wrcoef ('a', c, l,'db5', 4);
a3 = wrcoef ('a', c, l,'db5', 3);
a2 = wrcoef ('a', c, l,'db5', 2);
a1 = wrcoef ('a', c, l,'db5', 1);

%显示逼近系数
figure (2)
subplot (5, 1, 1);
plot (a5,'LineWidth', 2); title ('分解后的逼近信号')
ylabel ('a5');
subplot (5, 1, 2);
plot (a4,'LineWidth', 2);
ylabel ('a4');
subplot (5, 1, 3);
plot (a3,'LineWidth', 2);
ylabel ('a3');
subplot (5, 1, 4);
plot (a2,'LineWidth', 2);
ylabel ('a2');
subplot (5, 1, 5);
plot (a1,'LineWidth', 2);
ylabel ('a1');
xlabel ('样本序号 n');
```

%重构第1-5层细节系数
d5 = wrcoef ('d', c, l,'db5', 5);
d4 = wrcoef ('d', c, l,'db5', 4);
d3 = wrcoef ('d', c, l,'db5', 3);
d2 = wrcoef ('d', c, l,'db5', 2);
d1 = wrcoef ('d', c, l,'db5', 1);

%显示细节系数
figure (3)
subplot (5, 1, 1);
plot (d5,'LineWidth', 2); title ('分解后的细节信号')
ylabel ('d5');
subplot (5, 1, 2);
plot (d4,'LineWidth', 2);
ylabel ('d4');
subplot (5, 1, 3);
plot (d3,'LineWidth', 2);
ylabel ('d3');
subplot (5, 1, 4);
plot (d2,'LineWidth', 2);
ylabel ('d2');
subplot (5, 1, 5);
plot (d1,'LineWidth', 2);
ylabel ('d1');
xlabel ('样本序号 n');
figure (4);
Y = fft + (y, 512);
subplot (211); plot (y); title ('受噪声污染的信号');
N = 512; Fs = 1000;
b = abs (Y) .^2/N;
n = 0: N-1;
c = n * Fs/N;
subplot (212); plot (c, b); title ('FFT');

在这里由于我们所取的混合信号比较简单,因此只需要对其做五层分解就能够清楚地看出原信号的一些基本特征,如果信号比较复杂,就需要做更加复杂的(如七层或更多层次)分层分解。

运行 MATLAB 程序之后,绘出了处理之后的图形,其中分层后的逼近信号如图 4-36 所示。

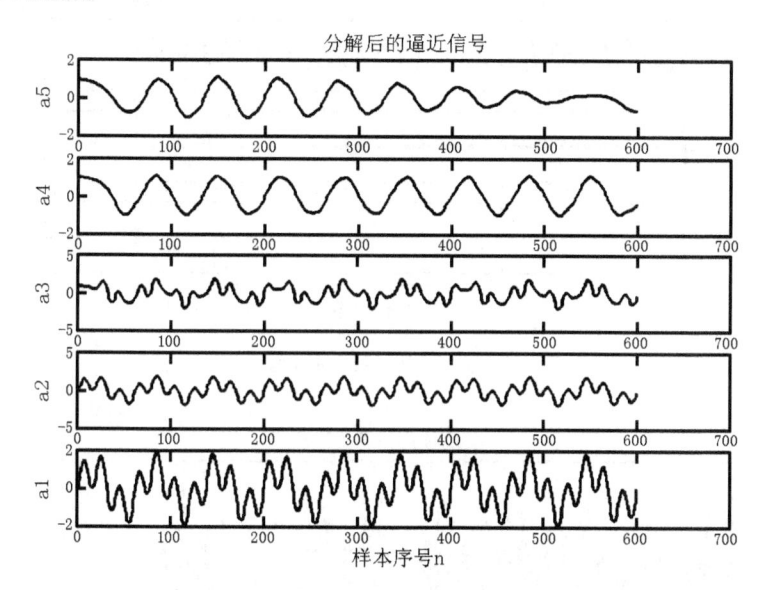

图 4-36 分层后的逼近信号

从 a1～a5 的分解,所取的信号频率由高到低,随着频率的逐渐降低,信号的正弦特性越来越明显,图中 a4 就很接近于正弦信号。再通过观察细节信号,就能更加清楚地看出原来混合信号的一些基本特征,分层后的细节信号如图 4-37 所示。

图 4-37 中的 d1 和 d2 是与噪声相关的,频率较高,而且杂乱无章。频率逐渐降低以后信号的正弦特性就越来越明显地表现出来。

经过这些步骤之后,信号的基本特性已经能够明显地观察到。为了更加清楚地了解信号的主要频率的分布情况,需要继续对信号作一个快速傅里叶变换,变换后的图形如图 4-38 所示。

从图 4-38 可以看出,混合信号中含有两个有用信息,其主频率分别分布在 15Hz 和 50Hz 附近,这正好与我们所取的两个信号 sig1=sin(2*pi*15*t),sig2=sin(2*pi*50*t)吻合起来,达到了预期的目标。

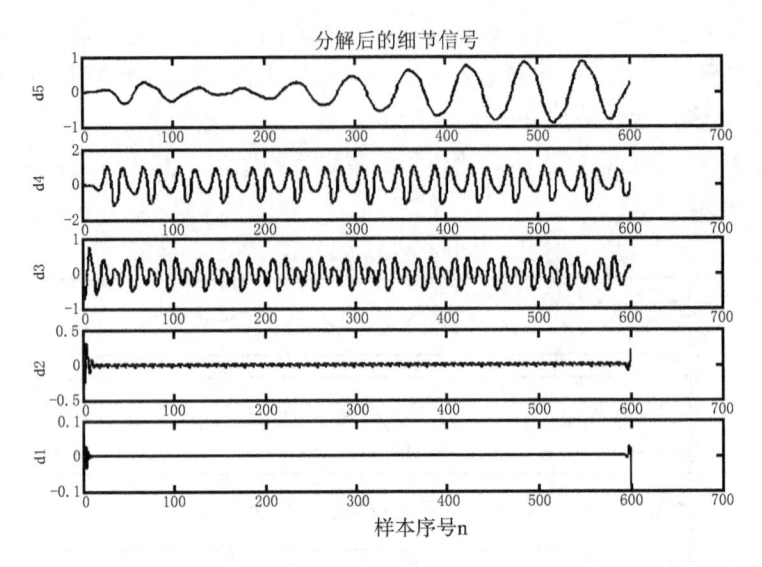

图 4-37　分层后的细节信号

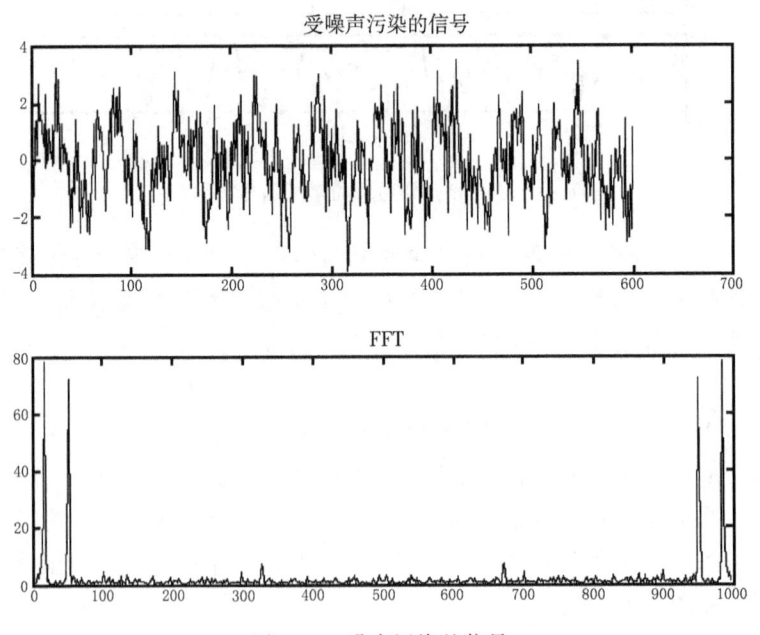

图 4-38　噪声污染的信号

第 5 章　有限元数值模拟方法的计算机实现

有限单元法是当今科学和工程问题分析模拟的最有效工具，也是应用最广的工程数值计算方法，由于模拟和计算需要大量的信息和运算，因此，这种模拟分析方法总是通过计算机来实现的。计算机软件的研制和开发是其理论和方法应用于生产和科研实际的前提和基础。同时所研制和开发的软件又是有限元理论和方法研究的必要平台。

5.1　有限元法的实施过程

有限元软件的发展从目的和用途上可以区分为专用软件和通用软件；同时从软件的功能和技术上考察，它正在朝向集成化、网络化和智能化的信息处理系统方向发展。一般工程和科学问题的有限元分析过程都可以归纳为如图 5-1 所示的流程。

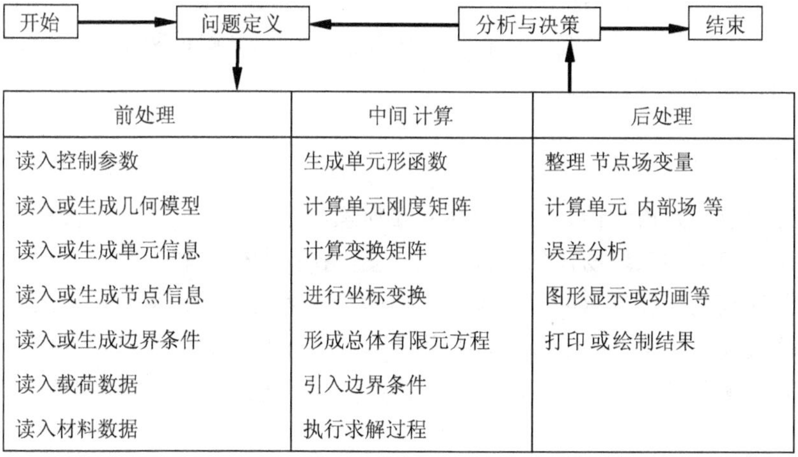

前处理	中间计算	后处理
读入控制参数	生成单元形函数	整理 节点场变量
读入或生成几何模型	计算单元刚度矩阵	计算单元 内部场 等
读入或生成单元信息	计算变换矩阵	误差分析
读入或生成节点信息	进行坐标变换	图形显示或动画等
读入或生成边界条件	形成总体有限元方程	打印 或绘制结果
读入载荷数据	引入边界条件	
读入材料数据	执行求解过程	

图 5-1　有限元法实施过程

在有限元分析中，中间处理和后处理（post-process）一般是由程序自动完成的。前处理（pre-process）的准备工作是完全通过手工完成的，而前处理的各个步骤则既有手工又有自动完成。这个过程是艰苦且易于出现人工错误的。由于人工努力的局限，通过优化有限元网格来改进计算结果只能做到一定程度。因此，大量的研究工作集中于有限元前处理的自动化，以尽量减少和简化人工操作。

5.2 有限元分析前处理

有限元法是解决工程和科学问题的强有力的数值工具，但在进行有限元分析之前，必须对分析的对象建立分析模型，并对几何模型进行离散，生成有限元网格，用有限个单元的组合来近似分析的模型，同时还需要考虑研究对象的边界条件等。为了保证计算的准确性，对生成网格的数目、拓扑形状和几何尺寸应该能等同或接近原模型，同时还要满足有限元分析方法的要求。早期的网格离散工作必须由人工来完成，这样做不仅效率低下，手续烦琐而且极容易出错，现行的有限元软件，特别是通用商业软件，都是以图形界面的形式提供用户一个使用方便、直觉快捷的交互式环境完成必要的输入，从而使用户有更多的时间去关注问题的本质，而不会陷入烦琐的数据准备中。可以说，有限元分析软件功能的发挥和应用都与前处理的功能特别是网格生成的功能密切相关。

前处理程序的功能是根据实际问题的物理模型，用尽可能接近自然语言的方式，向计算机输入尽可能少的定义有限元模型和控制分析过程的数据，并自动生成有限元分析主体程序所需要的全部数据。

总体上，有限元模型的建立可分为 3 个主要方面：几何建模、网格生成和物理建模。为了完善模型的建立工作，通常还需进行网格测试和误差分析，或使其具有自纠正和自改进功能。

5.2.1 几何建模

在建立有限元模型前，首先要建立几何模型。20 世纪 70 年代初期开始研究用计算机直接描述三维物体的有效方法，逐步在科学研究和工程中得到推广和应用。几何建模是指在选定的坐标系（常用的是直角坐标系、圆柱坐标系和球坐标系）内通过几何元素（点、线、面、体）的生成和对它们的编辑，生成研究对象的几何构造和图形。几何建模有线框造型、曲面造型和实体造型等 3 种主要方法。

1. 几何元素的生成

点、线、面、体分别是几何造型的 4 个级别的基本元素。根据它们各自的不同类型可以采用不同的方式生成。

(1) 点。在设定的空间坐标系内可通过输入坐标系内 3 个坐标值直接生成几何点；也可通过对已生成点的复制、镜射等操作生成新的几何点。

(2) 线。几何空间内的线有多种类型，可分别采用不同的方式生成。例如，直线通过给定两个端点生成；圆通过给定中心点和半径生成；插值曲线通过给定一系列插值点生成；复合曲线通过一系列曲线首尾相连生成等。

（3）面。几何空间内多种类型的面也可采用不同方式生成。例如，直线四边形通过给定 4 个角点生成；平面的曲边四边形通过给定 4 个角点及各个边内若干插值点生成；球面通过给定中心点及半径生成；圆柱面通过给定轴上两个端点及端点处的半径生成等。

（4）体。按照类型采用不同的生成方式。例如，棱边为直线的六面体通过给定 8 个角点生成；棱边为曲线的六面体通过给定 8 个角点及各条棱边上若干插值点生成；柱形圆筒通过给定轴线上两个端点及端点处的内、外半径生成等。

2. 几何元素的编辑

编辑操作在几何造型和网格生成中有两方面的功能，即简化同级几何元素的生成，和利用低级的几何元素生成高级的几何元素。它的常用功能举例如下：

（1）增加。按前面所述方式直接生成所选定类型的几何元素。

（2）显示。在图形区内显示所选几何元素的各组成要素及相关信息。

（3）复制。通过平移、旋转、镜射和缩放等方式对几何元素进行复制。给定复制次数可以实现连续复制。

（4）移动。此操作具体包括对已生成的元素实施平移、旋转、镜射、缩放等。

（5）扩展。实现几何元素由一维向二维，二维向三维的升级转换。例如，三角形和四边形可通过沿面的法向移动分别扩展为五面体和六面体；将空间曲线沿一定路径扩展为空间曲面等。

（6）转换。实现几何元素的转换。例如，将曲线转换成多折线，曲面转换成四边形平面片等。

（7）相交。计算两条曲线的相交点，两个曲面的相交线，两个实体的相交面等。

5.2.2 网格生成

有限元法的基本思想就是将连续体划分为有限个单元的组合，这些单元划分的质量就成为影响有限元计算结果精确程度和可靠程度的关键性因素，所以在网格自动生成算法中，必须保证网格单元的质量。

1. 通常的网格生成技术

有限单元是将几何元素的线、面或体进行有限元离散后的产物。有限元网格包括单元及单元节点、单元边和单元面等要素。前处理程序的网格生成技术能够将由几何元素描述的物理模型离散成有限元网格。通常的网格生成技术主要有转换生成法和自动生成法。

1) 转换生成法

转换生成法指直接将几何元素的点、线、面和体直接转化成有限元的节点、线单元、面单元和体单元。例如，在几何曲线上根据分隔数生成线单元；几何上的四边形通过沿曲面上的两个方向的分隔数生成网格，并可以通过两个方向分隔的偏移系数控制两个方向的网格疏密度。最后选定单元的类型，并进行节点编号。

2) 自动生成法

自动生成法是在商业软件中常被采用的方法。它在任意形状的平面或空间曲面上可生成三角形或四边形等单元；对任意几何实体或由曲面围成的封闭空间，可生成四面体或六面体实体单元等。

自动生成法的第一步是生成描述曲面或实体轮廓的外边界或外表面的网格。然后采用不同方法生成区域内部的网格。常用的方法之一是逐步推进法，其特点是一次生成一个单元，从区域的边界向内部逐步推进，生成全区域的网格。用户可以事先给定若干参数，控制内部网格的疏密和单元的形态。另外，在划分平面或曲面网格时，用户还可在网格划分区域内设置若干开口曲线，通过开口曲线上的种子节点控制内部局部网格的密度。

应该指出的是，在几何造型过程中所采用的编辑操作同样可以用于网格的生成，而且可以通过编辑操作使几何造型和网格生成的过程交替进行。例如，在一个局部区域的几何造型完成后，即可对该区域生成网格，通过复制、移动和扩展等编辑操作同时完成其他类似的局部区域的几何造型和网格生成。另外，转换操作可以完成不同单元类型的转换。例如，平面四边形单元和三角形单元的转换；同为四边形单元的4节点和8节点或9节点单元的转换；以及4节点和8节点单元过渡区内变节点单元的生成等。

2. 网格自动生成的技术特性

有限元自动分析的基本步骤之一是建立一个几何模型，然后使其适合于不同单元实体的需要。往往需要用一个特殊的数值误差函数来控制有限元网格，则可使人工干预的程度最小。

有限元网格自动划分的基本要求就是能够自动生成合理的计算网格，这需要一个可靠的有限元网格生成器。一个全自动网格生成器应能够输入几何图像和网格控制参数，然后自动生成有限元分析的有效网格。

为了估计不同网格生成方案的相对优点，应注意以下自动网格生成技术特性的要求。

(1) 基本功能的实现。网格生成算法应该根据问题的特征生成与其相适应的网格。

(2) 可靠性或健壮性。网格生成算法应该适应绝大部分的工程实际情况以及比较复杂的情形,网格生成算法的健壮性是有限元分析软件通用性的保障。

(3) 网格的质量。网格质量好坏的直接度量标准就是有限元分析模块利用此网格进行求解是否精确,以及求解速度的快慢。网格质量的评价标准有很多,如可以根据生成单元的几何形态来度量,常用的参数有单元最小边长与最大边长的比值,最小角度与最大角度的比值以及单元平面的翘曲程度等,这些参数在网格生成后评价网格质量方面是非常重要的,通过这些参数即可基本确定剖分的网格是否可用,是否需要改进或重新剖分。

另一个有关网格质量的度量方式就是检查边界处网格的质量和着重分析处网格的质量,这些地方的网格质量也将在很大程度上影响分析结果。

(4) 易用性及用户参与程度。全面、自动的拓扑,网格生成方法不应限制网格的拓扑,网格生成体系应能不需人工的干预就可生成单元的联系。工程问题建立的模型往往都是比较复杂的,网格生成算法应该能识别各种特征,不需要用户太多的干预即可进行合理的剖分,这样也会同时减少出现人工错误的机会。

(5) 可控制性。好的有限元网格自动生成系统基本上不用用户干预,但有些时候由于模型过于复杂,或用户有特殊要求,这个时候就需要人工干预,网格生成算法应该为用户提供控制手段,让用户来控制其感兴趣区域的网格参数,然后得到合理的网格。

(6) 最优的编号方式、高效的计算效率。结构内部节点和单元的编号应合理安排,前处理程序通常还应具有节点编号优化功能,以减小系数矩阵的存储空间,从而提高计算效率。在交互环境下使用时,网格生成方法应该以简单和最小成本获得良好的结果。

(7) 图形支持。网格生成所需要的数据应该通过与用户友好的交互步骤以直接和自然的方式进行。用户只需花最小的努力就可以精密地控制网格的生成过程,好的图形支持是快捷输入和校验的保证。

网格自动生成方案很多,早期的技术主要是坐标变换法、逐步推进法,另外还有图层生成法、子区间分割法、改进的 quadtree 和 octree 技术等,随着理论和技术的发展,将出现更多新的网格生成方法。

5.2.3 物理建模

物理建模主要完成建立单元材料特性与几何特性、确定边界条件和载荷信息等。材料特性是一组性能常数,如杨氏模量、泊松比、材料密度、热膨胀系数和剪切模量等。几何特性主要指单元的截面尺寸,如板单元的厚度、梁截面尺寸等。边界条件包括位移边界条件、热边界条件和电磁边界条件等,不同的分析类型之间的差异很大。载荷类型也很繁多，如节点载荷、单元载荷、重力载荷、分布载荷和集中载荷等。物理建模过程应在交互式图形界面下实现。材料特性、几何特性、边界条件和载荷信息应分组归类用交互式方法输入，再赋给选中的单元或节点。

5.2.4 网格测试

所谓网格测试就是利用不同网格对计算结果进行比较。单元的性能受到有限元网格的影响，如果单元的形状过分歪曲，将会严重影响单元的精度。因此，理想的三角形单元是等边三角形，理想的四边形单元是正方形。图 5-2 绘出一些平面单元中应尽量避免的扭曲形状单元。

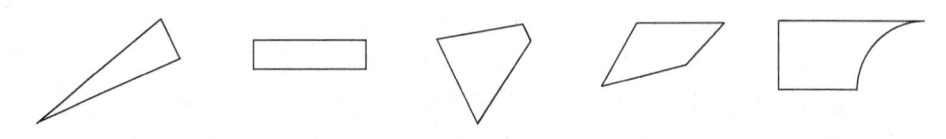

图 5-2 应避免的扭曲形状单元

一般来讲，网格的划分应由粗到细，逐步细化，并尽量减少过分歪曲的单元形状。网格划分要尽可能保持原有结构的对称性和周期性。如图 5-3（a）所示的四边夹支的正方形板，图 5-3（b）中的网格划分就失去了对称性，而图 5-3（c）中的网格将会使四个角点的单元不产生变形。

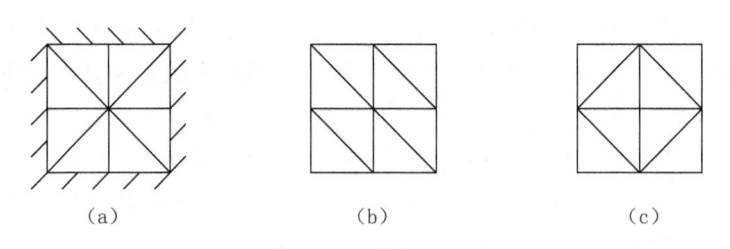

(a)　　　　　　　(b)　　　　　　　(c)

图 5-3 四边夹支方板的网格划分

单元行为测试和网格测试有助于对软件的效率和精度等的理解。但是由于在测试过程中，所取的几何、载荷及支撑条件的不同，有可能对不同例题测试导致不同的结论。

5.2.5 计算结果的评价与误差分析

对计算结果必须进行严格的检查。有限元分析的结果是否正确，误差有多大，必须在计算完成之后有一个认真的评价。一般地，对固体力学问题，先检查位移，再检查应力。先检查主要位移和应力，再检查次要位移和应力。例如，对于受单向拉伸的平板，先检查在受力方向上的位移和应力，然后检查其他方向的位移和应力。

对计算结果的检查方式有多种，可以用某些特殊点的计算值与理论值对照，也可以将计算结果显示出来，用图形对照精确解（如果存在的话）。例如，将变形后有限元网格显示在屏幕上，画出一条线或一个区域的应力分布或等值线等。还可通过不同的网格或不同的单元计算一个问题，通过不同计算方法所得结果的比较判断解的精度等。

导致有限元方程病态的条件一般有下列几种情况：单元的刚度相差很大；薄壁结构的膜向刚度远大于弯曲刚度；泊松比接近 0.5 等。

有限元的离散误差来自于两种情况：其一是单元插值误差，称为 p 误差；其二是网格划分的误差，称为 h 误差。但一般情况下很难区分它们。消除它们的方法是 p 精化和 h 精化。p 精化是指改变单元的类型而保持单元的尺寸不变，这有可能增加节点数及自由度。h 精化是指改变单元的尺寸而单元类型保持不变，这将改变总单元数及总自由度数。另一种精化方法称作 r 精化，即在单元个数和自由度数不变的情况下，重新布置节点的位置。但这种方法对改善精度的作用有限。自适应有限元的思想就是利用上述单元精化（主要是 h 精化）方法，使程序能够自动修改网格并进行重复分析，直至达到指定的收敛精度。

5.2.6 自适应与缩减网格有限元法

自适应有限元法（adaptive finite element method）的含义是，在计算过程中，根据误差的自动估计，自动地使计算逐步精化，直到达到精度要求。

评估计算结果的准确性，经常采用以往计算的"经验"和准许使用的单元形式及尺寸或计算结果的规律。误差评估方法能够用相对较小的费用评估计算结果的离散化误差。它应用自适应过程修正近似值使之达到所要求的精度。实际上，在许多应用中这种自适应过程可自动地进行。在几乎所有的情况下，定量的自适应的计算过程生成的结果要比那些在"经验"指导下得到的计算结果好得多，尽管后者可帮助解决一些特殊的病态问题。

在有限元应用中，对于近似值有几种可能的修正方法。最普遍使用的方法是：

（1）h-自适应元（h-adaptive element），使用给定多项式（多项式最高次数为 p）形函数的特定单元，可通过减小单元尺寸 h 改进计算结果，它适用于所有现行的程序代码。Cook 对单元尺寸 h 给出了严格的定义，指出 h 是单元的一个特征长度，在线单元中，h 是单元的长度；在平面或空间单元中，h 是连接单元中相距最远的两点的线段长度。

(2) p-自适应元（p-adaptive element），作为可替代 h-自适应元的程序，它的所有（或部分）单元的多项式形函数的次数是变化的，因此需要新的代码。如果要求计算精度极高而且费用问题不是很重要时，使用这种方法是十分有效的。

(3) h-p 自适应元（h-p adaptive element），一般用于特殊情况下。

在 h-自适应元的修正过程中，得到一个改进的网格可以采用多种可相互替代的方法。实际上在早期的自适应计算中，需要反复使用许多步骤对网格进行二等分，以达到精度的要求。然而，这样的过程是不经济的。

所有以指定精度为目的的自适应计算过程都包括循环使用的三个步骤：

(1) 获得一个明确指定的修正方法和误差估计方法；

(2) 预测这种修正方法能够最经济地达到指定精度（指定误差）的可能性；

(3) 完成这种修正。如果这种方法不满足必要的条件，再寻求一种新的修正方法并评估新的误差，回到第（2）步。

在设计以上步骤时，判断其经济性是必不可少的。要满足以下要求：①预测修正方法能够达到的指定精度，其花费至少是第（2）与（3）步费用的总和，其次这种方法应包含最少次的循环；②在所有阶段中，必须准确估计误差。估计误差的方法有多种，一般采用 Zienkiewicz-Zhu 方法估计误差，简称 ZZ 方法。

一个按照 h-自适应方法按指定精度预测网格尺寸的做法是，所要求的精度是根据 ZZ 方法中的总体误差给出的。但是少数情况下，误差百分率只能用于某些特定的区域。网格尺寸预测过程较简单，理想网格是使每个单元的误差相同。这种预测是非常有效率的。

在预测单元的网格尺寸以后，接下来就是自适应网格的生成。可采用各种网格生成方法，包括网格再生的 h-自适应元，能够非常有效地达到所要求的精度，而且在实际工程设计中被广泛采用。然而，为了达到更高的精度，单一的网格修正一般来说需要极大量的自由度，在这种情况下，采用 h-程序与 p-自适应元相结合的方法是比较明智的选择。

有限元计算结果依赖于网格，这是有限元法本身的一个痼疾。为了减少对于网格的依赖性，可以采用缩减网格的方法。例如，边界元法在域内采用解析解，只在边界上采用数值解，这样网格只需在边界上存在。近几年新发展的无网格有限元方法，则试图完全放弃网格。这方面的研究还在进行中。

5.3 线性代数方程组的求解

对于一个给定的问题，在确定了离散的单元形式和网格划分以后，接着要进行单元特性矩阵的计算和系统特性矩阵的集成，最后形成有限元求解方程，它是一个线性代数方程组，如式（5-1）所示。

$$Kx=P \tag{5-1}$$

这组方程在静力平衡问题中就是以结点位移为基本未知量的平衡方程。对于稳态问题，最后也得到同样的线性代数方程组，它代表的是以结点场变量为基本未知量的系统平衡方程。

有限元求解的效率及计算结果的精度很大程度上取决于线性代数方程组的解法。特别是随着研究对象的更加复杂，有限元分析需要采用更多单元的离散模型来近似实际结构或力学问题的几何构形时，线性代数方程组的阶数越来越高。因而线性方程组需要采用有效方法来求解，以保证求解的效率和精度。

不仅在线性静力分析中，而且在动力分析和非线性分析中方程求解部分的比重也是相当大的。如果采用不适当的求解方法，不仅大大增加计算时间，严重时，甚至可能导致求解过程的不稳定或不收敛。线性代数方程组的解法可以分为两大类：直接解法和迭代解法。

5.3.1 直接解法

直接解法的特点是，选定某种形式的直接解法以后，对于一个给定的线性代数方程组，事先可以按规定的算法步骤计算出它所需要的算术运算操作数，直接给出最后的结果。

1. 高斯消去法

对称、正定线性代数方程组的高斯消去法的基本形式是直接解法的基础。高斯消去法的几种常用形式包括循序消去法、三角分解法以及高斯-约当（Gauss-Jordan）消去法。

（1）循序消去法。循序消去法就是每次以其中的一行作为轴行，对其余行进行运算，对于 n 维方程，通过 $n-1$ 轮消元，将系数矩阵 K 变换为上三角（或下三角）矩阵，再通过回代进行求解。该方法的特点如下：

（a）若原系数矩阵是对称矩阵，则消元过程中的各次待消元矩阵仍保持对称。由于未消元时系数矩阵是对称的，则对称矩阵消元时可以只在计算机中存储系数矩阵的上三角（或下三角）部分的元素，从而节省存储空间。

（b）根据消元的特点，可以利用原来存储 K 和 P 的空间来存储消元最后得到的上三角阵和向量的元素而不必另行开辟内存。

（c）右端向量 P 消元时所用到的元素都是系数矩阵 K 消元后的最终结果，因此 P 的消元可以和 K 的消元同时进行，也可以在 K 消元完成后再进行。当求解同一结构承受多组载荷时，这时系数矩阵 K 只需进行一次消元，而多组载荷可分别利用消元后的 K 进行消元和回代求解。因此对这种情形可以节省计算工作量。

（2）三角分解法。三角分解法实质上是高斯消去法的一种变化形式，其特点是用一种区别于循序消去法的步骤而得到前述消元过程最后得到的上三角矩阵。常用方法是将系数矩阵 K 做如下分解：

$$K = LDL^T \tag{5-2}$$

其中，L 是对角元素为 1 的下三角阵；D 是对角矩阵，它的对角元素就是高斯消去后所得上三角阵的对角元素。

(3) 高斯-约当消去法。前面讨论的高斯循序消去法和三角分解法都是将方程的系数矩阵消元成一个三角矩阵，而后进行回代求解。高斯-约当消去法是将系数矩阵消元成一个单位对角阵，这样经消元后的右端自由项列阵就是代数方程组的解。因此，高斯-约当消去法没有回代过程。

由于高斯-约当消去法最后得到的系数矩阵是单位阵，不能像高斯消去法那样利用消元后的系数矩阵求解多组载荷。在高斯-约当消去法中多组载荷，即有多组自由项列阵，可以一并放在增广矩阵中，一次求得多组载荷的解。

2. 带状系数矩阵

有限元法中，线性代数方程组的系数矩阵 K 是对称的，因此可以只存储一个上三角（或下三角）矩阵。但是由于矩阵的稀疏性，仍然会发生零元素占绝大多数的情况。考虑到非零元素的分布呈带状特点，在计算机中系数矩阵的存储一般采用二维等带宽存储或一维变带宽存储方式。

如图 5-4 所示 $n \times n$ 维系数矩阵，其中阴影部分为非零元素所在的区间，若

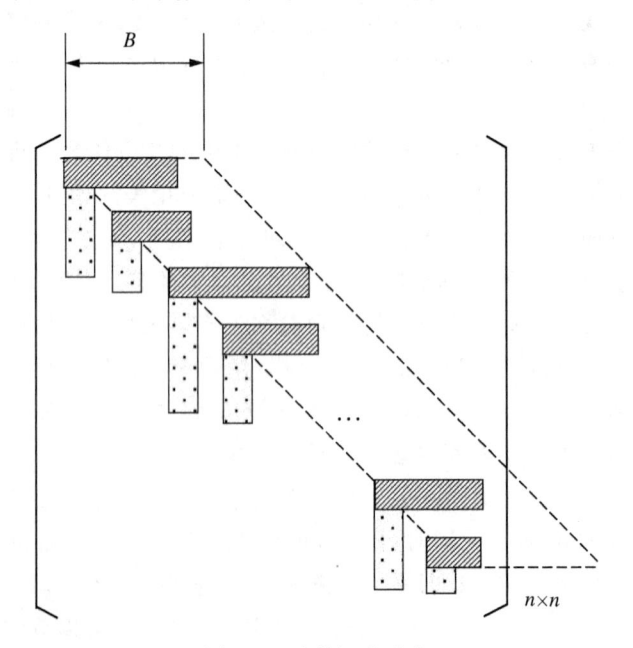

图 5-4 系数矩阵形式

采用二维等带宽存储方式存储，则每一行需要存储的宽度都是 B，但是由于取最大带宽为存储范围，因此它不能排除在带宽范围内的零元素。当系数矩阵的带宽变化不大时，采用二维等带宽存储是合适的，求解也是方便的。但当出现局部带宽特别大的情况时，采用二维等带宽存储时将由于局部带宽过大而使整体系数矩阵的存储大大增加，此时可采用一维变带宽存储。

一维变带宽存储就是将变化的带宽内的元素按一定的顺序存储在一维数组中。它只需存储每一行的阴影部分元素和起点位置。由于它不按最大带宽存储，因此较二维等带宽存储更能节省内存。显然这种存储较二维等带宽存储少存了一些元素，但是对于高度轮廓线下的零元素，即夹在非零元素内的零元素仍必须存储。

注意当采用不同的方式存储矩阵时，编程求解的方法也有所不同。

3. 利用外存的直接解法

采用有限元法求解时，往往离散模型划分的单元和相应的节点很多，得到的求解方程的阶数一般都很高，系数矩阵往往不能全部进入计算机内存。常用的利用外存求解的方法有分块解法和波前法。

分块法可以使系数矩阵 K 不必全部进入内存。按计算机允许的内存将系数矩阵分成若干块，使这些块逐次进入内存。在每块中系数矩阵的元素先集成后消元修正。

波前法和分块解法的基本思想都是由先集成后对其进行消元，发展到集成和消元修正交替进行。

波前法解题的特点是：系数矩阵 K 和右端列阵 P 不按自然编号进入内存，而按计算时参加运算的顺序排列；在内存中保留尽可能少的一部分 K 和 P 中的元素。计算过程简介如下：

（1）按单元顺序扫描计算单元系数矩阵及等效节点载荷列阵，并送入内存进行集成。

（2）检查哪些自由度已集成完毕，将集成完毕的自由度作为主元，对其他行、列的元素进行消元修正。

（3）对其他行列元素完成消元修正后，将主元行有关 K 和 P 中的元素移到计算机外存。

（4）重复（1）～（3）步骤，将全部单元扫描完毕。

（5）按消元顺序，由后向前依次回代求解。

波前法通常可比分块解法需要更少的计算机内存即可进行计算。在计算机发展前期，由于计算机资源的限制，这种方法对解决大型的问题提供了帮助，但内、外存交换频繁，编程更为复杂。

5.3.2 迭代解法

迭代解法是求解线性代数方程组的另一大类方法。常用算法包括雅可比（Jacobi）迭代法，高斯-赛德尔（Gauss-Seidel）迭代法、逐次超松弛迭代法（succesive over relaxation method，SOR）和共轭梯度法（conjugate gradient method）等。

1. 雅可比迭代法

雅可比迭代法是由一组 x_i 的初值 x_i^0（$i=1,2,\cdots,n$），采用式（5-3）所示迭代公式。

$$x_i^{m+1} = \frac{1}{k_{ii}}\left(p_i - \sum_{j=1, j\neq i}^{n} k_{ij} x_j^m\right), i=1,2,\cdots,\quad n, m=0,1,\cdots \quad (5\text{-}3)$$

迭代一直进行到满足精度要求为止。雅可比迭代法公式简单，迭代思路清晰，每迭代一次只需要计算 n 个方程的向量乘法，以下几种迭代方法则具有比雅可比迭代法更好的收敛性。

2. 高斯-赛德尔迭代法

雅可比迭代法在计算 x_i^{m+1} 的过程中，采用的都是上一迭代步的结果 x_i^m。显然在计算新的分量 x_i^{m+1} 时，已经计算得到了部分新的分量 x_2^{m+1}，$\cdots$，x_{i-1}^{m+1}。为了充分利用新计算出来的分量以提高迭代解法的效率，高斯-赛德尔迭代法对此作了改进，迭代公式为

$$x_i^{m+1} = x_i^m + \frac{1}{k_{ii}}\left(p_i - \sum_{j=1}^{i-1} k_{ij} x_j^{m+1} - \sum_{j=i}^{n} k_{ij} x_j^m\right), i=1,2,\cdots,\quad n, m=0,1,\cdots \quad (5\text{-}4)$$

3. 超松弛迭代法

超松弛迭代法，简称 SOR 方法，是高斯-赛德尔迭代法的一种加速收敛的方法。其特点是适当选择一个松弛因子 ω，将它引入高斯-赛德尔迭代公式，以加速其迭代收敛过程。其迭代公式可以写为

$$x_i^{m+1} = x_i^m + \frac{\omega}{k_{ii}}\left(p_i - \sum_{j=1}^{i-1} k_{ij} x_j^{m+1} - \sum_{j=i}^{n} k_{ij} x_j^m\right), i=1,2,\cdots,\quad n, m=0,1,\cdots$$

(5-5)

式（5-5）称为松弛因子迭代方法。当松弛因子 $\omega=1$ 时，就是高斯-赛德尔迭代法；当松弛因子 $\omega<1$ 时，称为低松弛法；当松弛因子 $\omega>1$ 时，称为超松弛法，即 SOR 方法。由于加速迭代收敛一般选取 $\omega>1$，因此上式一般称为超松弛迭代法。松弛因子 ω 的值一般是不同的，需要在迭代过程中根据收敛速度进行调整，通常取值在 1.2 左右。

4. 共轭梯度法

很多数学物理问题，如果它的方程是线性自伴随的，则它的求解可以等效于

求解对应的二次泛函的极值问题。在用里兹方法求解此泛函极值问题时，从极值条件可以得到作为求解方程的线性代数方程组。但梯度法的基本思想不是直接求解代数方程组，而是用迭代法逐步逼近泛函的极值，从而得到解答。这种方法即梯度法，常称为最速下降法，其收敛速度并不高。线性方程组 $Kx=P$ 对应以下二次函数：

$$f(x) = \frac{1}{2} x^{\mathrm{T}} Kx - p^{\mathrm{T}} x \tag{5-6}$$

共轭梯度法简称与梯度法的不同之处在于：每次一维搜索不是沿 $f(x)$ 在 x_m 的梯度方向，而是沿与前一次搜索方向关于系数矩阵 K 相互正交的所谓共轭梯度方向。

与直接解法相比，迭代解法的优点之一是，它不要求保存系数矩阵中高度轮廓线以下的零元素，并且不对它们进行运算，即它们保持为零不变。这样计算机只需存储系数矩阵的非零元素以及记录它们位置的辅助数组。这不仅可以最大限度地节约存储空间，而且提高了计算效率，对于求解大型、超大型方程组是很有意义的。另外，迭代解法在计算过程中可以对解的误差进行检查，并通过增加迭代次数来降低误差，直至满足解的精度要求。它的不足之处主要是每一种迭代算法可能只适合某一类问题，缺乏通用的有效性。如使用不当，可能会出现迭代收敛很慢，甚至不收敛的情况。

5.4 后处理程序

后处理程序的功能是对用户在前处理程序中指明需要输出的计算结果进行进一步处理和图形显示。主要计算结果中通常需要处理的物理量是位移（矢量或各个分量）、应力（等效应力或各个分量）、温度、电势等。为了清晰地观察变形图和未变形图对比的显示效果，变形图可以由用户给出放大倍数。后处理程序中对计算结果的显示方式通常有以下几种。

等值线显示：用不同颜色的线条显示所选定物理量的数值。

带状云图显示：用若干种颜色来填充模型，每种颜色代表一定大小的变量数值。

连续云图显示：和带状云图类似，不过颜色是逐渐过渡显示的，如图 5-5 所示。

数值显示：在节点上以字符方式显示物理量的数值。

矢量显示：对节点变量如位移、速度、加速度及节点力等由矢量显示。

截面显示：在给定平面上显示此平面和三维模型相交面上的结果。

路径显示：用曲线显示在物理模型的某条路径上所选物理量的变化。某条路

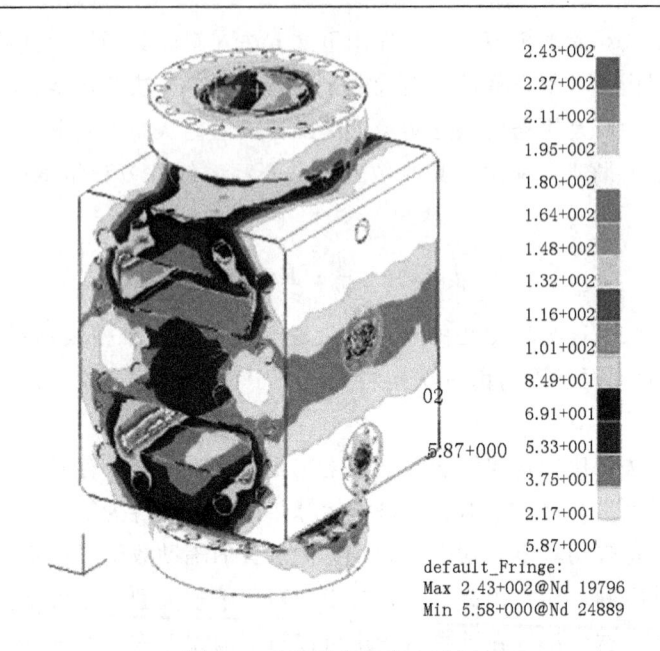

图 5-5　防喷器壳体应力云图

径可以是模型中几何上的线（如边界），也可以是某个物理量的变化（如载荷的加载路径，位移的变化路径等）。

　　历程显示：用曲线显示某个节点上所选物理量随时间的变化。

　　综合 XY 图形显示：将不同作业产生的多个图形叠加在一个图形中，以比较对一个模型采用不同方法得到的计算结果。

　　动画显示：用动画方式显示模型的动态响应、特征模态等。

　　局部放大：对于上述各种显示方式的图形，指定其中某个局部区域按选定的倍数加以放大。

　　移动和旋转：对于上述各种显示方式的图形，可以沿或绕 3 个坐标轴按设定要求移动或转动。

　　后处理工作中，通常还包括文字结果的输出。文字输出的内容和格式是由前处理程序或主体程序中指定和控制的。

第 6 章 有限元分析软件 ANSYS 及其应用

6.1 ANSYS 软件介绍

ANSYS 软件是融结构、流体、电场、磁场、声场分析于一体的大型通用有限元分析软件。ANSYS 能与多数 CAD 软件接口,实现数据的共享和交换,如 Pro/Engineer、NASTRAN、Alogor、I-DEAS、AutoCAD 等,是现代产品设计中的高级 CAD 工具之一。

CAE 中的分析技术有很多,其中包括有限元法(finite element method,FEM)、边界元法(boundary element method,BEM)、有限差分法(finite difference element method,FDM)等。每一种方法各有其应用的领域,而其中有限元法应用的领域越来越广,现已应用于结构力学、结构动力学、热力学、流体力学、电磁学等。

ANSYS 有限元软件包是一个多用途的有限元法计算机分析程序,可以用来求解多学科问题。因此它已广泛应用于以下工业领域:航空航天、汽车工业、生物医学、桥梁、建筑、电子产品、重型机械、微机电系统、运动器械等。

ANSYS 软件主要包括三部分:前处理模块、分析计算模块和后处理模块。

前处理模块提供了一个强大的实体建模及网格划分工具,用户可以方便地构造有限元模型。

分析计算模块包括结构分析(可进行线性分析、非线性分析和高度非线性分析)、流体动力学分析、电磁场分析、声场分析、压电分析以及多物理场的耦合分析,可模拟多种物理介质的相互作用,具有灵敏度分析及优化分析能力。

后处理模块可将计算结果以彩色等值线显示、梯度显示、矢量显示、粒子流迹显示、立体切片显示、透明及半透明显示(可看到结构内部)等图形方式显示出来,也可将计算结果以图表、曲线形式显示或输出。一般的分析过程有以下几个方面。

1. 建立有限元模型

1) 指定工作文件名和工作标题

该项工作并不是必须要求做的,但是对多个工程问题进行分析时推荐使用工作文件名和工作标题。

定义工作文件名:文件名是用来识别 ANSYS 作业的,通过为分析的工程指定文件名，可以确保文件不被覆盖。如果用户在分析开始没有定义工作文件名，则所有的文件名都被默认地设置为 file。

定义工作标题。

2）定义单元类型和单元关键字

ANSYS 提供了将近 200 种不同的单元类型，每一种单元类型都有自己特定的编号和单元类型名，如 PLANE182、SOLID90、SHELL208 等；单元关键字定义了单元的不同特性，如轴对称，平面应力等，用户需根据需要选择相应的单元类型，并设置其关键字。

3）定义单元实常数

实常数指某一单元的补充几何特征，如单元的厚度、梁的横截面积和惯性矩等，指定了单元类型之后，应根据单元类型指定相应的实常数。

4）定义材料属性

ANSYS 在所有的分析中都要输入材料属性，材料属性根据分析问题的物理环境不同而不同。如在结构分析中必须输入材料的弹性模量、泊松比；在热结构耦合分析中必须输入材料的热导、线膨胀系数；如果在分析工程中需要考虑重力、惯性力，则必须输入材料的密度。

ANSYS 定义了 100 多种材料模型，用户只需要按照模型格式输入相关数据即可定义常用材料和某些特定材料的材料属性。除了磁场分析之外，在输入数据时用户不需要指定 ANSYS 所用的单位，但要注意确保所输入量的单位必须保持统一。

5）创建几何模型

ANSYS 提供了两种生成模型的方式：用 ANAYS 直接创建实体模型或输入在计算机辅助设计系统中创建的模型。采用实体建模有自底向上建模和自顶向下建模两种方法。所谓自底向上建模是指先定义关键点，然后利用关键点定义较高级的实体图元（即线、面和体）；而自顶向下建模是指生成体素，属于该体素的较低级图元会由 ANSYS 自动生成。在实体建模的过程中，这两种建模技术可以自由组合。

6）进行有限元网格划分

有限元模型是将几何模型划分为有限个单元，单元间通过节点相连接，在每个单元和节点上求解物理问题的近似解。

2. 加载求解

在有限元模型建立之后，可以运用 SOLUTION 处理器定义分析类型和分析选项，施加载荷，指定载荷步长，进行求解。具体步骤如下：

1）定义分析类型和分析选项

ANSYS 的分析类型包括静态、瞬态、调谐、模态、谱分析、挠度和子结构分析等,用户可以根据需要解决的工程问题进行选择。

2) 加载

ANSYS 的载荷可分为六大类:位移约束、集中载荷、表面分布载荷、体积载荷、惯性载荷、耦合场载荷。这些载荷大部分可以施加到集合模型上,包括关键点、线和面;也可以施加到有限元模型上,包括单元和节点。

3) 指定载荷步选项

载荷步选项的功能是对载荷步进行修改和控制,包括对子步数、步长和输出控制等。

4) 求解初始化

该项的主要功能是在 ANSYS 程序数据库中获得模型和载荷信息,进行计算求解,并将结果数据写入到结果文件(Jobname.RST、Jobname.RTH、Jobname.RMG 和 Jobname.RFL)和数据库中。

3. 查看求解结果

程序计算完成之后,可以通过通用后处理 POST1 和时间历程后处理 POST26 查看求解结果。POST1 用于查看整个模型或部分模型在某一时间步的计算结果,POST26 后处理器用于查看模型的特定点在所有时间步内的计算结果。

软件有多种不同版本,可以运行在从个人机到大型机的多种计算机设备上,如 PC、SGI、HP、SUN、DEC、IBM、CRAY 等。

6.2 槽形截面梁分析

结构分析是有限元分析方法最常用的一个应用领域。结构分析中得到的基本未知量是节点位移,其他未知量如应力、应变、支座反力等都可以通过节点位移计算得到。

ANSYS 在梁的结构分析中提供的梁单元是用于生成三维结构的一维理想化数学模型。与实体单元和壳单元相比,梁单元可以效率更高地求解。两种有限元应变单元,BEAM188 和 BEAM189,提供了更强大的非线性分析能力,更出色的截面数据定义功能和可视化特性。

本例将利用 ANSYS 中提供的梁单元(beam188 单元)对槽型钢进行受力和变形分析,了解和学习 ANSYS 在结构分析中的优势和特点。软件版本为 ANSYS10.0。

6.2.1 问题描述

如图 6-1(a)所示,一端固定的等直梁自由端作用一集中力 $F=40\text{kN}$,梁的长

度 $l=1000$mm，梁的截面形状是槽形［图 6-1（b）］，模拟载荷加在形心、弯心时的情形，并采用梁单元分析。已知钢的弹性模量 $E=200$GPa，泊松比 $\nu=0.26$。

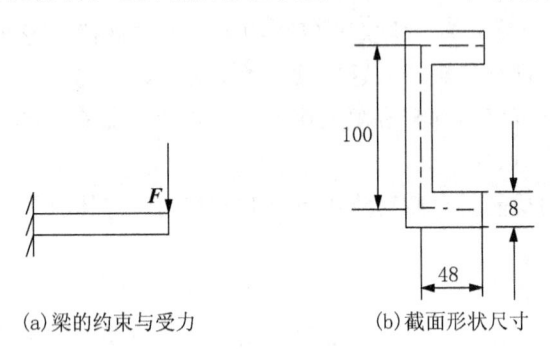

(a)梁的约束与受力　　(b)截面形状尺寸

图 6-1　槽形截面梁

6.2.2　详细操作步骤

1. 建模

第一种情况：载荷加在梁截面的形心处。

(1) 打开 ANSYS10.0，新建文件夹名为"Caoxing"并保存在设定目录下。

(2) 进入前处理模块。

点击 Preferences 在弹出的对话框中选定 Stuctrure（结构分析）单击 OK 进入前处理。

点击 Element Type 选择 **Add/Edit/Delete** 弹出 Element Types 对话框，其中 Defined Element Types 下显示 None Defined，单击 Add…在弹出的 Library of Element Types 属性设置对话框中选择 Beam→2 Node 188 单元，点击 OK。在 Element Types 对话框中点击 Close。

(3) 设定材料属性。

点击 Material Props，点击 Material Models 进行图 6-2 设置。

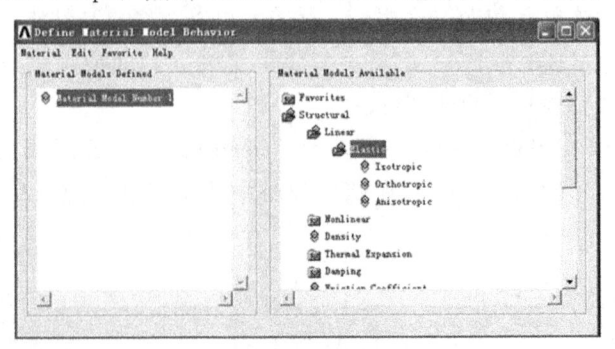

图 6-2　材料属性设置

双击 Isotropic，进行如图 6-3 的材料参数输入。

图 6-3 材料参数输入

点击 OK 后，关闭对话框完成材料属性设定。

(4) 选定梁截面

点击 Sections，单击 Beam，在子菜单中单击 Common Sections，在弹出的 Beam Tool 截面属性设置框中进行如图 6-4 的设定。

点击 Preview 可以查看按设置数据给出的截面视图对所设置的梁截面进行检查以备修改，梁截面视图如图 6-5 所示。

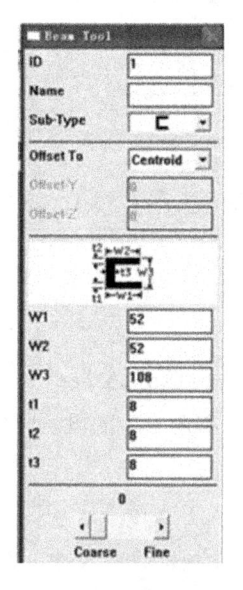

图 6-4 梁截面参数输入 图 6-5 梁截面

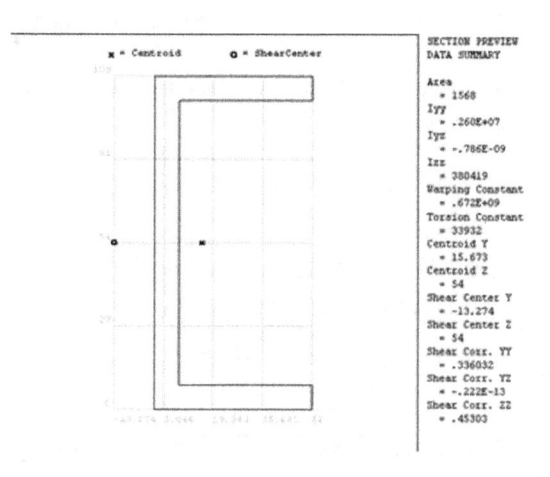

从预览视图中可以查看形心和弯心在梁截面局部坐标中的位置，检查并确认梁截面设置正确后完成 Sections 设置。

（5）建立几何模型

点击 Modeling，点击 Create，点击 Keypoints，点击 In Active CS 设置关键点 1（0，0，0）和关键点 2（1000，0，0）；点击 Lines→Lines，再点击 Straight Line，弹出拾取对话框后用鼠标左键分别点击关键点 1、2 出现直线 1，完成几何模型的建立。

（6）赋属性并划分网格

先给几何模型赋属性，点击 Mesh→Mesh Attribute→All Lines，在弹出的赋属性对话框中点击 OK，完成给几何模型赋属性。

下一步要划分网格，点击 Mesh→Mesh Tool 设置网格属性点击 Set，在弹出拾取对话框后选择直线 1 后进行如图 6-6 的设置。

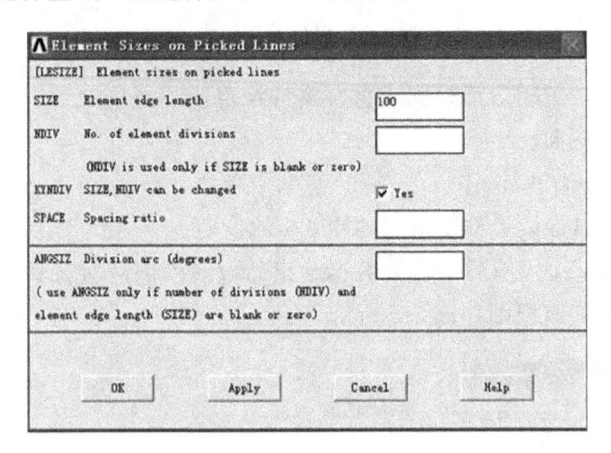

图 6-6 单元参数设置

点击 OK 后点击 Mesh，弹出拾取划分对象对话框后选中直线 1，点击 OK 完成网格划分。

2. 设置约束和载荷计算分析

（1）设置边界条件

点击 Solution→Defineloads→Apply→Structural→Displacement→On Keypoints，弹出拾取对话框后选关键点 1 点击 OK 后进行如图 6-7 的设置。

点击 OK 完成边界条件设置。

（2）进行载荷设置

设置前先检查截面在总体坐标系下的状态点击 Plotctrls→Style→Sizeand Shape，选中 Dispay Elements 对应的 on 点击 OK 后模型显示如图 6-8 所示。

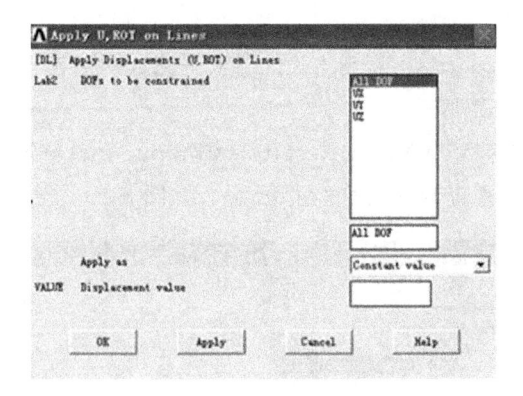

第 6 章 有限元分析软件 ANSYS 及其应用

图 6-7 约束设置

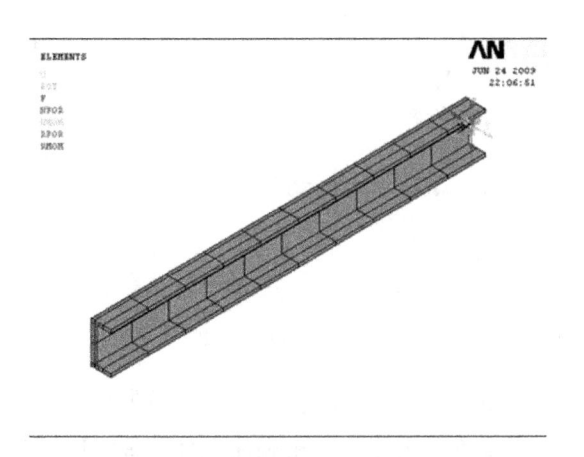

图 6-8 梁的有限元模型

点击 Force/Moment→on Keypoins 选中关键点 2 点击 OK 后进行图 6-9 所示载荷设置。

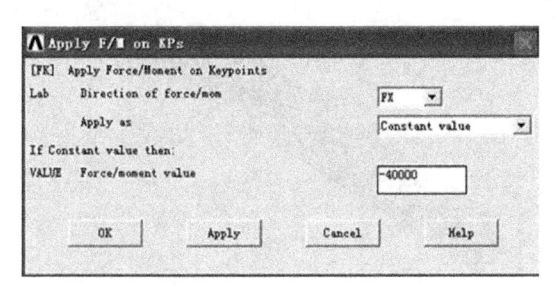

图 6-9 载荷设置

点击 OK 后完成载荷设置。

(3) 模型求解

点击 Solve→Currentrls，点击 OK，当求解完成后点击 Close 完成求解。

3. 读取并查看计算结果

点击 General Postproc→Plot Results→Contour Plot→Nodal Solu 在弹出的对话框中进行如下设置查看 x 方向位移云图，如图 6-10 所示。

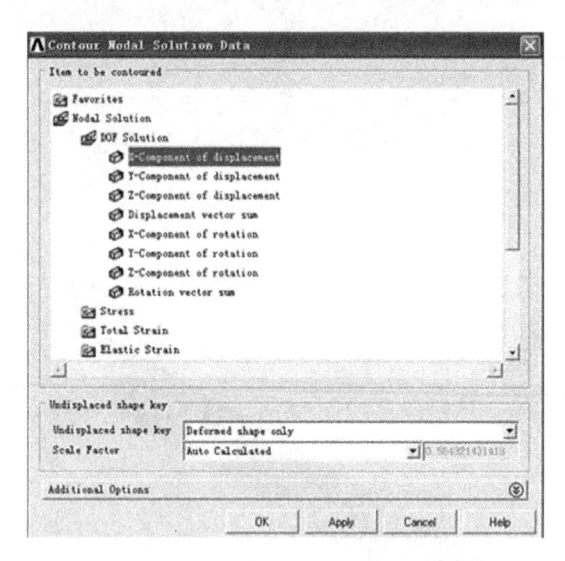

图 6-10 查看结果

点击 OK 后，模型求解后的 x 方向位移云图如图 6-11 所示，从图中可以看出，x 方向的最大位移点在悬臂梁的自由端端点处，最大值为 54.34。

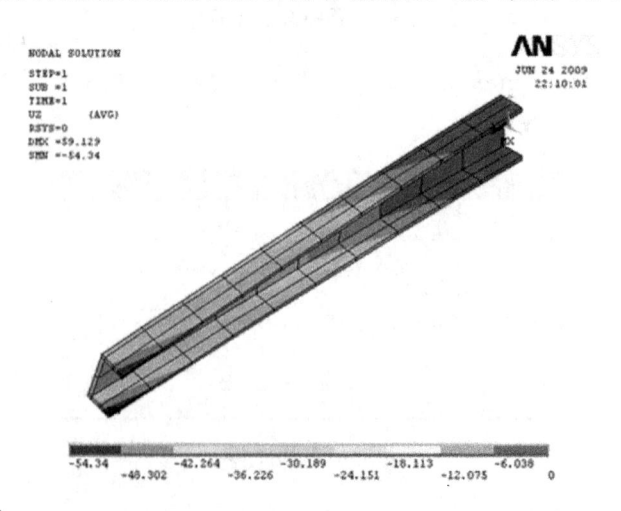

图 6-11 槽型钢截面梁形心加载时位移云图

进行相似的后处理设置后可以查看对模型求解后的各单元上的最大主应力云图，如图 6-12 所示，从图中可以看出有限单元中的主应力从最小值 16.438 到最大值 895.616 之间变化。

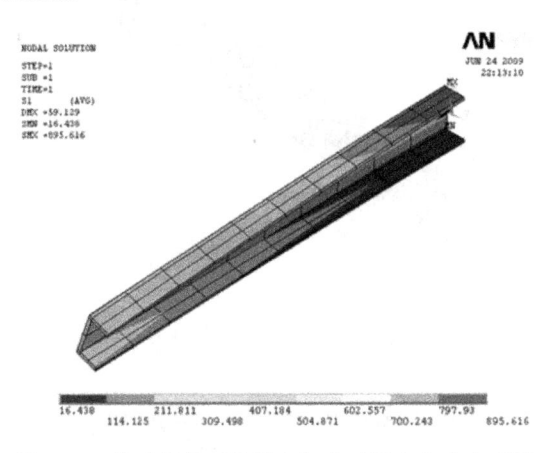

图 6-12　槽型钢截面梁形心加载时最大主应力云图

点击 Finish 后完成操作并保存数据库文件 Caoxing.db。

4. 第二种情况：集中载荷加在截面弯心处

此时，只需在截面属性设置时将梁截面的局部坐标偏移到弯心即可，如图 6-13 所示。求解完成后可以通过轴侧视图清楚地看到变形前后的状态。

进行求解后进入后处理模块，查看 x 方向位移云图，此时的最大位移仍在悬臂梁自由端端点处，最大位移值为 26.355mm。位移云图如图 6-14 所示，转角云图如图 6-15 所示。当载荷加在弯心时，梁不产生扭转变形，扭转转角为 0，如图 6-15、图 6-16 所示。

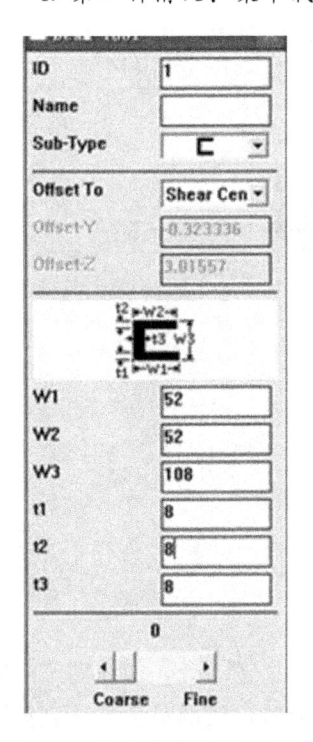

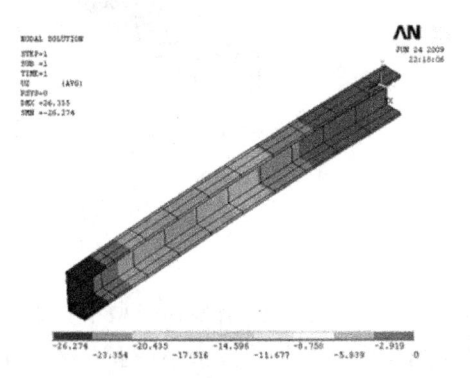

图 6-13　集中载荷作用于弯心　　图 6-14　槽型钢截面梁弯心加载时位移云图

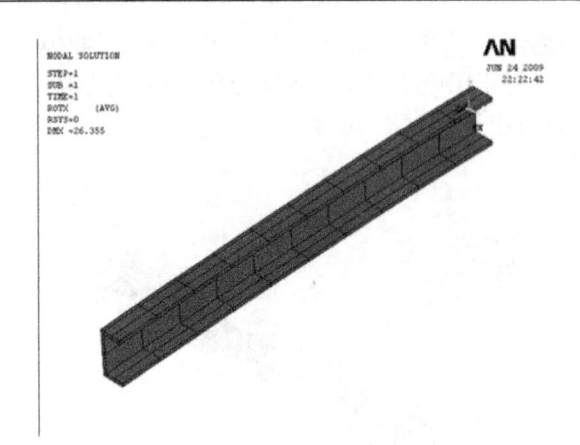

图 6-15　槽型钢截面梁弯心加载时转角云图

图 6-16　弯心加载时转角值为零

求解后单元上的最大主应力云图如图 6-17 所示,此时单元中的主应力在最小值 0 到最大值 788.128 之间变化。

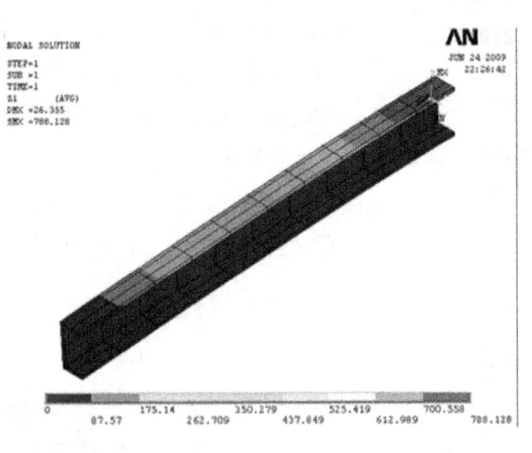

图 6-17　应力云图

5. 结果分析

(1) 在本节所建立的槽型钢模型中,集中载荷应加在弯心处,加在弯心处时的位移比加在形心处时的位移小许多,载荷加在弯心处时,梁的最大位移比载荷加在形心处时的减少 50% 以上；

（2）当载荷加在弯心处时，梁上的单元主应力也比载荷加在形心处时的有明显的减小。

因此，载荷加在槽型钢悬臂梁的截面弯心处比加在形心处能更加有效地减小梁的整体位移，在载荷大小相同的情况下，作用点在弯心时梁更安全。

6.3 复合铺层板分析

层合板是由两层或单层黏合在一起作为一个整体的结构元件。各单层的材料主方向的布置应使结构元能承受几个方向的载荷。不同的铺设方式会对层合板整体的性能产生较大的影响。

本例在 ANSYS 平台上计算复合板的应变和位移，首先通过不同粗细的网格的计算，找出可消除网格效应的网格，然后用此网格计算不同铺设方式以及不同厚度的复合板的应变和位移，分析铺设方式对板的应变、位移值的影响。

6.3.1 问题描述

如图 6-18 所示，正方形复合板的边长尺寸为 0.4m×0.4m，在板上边的中点受到 z 方向的力 P 作用。复合板的厚度为 0.004m。该问题分析的复合板有以下几种情况：①4 层正规对称正交铺设复合板（0/90/90/0）；②4 层反对称正交铺设复合板（0/90/0/90）；③4 层正规对称角铺设复合板（−45/45/45/−45）；④4 层反对称角铺设复合板（−45/45/45/−45）。如图 6-19 所示。每个单向板 x、y、z 方向的杨氏模量分别为 108GPa、10.3GPa、10.3GPa，泊松比为 0.28，三个方向的剪切模量均为 7.17GPa。

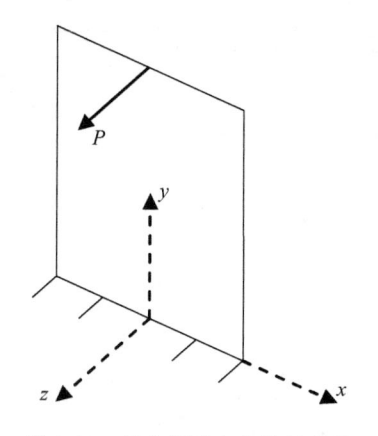

图 6-18 复合板受力和边界条件

(a) 4层正规对称正交铺设复合板　　(b) 4层反对称正交铺设复合板

(c) 4层正规对称正交铺设复合　　(d) 4层反对称角铺设复合板

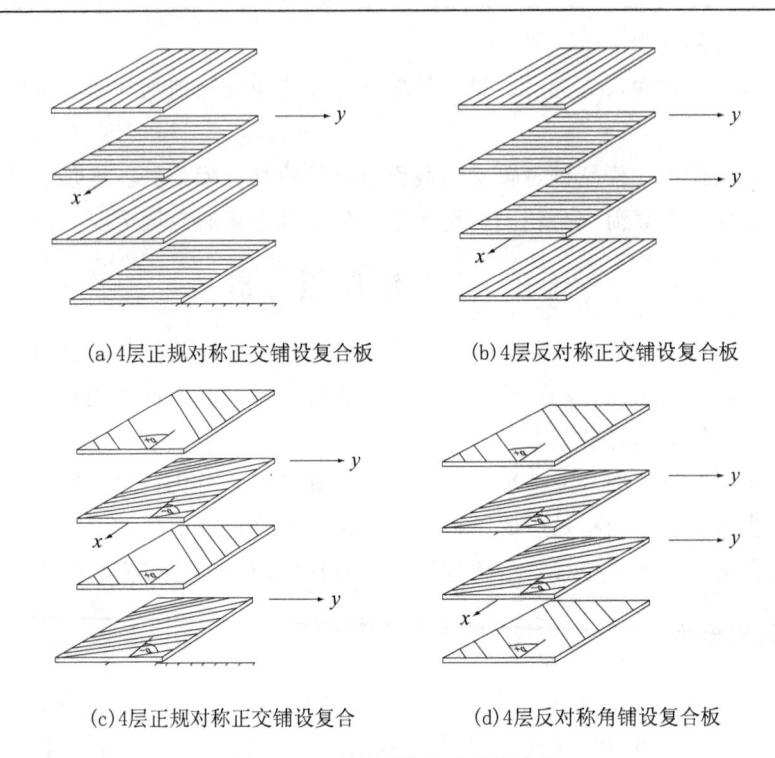

图 6-19　不同铺设方式的层合板

6.3.2　详细操作步骤

首先启动 ANSYS 软件，如图 6-20 所示。

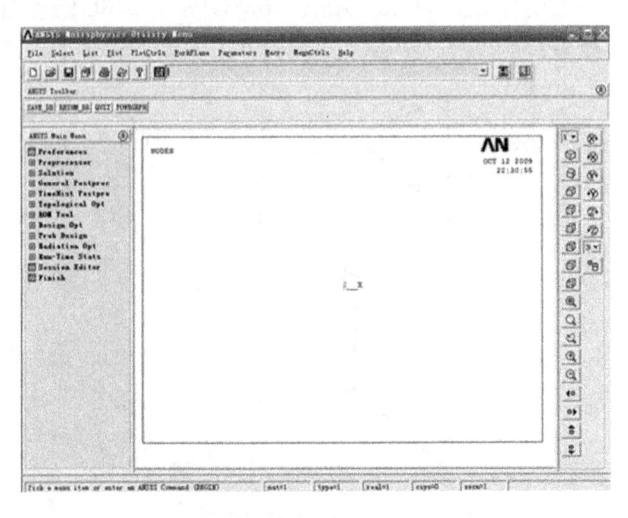

图 6-20　启动界面

1. 建模

(1) 从菜单中选择 Change Jobname 命令，将打开 Change Jobname 对话框。在 Enter New Jobname 文本框中输入文字 Composite Plate，它为本分析实例的数据库文件名。单击 OK 按钮，完成文件名的修改。从菜单中选择 Change Title 命令，将打开 Change Title 对话框。在 Enter New Title 文本框中输入文字 Static Analysis of Composite Plate，它为本分析实例的标题名。单击 OK 按钮，完成标题的修改。

(2) 定义单元类型。选用线性分层壳单元 SHELL99。SHELL99 可以用于计算层合板静力分析。

从主菜单中选择 Preprocessor＞Element Type＞Add/Edit/Delete 命令，将打开 Element Type 对话框。单击 OK 按钮，将打开 Library of Element Type。选择 Shell 中的 Linear Layer Shell99 单元。单击 OK 按钮，添加 SHELL99 单元，并关闭单元类型对话框。

(3) 定义实常数。本例中选用带有厚度的可以分层的 SHELL99 单元，需要设置其厚度实常数。

从主菜单中选择 Preprocessor＞Real Constant＞Add/Edit/Delete 命令，Real Constant 对话框。

单击 Add 按钮，打开 Element Type for Real Constant 对话框。本例中只定义了一种单元类型，在已定义的单元类型列表中选择 Type 1 SHELL99，为 SHELL99 单元类型定义实常数。单击 OK 按钮，打开该单元类型 Real Constant Set Numeber1 对话框，在 Number of Layer（250max）NL 文本框中输入 4，将复合板分为 4 层，如图 6-21 所示。单击 OK 按钮，将打开 Element Type Reference No.1 对话框，

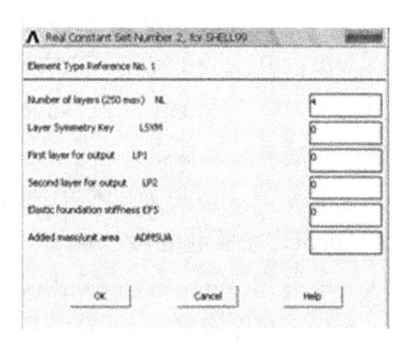

图 6-21 参数输入界面

分别将第一至第四层的 X-axis rotation 文本框中输入－45，45，－45，45，厚度 layer thk、文本框中都输入 0.001，定义复合板每层的排列方式和厚度，如图 6-22所示。单击 OK 按钮，关闭 Real Constant Set Numeber1 对话框，单击 Close 按钮，关闭 Element Type for Real Constant 对话框。

(4) 定义材料属性。从主菜单中选择 Preprocessor＞Material Props＞Material Model 命令，打开 "Define Material Model Behavior" 窗口。

依次双击 Structure＞Linear＞Elastic＞Orthotropic，展开材料属性的属性结构，打开 1 号材料的弹性模量、剪切模量和泊松比的定义对话框。依次输入

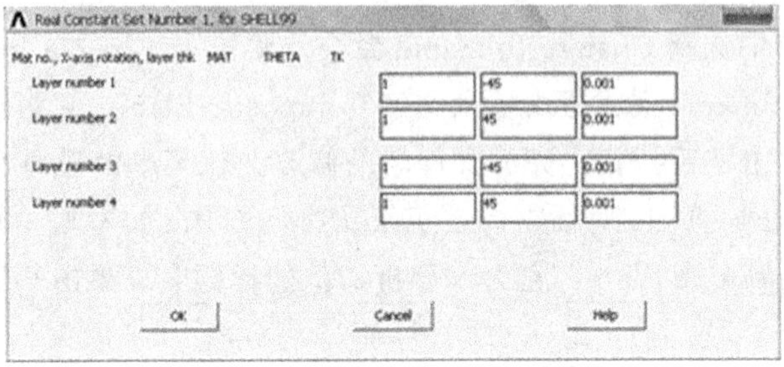

图 6-22 铺层方向与厚度输入

108e9，10.3e9，10.3e9，0.28，0.28，0.28，7.17e9，7.17e9，7.17e9。单击 OK 按钮，完成材料属性的定义。单击对话框的右上侧的叉号，关闭定义材料属性的对话框。

(5) 建立模型。从主菜单中选择 Preprocessor＞Modeling＞Creat＞Area＞Rectangle＞By Dimensions，打开绘制矩形的对话框。

在 X-direction 文本框中分别输入－0.2，0.2，在 Y-direction 文本框中也分别输入－0.2，0.2，建立边长为 0.4m 的复合板的模型，单击 OK 按钮。

(6) 划分网格。打开 Preprocessor＞Meshing＞Meshtool，打开 Meshtool 对话框，单击 Line 后面的 Set 按钮，打开 Elem Size at Picked Areas 对话框。

单击 Pick All 按钮，选取整个板面，在弹出的 Elem Size at Picked Areas 对话框中，在 Element edge length 文本框中输入单元边长长度为 0.2，单击 OK 按钮，完成单元素定义。

单击 Meshtool 对话框中的 Mesh 按钮，打开 Mesh Areas 对话框，单击 Pick All 按钮，完成网格的划分。

单击 Meshtool 对话框中的 Close 按钮，关闭 Meshtool 对话框。

(7) 节点及单元编号。从应用菜单中选择 PlotCtrls＞Numbering，打开 Plot Numbering Controls 对话框，在 Node Number 后的方框中单击，打开节点标号。

单击 Elem/Attrib Numbering 后的下三角，选择 Element Numbers，打开单元编号。单击 OK 按钮，完成编号。

(8) 改变视图方向。为了便于观察复合板受力后的变形情况，将复合板以等角视图显示。从应用菜单中选择 PlotCtrls＞Pan-Zoom-Rotate，打开 Pan-Zoom-Rotate，单击 Iso 按钮，完成视图转换。

2. 设置约束和载荷并求解

1）定义边界条件

打开 Solution > Define Loads > Apply > Structural > Displacement > On Lines，打开 Apply U，ROT on Lines 对话框，选择复合板底端直线，单击 OK 按钮。

在弹出的对话框中，选择 All DOF，单击 OK 按钮，完成板底端线的刚性约束。

2）定义载荷

打开 Solution > Define Loads > Apply > Structural > Force/Moment > On Nodes，打开 Apply F/M on Nodes 对话框，选取 12 号节点，单击 OK 按钮。

在弹出的 Apply F/M on Nodes 对话框中，选择 z 方向，在 Value 文本框中输入 100，单击 OK 按钮，完成载荷定义。

3）求解

打开 Solution>Solve>Current LS，打开 Solve Current Load Step 对话框，单击 OK 按钮，开始进行计算。

计算完毕后，出现 Note 对话框，单击 Close 按钮，关闭/STATUS Command 文本，完成计算。

3. 查看计算结果

选择 General Postproc>List Results>Node Solution，打开 List Nodal Solution，依次单击 Nodal Solution，DOF Solution，Displacement Vector Sum，单击 OK 按钮，打开 PRNSOL Command 文本框，列出了所有节点的 x，y，z 方向的位移和总的位移，以及方向最大的位移，观察发现位移最大的点是 12 号节点。

6.3.3 结果分析

1. 网格的选取判断

计算有限元算例，首先应该看它的网格相关性，即网格的粗细对数值的影响。画不同粗细的网格，对比各种网格下某一点的数值，细化到数值不随网格的细化而发生大的变化即数值稳定后即可。以下是对于 4 层反对称角（45°）层合板的单个网格长度分别为 0.1m、0.05m、0.04m、0.02m 和 0.01m 时 z 方向的位移。$l=0.01$m 时位移云图如图 6-23 所示。

(1) $l=0.1$m，位移的最大值为 0.035137；

(2) $l=0.05$m，位移的最大值为 0.034496；

(3) $l=0.04$m，位移的最大值为 0.034480；

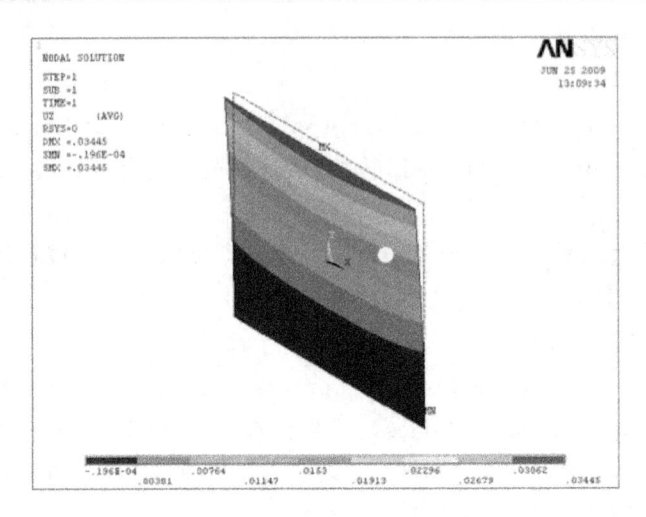

图 6-23 $l=0.01$m 时，位移云图

(4) $l=0.02$m，位移的最大值为 0.034447；

(5) $l=0.01$m，位移的最大值为 0.034450。

比较发现，网格长度 $l=0.02$m 和 0.01m 时，z 方向的位移数值仅相差 0.000003，相对误差不到 0.01%，变化非常小，可以认定当 $l=0.02$m 时，已经没有网格相关性即计算数值已经稳定了。

2. 铺设方式对位移和应变的影响分析

1) 4 层正规对称正交

y 方向位移，最大值 0.538×10^{-17}，最小值 -0.499×10^{-16}，如图 6-24 所示。

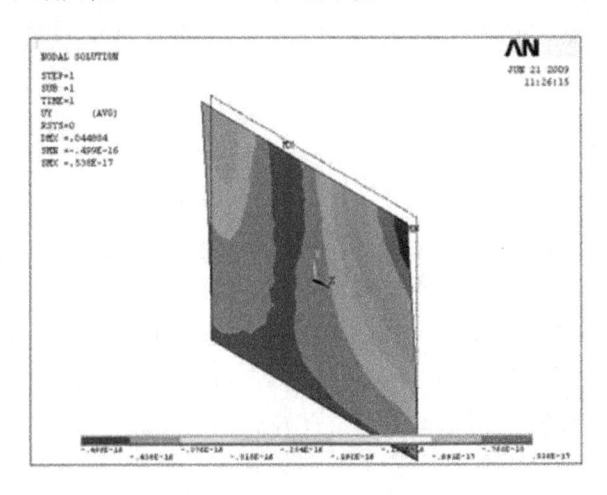

图 6-24 4 层正规对称正交 y 方向位移云图

z 方向位移，最大值 0.044884，最小值 0。
x 方向应变，最大值 0.639×10^{-3}，最小值 -0.639×10^{-3}。
y 方向应变，最大值 0.001697，最小值 -0.001697。
xy 方向剪切应变，最大值 0.445×10^{-3}，最小值 -0.445×10^{-3}。

2）4 层反对称正交

y 方向位移，最大值 0.322×10^{-4}，最小值 0，如图 6-25 所示。
z 方向位移，最大值 0.020231，最小值 -0.020231。
x 方向应变，最大值 0.387×10^{-3}，最小值 -0.256×10^{-3}。
y 方向应变，最大值 0.895×10^{-3}，最小值 -0.589×10^{-3}。
xy 方向剪切应变，最大值 0.263×10^{-3}，最小值 -0.263×10^{-3}。

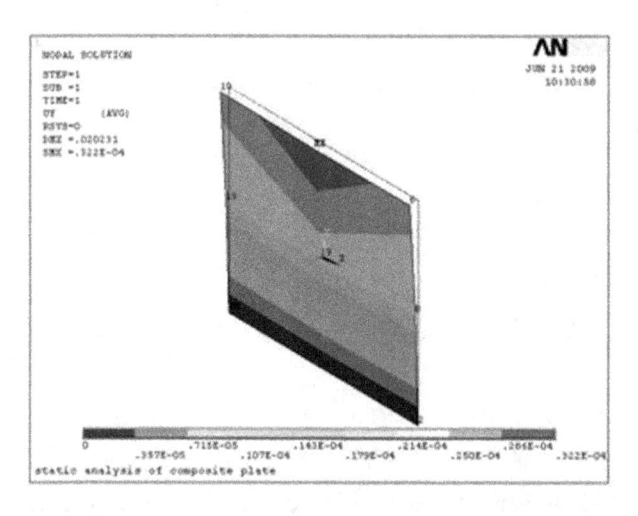

图 6-25　4 层反对称正交 y 方向位移云图

3）4 层正规对称角 (45°)

y 方向位移，最大值 0.038059，最小值 -0.672×10^{-16}，如图 2-26 所示。
z 方向的位移，最大值 0.030059，最小值 -0.374×10^{-4}。
x 方向的应变，最大值为 0.0014，最小值为 -0.0014。
y 方向的应变，最大值 0.001806，最小值 -0.001806。
xy 方向剪切应变，最大值为 0.00142，最小值为 -0.00142。

4）4 层反对称角 (45°)

y 方向位移，最大值为 0.115×10^{-4}，最小值 -0.115×10^{-4}。
z 方向位移，最大值为 0.035137，最小值为 0。
x 方向应变，最大值为 0.691×10^{-3}，最小值 -0.691×10^{-3}。
y 方向应变，最大值为 0.00141，最小值为 -0.00141。

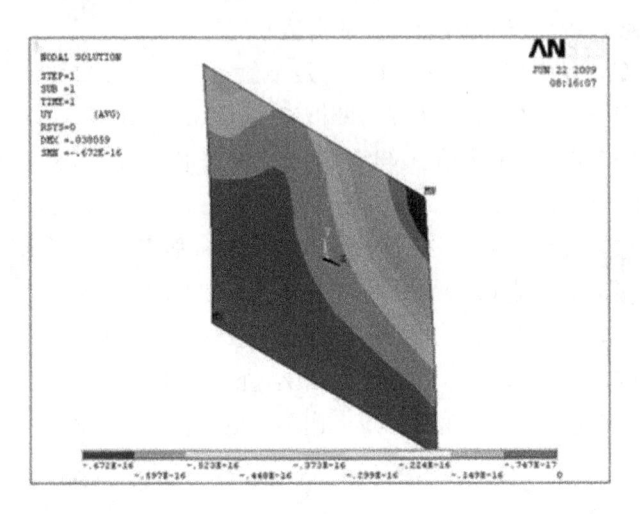

图 6-26 4 层正规对称角 y 方向位移云图

xy 方向剪切应变，最大值为 0.281×10^{-3}，最小值为 -0.624×10^{-3}。

通过上述比较发现：

（1）4 层正规对称角（45°）层合板的 y 方向位移、x 应变、y 应变和 xy 应变都是最大的，而 4 层正规对称正交的层合板的 z 方向位移最大。4 层反对称正交复合板的 z 方向位移及各应变最小，而 4 层正规对称正交复合板的 y 方向位移最小。

（2）4 层正规对称正交层合板的 x，y 应变关于 y 轴正对称，而 xy 应变关于 y 轴反对称；4 层反对称正交层合板的 y 方向位移关于 y 轴正对称，xy 应变关于 y 轴反对称；4 层正规对称角（45°）层合板中没有位移或应变关于 y 轴对称；4 层反对称角（45°）层合板中，y 方向位移关于 y 轴反对称，z 方向位移和 x 方向应变关于 y 方向对称。

6.4　叠梁弯曲的数值分析

ANSYS 软件一般分析过程包括：建立有限元模型－施加边界条件－求解计算－结果分析。为完成这些步骤，ANSYS 软件提供了两种操作方式，即用户图形界面（GUI）操作与参数化设计语言（APDL）操作。ANSYS 参数化设计语言（ANSYS parameter design language）是一种通过参数化变量方式建立分析模型的脚本语言。它可作任何 ASCII 文件的编辑软件生成，如记事本文件。建立的 APDL 命令流文件不受软件版本和系统平台的限制，特别适用于复杂模型及模型需要多次修改重复分析的问题，也更加有利于保存和交流。

本例通过叠梁的模拟分析，一方面熟悉掌握 Gui 操作，另一方面了解和学习

APDL 参数化建模方式。

6.4.1 问题描述

数值分析力学模型如图 6-27 所示，数据如表 6-1 所示，通过数值试验获取整个梁的应力云图及变形云图，并提取图中 8 个点的应力。

表 6-1 叠梁数据

	梁高/mm		梁宽/mm		弹模 E/GPa		两支点跨距 L/mm	两加载点距 l/mm
上梁	h_1	50	b_1	35.4	E_1	206	680	150
下梁	h_2	50	b_2	35.4	E_2	206		

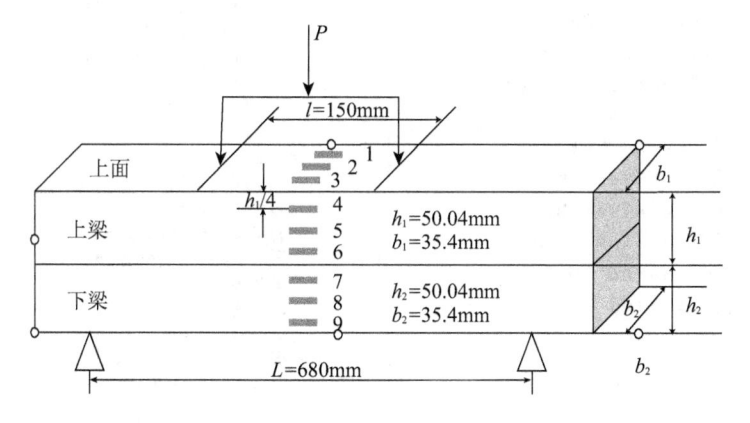

图 6-27 受弯叠梁

6.4.2 详细操作步骤

单击开始菜单启动 ANSYS，在 Working Directory 中确定 ANSYS 的工作路径，这样 ANSYS 运行产生的文件将按指定的路径保存在指定的文件夹中。在 Job Name 中确定工作名。然后单击下面的命令按钮 Run，进入 ANSYS。

1. 建模

（1）在界面左侧主菜单 ANSYS Main Menu 中单击 Preferences，如图 6-28 所示。弹出 Preferences for→GUI Filtering，根据不同需要选择分析类型，本题选择 Structural 结构分析，然后单击 OK 按钮。

（2）选择单元类型。单击主菜单中 Preprocessor→Element types→Add/Edit/Delete 添加单元类型如图 6-29 所示。

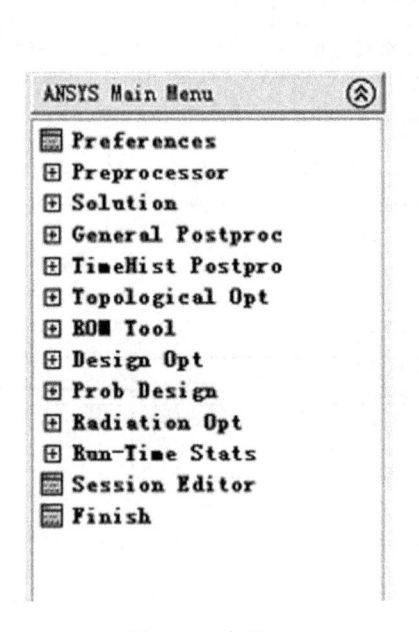

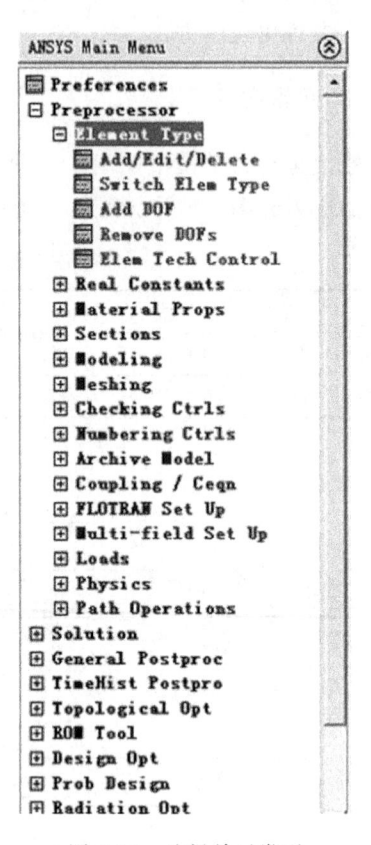

图 6-28　主界面　　　　　　　　图 6-29　选择单元类型

单击按钮 Add，弹出 Library of Element Types 对话框，选择单元类型。本题选择 Solid 45 单元如图 6-30 所示。然后单击 OK 按钮。出现 Element Types 对话框，单击 Close 按钮关闭此对话框。

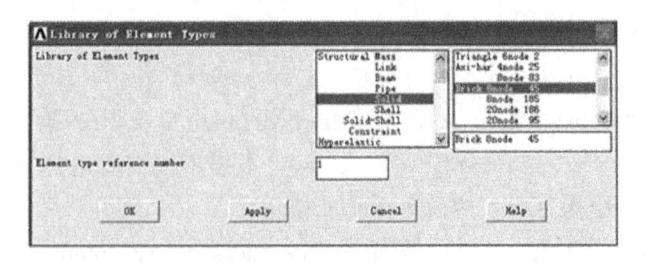

图 6-30　选择实体 8 节点单元

（3）设定材料属性。单击主菜单 Material Props→Material Models，如图 6-31 所示。弹出 Define Material Model Behavior 对话框，依次单击 Structural→

Linear→Elastic→Isotropic 弹出材料性质对话框（图 6-32），分别输入弹性模量和泊松比（弹性模量见表 6-1 数据，泊松比为 0.3）。然后单击 OK 按钮。

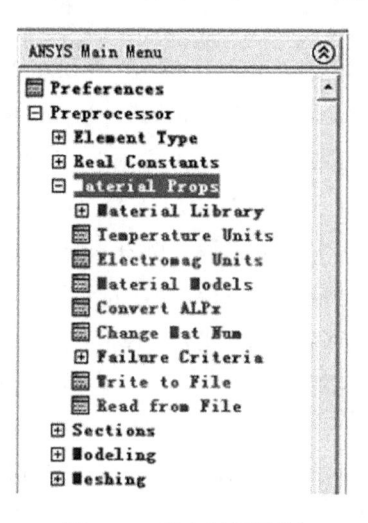

图 6-31 设定材料属性

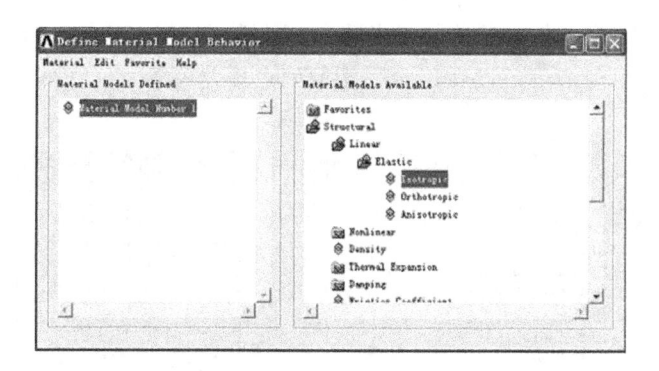

图 6-32 材料属性选择

（4）建立模型。在主菜单依次单击 Modeling→CreateKeypoints→In Active CS 弹出在坐标系建立关键点对话框。如图 6-33 所示。

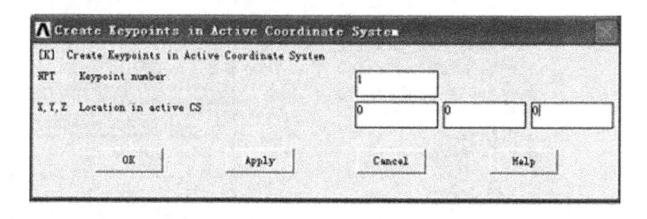

图 6-33 创建关键点

①依次输入各关键点坐标建立关键点。

K1（0，0，0），K2（0.68，0，0），K3（0.68，0，0.0354），K4（0，0，0.0354），K5（0，0.05004，0）

K6（0.68，0.05004，0），K7（0.68，0.05004，0.0354），K8（0，0.05004，0.0354），K9（0，0.05004，0），K10（0.68，0.05004，0）

K11（0.68，0.05004，0.0354），K12（0，0.05004，0.0354），K13（0，0.10008，0），K14（0.68，0.10008，0），K15（0.68，0.10008，0.0354）

K16（0，0.10008，0.0354），K17（0.265，0，0.0354），K18（0.265，0，0），K19（0.415，0，0），K20（0.415，0，0.0354）

K21（0.265，0.05004，0.0354），K22（0.265，0.05004，0），K23（0.415，0.05004，0），K24（0.415，0.05004，0.0354），K25（0.265，0.05004，0.0354）

K26（0.265，0.05004，0），K27（0.415，0.05004，0），K28（0.415，0.05004，0.0354），K29（0.265，0.10008，0.0354），K30（0.265，0.10008，0），K31（0.415，0.10008，0），K32（0.415，0.10008，0.0354）。

②连接各关键点建立直线。在主菜单依次单击 Modeling→Create→Lines→Straight Line→Create Straight lines，选取两点创建一条直线，然后单击 OK，如图 6-34 所示。

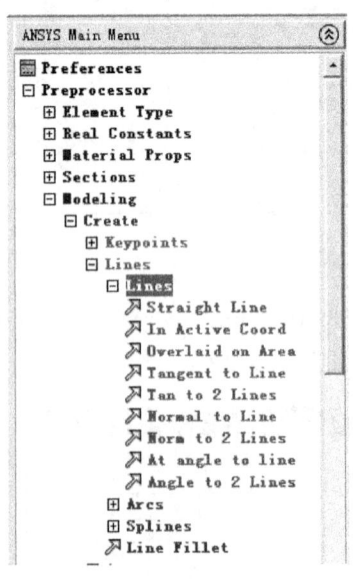

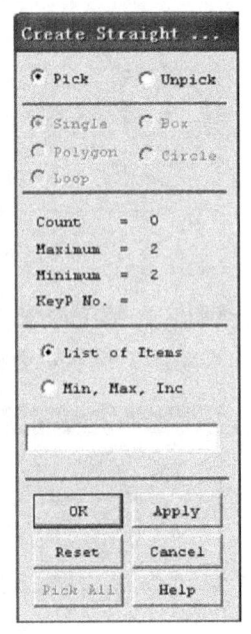

图 6-34　创建直线

第 6 章　有限元分析软件 ANSYS 及其应用　　　　　　　　• 139 •

③通过直线建立面。在主菜单依次单击 Modeling→Create→Areas→Arbitrary→By Lines→Create Area by Line，选择直线，将直线围成面。如图 6-35 所示。

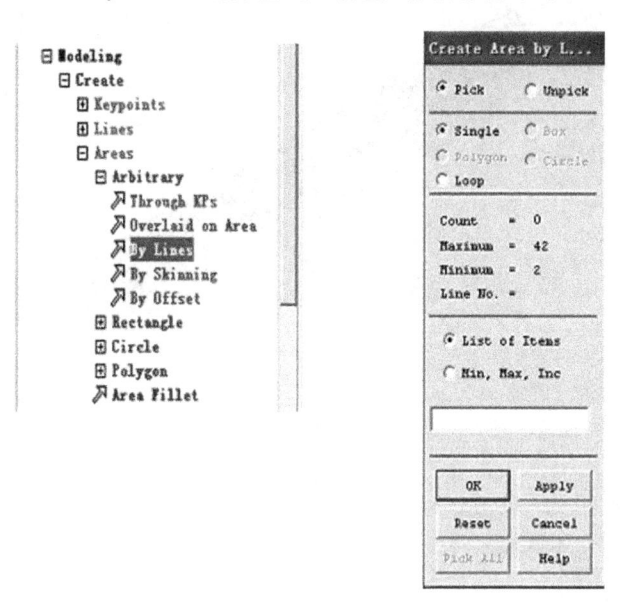

图 6-35　通过线创建面

④通过面建立体。如图 6-36 所示，在主菜单依次单击 Modeling→Create→Volumes→Arbitrary→By Areas→Create Volume by Area，选择面，用面围成体（用闭合的面元素建立体），生成的体如图 6-37 所示。

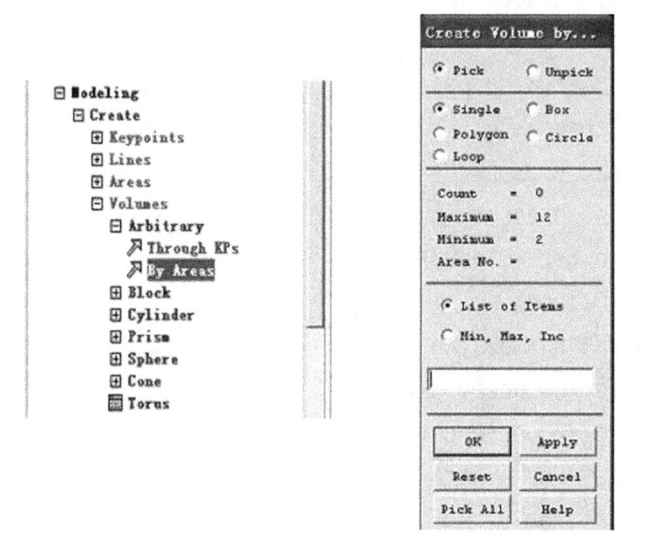

图 6-36　由面创建体

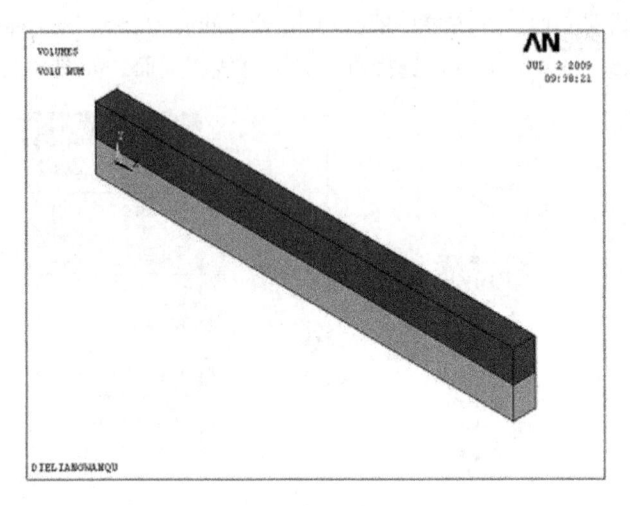

图 6-37　创建的体

模型建立过程的命令流：

！建立几何模型

K, 1, 0, 0, 0

K, 2, 0.68, 0, 0

K, 3, 0.68, 0, 0.0354

K, 4, 0, 0, 0.0354

K, 5, 0, 0.05004, 0

K, 6, 0.68, 0.05004, 0

K, 7, 0.68, 0.05004, 0.0354

K, 8, 0, 0.05004, 0.0354

K, 9, 0, 0.05004, 0

K, 10, 0.68, 0.05004, 0

K, 11, 0.68, 0.05004, 0.0354

K, 12, 0, 0.05004, 0.0354

K, 13, 0, 0.10008, 0

K, 14, 0.68, 0.10008, 0

K, 15, 0.68, 0.10008, 0.0354

K, 16, 0, 0.10008, 0.0354

K, 17, 0.265, 0, 0.0354

K, 18, 0.265, 0, 0

K, 19, 0.415, 0, 0

K, 20, 0.415, 0, 0.0354
K, 21, 0.265, 0.05004, 0.0354
K, 22, 0.265, 0.05004, 0
K, 23, 0.415, 0.05004, 0
K, 24, 0.415, 0.05004, 0.0354
K, 25, 0.265, 0.05004, 0.0354
K, 26, 0.265, 0.05004, 0
K, 27, 0.415, 0.05004, 0
K, 28, 0.415, 0.05004, 0.0354
K, 29, 0.265, 0.10008, 0.0354
K, 30, 0.265, 0.10008, 0
K, 31, 0.415, 0.10008, 0
K, 32, 0.415, 0.10008, 0.0354
L, 1, 18   ! L1
L, 18, 19   ! L2
L, 19, 2   ! L3
L, 2, 3   ! L4
L, 3, 20   ! L5
L, 20, 17   ! L6
L, 17, 4   ! L7
L, 4, 1   ! L8
L, 1, 5   ! L9
L, 5, 8   ! L10
L, 8, 4   ! L11
L, 5, 22   ! L12
L, 22, 23   ! L13
L, 23, 6   ! L14
L, 6, 7   ! L15
L, 7, 24   ! L16
L, 24, 21   ! L17
L, 21, 8   ! L18
L, 6, 2   ! L19
L, 7, 3   ! L20
L, 9, 26   ! L21

```
L, 26, 27                        ! L22
L, 27, 10                        ! L23
L, 10, 11                        ! L24
L, 11, 28                        ! L25
L, 28, 25                        ! L26
L, 25, 12                        ! L27
L, 12, 9                         ! L28
L, 9, 13                         ! L29
L, 13, 16                        ! L30
L, 16, 12                        ! L31
L, 13, 30                        ! L32
L, 30, 31                        ! L33
L, 31, 14                        ! L34
L, 14, 15                        ! L35
L, 15, 32                        ! L36
L, 32, 29                        ! L37
L, 29, 16                        ! L38
L, 14, 10                        ! L39
L, 15, 11                        ! L40
L, 30, 29                        ! L41
L, 31, 32                        ! L42
AL, 1, 2, 3, 4, 5, 6, 7, 8       ! A1
AL, 8, 9, 10, 11                 ! A2
AL, 12, 13, 14, 15, 16, 17, 18, 10   ! A3        CONTACT
AL, 18, 17, 16, 20, 5, 6, 7, 11  ! A4
AL, 15, 19, 4, 20                ! A55
AL, 1, 2, 3, 19, 14, 13, 12, 9   ! A6
AL, 21, 22, 23, 24, 25, 26, 27, 28   ! A7        TARGET
AL, 28, 29, 30, 31               ! A8
AL, 32, 33, 34, 35, 36, 37, 38, 30   ! A9
AL, 38, 37, 36, 40, 25, 26, 27, 31   ! A10
AL, 35, 39, 24, 40               ! A11
AL, 21, 22, 23, 39, 34, 33, 32, 29   ! A12
VA, 1, 2, 3, 4, 5, 6             ! V1
```

```
VA，7，8，9，10，11，12                    ！V2
```

（5）网格划分。选择菜单 Meshing→MeshTool。先选中所要划分的对象，使用扫略划分网格，先将直线按精度要求划分成需要的单元，然后单击 Sweep，进行体网格划分。选择 Line set→Hex/Wedge→Sweep。如图 6-38、图 6-39 所示。

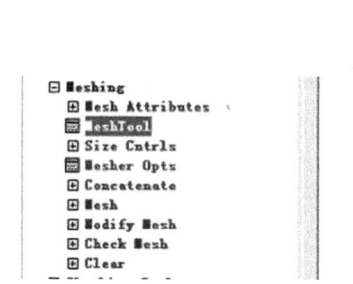

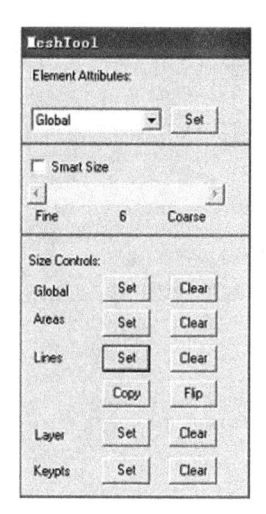

图 6-38　网格划分

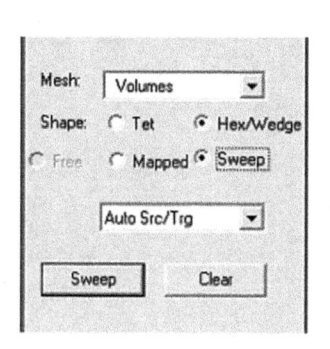

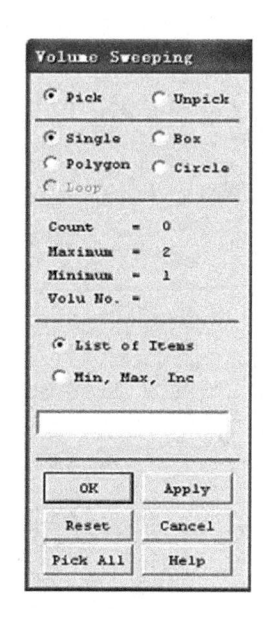

图 6-39　网格参数选择

(6) 生成接触平面 GUI 方式。单击接触管理器按钮◨，在命令框的右边弹出 Contact Manager 对话框，通过 Contact Manager 设置接触。

生成接触命令流如下。

! 生成接触对
ASEL, S,,, 7
NSLA, S, 1
CM, TAR, NODE
ASEL, S,,, 3
NSLA, S, 1
CM, CON, NODE
ALLSEL, ALL
/COM, CONTACT PAIR CREATION – START
MAT, 2
R, 3
REAL, 3
ET, 2, 170
ET, 3, 174
NSEL, S,,, TAR
TYPE, 2
ESLN, S, 0
ESURF, ALL
NSEL, S,,, CON
TYPE, 3
ESLN, S, 0
ESURF, ALL
ALLSEL
/COM, CONTACT PAIR CREATION – END
KEYOPT, 3, 9, 1
KEYOPT, 3, 12, 6
R, 3, 0, 0, 0.1, 0, 1.E – 04, 0,
RMORE, 0, 0, 1.35E7, 0, 0, 0,
RMORE, 0,
FINISH

2. 对模型施加边界条件并求解

1) 设定边界条件

使梁两端简支，将约束加在横截面中性线上。依次选择 Solution→Define Loads→Apply→Structural→Displacement→On Lines→Apply U, ROT 约束加在中性层，左端全固定，右端只固定 UY, UZ。如图 6-40～图 6-42 所示。

2) 加载

步骤为：依次选择 Solution→Define Loads→Apply→Structural→Force/Moment→On Nodes→Apply F/M on Node，选项如图 6-43 所示。

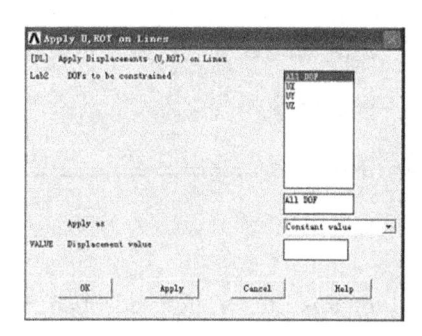

图 6-40 选择约束形式

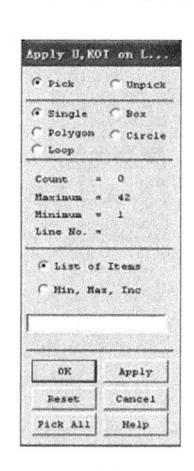

图 6-41 约束参数选择

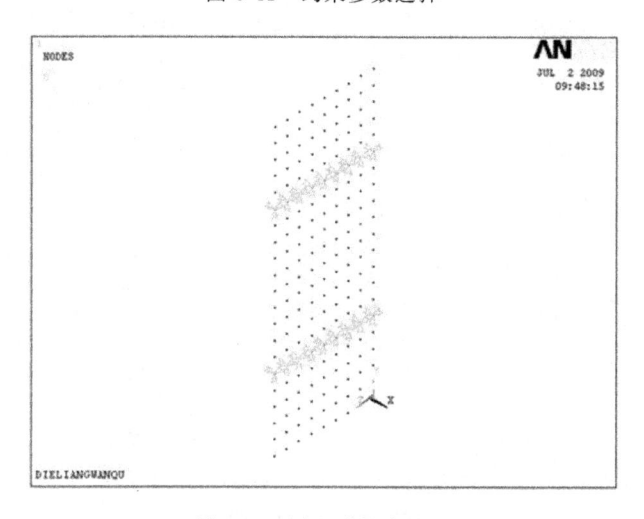

图 6-42 梁左端约束情况

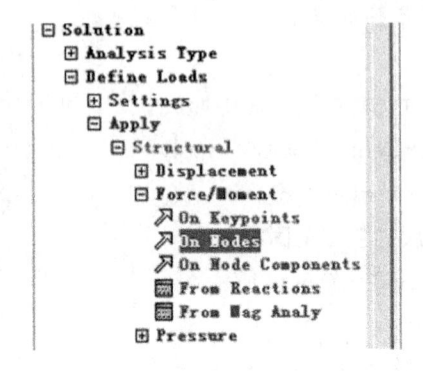

图 6-43 载荷选项

3) 求解

依次选取 Solution→Solve→Current LS 单击 OK，如图 6-44 所示。

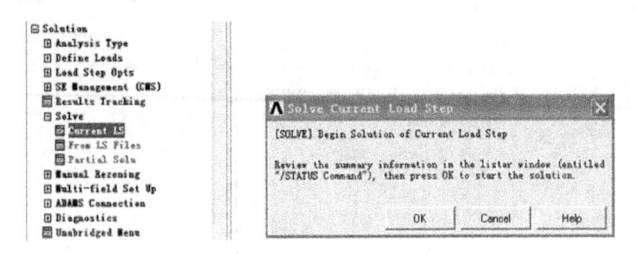

图 6-44 求解

3. 后处理

依次选取 General Postproc→Plot Results→Deformed Shape→Plot Deformed Shape。然后依次选取 General Postproc→Plot Results→Contour Plot→Nodal Solu→X-Component of stress，显示的应力云图如图 6-45 所示。

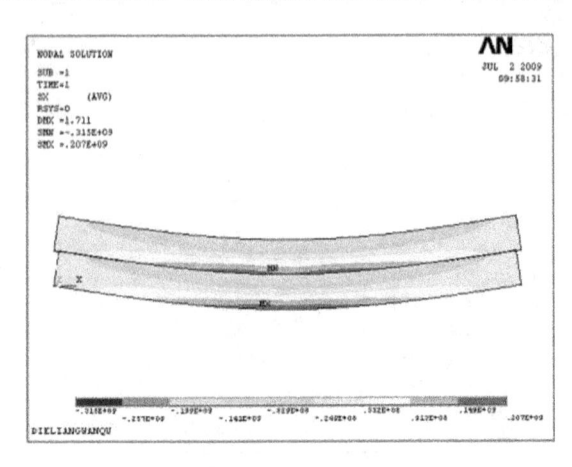

图 6-45 应力云图

6.5 永磁缓速器磁头的热分析

热分析用于计算一个系统或部件的温度分布及其他热物理参数，如热量的获取或损失、热梯度、热流密度等。热分析在许多工程应用中扮演重要角色，如内燃机、涡轮机、换热器、管路系统、电子元件等。

ANSYS 热分析基于能量守恒原理的热平衡方程，用有限元法计算各节点的温度，并导出其他热物理参数。ANSYS 热分析包括热传导、热对流及热辐射三种热传递方式。此外，还可以分析相变、有内热源、接触热阻等问题。

6.5.1 问题描述

永磁式缓速器的工作原理：当永磁缓速器制动时，其利用磁场中旋转的转子切割磁力线，磁场产生的磁力形成与旋转方向相反的力矩，达到使传动轴减速的目的。在转子中会形成无数个涡旋状的感应电流，即涡电流，同时在转子中产生热量。

1. 问题描述及数学模型

永磁缓速器磁头简化后的几何模型见图 6-46，其为轴对称模型，具体材料属性见表 6-2。

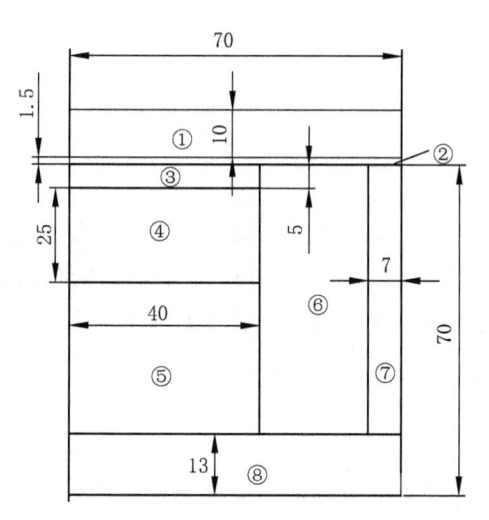

图 6-46 磁头几何模型

①钢质转子；②气隙；③铁质金属圆盘；④钕铁硼质永磁铁；⑤⑦⑧钢质的填充物；⑥铝质填充物

表 6-2 材料属性

面积区域编号	材料名称	密度/（kg/m³）	比热/[J/（kg·℃）]	导热系数/[W/（m·℃）]
①⑤⑦⑧	10号钢	7850	477	52.8
②	空气	0.8305	1049	0.042
③	纯铁	7870	455	81.1
④	钕铁硼	7400	510	24.5
⑥	铝	2710	902	236

在对永磁缓速器样机的台架试验中，从永磁缓速器开始制动到之后的660s，转子温度随时间变化，测得的转子温度见表6-3。假设环境温度为20℃。考虑转子对磁头的热传导和热辐射，以及磁头外侧的对流散热。已知辐射率为灰体辐射率 $E=0.6$，磁头外侧的对流表面对流换热系数为 $h=6.5516$ W/（m²·℃）。

表 6-3 转子温度变化

时间/s	转子温度/℃	时间/s	转子温度/℃
60	150	420	442.5
120	289.5	480	446.5
180	340.5	540	448.75
240	380	600	451
300	410	660	456.5
360	426.5		

2. 数值模拟

使用单元PLANE55，单元边长限制为0.001，自由划分四边形单元网格。共5696个单元。在模型外建立了一个节点作为空间节点以使热辐射计算更精确，空间节点需施加温度载荷20℃。此外还需要计算角系数。

6.5.2 详细操作步骤

1. 准备工作

（1）清除内存，开始一个新分析。选择菜单路径 Utility Menu>File>Clear & Start New，弹出 Clears database and Start New 对话框，采用默认状态，单击OK按钮弹出 Verify 确认对话框，单击 Yes 按钮。

（2）更换工作文件名。选择菜单路径 Utility Menu>File>Change Jobname，弹出 Change Jobname 对话框，在 Enter New Jobname 项输入 Thermal，单击OK按钮。

（3）过滤菜单。选择菜单路径 Main Menu>Preferences，弹出 Preferences for GUI Flitering 对话框。选取 Thermal，单击 OK。

2. 建立模型

1）进入前处理器

选择菜单路径 Main Menu>Preprocessor。

2）定义单元类型

选择菜单路径 Main Menu>Preprocessor>Element Type>Add/Edit/Delete，弹出 Element Types 对话框，单击 Add 按钮弹出 Library of Element Types 对话框，设置下列选项：

左边列表框中选择 Thermal Solid。

右边列表框中选择 Quad 4node 55。

单击 OK 按钮返回 Element Types 对话框，单击 Options 按钮弹出 PLANE55 Element Type Options 对话框。将 Element Behavior 设置为 Axisymmetric，其他保持默认，单击 OK 按钮返回 Element Types 对话框，单击 Close 按钮关闭 Element Types 对话框。

3）定义材料属性

选择菜单路径 Main Menu>Preprocessor>Material Props>Material Models，弹出 Define Material Model Behavior 对话框，在右侧窗口中依次点击选择 Thermal>Conductivity>Isotropic，弹出 Conductivity for Material Number 1 对话框，KXX 项输入 52.8。单击 OK 按钮返回 Define Material Model Behavior 对话框。

在右侧窗口中双击 Specific Heat 弹出 Specific Heat for Material Number 1 对话框，C 项输入 477。单击 OK 按钮返回 Define Material Model Behavior 对话框。

在右侧窗口中双击 Density 弹出 Density for Material Number 1 对话框，DENS 项输入 7850。单击 OK 按钮返回 Define Material Model Behavior 对话框。

定义材料属性 2 到 5。在 Define Material Model Behavior 对话框中单击 Edit>Copy 弹出 Copy Material Model 对话框，保持默认设置，单击 OK 按钮返回 Define Material Model Behavior 对话框。重复上述操作，直到 Define Material Model Behavior 对话框左侧窗口中出现 Material Model Number 5。

在 Define Material Model Behavior 对话框左侧窗口中双击 Material Model Number 2>Density，弹出 Density for Material Number 2 对话框，修改 DENS 项为 0.8305，单击 OK 按钮返回 Define Material Model Behavior 对话框。

在左侧窗口中双击 Material Model Number 2>Specific Heat 弹出 Specific Heat for Material Number 2 对话框，修改 C 项为 1049，单击 OK 按钮返回 Define Material Model Behavior 对话框。

在左侧窗口中双击 Material Model Number 2>Thermal conduct. (iso) 弹出 Conductivity for Material Number 2 对话框,修改 KXX 项为 0.042,单击 OK 按钮返回 Define Material Model Behavior 对话框。

重复以上步骤修改材料属性 3 到 5 依次为纯铁、钕铁硼和铝的材料属性。

在 Define Material Model Behavior 对话框中依次单击 Material>Exit 关闭 Define Material Model Behavior 对话框。

4) 创建几何模型

选择菜单路径 Main Menu>Preprocessor>Modeling>Create>Areas>Rectangle>By Dimensions 弹出 Create Rectangle by Dimensions 对话框。设置下列对话框:

* X1,X2 X-coordinates:输入 0 和 70。
* Y1,Y2 Y-coordinates:输入 0 和 13。

单击 Apply 按钮,修改下列对话框:

* X1,X2 X-coordinates:改为 0 和 40。
* Y1,Y2 Y-coordinates:改为 13 和 40。

单击 Apply 按钮。

重复上述操作,依次修改为表 6-4 的数据。创建完最后一个矩形后单击 OK 按钮关闭 Create Rectangle by Dimensions 对话框。

表 6-4 几何模型参数

X1	X2	Y1	Y2
0	40	40	65
0	40	65	70
40	63	13	70
63	70	13	70
0	70	70	71.5
40	63	70	71.5
0	70	0	81.5

5) 叠分模型

选择菜单路径 Main Menu>Preprocessor>Modeling>Operate>Booleans>Overlap>Areas 弹出拾取面对话框,单击 Pick All 按钮。

6) 将模型尺寸统一为国际单位

选择菜单路径 Main Menu>Preprocessor>Modeling>Operate>Scale>Areas 弹出拾取面对话框,单击 Pick All 按钮弹出 Scale Areas 对话框,设置下列对话框:

  * RX, RY, RZ Scale factors—:改为 0.001, 0.001, 1。

  * IMOVE Existing area will be:改为 Moved。

单击 OK 按钮关闭 Scale Areas 对话框。

7) 更改工作平面设置

  选择菜单路径 Utility Menu>WorkPlane>WP Settings 弹出 WP Settings 对话框,反选 Enable Snap,其他选项采用默认状态,单击 OK 按钮。

8) 创建空间节点

  选择菜单路径 Main Menu>Preprocessor>Modeling>Create>Nodes>On Working Plane 弹出 Create Nodes on WP 拾取框。在模型外单击鼠标左键任选一点,单击 OK 按钮。

9) 分配材料属性

  选择菜单路径 Main Menu>Preprocessor>Meshing>MeshTool 弹出 Mesh-Tool 对话框。将 Elements Attributes 改为 Area,单击 Set 按钮弹出拾取面对话框,选取面①⑤⑦⑧,单击 OK 按钮弹出 Area Attributes 对话框,保持默认设置,单击 Apply 拾取面对话框。

  选取面②,单击 OK 按钮弹出 Area Attributes 对话框,将 MAT Material number 改为 2,单击 Apply 拾取面对话框,参照表 6-2 依次分配其他面的属性。

10) 控制单元总体尺寸

  单击 MeshTool 对话框中 Size Controls>Global 后的 Set 按钮,弹出 Global Element Sizes 对话框,在 Element Edge Length 中输入 0.001,其他保持默认,单击 OK 按钮关闭 Global Element Sizes 对话框。

11) 划分网格

  单击 MeshTool 对话框中的 Mesh 按钮弹出拾取面对话框,单击 Pick All 按钮执行网格划分操作。

3. 执行热分析

1) 进入求解器,选择瞬态热分析

  选择菜单路径 Main Menu>Solution>Analysis Type>New Analysis 弹出 New Analysis 对话框,选中 Transient 选项,单击 OK 按钮,弹出 Transient Analysis 对话框,保持默认设置,单击 OK 按钮。

2) 设置初始温度

  选择菜单路径 Main Menu>Solution>Define Loads>Settings>Uniform Temp 弹出 Uniform Temperature 对话框,输入 20,单击 OK 按钮。

3）施加空间节点温度约束

选择菜单路径 Main Menu＞Solution＞Define Loads＞Apply＞Thermal＞Temperature＞On Nodes，弹出节点拾取对话框，选中空间节点，单击 OK 按钮弹出 Apply TEMP on Nodes 对话框。设置下列选项：

*Lab2 DOFs to be constrained：选中 TEMP。

*VALUE Load TEMP value：输入 20。

其他选项保持默认，单击 OK 按钮。

4）施加转子温度约束

选择菜单路径 Main Menu＞Solution＞Define Loads＞Apply＞Thermal＞Temperature＞On Areas，弹出面积拾取对话框，选中面①，单击 OK 按钮弹出 Apply TEMP on areas 对话框。设置下列选项：

*Lab2 DOFs to be constrained：选中 TEMP。

*VALUE Load TEMP value：输入 150。

其他选项保持默认，单击 OK 按钮。此时弹出 Warning 警告框，单击 Close 按钮。

5）施加对流边界条件

选择菜单路径 Main Menu＞Solution＞Define Loads＞Apply＞Thermal＞Convection＞On Lines，弹出线拾取对话框，选中磁头外侧的三条线，即面积⑦⑧外侧的线。单击 OK 按钮弹出 Apply CONV on lines 对话框。设置下列选项：

*VALI Film coefficient：输入 6.5516。

*VAL2I Bulk temperature：环境温度，输入 20。

其他选项保持默认，单击 OK 按钮。

6）施加辐射边界条件

选择菜单路径 Main Menu＞Solution＞Define Loads＞Apply＞Thermal＞Radiation＞On Lines，弹出线拾取对话框，选中转子与磁头相对的六条线。单击 OK 按钮弹出 Apply RDSF on Lines 对话框。设置下列选项：

*VALUE Emmissity：输入 0.6。

*VALUE2 Enclosure number：输入 1。

其他选项保持默认，单击 OK 按钮。

7）设置热辐射相关选项

选择菜单路径 Main Menu＞Solution＞Radiation Opts＞Solution Opt，弹出 Radiation Solution Options。设置下列选项：

*Stefan-Boltzmann Const.：改为 0.567E-07。

*Temperature difference-：温度偏移量，改为 273。

* Space option：改为 Space Node。

* Value：空间节点编号，改为 1。

其他选项保持默认，单击 OK 按钮。

8）设置角系数相关选项

选择菜单路径 Main Menu＞Solution＞Radiation Opts＞View Factor，弹出 View Factor Options。将 Type of geometry 改为 Axisymmetric，其他选项保持默认，单击 OK 按钮。

9）计算角系数

选择菜单路径 Main Menu＞Radiation Opts＞Radiosity Meth＞Compute，弹出 View Factor Caculations 对话框，单击 OK 按钮。

10）设置计算结果输出方式

选择菜单路径 Main Menu＞Solution＞Load Step Opts＞Output Ctrls＞DB/Results File，弹出 Controls for Database and Results File Writing 对话框。在 FREQ File write frequency 中选中 Every substep，其他选项保持默认，单击 OK 按钮。

11）设置载荷步

选择菜单路径 Main Menu＞Solution＞Load Step Opts＞Time/Frequenc＞Time-Time Step，弹出 Time and Time Step Options 对话框。设置下列选项：

* Time at end of load step：改为 60。

* Time step size：输入 5。

* Minimum time step size：输入 2。

* Maximum time step size：输入 10。

其他选项保持默认，单击 OK 按钮。

12）执行求解

选择菜单路径 Main Menu＞Solution＞Solve＞Current LS，弹出 Solve Current Load Step 对话框，单击/STAT Command 窗口菜单/STAT Command＞File＞Close，关闭/STAT Command 窗口，然后单击 Solve Current Load Step 对话框中的 OK 按钮开始执行求解计算。当求解结束时，弹出提示信息对话框显示"Solution is done!"表示求解成功完成。

13）显示面

选择菜单路径 Utility Menu＞Plot＞Areas。

14）重新施加转子温度约束

选择菜单路径 Main Menu＞Solution＞Define Loads＞Apply＞Thermal＞Temperature＞On Areas，弹出面积拾取对话框，选中面①，单击 OK 按钮弹出

Apply TEMP on areas 对话框。设置下列选项：

  * Lab2 DOFs to be constrained：选中 TEMP。

  * VALUE Load TEMP value：输入 289.5。

  其他选项保持默认，单击 OK 按钮。

 15）设置载荷步

  选择菜单路径 Main Menu＞Solution＞Load Step Opts＞Time/Frequenc＞Time-Time Step，弹出 Time and Time Step Options 对话框。将 Time at end of load step 改为 120，其他选项不变，单击 OK 按钮。

 16）执行求解

  选择菜单路径 Main Menu＞Solution＞Solve＞Current LS，弹出 Solve Current Load Step 对话框，单击/STAT Command 窗口菜单/STAT Command＞File＞Close，关闭/STAT Command 窗口，然后单击 Solve Current Load Step 对话框中的 OK 按钮开始执行求解计算。当求解结束时，弹出提示信息对话框显示 Solution is done! 表示求解成功完成。

 17）重复执行设置求解

  重复步骤 13）～16），按照表 6-3 重新施加转子温度并更改载荷步设置进行求解。

 4. 后处理

 1）选取磁头的面

  选择菜单路径 Utility Menu＞Select＞Entities，弹出 Select Entities 对话框。将 Nodes 改为 Areas，其他选项不变，单击 OK 按钮弹出拾取面对话框。选取磁头的面③④⑤⑥⑦⑧，单击 OK 按钮。

 2）选取磁头的单元

  选择菜单路径 Utility Menu＞Select＞Entities，弹出 Select Entities 对话框。将 Areas 改为 Elements，By Num/Pick 改为 Attached to，选中 Areas，其他选项不变，单击 OK 按钮。

 3）观察温度分布云图

  选择菜单路径 Main Menu＞General Postproc＞Plot Results＞Contour Plot＞Nodal Solu，弹出 Contour Nodal Solution Data 对话框。在 Item to be contoured 窗口中依次单击 Nodal Solution＞DOF Solution＞Nodal Temperature。其他设置不变，单击 OK 按钮显示 660s 时的磁头温度分布云图。

 4）保存分析模型

  单击 ANSYS Toolbar 窗口中的快捷键 SAVE_DB。

6.5.3 结果分析

660s 时磁头的温度分布云图见图 6-47。由图 6-47 可以看出,磁头的中心靠近转子处温度最高,而中心远离转子处温度最低。磁头的最高温度为 65.74℃,最低温度为 54.99℃。永磁铁与磁头的温度分布类似,中心靠近转子处温度最高,而中心远离转子处温度最低。永磁铁的最高温度为 64.82℃,最低温度为 56.63℃。

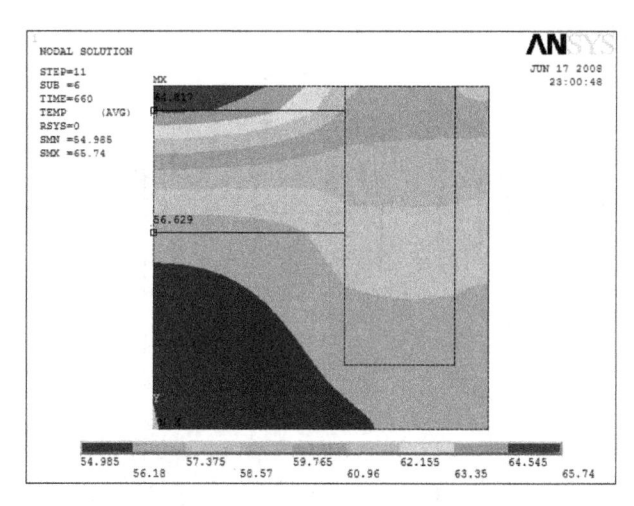

图 6-47 永磁缓速器磁头 660s 时温度分布云图

6.6 薄壁柱壳结构的轴压稳定性分析

圆柱壳是航空、宇航飞行器与舰艇中广泛采用的结构形式。但是,这些结构在成型过程中以及受载情况下,都有稳定性的问题。在外载荷作用下,壳体如果发生延伸甚至断裂破坏,属于强度问题;如果被压缩而起皱失稳,则是稳定性问题。外载不外乎拉、压、弯、扭四种形式。压和弯有受压失稳问题。或者说有压应力分量存在的壳结构,都有可能发生失稳问题。

当结构所受的载荷达到某一值时,若增加一微小的增量,则结构的平衡位形将发生很大的改变,这种情况就叫做结构的失稳或屈曲,相应的载荷称为屈曲载荷或临界载荷。屈曲分析可以确定结构开始变得不稳定时的临界载荷和屈曲模态形状。

6.6.1 光滑薄壁圆柱壳轴压稳定性分析

采用有限元特征值屈曲分析模型,利用 ANSYS 软件,计算理想结构特征值屈曲失稳。

1. 基本模型

(1) 材料模型：硬铝合金 LY12，圆柱壳半径取为 500mm，高为 1000mm，壁厚为 0.3mm。杨氏模量 68.0GPa，泊松比为 0.33。

(2) 单元类型：SHELL181，四边形单元。

(3) 本构模型：理想弹性材料。

(4) 结构模型：两端简支，上端可沿轴向移动，柱顶施加均匀轴向压力线荷载。如图 6-48 所示。

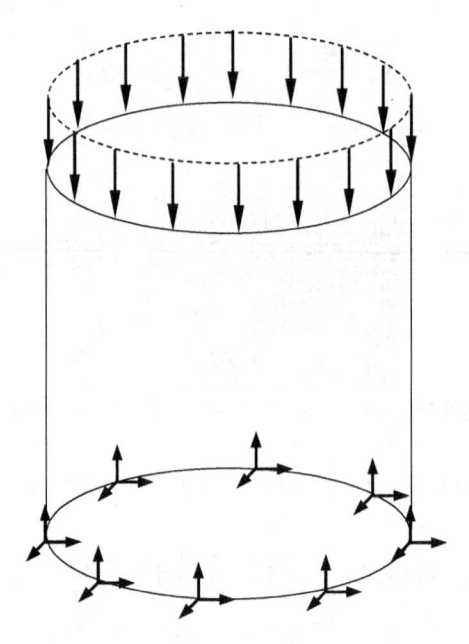

图 6-48　轴压圆柱壳

2. ANSYS 数值模拟步骤

单击开始菜单，启动 ANSYS 程序。

在 Working Directory 中确定 ANSYS 的工作路径，这样所有的 ANSYS 的文件将按指定的路径保存在指定的文件夹中。在 Job Name 中确定工作名。然后单击下面的命令按钮 Run，进入 ANSYS。

1) 选择分析类型

单击 Preferences，根据不同需要选择分析类型，选 Structural 结构分析，单击 OK 按钮。

2) 选择单元类型

单击 Preprocessor＞Element types＞Add/Edit/Delete，单击 Add，弹出 Library of Element Types 对话框，选择单元类型。选择 SHELL 181 单元，后单击 OK 按钮。出现 Element Types 对话框，单击 Close 按钮关闭对话框。

3）设定实常数

单击 Preprocessor＞Real Constants＞Add/Edit/Delete 弹出 Real Constants 对话框，单击 Add 选择 SHELL 181，单击 OK，弹出 Real Constant Set 对话框，设置实常数号为 1，在厚度对话框中输入壳体厚度 0.0003。

4）设定材料性质

单击 Preprocessor＞Material Props＞Material Models，单击 Structural＞Linear＞Elastic＞Isotropic，弹出材料性质对话框，分别输入弹性模量 6.8e10 和泊松比 0.33。然后单击 OK 按钮。

5）建立模型

单击 Preprocessor＞Modeling＞Create＞Volumes＞Cylinder＞Solid Cylinder，弹出 Solid Cylinder 对话框，在 WP X 中输入 0，WP Y 中输入 0，Radius 中输入 0.5，Depth 中输入 1。如图 6-49 所示。生成圆柱体，如图 6-50 所示。

单击 Preprocessor＞Modeling＞Delete＞Volumes Only，选择圆柱体，单击 OK，将实体部分去掉。

单击 Preprocessor＞Modeling＞Delete＞Area and Below，选择上下两底面，单击 OK，生成圆柱壳。如图 6-51 所示。

单击下拉菜单 Plot＞Lines，再单击下拉菜单 PlotCtrls＞Numbering，弹出 Plot Numbering Controls 对话框，选中 Line Numbers，单击 OK。

单击 Preprocessor＞Modeling＞Operate＞Booleans＞Add＞Lines，分别选中 L1 和 L2，L3 和 L4，L5 和 L6，L7 和 L8，将直线合并成一条直线。如图 6-52 所示。

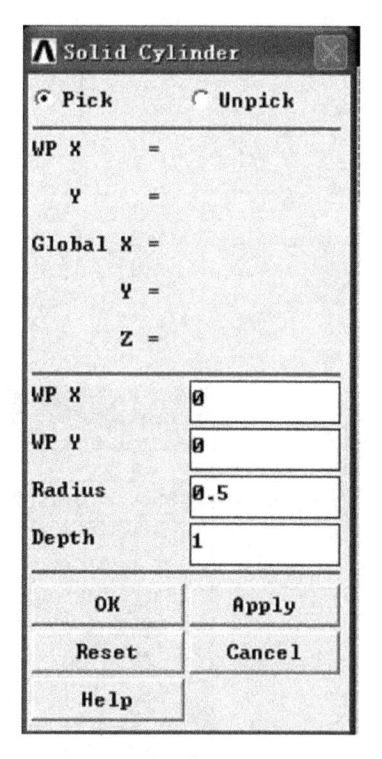

图 6-49 创建圆柱体

6）划分网格

单击 Preprocessor＞Meshing＞MeshTool，弹出 MeshTool 对话框，单击 Line Set 按钮，弹出 Element Size on 对话框，如图 6-53 所示。选择直线 L1、L3、L5 和 L7，单击 OK。弹出 Element Sizes on Picked Lines 对话框，如图 6-54

所示，在 NDIV 中输入 30，单击 OK。

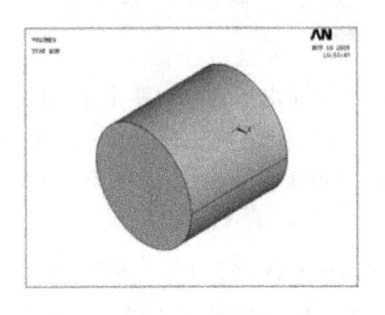

图 6-50　圆柱体 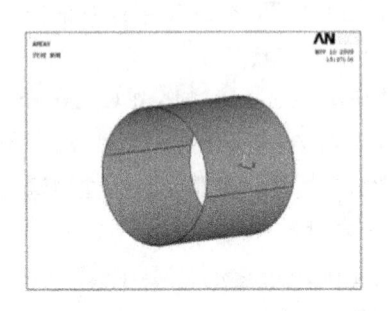　　　　图 6-51　圆柱壳

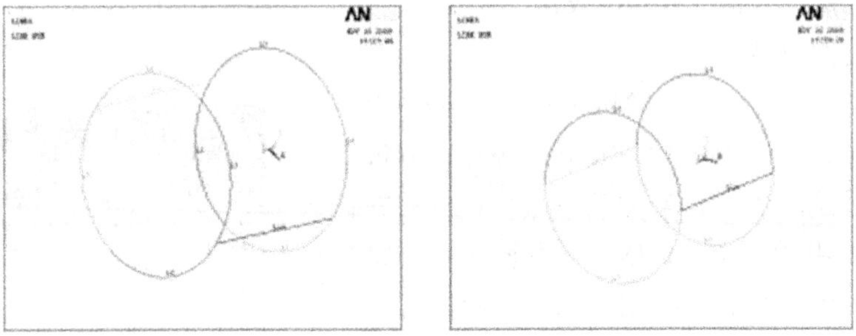

图 6-52　布尔操作

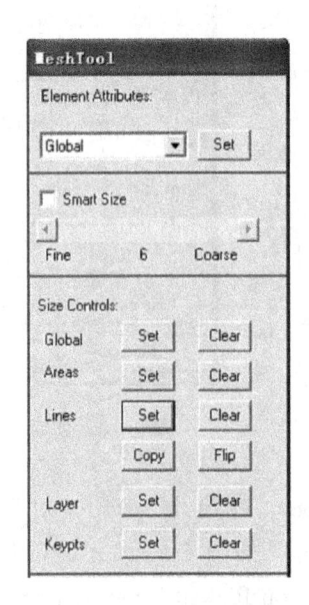

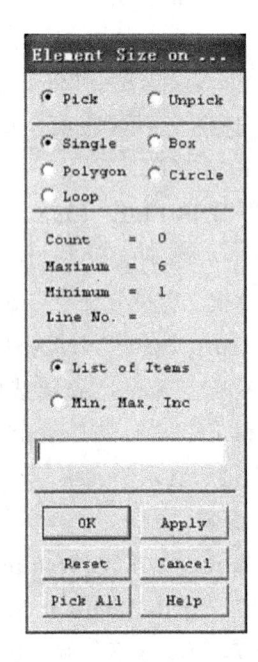

图 6-53　网格参数选择

第 6 章　有限元分析软件 ANSYS 及其应用

图 6-54　网格尺寸控制

用同样的方法选择直线 L9 和 L10，在 NDIV 中输入 60。最后单击 Mesh-Tool 对话框中 Mesh 按钮，将圆柱壳体划分成四边形网格单元。如图 6-55 所示。

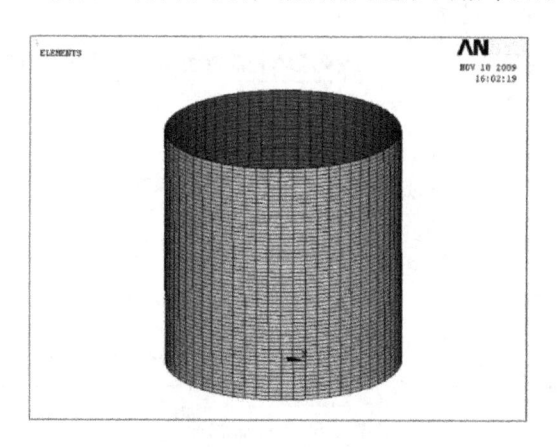

图 6-55　圆柱壳有限元网格

7) 施加载荷和边界条件

单击下拉菜单 Select＞Entities，弹出 Select Entities 对话框，设置如图 6-56 (a) 所示。单击下拉菜单 Plot＞Lines，显示出所选曲线。

单击 Solution ＞ Define Loads ＞ Apply ＞ Structural ＞ Displacement ＞ On Lines，弹出 Apply U, ROT on lines 对话框，选择所选曲线，弹出 Apply U, ROT on Lines，如图 6-56 (b) 所示，选择 UX、UY、UZ，单击 OK。

用同样的方法选出圆柱壳顶部的曲线，设置边界条件，约束 UX, UY。

单击 Solution＞Define Loads＞Apply＞Structural＞Pressure＞On Lines，弹出 Apply PRES on Lines 对话框，选中圆柱壳顶端曲线，单击 OK，弹出 Apply

(a)　　　　　　　　　　　　(b)

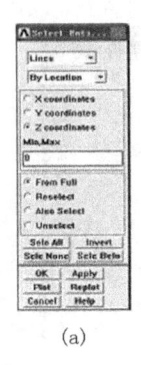

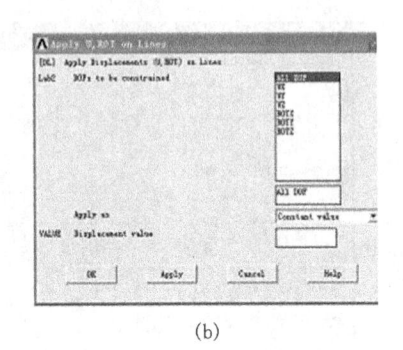

图 6-56　施加约束

PRES on Lines 对话框，如图 6-57 所示，选择 Constant Value，在 PRES Value 中填 1。单击 OK。完成边界条件设置和加载。完成边界条件设置和加载的模型如图 6-58 所示。

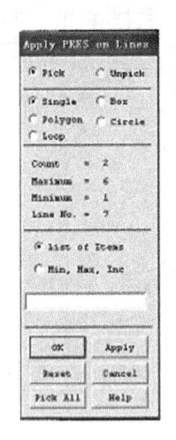

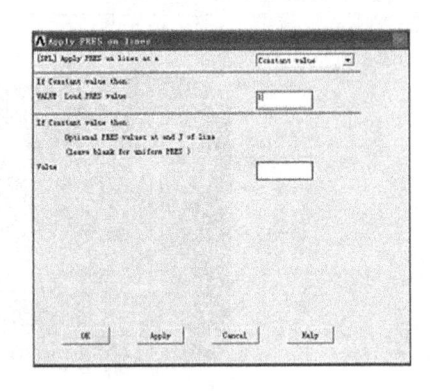

图 6-57　施加载荷

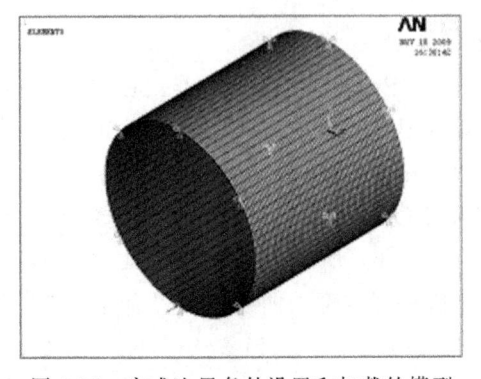

图 6-58　完成边界条件设置和加载的模型

8) 特征值屈曲分析

(1) 静力分析。

静力分析是默认的分析类型，因此作静力分析时不需要专门指定分析类型，但是需要通过如下方式设置预应力选项，否则无法进行后面的屈曲分析。

单击 Solution＞Unabridged Menu，打开完整的菜单。选择菜单项 Solution＞Analysis Type＞Analysis Options，打开其中的预应力选项，在窗口的最下面的 SSTIF 以及 PSTRES 命令设置下拉菜单中选择 Prestress ON 选项，选择 Sparse Direct 求解器，然后单击 OK。

单击主菜单 Solution＞Solve＞Current LS，进行静力分析。静力分析完成后，单击 Main Menu＞Finish 菜单项。

(2) 特征值屈曲分析与屈曲模态扩展。

单击 Solution＞Analysis Type＞New Analysys，指定分析类型为 Eigen Buckling，单击 OK 按钮完成分析类型的设定。

单击 Solution＞Analysis Type＞Analysis Options，对分析选项进行设置，选择屈曲模态提取方法为 Block Lanczos 方法，提取前 2 阶模态则模态提取数填 2，其余采用默认设置即可，单击 OK 退出。

单击 Solution＞Load Step Opts＞Expansion Pass＞Single Expand＞Expand Modes，在弹出的对话框中进行屈曲模态扩展的相关设置，屈曲模态扩展数填 2，选中 Calculate Elem Results 复选框，单击 OK 退出。

单击 Solution＞Solve＞Current LS，开始特征值屈曲分析。

(3) 观察特征值屈曲分析结果。

单击 General PostProc 进入通用后处理器。

单击 General PostProc＞Read Results＞First Set，读入第一载荷步的结果文件。

单击 General PostProc＞Plot Results＞Deformed Shape，弹出 Plot Deformed Shape 对话框，选择 Def Shape Only，单击 OK。只要依次读入各载荷步的结果，即可用同样方法观察第 2 阶屈曲模态。如图 6-59、图 6-60 所示。

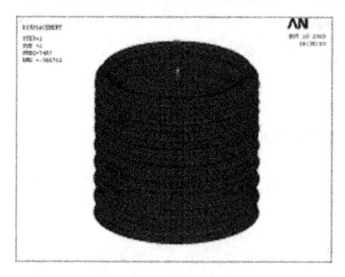

图 6-59　第 1 阶屈曲模态　　　　图 6-60　第 2 阶屈曲模态

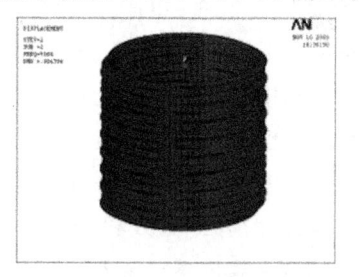

9) 数值解与理论解比较

(1) 解析解。

根据理论分析，中短圆柱薄壳的屈曲承载力线载荷为

$$p = \frac{Et^2}{\sqrt{3(1-\nu^2)}R}$$

材料参数及结构参数为

$$E = 6.8 \times 10^{10}, \quad \nu = 0.33, \quad R = 0.5 \text{m}, \quad t = 0.3 \text{mm}$$

求得理论解为 $p = 7486.134 \text{N/m}$。

(2) 数值解。

单击 General PostProc>Results Summary，得出数值解。如图 6-61 所示。

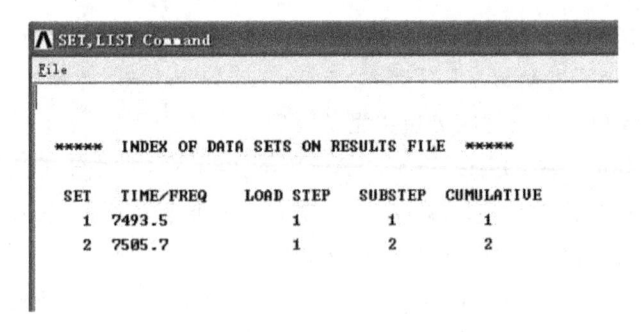

图 6-61 第 1、2 阶模态数值解

1 阶屈曲模态对应的线载荷为 7493.5N/m，解析解与数值解非常接近。

6.6.2 薄壁加筋圆柱壳轴压稳定性分析

采用有限元特征值屈曲分析模型，利用 ANSYS 软件，计算理想加筋圆柱壳结构特征值屈曲模态。

1. 基本模型

(1) 材料模型：硬铝合金 LY12，圆柱壳半径取为 500mm，高为 1m，壁厚为 2mm。杨氏模量 68.0GPa，泊松比为 0.33。

(2) 单元类型：SHELL 181 壳单元，BEAM 188 梁单元。

(3) 本构模型：理想弹性材料。

(4) 结构模型：两端简支，柱顶施加均匀轴向压力线载荷。

在圆柱壳中均匀布置 8 根纵向筋和 6 根环向筋，筋条截面为矩形截面。筋条横截面高和宽分别为 6mm 和 4mm。

2. ANSYS 数值模拟步骤

简要过程如图 6-62～图 6-64 所示。具体操作用以下命令流实现。

第 6 章　有限元分析软件 ANSYS 及其应用

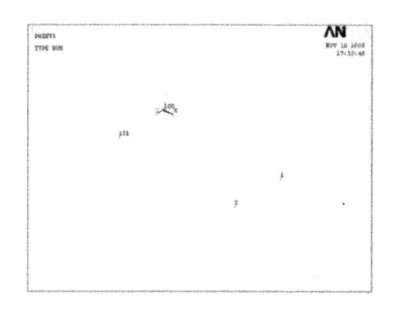

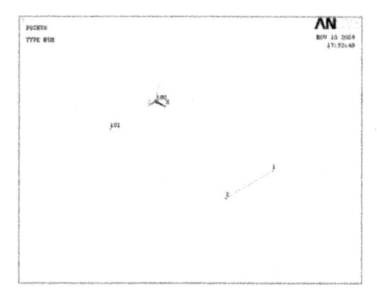

图 6-62　创建点、线

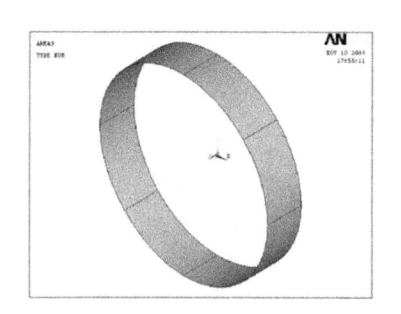

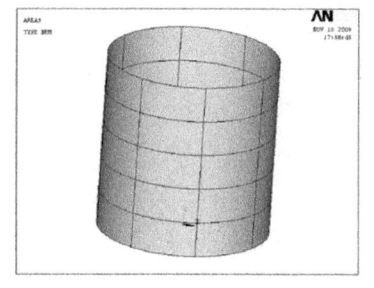

图 6-63　加筋壳结构

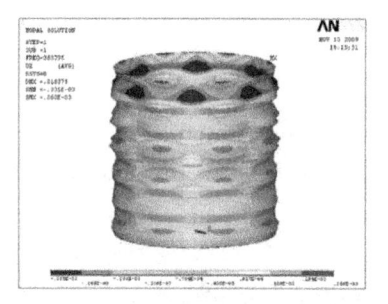

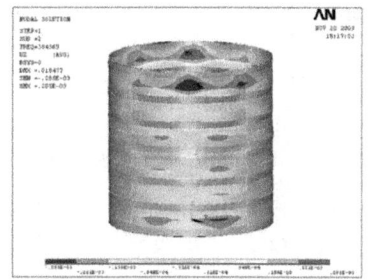

图 6-64　第 1、2 阶屈曲模态

命令流
```
finish
/clear
/prep7                    ！进入前处理器
ET, 1, SHELL181           ！定义单元类型
ET, 2, BEAM188
*set, b, 0.004            ！定义变量参数
*set, h, 0.006
```

```
*set, t, 0.002
R, 1, t                              ! 定义单元实常数
MP, EX, 1, 6.8e10                    ! 定义弹性模量
MP, PRXY, 1, 0.33                    ! 定义泊松比
SECTYPE, 1, BEAM, RECT, , 0          ! 定义一个类型,告诉程序将定义的是一
                                       个什么样的截面
SECOFFSET, CENT
SECDATA, h, b                        ! 对相应的截面参数值进行设定
SECTYPE, 2, BEAM, RECT, , 0 !
SECOFFSET, CENT
SECDATA, b, h
sect, 3, shell,,
secdata, t, 1, 0.0, 3
secoffset, MID
seccontrol,,,, ,,
K, 100,,,,                           ! 生成关键点 K,关键点编号,X 坐标,
                                       Y 坐标,Z 坐标
K, 101,,, 0.2,
K, 1, 0.5,,,
K, 2, 0.5, 0, 0.2,
LSTR, 1, 2                           ! 在激活坐标系生成直线
AROTAT, 1,,,,,, 100, 101, 360, 8     ! 线绕轴旋转生成面
LSEL, S, LOC, Z, 0
LSEL, A, LOC, Z, 0.2
LATT, 1, 1, 2, , , , 1               ! 指定线的单元属性
ESIZE,, 8                            ! 调整单元边界尺寸 ESIZE, SIZE, NDIV
                                       SIZE:控制单元边界的尺寸 NDIV:控
                                       制单元划分数目
LMESH, ALL                           ! 对线划分生成线单元
LSEL, INVE
LATT, 1, 1, 2, , 100, , 2
ESIZE,, 4
LMESH, ALL
ASEL, ALL
```

```
AATT, 1, 1, 1, 0, 3              ! 指定面得单元属性
AMESH, ALL
AGEN, 5, ALL , , , , , 0.2, , 0   ! 移动、复制面
NUMMRG, ALL, , , , LOW
ALLSEL, ALL
FINISH
/SOL
ANTYPE, 0                        ! 求解类型设定 STATIC (0)
PSTRES, 1
LSEL, S, LOC, Z, 0
DL, ALL,, UX,                    ! 在线上施加 DOF 约束
DL, ALL,, UY,
DL, ALL,, UZ,
LSEL, S, LOC, Z, 1
DL, ALL,, UX,
DL, ALL,, UY,
SFL, ALL, PRES, 1                ! 在线上施加表面荷载
ALLSEL, ALL
SOLVE
FINISH

/SOLU
ANTYPE, 1                        ! 求解类型设定 BUCKLE (1)
BUCOPT, LANB, 2                  ! 设定屈曲分析选项 定义特征值提取方
                                   法为 LANB, 提取特征值阶数为 2
MXPAND, 2                        ! Specifies the number of modes to ex-
                                   pand and write for a modal or buck-
                                   ling analysis. 扩展 2 阶屈曲模态的
                                   解，以便查看屈曲模态的形状
SOLVE
FINISH
```

第 7 章　有限元软件 ABAQUS 基础

7.1　ABAQUS 软件简介

ABAQUS 软件公司成立于 1978 年，总部设在罗得岛州普罗维登斯市。其主要业务是非线性有限元软件 ABAQUS 的开发、维护及售后服务。ABAQUS 无论对简单或复杂的线性和非线性工程问题都提供了一套完整的有限元理论解决方案，是一套功能强大的工程模拟有限元软件，其解决问题的范围从相对简单的线性分析到许多复杂的非线性问题。ABAQUS 包括一个丰富的、可模拟任意几何形状的单元库，并拥有各种类型的材料模型库，可以模拟典型工程材料的性能，其中包括金属、橡胶、高分子材料、复合材料、钢筋混凝土、可压缩超弹性泡沫材料以及土壤和岩石等地质材料。作为通用的模拟工具，ABAQUS 除了能解决大量结构（应力/位移）问题，还可以模拟其他工程领域的许多问题，如热传导、质量扩散、热电耦合分析、声学分析、岩土力学分析（流体渗透/应力耦合分析）及压电介质分析等。

ABAQUS 为用户提供了广泛的功能，且使用方便。大量的复杂问题可以通过选项块的不同组合容易地模拟出来。例如，对于复杂多构件问题的模拟是通过把定义每一构件的几何尺寸的选项块与相应的材料性质选项块结合起来。在大部分模拟中，甚至高度非线性问题，用户只需提供一些工程数据，如结构的几何形状、材料性质、边界条件及载荷工况等。在非线性分析中，ABAQUS 能自动选择相应载荷增量和收敛限度。他不仅能够选择合适参数，而且能连续调节参数以保证在分析过程中有效地得到高精度解。用户通过准确的定义参数就能很好地控制数值计算结果。

ABAQUS 有两个主求解器模块—ABAQUS/Standard 和 ABAQUS/Explicit。ABAQUS/Standard 是通用的有限元分析模块。它可以分析多种不同类型的问题，其中包括许多非结构问题；ABAQUS/Explicit 是显式动力学有限元分析模块。ABAQUS 还包含一个全面支持求解器的图形用户界面，即人机交互前后处理模块—ABAQUS/CAE，ABAQUS/CAE 将分析模块集成于完整的环境中（CAE=Complete ABAQUS Environment），用于建模、管理、监控 ABAQUS 的分析过程和结果的可视化处理。另外，ABAQUS 对某些特殊问题还提供了专用模块来加以解决。

第7章　有限元软件 ABAQUS 基础

ABAQUS 被广泛地认为是功能最强的有限元软件之一，可以分析复杂的固体结构力学系统，特别是能够驾驭非常庞大复杂的问题和模拟高度非线性问题。ABAQUS 不但可以做单一零件的力学和多物理场的分析，同时还可以做系统级的分析和研究。由于 ABAQUS 优秀的分析能力和模拟复杂系统的可靠性，使得 ABAQUS 被各国的工业和研究领域广泛采用。

7.1.1　单位设定

ABAQUS 建模过程中虽然不用直接输入单位，但是整个过程中我们都得严格遵守单位对应关系，各种不同单位制定如表 7-1 所示。

表 7-1　ABAQUS 单位对应关系

物理量	SI	SI (mm)	US Unit (ft)	US Unit (inch)	(Lxcad) cm
长度	m	mm	ft	in	cm
力	N	N	lbf	lbf	N
质量	kg	Tonne (10^3 kg)	slug	Lbfs^2/in	(10^2 kg)
时间	s	s	s	s	s
应力	Pa (N/m^2)	MPa (N/mm^2)	Lbf/ft^2	Psi (lbf/in^2)	N/cm^2
能量	J	mJ (10^{-3} J)	Ft lbf	In lbf	
密度	kg/m^3	Tonne/mm^3 (10^{12})	Slug/ft^3	Lbf s^2/in^4	10^2 kg/cm^3 (10^8)

7.1.2　基本特征

1. 图形用户界面（GUI）

如菜单、图标和对话框，应用菜单可以直接访问各种功能；对于经常使用的功能，图标可以提高访问的速度；对话框可以输入文本的信息，还可以选择不同的选项。如图 7-1 所示。

2. 一致的环境

以模块的方式表示各种功能；每个模块包含该模块所有功能的子集；各个模块的表示方法相似。理解其中一个模块的表示方法，可以方便地理解其他模块的表示方法。如图 7-2 所示。

3. 模型树

模型树使得对你的模型以及模型包含的对象可以有一个图形上的直观概述；使得模型间操作和管理对象更加直接和集中。如图 7-3 所示。

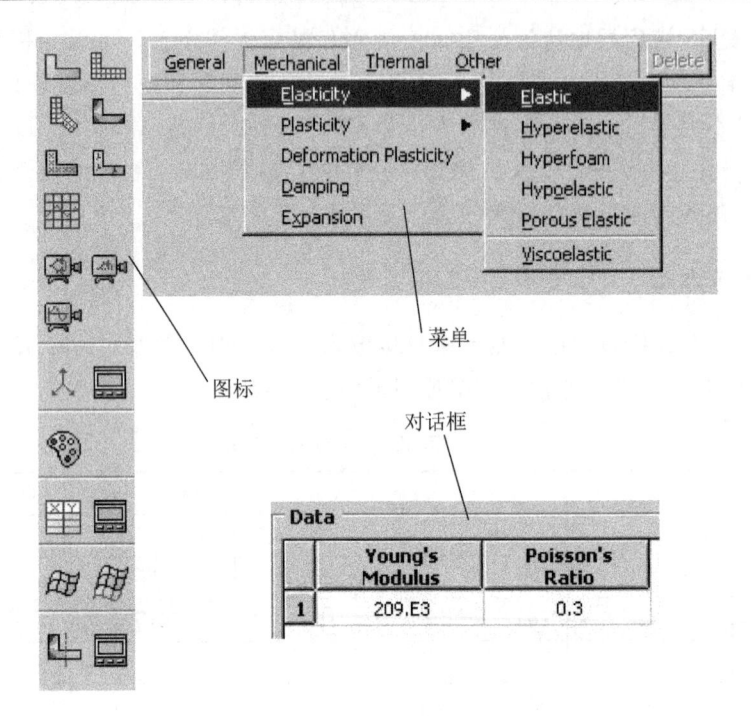

图 7-1　图形用户界面

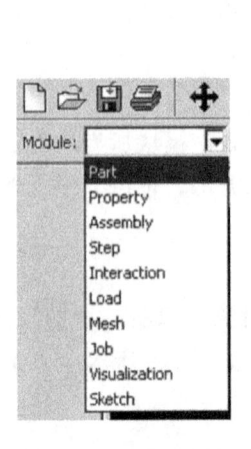

图 7-2　一致的环境

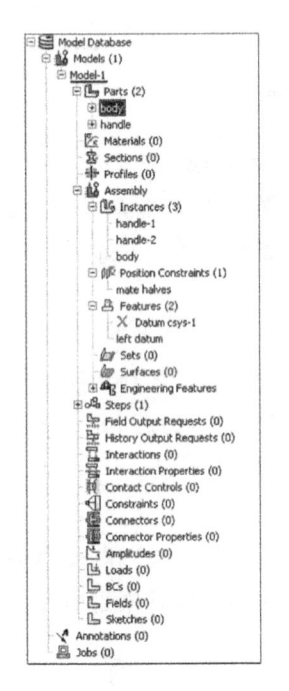

图 7-3　模型树

4. CAD 系统

（1）同许多 CAD 系统类似，ABAQUS/CAE 中也是基于部件和部件实例装配件的概念；

（2）部件可以在 ABAQUS/CAE 中创建；

（3）可以导入其他程序包生成的几何体或将几何体导出到其他程序包；

（4）已有的 ABAQUS 网格可以被导入，作进一步的处理。

5. 基于特征和参数化

特征是设计过程的重要组成，模型是由多个特征组成的。如图 7-4 所示。

（1）几何特征：实体拉伸、线、切割、导角等。

（2）装配件特征：轮子必须与轴同心，毛坯必须与刚体模具正确接触等。

（3）分网特征：将几何体分成不同的区域，利用不同的分网技术划分网格，不同的边可以有不同的网格密度等。

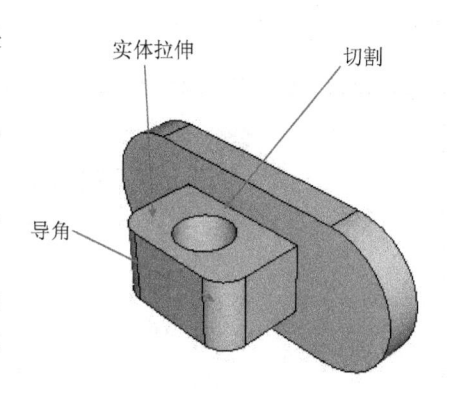

图 7-4 基于特征

7.1.3 重要文件

1. 模型数据库（文件名.cae）

对于任意数量的模型，包含所有的模型信息；一般包含一个模型或几个相关的模型；在 ABAQUS/CAE 中，一次只可以打开一个模型数据库。

2. Replay 文件（文件名.rpy）

在文件中保存操作过程中所有的命令，包括错误。

3. Journal 文件（文件名.jnl）

日志文件，在文件中保存所有当前创建模型数据库必需的命令。

4. Input 文件（文件名.inp）

输入文件，由 ABAQUS Command 支持计算起始文件，它也可由 CAE 打开。

5. Data 文件（文件名.dat）

数据文件，文本输出信息，记录分析、数据检查、参数检查等信息。ABAQUS/Explicit 的分析结果不会写入这个文件。

6. Output 文件（文件名.odb）

输出数据库文件，即结果文件，需要由 Visuliazation 打开。

7.2 ABAQUS/CAE 操作过程

ABAQUS 有众多的模块，经常使用的模块主要是 ABAQUS/CAE 及 Viewer，前者用于建模及相应的前处理，后者用于对结果进行分析及处理。ABAQUS/CAE 模块用于分析对象的建模、特性及约束条件的给定、网格的划分以及数据传输等，其核心由八个步骤组成。

7.2.1 PART 步创建模型

(1) 创建部件 Part→Creat ，界面如图 7-5 所示，需要确定部件的一些特性。

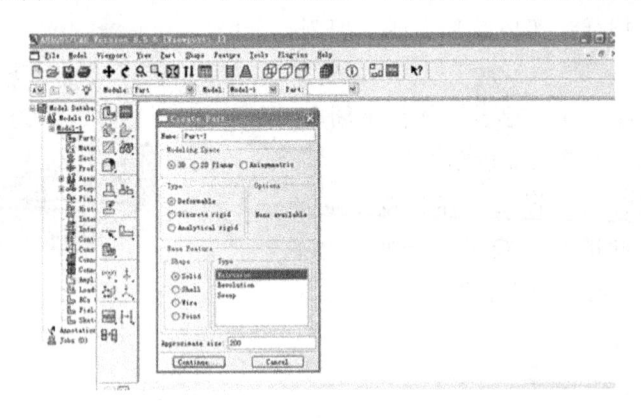

图 7-5　创建模型选项

Modeling Space：①3D 代表三维；②2D 代表二维；③Aaxisymmetric 代表轴对称，这三个选项的选定要视所模拟对象的结构而定。

Type：①Deformable 为可变形，一般选此项，适合于绝大多数的模拟对象；②Discrete Rigid 离散刚体和 Analytical Rigid 解析刚体。用于多个物体组合时，与我们所研究的对象相关的物体上。

ABAQUS 假设这些与所研究的对象相关的物体均为刚体，对于其中较简单的刚体，如球体而言，选择前者即可。若刚体形状较复杂，或者不是规则的几何图形，那么就选择后者。需要说明的是，由于后者所建立的模型是离散的，所以只能是近似的，不可能和实际物体一样，因此误差较大。

Shape：有四个选项，其排列规则是按照维数而定的，依次创建实体、壳体、线框和点，可以根据我们的模拟对象确定。

Type：①Extrusion 拉伸用于建立一般情况的三维模型；②Revolution 旋转用于建立旋转体模型；③Sweep 扫掠用于建立形状任意的模型。

Approximate size：在此栏中设定作图区的大致尺寸，其单位与我们选定的单位一致。设置完毕，点击 Continue 进入作图区。

（2）Part→Create→Continue，在图 7-6 所示界面创建部件。

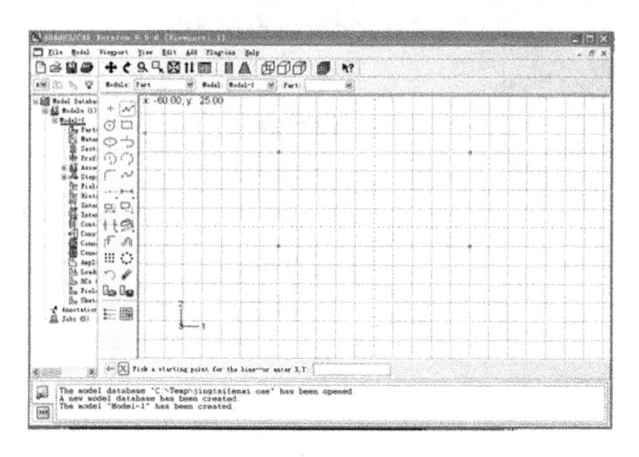

图 7-6　创建模型

这时，使用界面左侧的工具栏等便可以作出点、线、面或体以组成我们所需要的图形。至此，PART 步的基本功能介绍完毕。

7.2.2　PROPERTY 步定义属性

在此步中赋予研究对象的力、热、化、电及材料本身的性能等。

（1）Material→Create，进入材料管理界面，如图 7-7 所示。

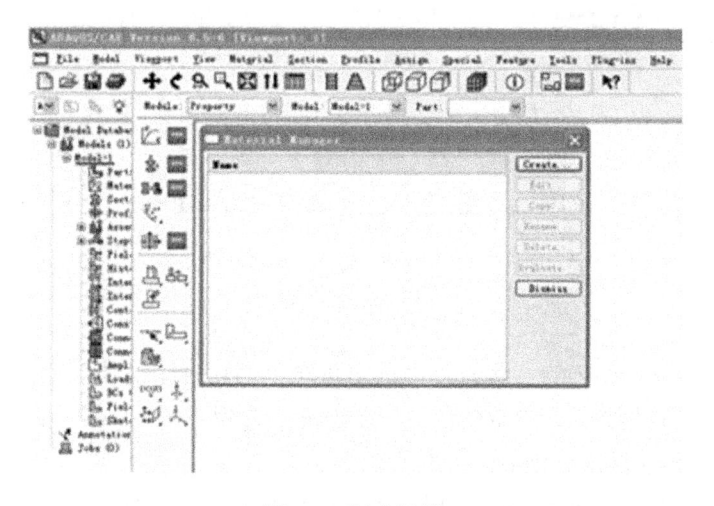

图 7-7　创建材料

（2）Material→Create→Create，创建新材料，如图 7-8 所示。

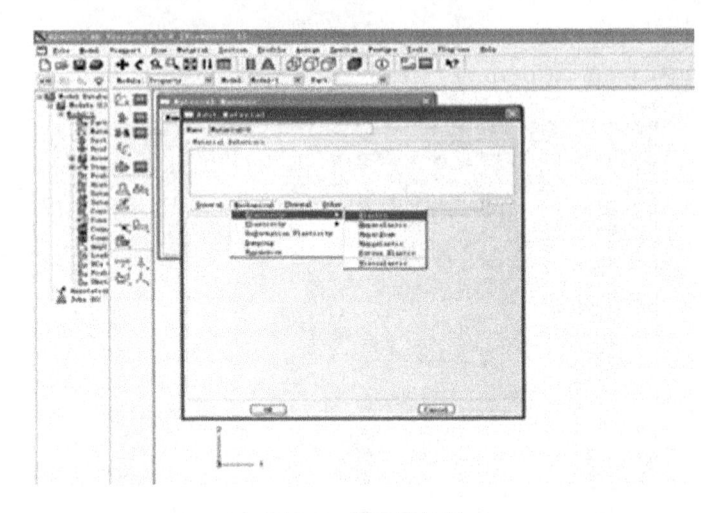

图 7-8 创建新材料

可以根据需要对图 7-8 中的选项进行选择，如选择 Mechanical→Elasticity→Elastic 表示材料为弹性材料，其选择结果如图 7-9 所示。

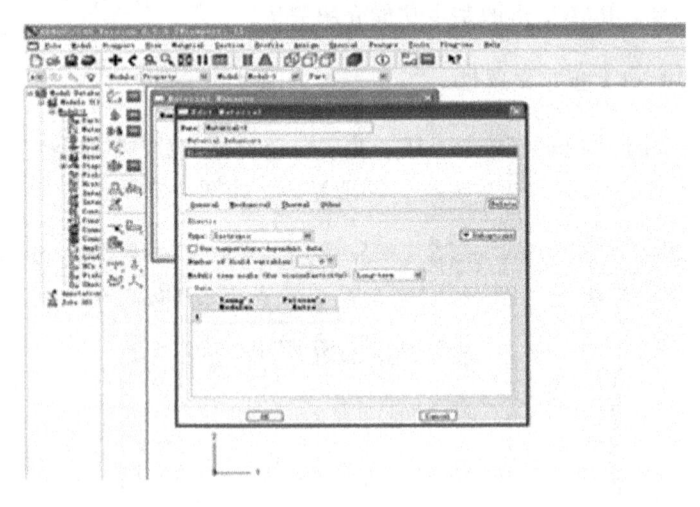

图 7-9 选择要创建的材料性质

（3）Section→Create，首先，可以用该命令创建一个实体，如图 7-10 所示。Category：根据所研究对象的形状确定这四个选项，Solid（三维实体）、Shell（壳体）、Beam（杆件）或 Other（其他）。

Type：①Homogeneous：适用于组成材料均布且变形均匀的物体，包括平面应力，多用于线性；②Generalized plane strain：多用于材料的不均匀形变，例如角应变，多用于非线性材料。

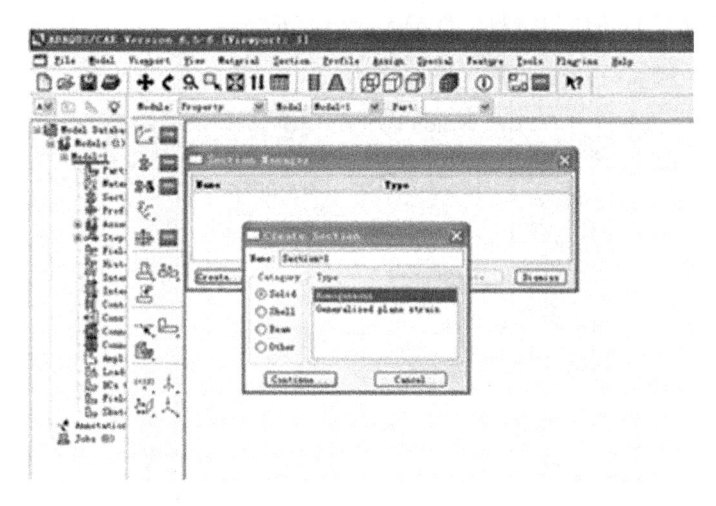

第 7 章 有限元软件 ABAQUS 基础

图 7-10 创建截面

（4）Section→Create→Continue，定义属性，执行该命令后，便出现了 Edit Section 对话框。如图 7-11 所示。

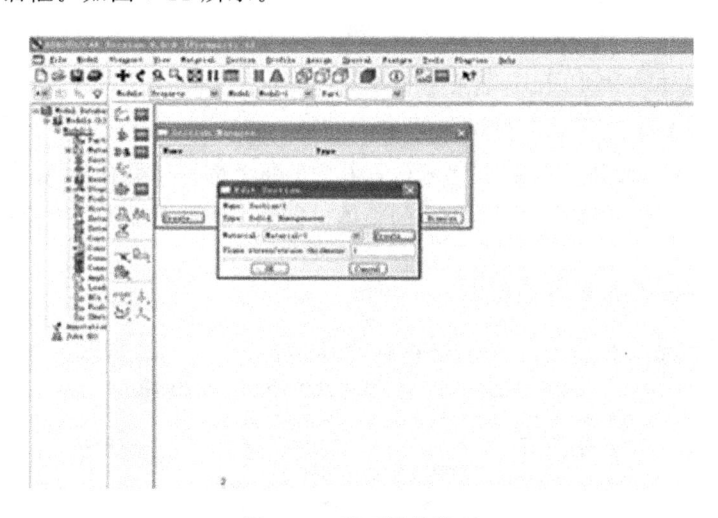

图 7-11 截面属性管理

Material：此选项已经在前面定义，对于单个研究对象而言，不需要再进行额外的选择。

Plane stress/strain thickness：此选项应根据实际厚度来定。对于平面应力，一般选取物体的实际厚度。对于平面应变，一般选取力沿着物体作用方向的实际长度。

现在已经定义了物体的材料特性，同时也定义了所选取的研究对象，接下来将把已经定义了的物体的材料特性赋予给研究对象。

(5) Assign→Section，指定截面属性，如图 7-12 所示。

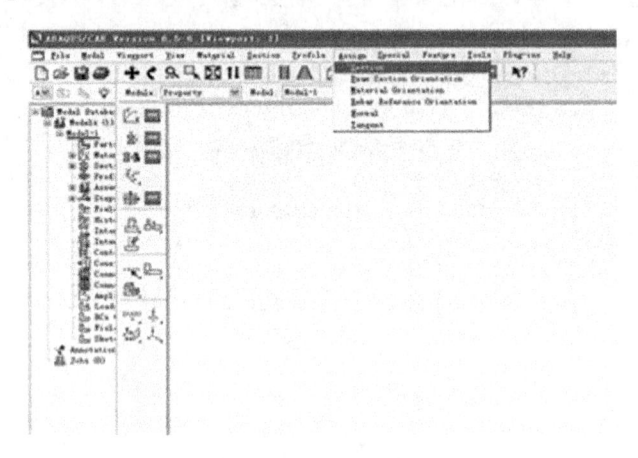

图 7-12 指定截面属性

进行上述选择后，点击 OK。至此我们已经完成了给研究对象赋予其截面属性的任务。

在 PART 和 PROPERTY 步中，建立了所研究对象的模型，并且赋予了其截面属性。注意到整个过程是在局部坐标系下进行，这对于由单一形状构成的模型尚可，但对于由多个部件构成的物体来说，其中的每个部件都具有其独立的局部坐标系，为此，必须将其组装到一个统一的整体坐标系中，使其成为一个整体。

7.2.3 ASSEMBLY 步装配实例

统一坐标系，执行 Create，如图 7-13 所示。

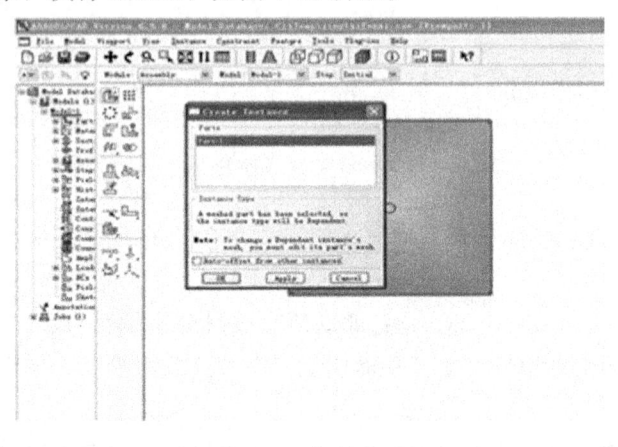

图 7-13 部件装配

点击 OK 即可。下面简单介绍一下创建实例（Instance）的其他几个命令的用法。

Create：用于将所选的部分置于全局坐标系下。如图 7-14 所示。

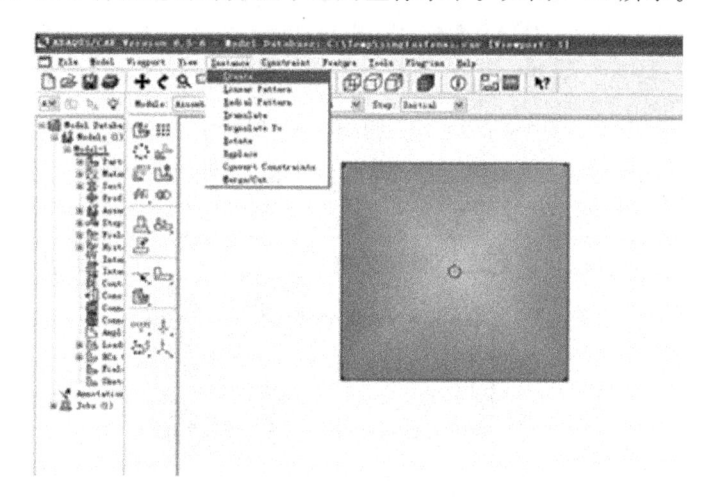

图 7-14　创建实例

Translate：用于刚体的平行移动，移动的距离通过坐标来选定。

Rotate：将所选的物体进行旋转。

Replace：用于组成对象的各个部分之间的相互转换。

Convert Constraints：重新定位所选的部分。

Constraint 命令适合于物体的组成部分多于一个的情况。用于各个部分之间的定位。如图 7-15 所示。

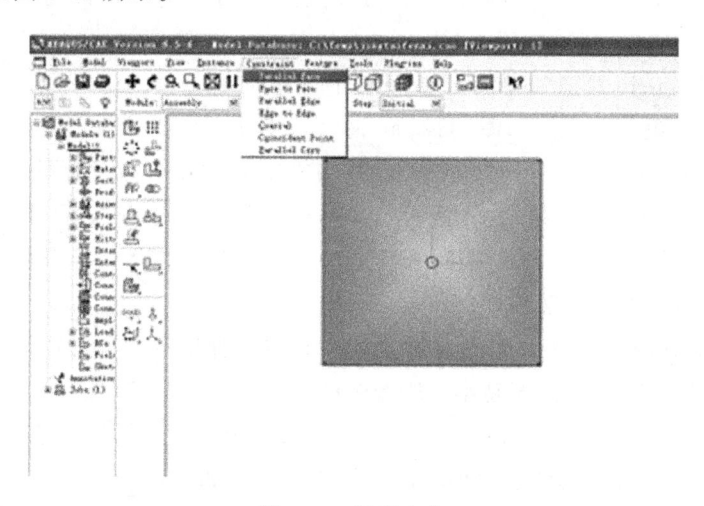

图 7-15　装配定位

7.2.4 STEP 步定义分析步与输出

用于定义分析的步骤，可以是一步，也可以是多步，视具体情况而定。同时给出输出要求。Step 分为 Initial，Step-1，Step-2，……，其中 initial 为 ABAQUS 自动给出，其余为用户自定义。

（1）Step→Create，创建分析步，如图 7-16 所示。

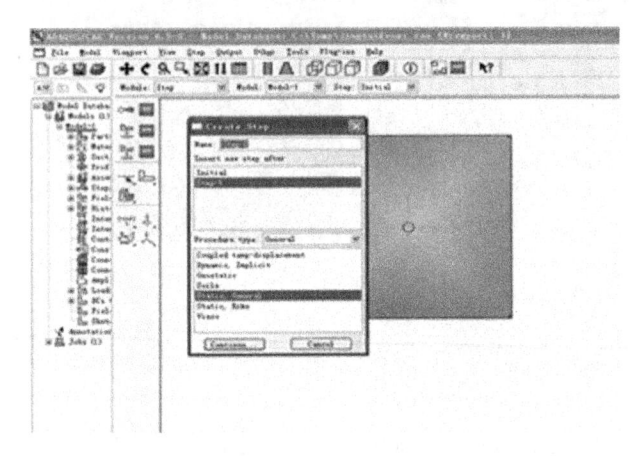

图 7-16 定义分析步

Procedure type：①General：全称为 General nonlinear perturbation，与 Linear perturbation 相对应。此分析步定义了一个连续的事件，即前一个 General 步的结束是后一个 General 步的开始。②Linear perturbation：此分析步定义了在 General nonlinear 步结束时的一个线性扰动响应。在没有线性扰动的情况下，一般选择 General 步。其中 Coupled temp-displacement 为温度——位移耦合问题，Dynamic，Implicit 为隐式动力分析。对于静态问题，选 Static，General. 点击 Continue 进入编辑状态。如图 7-17 所示。

在 Basic 栏中，定义了时间步长，并用文字对此步进行了描述。Nigeom 状态由物体的形变或位移大小而定。在静态问题中，一般为小位移形变，ABAQUS 的默认值为 OFF；在动态问题中，一般形变较大，默认值为 ON。其后的两个复选框均用于热传递。

Incrementation 栏中，如图 7-18 所示，通过选择增量大小来确定所输出的帧（frame）的数量。增量的值越小，所输出的帧的数量就越多；显然，帧的数量不能无限多，可以通过 Maximum number of increments 选项来确定帧的最大值。ABAQUS/CAE 给出了增量大小的最小值 1e-005，如果出现结果不收敛的情况，可以减少增量的最小值。另外，为了避免结果不收敛的情况，可以通过选择

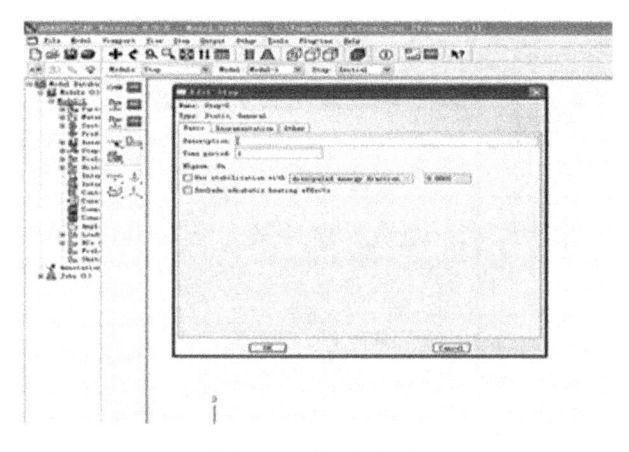

图 7-17 编辑分析步

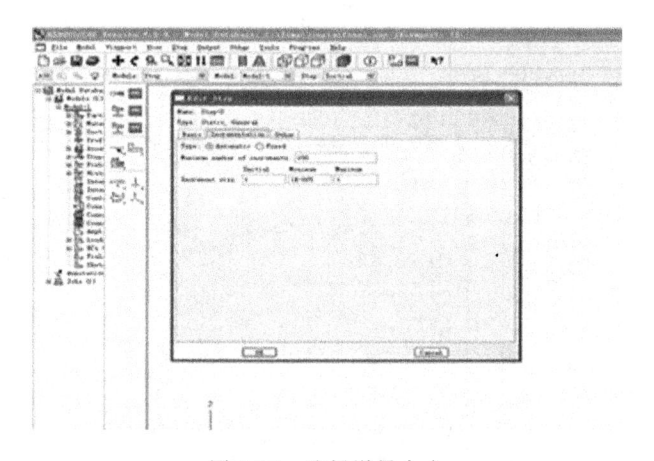

图 7-18 选择增量大小

Automatic 选项让系统自动调节增量大小。

在 Default load variation with time 栏中，选择后者，如图 7-19 所示。前者代表加载力为瞬时力。另外，在首项中还可以设置求解器类型，一般情况下，我们选择系统默认的求解器。

（2）Output→Field Output Requests→Create，创建一个输出要求，如图 7-20 所示。

Domain：选择 Whole Model 代表将整个模型的场数据或历史数据输出到数据库中，选择 Set name 代表将所选定的已经命名区域的场数据或历史数据输出到数据库中。

Output Variable：可以输出应力、应变、位移等变量。

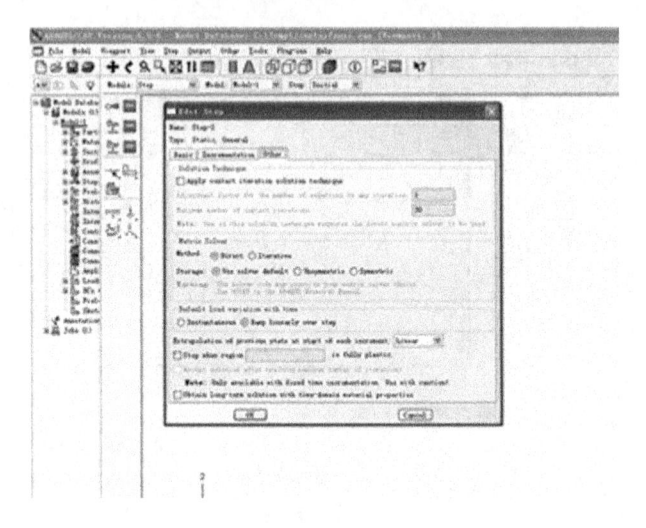

图 7-19　分析步选项

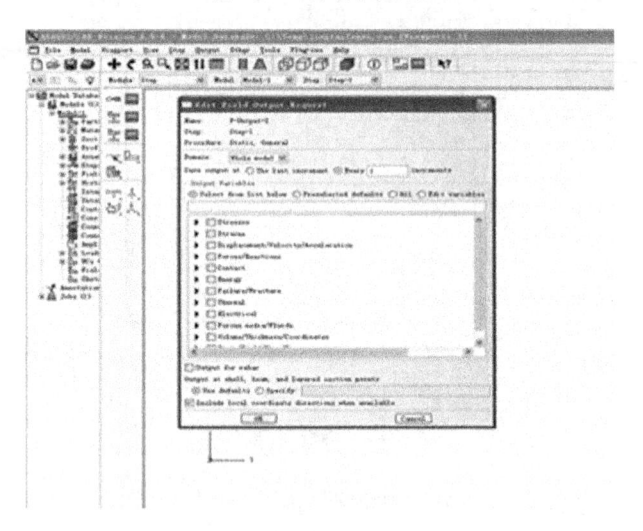

图 7-20　创建输出选项

Use defaults：将系统默认的截面点的场数据输出到数据库中，此时的系统默认值即为在 PROPERTY 步中定义的截面点。

Specify：将自定义的截面点的场数据输出到数据库中，自定义的截面点只能用于已选择的输出要求中（如上述 Stresses，Strains，Displacement/Velocity/Acceleration 中的被选项），而对于其中的未选项仍使用默认的截面点。

Save output at：用于定义结果的输出频率。

设置完毕，点 OK 键。至此，Step 设置完成。主菜单中的 Other 选项只适用于 ABAQUS 显式分析（Explicit），如冲击和爆炸这样短暂、瞬时的动态事件。前两项主要是选择一个区域，适时改变其网格划分，以适合冲击和爆炸这样短暂、瞬时的动态事件。第三选项也只适用于 ABAQUS 显式分析，用于对接触进行控制。最后一项用于设置各种参数，一般情况下使用系统默认值，不需要改变其值。

7.2.5　INTERACTION 步定义接触与相互作用

本分析步用于组成物体的各个部分之间的交互。通过 INTERACTION 步可以做以下几件事：①定义一个模型的各个区域之间或模型的一个区域与其周围区域之间的力学和热学的交互特性（接触特性，传动特性等）；②定义一个模型的各个区域之间的关联性（如铰结等）；③定义一个模型的两个点之间或模型的一个点与面之间的联结特性。

（1）Interaction→Property→Create，定义交互特性（图 7-21）。

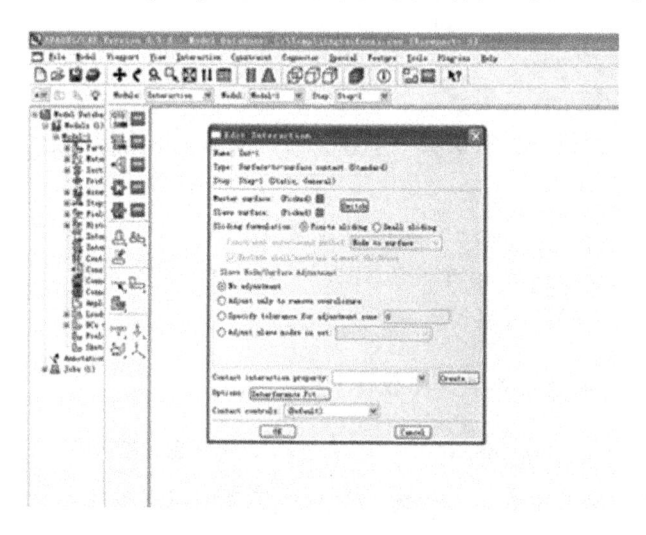

图 7-21　定义交互特性

Contact：①Mechanical：Tangential Behavior 用于定义区域之间的摩擦和弹性滑动（系数）；Normal Behavior 用于定义垂直方向的接触状况（硬接触，软接触等）；Damping 用于定义阻尼系数（动态）；②Thermal：用于定义区域之间的热学交互，包括热传导、换热、热辐射等。

Film Condition：用于定义温度场及其他场的表面散热系数，仅适用于薄膜表面的情况。

Actuator/sensor：用于定义区域之间的作动和传感特性。

定义完交互特性，接下来就要创建交互。

（2）Interaction→Create 创建交互（图 7-22）。

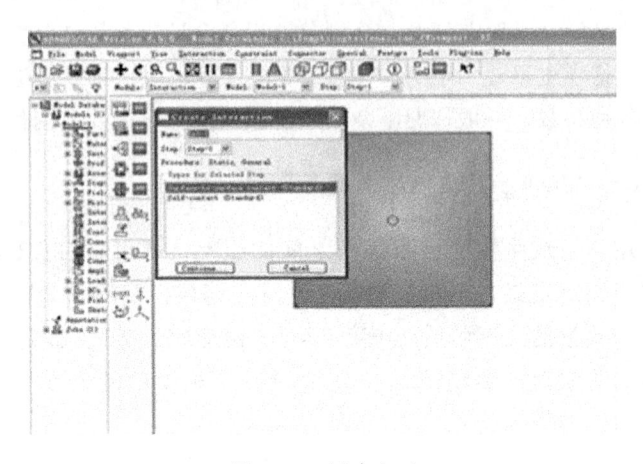

图 7-22 创建交互

Surface-to-surface contact：用于创建两个可变形面之间或一个可变形面与一个刚性面之间的交互（互接触）。

Self-contact：用于创建位于一个独立面内的两个不同面积之间的交互（自接触）。

Elastic foundation：是一种便捷的设置交互方式，只能在 Initial 步中设定，一旦设定，则在以后的 Step 中交互特性均为弹性，而不再需要对其交互细节进行设置，也不需要进行重复设置。

7.2.6 LOAD 步加载边界条件和载荷

1) BC→Create，在 Initial 步中创建边界条件（图 7-23）

相应于 Mechanical 栏，总共有七种可供选择的边界条件类型。

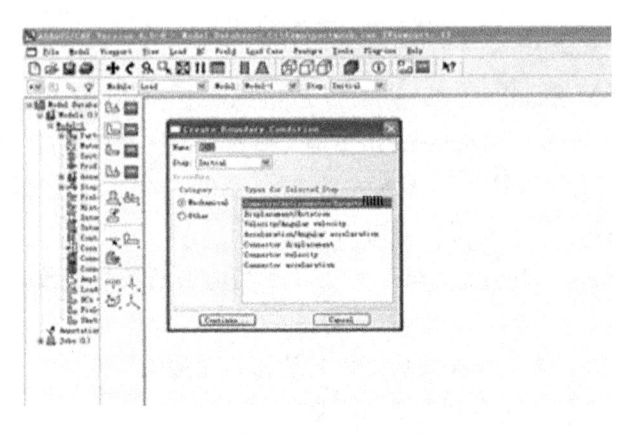

图 7-23 创建边界条件

（1）Symmetry/Antisymmetry/Encastre：此选项给出了对称、反对称、铰接、固结等四种边界条件的设定情况。可以根据具体的约束情况进行选择。

（2）Displacement/Rotation：其功能与上述命令的功能大致相同，但除了上述功能外，还适用于非对称的情况。例如有些约束只需要限定其中的一个或两个自由度，在这种情况下，就只能使用 Displacement/Rotation 命令了。若是要改变约束所在的坐标系统，单击位于 CSYS 右侧的 EDIT 按钮，在右下方的 LIST 栏中选择一个预先定义的坐标系，或者直接从 Viewpoint 中选择坐标系，坐标系的默认值是 GLOBAL。

（3）Velocity/Angular Velocity：为所定义的区域节点的自由度提供指定的速度或角速度。同样，如果想改变约束所在的坐标系，选择所需要的坐标系，此时在编辑菜单中会出现 Distribution，点击此命令右侧的箭头，就会出现 Uniform 和 User-defined 两个复选项，前者定义了一个均布的边界条件，后者则表示可在用户子程序 DISP 中定义边界条件。

（4）Acceleration/Angular Acceleration：为所选定的区域节点的自由度提供指定的加速度或角加速度，其他与上类似。

以上各选项适用于模型各部分之间无联结的情况，而对于各个部分通过铰接、固结等方式连接起来的模型，则需要使用 Connector displacement、Connector Velocity 以及 Connector Acceleration 这三个选项了，其功能与上述四个基本类似。

上面已经在 Initial 步中定义了模型的边界条件，下面将在 Step 中定义载荷。

2）Load→Create，在此选项中进行加载（图 7-24）

此处仅介绍力学加载（Mechanical），在所有加载类型中，仅介绍几种常用载荷供参考。

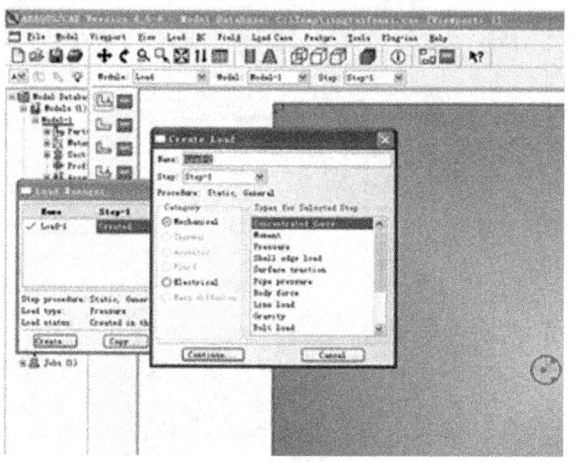

图 7-24 创建载荷

(1) Concentrated force：代表集中力，其表示方法有 CF1、CF2、CF3，分别表示三个方向的力。

(2) Moment：代表力矩，其表示方法有 CM1、CM2、CM3，分别表示三个方向的力矩值。

(3) Pressure：压力载荷，有两种类型的压力，可以在此后的 Distribution 选项中进行选择。选择项中 Uniform 代表均布压力，Hydrostatic 代表静水压力。

(4) Pipe Pressure：用于定义管状或肘状模型中的内外压强。在其中还可以定义管的类型（封闭管还是通管），也可以定义压强的类型（等压还是静水压力）等。

(5) Body force：用于定义单位体积的受力。

(6) Line load：用于定义单位长度的受力。

(7) Gravity：用于定义一个固定方向的加速度。通过在 Gravity Load 中所键入的加速度值以及先前所定义的区域的材料密度，ABAQUS 可以计算出施加在这个区域中的惯性载荷，用于动态分析。

(8) Generalized plane strain load：定义一个轴向载荷，将其应用于具有平面应变区域内的参考点上。在其复选框内，需要选择力的大小，力关于 X 轴的力矩，力关于 Y 轴的力矩，并将其应用于参考点。

(9) Rotational body force：此项定义了一个施加在整个模型上的旋转的体力（旋转惯性力）。

3) Field→Create，定义场，如图 7-25 所示

在 Field 复选框中可以定义两种场变量：速度场和温度场。速度场在起始步

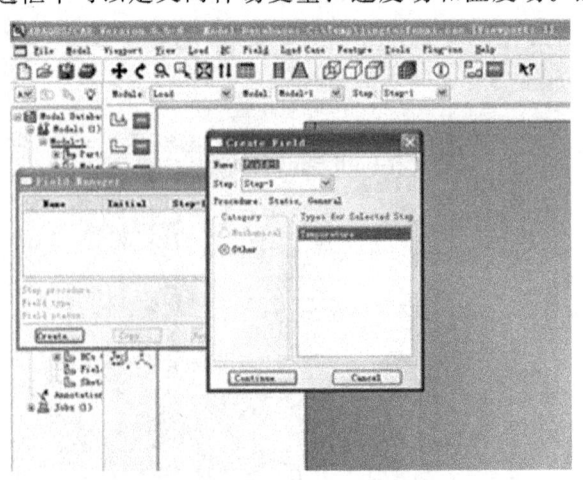

图 7-25 定义场变量

中定义，用以定义所选区域的起始速度。温度场在分析步中定义，用以定义所选区域温度场在数值和时间上的变化。ABAQUS 将把所定义的温度场赋给所选的对象。

7.2.7　MESH 步划分网格

在这一步当中可以产生一个集合的网格划分，根据分析的需要，可以对网格划分的方式进行控制，系统会自动产生不同的网格划分。当修改 PART 步和 ASSEMBLY 步中的参数时，系统在此步会自动生成适合于这个模型的网格划分。当然，由于 ABAQUS 在网格划分方面还不能够完全按照用户的意图随心所欲地进行划分，因此，也可以用其他软件生成网格，然后导入至 ABAQUS/CAE 中。

1）Mesh→Controls，对网格单元的形状以及网格划分的方式进行定义（图 7-26）。

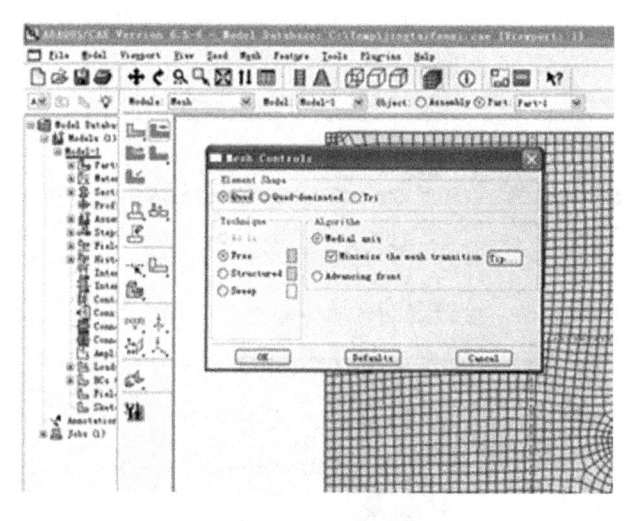

图 7-26　网格控制

Element type：单元类型。

（1）Quad：完全使用四边形网格单元，而不使用任何的三角形单元。此项为系统默认值。

（2）Quad-dominated：主要使用的是四边形的网格单元，但是在过度区域允许出现三角形网格单元。

（3）Tri：完全使用三角形网格单元，而没有四边形单元。

当然，以上是对平面图形进行网格划分，如果是对三维立体图形进行网格划分，相应的选项如下：

（1）Hex：完全使用立方体（六面体）网格单元。

(2) Hex-dominated：主要使用六面体网格单元，在过度区域允许使用三棱锥（四面体）网格单元。

(3) Tet：完全使用三棱锥（四面体）网格单元。

2) Mesh→Element Type，选择单元的类型及其子选项（图 7-27）。

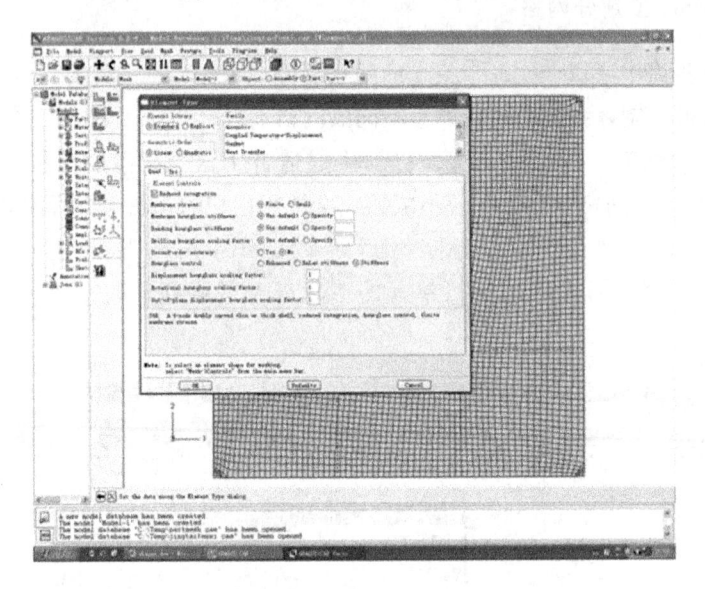

图 7-27　单元选择

3) Seed→Instantce，给选定的区域分布种子（图 7-28）。

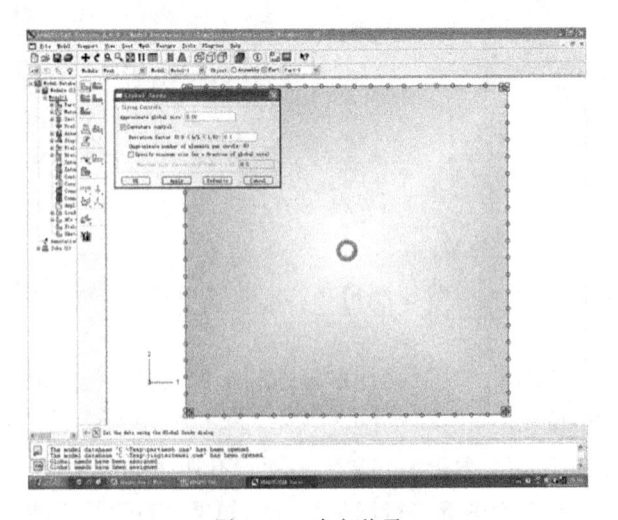

图 7-28　确定种子

第 7 章　有限元软件 ABAQUS 基础　　　　・185・

4）Mesh→Mesh Part，完成网格划分（图 7-29）。

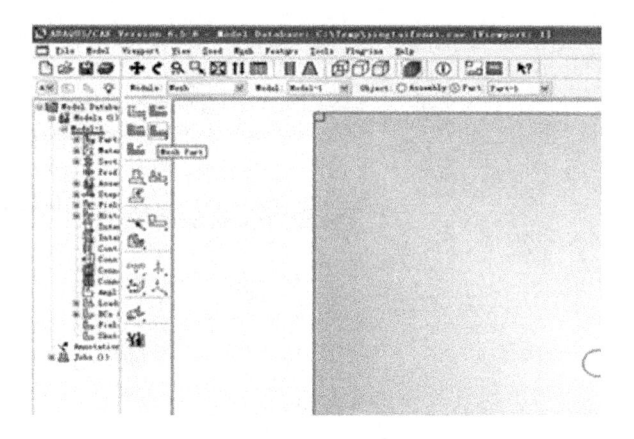

图 7-29　划分网格

至此，完成网格划分。

7.2.8　JOB 步提交管理分析作业

1）Job→Create，创建一个工作步（图 7-30）。

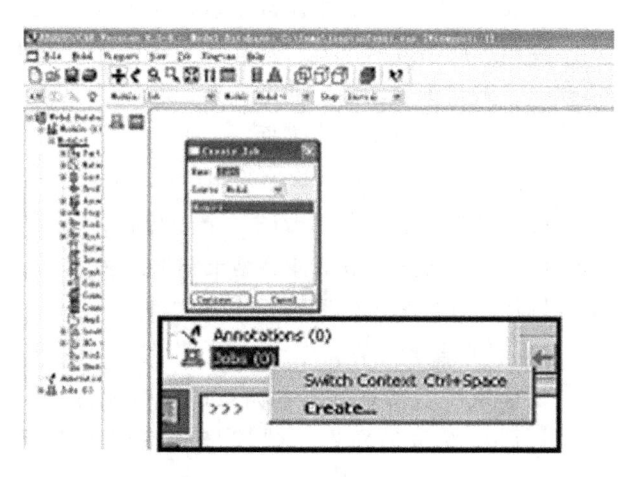

图 7-30　创建工作步

2）Job→Manager，管理数据，用以编辑生成 INPUT 文件，如图 7-31 所示。

编辑完毕后，点击 Submit，递交分析作业。点击 Monitor 可监视分析过程。分析完成后，点"Results"，就进入了文件的后处理，即 ABAQUS/Viewer 界面。

对于此模块不再作详细的介绍。Viewport 界面左端的工具栏可以用来展示各种视图。TOOL 下拉菜单用来输出在 STEP 步中定义的各种数据。

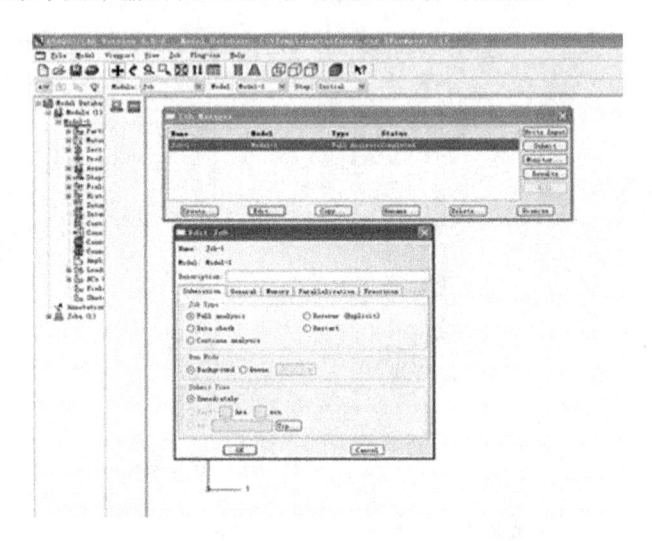

图 7-31 编辑工作步

7.2.9 VISUALIZATION 步后处理

Visualization 将运行分析生成的大量数据进行可视化处理，用户可用不同的方法观察图形化的结果，包括变形图、云图、等值线图、矢量图、动画、曲线图等。视图工具箱如图 7-32 所示。具体内容主要有以下几个方面。

（1）模型绘图：包括快速绘制模式、未变形形状和变形形状。

（2）结果绘制：包括云图、记号绘制、符号和材料方向。

（3）x-y 绘图：包括计算结果与时间的关系、空间变量、结果的操作、在屏幕上绘图或保存到文件。

1) 用户自定义的坐标系

坐标系可以相对总体坐标系固定或跟随指定节点转动；坐标系可以是直角坐标系、圆柱坐标系或球坐标系。如图 7-33 所示。

2) 沿路径绘图

可以以 x-y 绘图的方式绘制结果变量随空间的变化；定义路径的方式包括一系列直线、节点列表或从视图中直接选取的实体。路径可以穿过多个部件实例。

3) 绘图定制

绘图定制包括：

图 7-32 视图工具箱

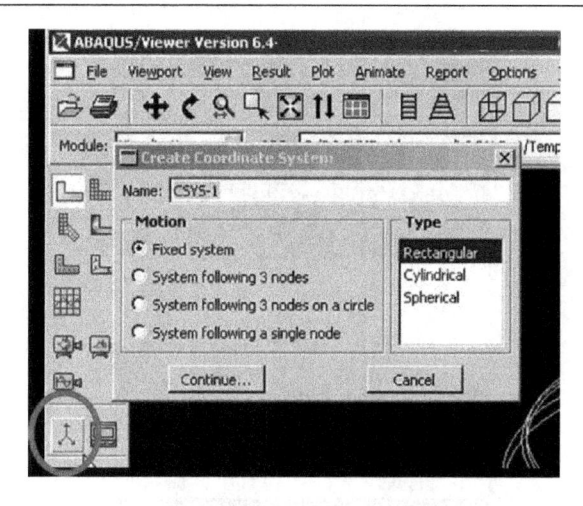

第 7 章　有限元软件 ABAQUS 基础　　　　　　　　　　　　　　　　· 187 ·

图 7-33　用户自定义坐标

（1）使用显示组；
（2）颜色编码；
（3）视图切片；
（4）所有的绘图类型都具有定制选项。

使用显示组：可以为每个显示组分配独立的显示属性，也可以为当前视图选择显示组，每个显示组显示分配给它们的属性，如图 7-34、图 7-35 所示。

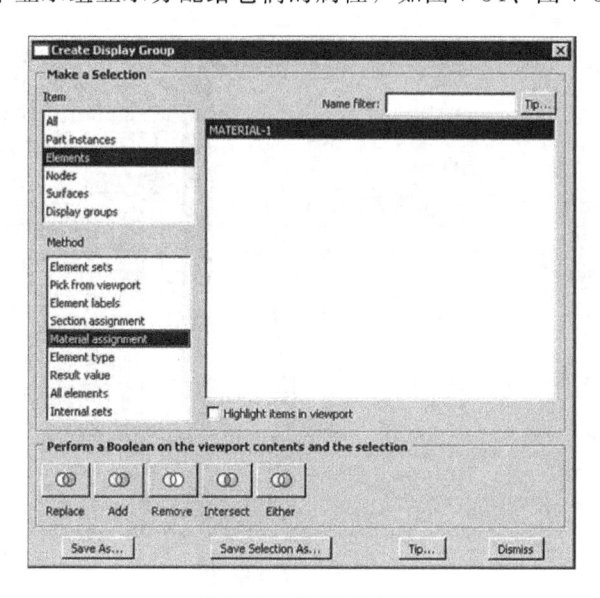

图 7-34　使用显示组

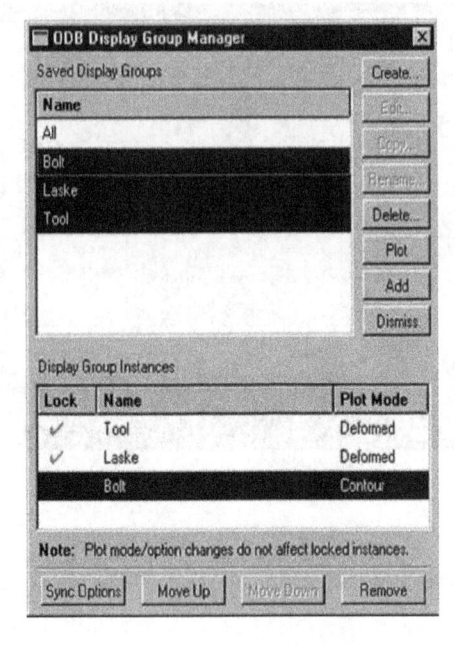

图 7-35 显示组管理器

颜色编码：能自动基于属性为单元指派颜色或定义用户图形界面的颜色。如图 7-36 所示。

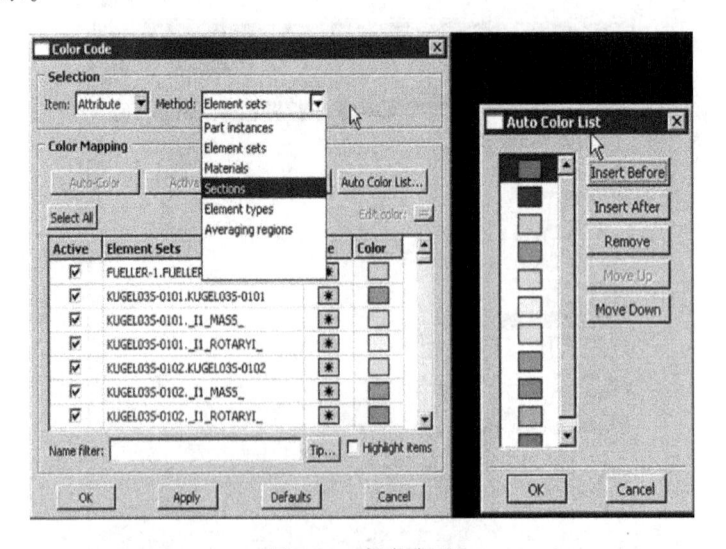

图 7-36 颜色定义

视图切片：模型能被平面、圆柱、球和基于结果的相同表面切片；切片可以进行交互式操作。如图 7-37 所示。

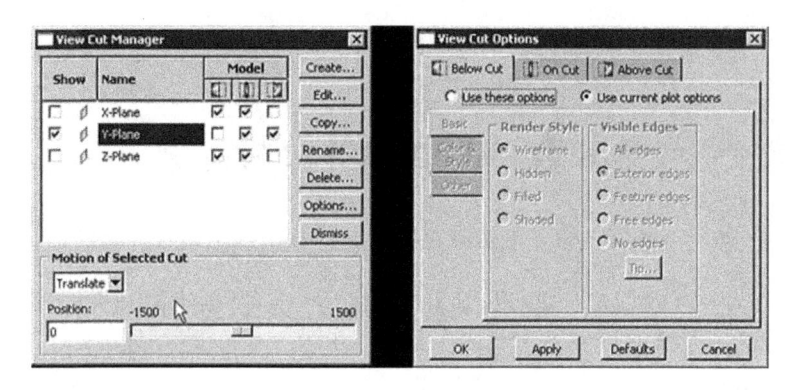

图 7-37　视图切片

4) 扫略和拉伸模型

可以以平面的方式显示轴对称模型或二维模型，也可以通过给定的角度扫略轴对称模型，或通过给定的深度以三维的视觉效果显示二维模型。这对于二维单元和接触表面的云图显示非常有用。同样，用户还可以查看周期对称结构的建模部分，或通过扫略建模部分，查看整个模型中指定的部分。

5) 动画

时间历程或动画比例因子将变形形状、云图或符号绘图变为动画。基于图形的动画文件利用 Quicktime 或 AVI 格式保存。重放这些动画文件需要 ABAQUS/CAE 之外的动画播放器。

6) 察看结果绘图

当用户在视图周围移动鼠标时，可以用察看工具（Tools→Query）显示分析结果值。察看工具将显示节点坐标、单元连接关系、结果或 x-y 中的值，可以将察看结果写到报告文件。

本章对 ABAQUS 的基本功能和用法作了简要介绍，更详细的功能及用法可以参考 ABAQUS 的各种参考手册，以及 ABAQUS 的在线帮助文档和算例手册。

第 8 章 ABAQUS 分析实例

本章介绍一些 ABAQUS 的基本算例，通过算例熟悉其操作过程。

8.1 带孔平板的应力集中分析

8.1.1 问题描述

钢质平板如图 8-1 所示，平板长度 $l=800$mm，宽度 $b=100$mm，厚度 $\delta=5$mm，中心钻一直径为 20mm 的圆孔。平板右端承受轴向分布（均匀分布在右端），合力大小 $F=40$kN 的力作用，已知钢的弹性模量 $E=200$GPa，泊松比 $\nu=0.26$，试通过数值计算，获得最大位移 σ_{max}，并得到含圆孔板在轴向受力时的应力集中因数曲线。

有兴趣的同学可以将无孔及方孔情况下的数值分析与带圆孔的数值分析进行比较，进一步了解应力集中的概念，如图 8-1（c）所示。

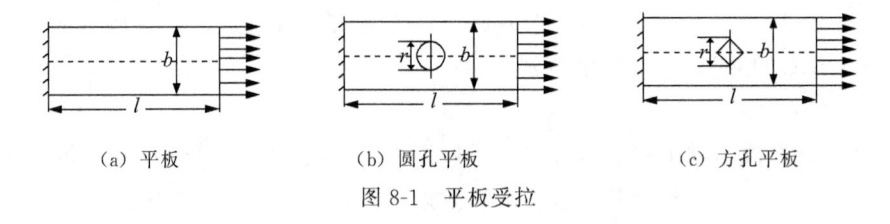

(a) 平板　　　　(b) 圆孔平板　　　　(c) 方孔平板

图 8-1 平板受拉

8.1.2 基本理论

为了表达应力集中的程度，常使用应力集中因数概念。当载荷状态给定时，各向同性匀质弹性体的二维应力分布，仅取决于构件形状，而与材料的弹性常数无关，所以有时也将应力集中因数称为形状因数。

应力集中因数由最大应力或峰值应力 σ_{max} 对基准应力 σ_0 之比表示。亦即

$$k = \frac{\sigma_{max}}{\sigma_0}$$

基准应力的选取方法大体上可以分成两种：

（1）假设没有圆孔、凹口等应力集中因数存在，取基体可能产生的应力为基准应力，即不考虑截面的减小。分为两种方法：①取没有应力集中因数存在的基

体远处可能产生的最大应力为基准应力；②取应力集中因数附近的最大应力点上，假设没有应力集中因数时可能产生的应力为基准应力。

（2）考虑应力集中因数引起的截面减小，取在该截面上应力的平均值或者初等应力力学方法求出的应力值为基准应力。

应力状态依孔径与板宽之比 r/b 而异，这里取狭小部分面积最小截面上应力的平均值 $\sigma_0 = \dfrac{F}{(b-d)\delta}$ 为基准应力。定义一个描述孔径与板宽的相对尺度的特征参数，$\varepsilon = \dfrac{d}{b}$。研究应力集中因数随特征参数的变化规律。

8.1.3 详细操作步骤

1) 启动 ABAQUS/CAE

启动 ABAQUS/CAE，进入前处理。

2) 创建部件

在 Module 列表中选择 Part 点击左侧工具区的 ![] (Create Part)，弹出创建部件的对话框，在 Name 后面输入部件名 Plane，将 Modeling Space 设为 3D，Type 设为 Deformable，在 Base Feature 中 Shape 设为 Solid，Type 设为 Extrusion，点击 Continue，如图 8-2 所示。

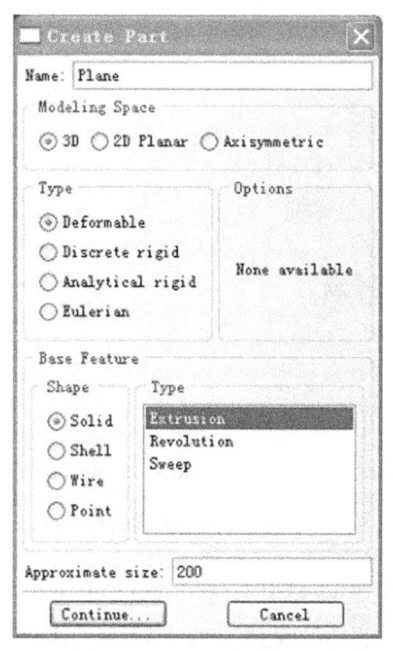

图 8-2 创建部件

进入绘图环境，点击左侧工具区的 ▭ ，绘矩形，选择点（-50，0）和（50，5），连续点击鼠标中键，弹出 Edit Base Extrusion 对话框，在 Depth 后面输入 800，点击 OK。

切割圆孔，点击 ▦ ，点击部件上表面，击中键，点击部件右边边界线，进入绘图环境，点击 ⊙ ，以圆心和半径绘圆，点击点（0，0），在底部提示区输入10，连续点击鼠标中键，弹出 Edit Cut Extrusion 对话框，参数不变，点击 OK，完成带孔平板的绘制。

3）创建材料和截面属性

在 Module 列表中选择 Property 创建材料，点击 ▦ ，弹出 Edit Material 对话框，在 Name 后面输入 Steel，点击 Mechanical→Elasticity→Elastic。在数据表中设置 Young's Modulus 为 200000，Poisson's Ratio 为 0.26，其余参数不变，点击 OK。如图 8-3 所示。

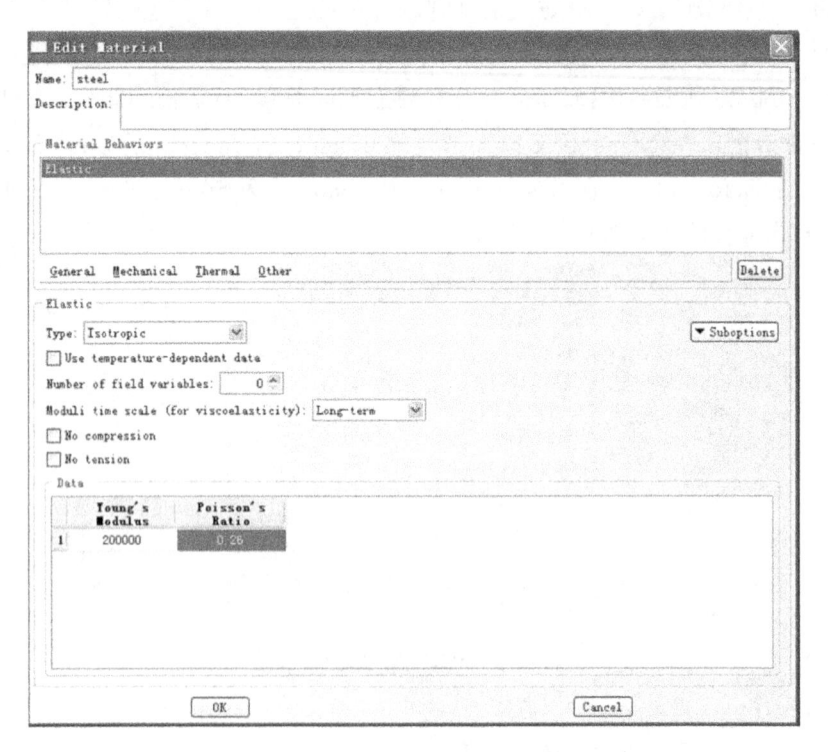

图 8-3 输入材料属性

创建截面属性，点击 ▦ ，弹出 Create Section 对话框，保持默认参数不变，点击 Continue，如图 8-4 所示。在弹出的 Edit Section 对话框中，保持默认参数不变，点击 OK。

第 8 章 ABAQUS 分析实例

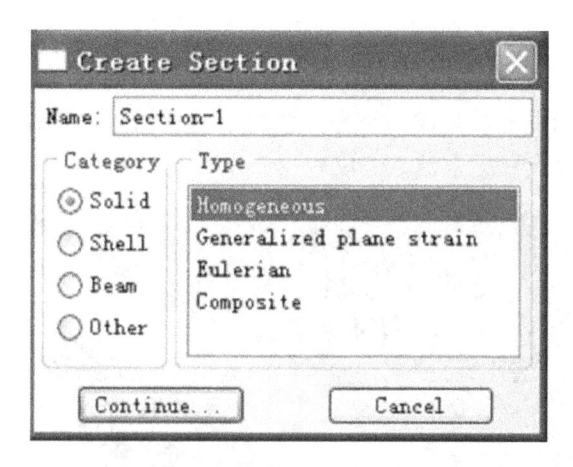

图 8-4 创建截面属性

给部件赋予截面属性，点击 ，点击视图区中的部件模型，在视图区点击鼠标中键，弹出 Edit Section Assignment 对话框，点击 OK。

4）定义装配件

在 Module 列表中选择 Assembly。点击 ，在弹出的 Create Instance 对话框中，前面创建的部件 Plane 自动被选中，默认参数为 Instance Type：Dependent（mesh on part），点击 OK。

5）设置分析步

在 Module 列表中选择 Step。点击 ，在弹出的 Create Step 对话框中，在 Name 后面输入 Apply Load，其余参数保持默认值不变，点击 Continue，如图 8-5 所示，在弹出的 Edit Step 对话框中，保持各参数的默认值，点击 OK。

6）划分网格

在 Module 列表中选择 Mesh。在窗口顶部的环境栏中把 Object 选项设为 Part：Plane，因为圆孔处会产生应力集中，所以在圆孔附近要细化网格。点击 ，点击部件，在视图区点击鼠标中键，点击部件右边边界线，进入绘图环境。点击 ，在底部提示区输入（-50，50），再输入（50，-50）连续点击鼠标中键两次完成

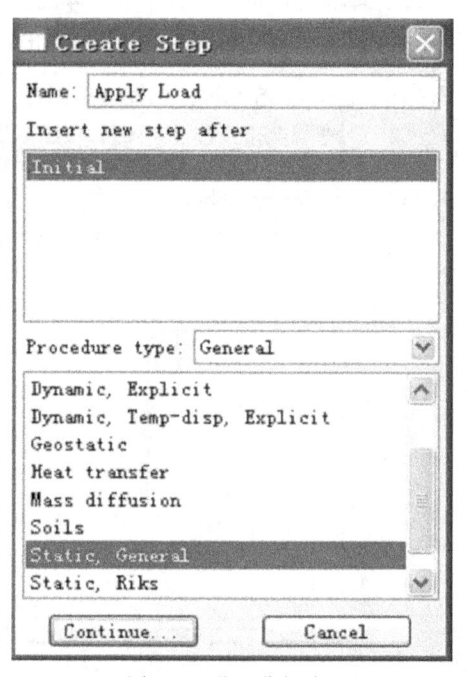

图 8-5 设置分析步

面的分割。

点击 ![icon]，在提示区选择 Point&Normal，选择（-50，50）点，选择该点所在的边，再点鼠标中键，完成一个分割体的绘制。同理，选择（50，-50）点，选择点所在边，再点鼠标中键，完成另一个分割体的绘制，如图 8-6 所示。

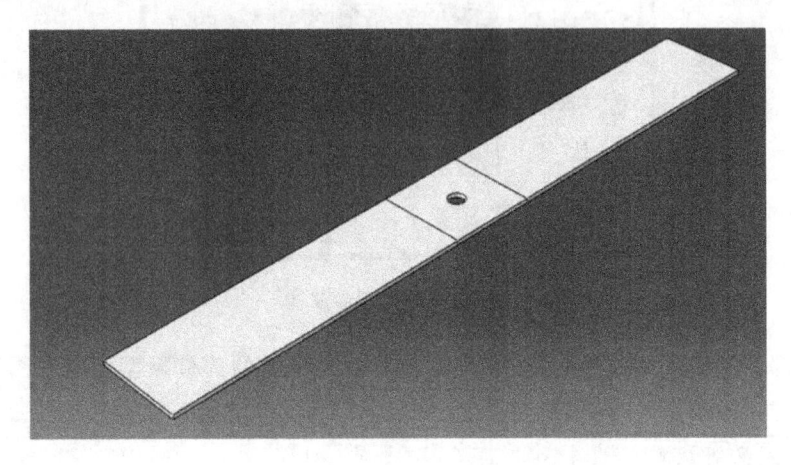

图 8-6　分割划分网格

设置边上的种子，在左侧工具区的 ![icon] 上按住鼠标左键不放，显示一组图标，在其中选择 ![icon]，将两个分割长方体的长边各分成 35 个单元，短边各分成 10 个单元。

设置长方体网格控制参数，点击 ![icon]，弹出 Mesh Controls 对话框，选 Hex，Structured，点击 OK。如图 8-7 所示。

图 8-7　选择单元

同理，中间带孔分割体的另两条边分成 10 个单元，将圆孔边分成 40 个单元。

设置带孔平板网格控制参数，点击 ![icon]，弹出 Mesh Controls 对话框，选 Hex，Sweep，Medial axis，点击 OK。如图 8-8 所示。

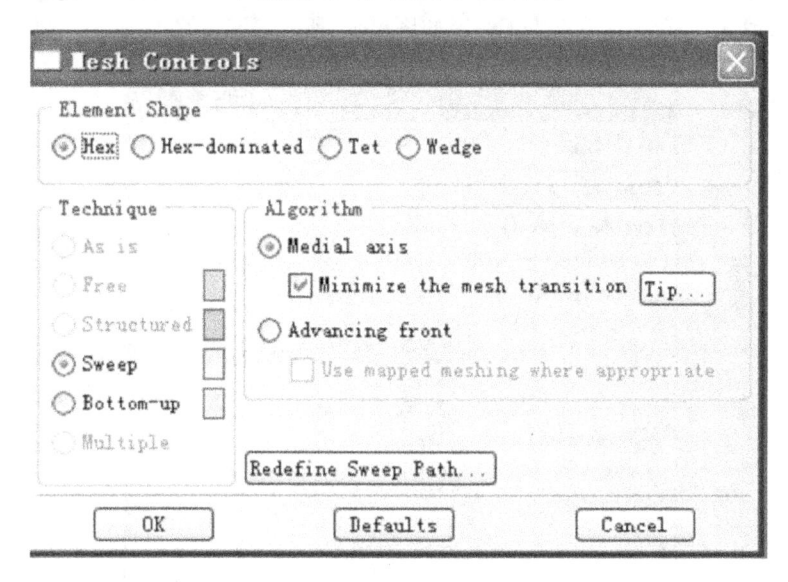

图 8-8　设置网格控制参数

划分网格，点击 ![icon]，窗口底部的提示区显示 "Ok to mesh the part instance?" 点击提示区中的 Yes。网格划分如图 8-9 所示。

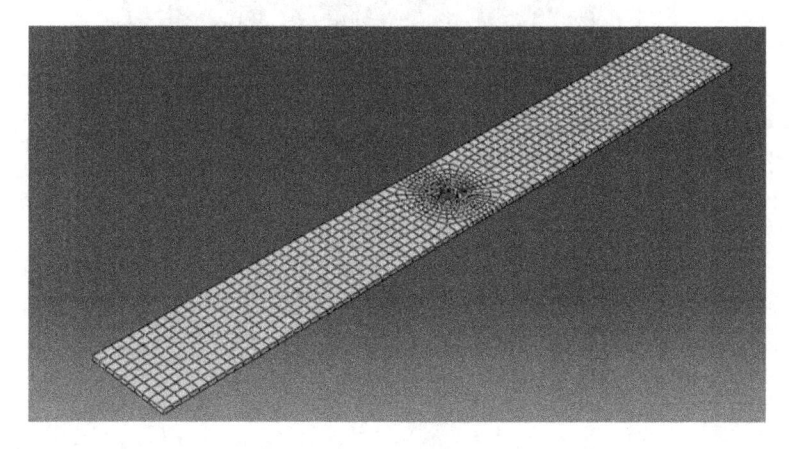

图 8-9　网格图

7) 定义边界条件和载荷

在 Module 列表中选择 Load，定义边界条件和载荷。

施加载荷，点击 ![icon]，在弹出的 Create Load 对话框中，将 Types for Selected Step 设为 Pressure，其余参数保持默认值，点击 Continue，如图 8-10 所示。点击部件右端面，在视图区点击鼠标中键，弹出 Edit Load 对话框，在 Magnitude 后面输入-80，然后点击 OK。如图 8-11 所示。

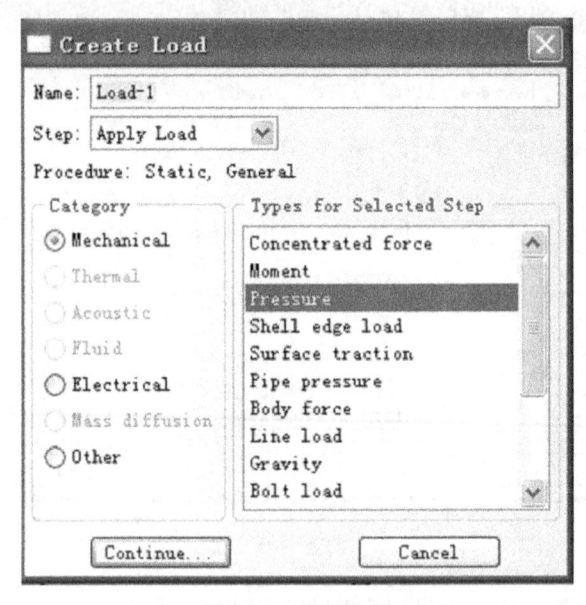

图 8-10　定义载荷

图 8-11　载荷大小

定义边界条件，点击 ![icon]，在弹出的 Create Boundary Condition 对话框中，将 Step 设为 Initial，其余各项参数保持默认值不变，点击 Continue，点击部件左端面，在视图区点击鼠标中键，在弹出的 Edit Boundary Condition 对话框中，选择 ENCASTRE（U1＝U2＝U3＝UR1＝UR2＝UR3＝0），然后点击 OK。如图 8-12 所示。

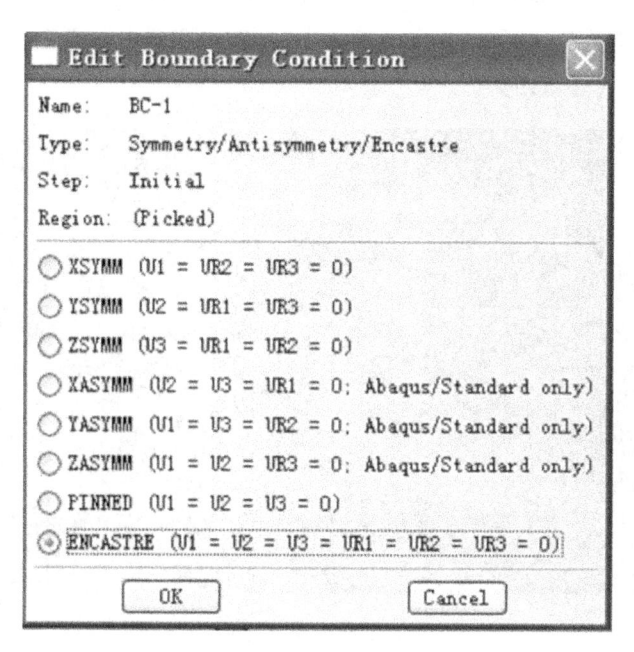

图 8-12　定义边界条件

8）提交分析作业

在 Module 列表中选择 Job 功能模块。

创建分析作业，点击 ![icon]，弹出 Job Manager 对话框，点击 Create，点击 Continue，弹出 Edit Job 对话框，各项参数保持默认值，点击 OK。

提交分析，在 Job Manager 对话框中点击 Submit，对话框中的 Status 提示变为 Submitted，Running。当提示 Completed，表示对模型的分析已经完成。点击此对话框中的 Results，自动进入 Visualization 模块。分析过程中可以点击对话框中的 Monitor 来查看信息，若有错误或警告会在 Errors 或 Warnings 下面显示出来。如果 Status 提示变为 Aborted，说明模型存在问题，分析非正常终止。检查前面各个建模步骤是否都已正确完成，更正错误后，再重新提交分析。

9) 后处理

进入 Visualization 模块后，视图区中显示出模型未变形时的轮廓图。

(1) 显示未变形图，点击 ![icon]，显示出未变形时的网格模型。

(2) 显示变形图，点击 ![icon]，显示出变形后的网格模型。

(3) 显示云图，点击 ![icon]，显示变形后的 Mises 应力云纹图，如图 8-13 所示。

在主菜单中选择 Results→Field Output，在对话框中选择输出变量 U，点击 OK，可以看到位移云图。

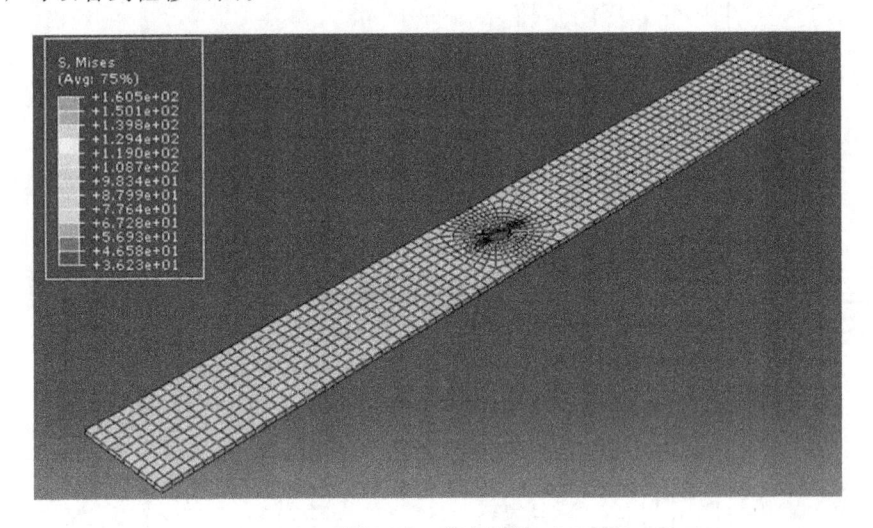

图 8-13 应力云图

(4) 显示动画，点击 ![icon]，可以显示缩放系数变化时的动画，再次点击此图即可停止动画。

(5) 显示节点的 Mises 应力值，点击窗口顶部工具栏的 ![icon]，在弹出的 Query 对话框中选择 Probe values，然后点击 OK。在弹出的 Probe values 对话框中，将 Probe 设为 Nodes，选中 S，Mises，然后将鼠标移至圆孔顶部的应力最大处，此节点的 Mises 应力就会在 Probe values 对话框中显示出来。

(6) 查询节点的位移值，在 Probe values 对话框中点击 Field Output，弹出 Field Output 对话框，当前默认的输出变量是 Name：S，Invariant：Mises。将输出变量改为 Name：U，Component：U1，点击 OK。此时云纹图变成对 U1 的结果显示。将鼠标移至平板右下角节点处，此时的 U1 就会在 Probe values 对话框中显示出来，点击 Cancel 可以关闭对话框。

8.1.4 结果分析

由弹性力学可知，在 $\frac{d}{b}=0$ 即无限板有一个圆孔时 $k=\frac{\sigma_{\max}}{\sigma_0}=3$，而在 $\frac{d}{b}=1$ 即圆孔与两直线边相切，孔开的最大，狭小部分截面积接近零时 $k=\frac{\sigma_{\max}}{\sigma_0}=2$。所以在有限板上有圆孔时 k 随特征系数的增大而减小，并且在 3 和 2 之间变化，结果与理论解相符。

8.2 倒角应力分析

8.2.1 问题描述

如图 8-14 所示的支架背面固定在一个大型结构上，支架的上表面部分受一个均布载荷 $P=100\text{MPa}$ 的作用。材料的弹性模量为 $E=210\text{GPa}$，泊松比为 $\mu=0.3$。支架的直角处有圆形倒角，其半径有几种情况：$R=0.2$，0.5，1，2，3，4。记录每种情况的最大应力值 $\sigma_{\max}$，为了重点分析倒角半径的影响，在分析时又将力学模型简化为平面问题，最后做出最大应力和半径的关系图并得出结论。

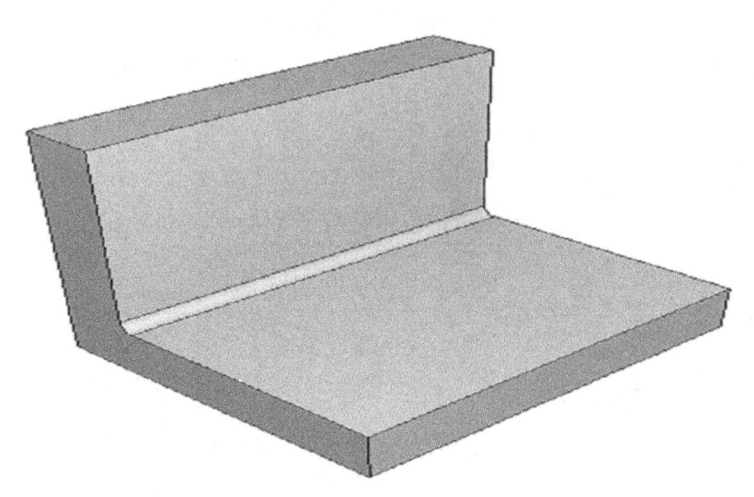

图 8-14 支架图

问题可以简化为如图 8-15 所示模型。

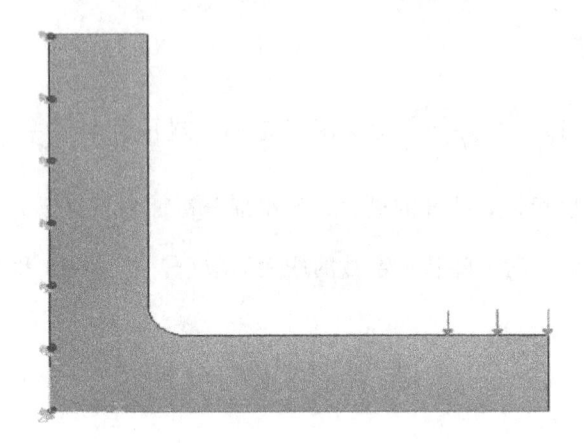

图 8-15 支架约束与载荷情况

8.2.2 详细操作步骤

1. 创建部件

ABAQUS/CAE 自动进入绘图环境。点击左侧的工具区中的，弹出 Creat Part 功能对话框。在 Name 后面输入 Part1，在 Modeling Space 设为 2D Planar，其余参数不需要改变。点击 Continue。

选择直线工具，在下面的坐标输入框里输入（0，25），（0，0），（25，0），（25，5），（20，5），（5，5），（5，25），（0，25）。如图 8-16 所示。

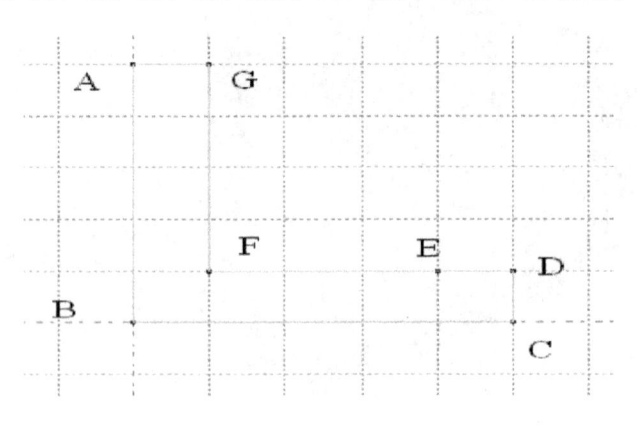

图 8-16 创建线

点击，然后输入半径为 4，再选择 GF 和 FE 边。点击中键确定。如图 8-17 所示。

第 8 章　ABAQUS 分析实例

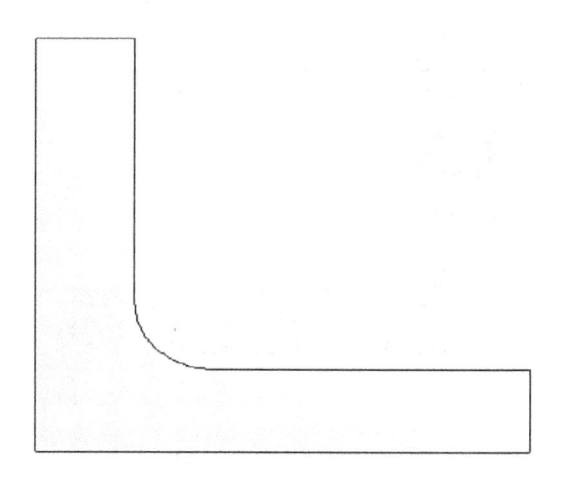

图 8-17　创建轮廓线

2. 创建材料和截面属性

(1) 创建材料。窗口左上角的 Module 列表选择 Property 功能模块，点击左侧的工具区中的 ，弹出 Eidt Material 对话框，点击 Mechanical→Elasticity→Elastic，在数据表中设置 Young's Modulus 为 210000，Poisson's Ratio 为 0.3，点击 OK。

(2) 创建截面属性。点击左侧的工具区中的 ，点击 Continue，在弹出的 Edit Section 对话框中，保持默认参数不变，点击 OK。

(3) 给部件赋予截面属性。点击左侧的工具区中的 ，再点击支架部件，在视图区中点击鼠标中键，然后点击 OK。部件变为绿色，表明已经赋予了截面属性。

3. 定义装配件

在 Module 列表中选择 Assembly 功能模块。点击左侧工具区中的 接受默认参数 Instance Type：Dependent（mesh on part），即类型为非独立实体，点击 OK。

4. 划分网格

(1) 进入 Mesh 功能模块。在 Module 列表中选择 Mesh 功能模块，窗口顶部的环境栏中把 Object 选项设为 Part：part1，即对部件 part1 划分网格，而不是对整个装配件划分网格。

(2) 分割部件。因为在圆弧部分应力变化比较大，这个部分需要细化网格。做水平线 BH，做垂直线 GD 如图所示，点击中键确认。如图 8-18 所示。

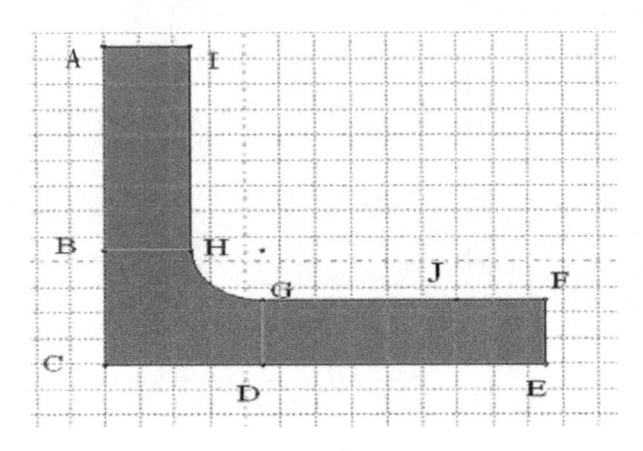

图 8-18 分割划分网格

（3）设置全局种子。点击左侧工具区中的 ▦，在弹出的 Global Seeds 对话框中，在 Approximate globe size 后面输入 0.5，点击 OK。视图区中显示出全局种子。

（4）布置细化区的种子。在左侧工具区中的 ▦ 上面按住鼠标左键不放，在展开的按钮栏中点击 ▦，然后点击图 8-18 中的 BCDGH 区域，在视图区点击中键确认。在窗口底部的提示区中输入 100，按回车键确认。

（5）设置单元类型。点击左侧的工具区中的 ▦ 按住鼠标左键，在视图区中画一个矩形框来选中部件的所有区域，然后在视图区中点击中键确认。在弹出的 Element Type 对话框中，在 Family 选项中选择 Plane strain，其余保持默认参数。点击 OK。

（6）划分网格。点击左侧工具区中的 ▦，然后在视图中点击鼠标中键，得到如图 8-19 所示的网格。

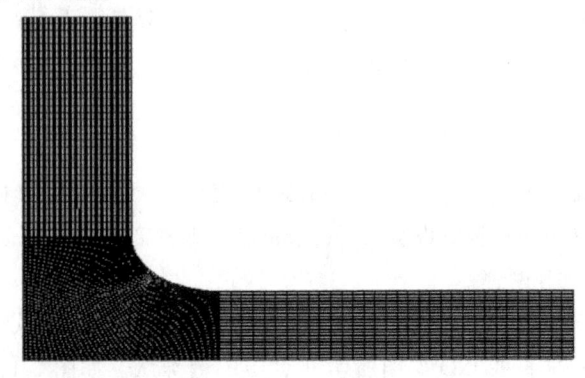

图 8-19 网格图

5. 设置分析步

创建分析步。在 Module 列表中选择 Step 功能模块，点击左侧工具区中的 ○→■。保持默认参数，点击 Continue。在弹出的 Edit Step 对话框中点击 OK。

6. 定义约束

（1）定义边界约束。在 Module 列表中选择 Load 功能模块，点击 ⌊ 在弹出的 Create Boundary Condition 对话框中的 Step 中选择 initial，在 Types for Selected Step 中选择 Displacement/Rotation，点击 Continue。按下 Shift 键选择 AB，BC 点击中键确认。在弹出的 Edit Boundary condition 对话框中选择 U1，U2，UR3，点击 OK。如图 8-20 所示。

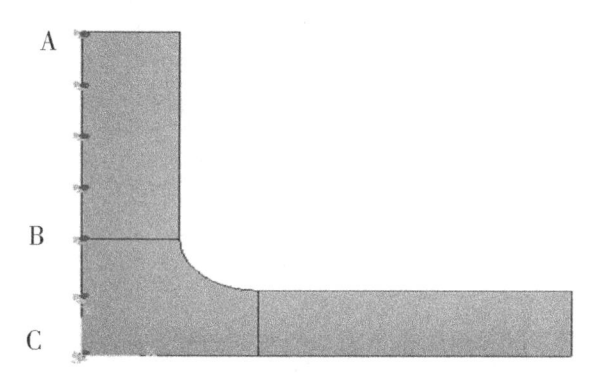

图 8-20 定义约束

（2）定义均布载荷。点击 ⌊，在弹出的 Create Load 对话框中 Step 中选择 Step-1，在 Types for Selected Step 中选择 Pressure，点击 Continue。在视图区选择 JF 边，点击中键确认。在弹出的 Edit Load 对话框中 Magnitude 中输入 100，点击 OK。结果如图 8-21 所示。

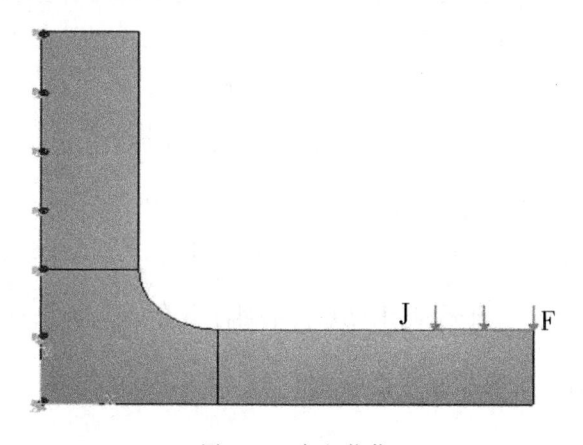

图 8-21 定义载荷

7. 提交分析作业

创建分析作业。在 Module 列表中选择 Job 功能模块，点击左侧工具区的 ▣，弹出 Creat Job 对话框，点击 Continue，弹出 Edit Job 对话框，点击 OK。点击 ▣ 弹出 Job Manager 对话框中的 submit，然后点击 Monitor 来监控分析作业的运行状态。当 Status 变为 Completed 时，表示模型的分析作业已经成功完成。

8. 后处理

在 Module 中选择 Visualization 功能模块进行后处理。点击 ▣ 在视图区中可以看到最大应力为 $\sigma_{\max}=1884$。

重复以上过程可以得到

$R=3$, $\sigma_{\max}=2103$

$R=2$, $\sigma_{\max}=2411$

$R=1$, $\sigma_{\max}=2999$

$R=0.5$, $\sigma_{\max}=3445$

$R=0.2$, $\sigma_{\max}=3742$

8.2.3 结果分析

根据以上数据可以画出倒角半径和倒角处的最大应力的关系如图 8-22 所示。

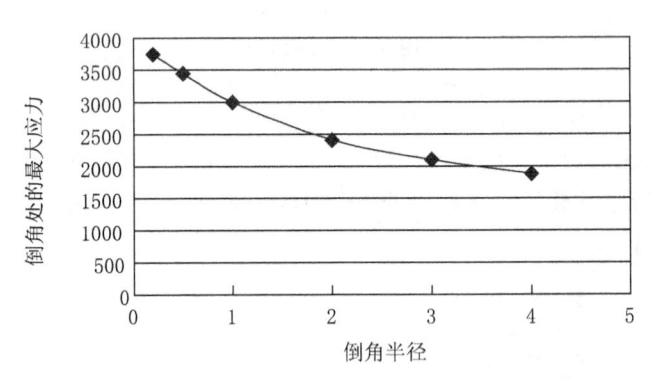

图 8-22 倒角半径与最大应力关系

当倒角半径趋于零时倒角处的最大应力很大，由图 8-22 可以看出随着倒角半径的增加最大应力的值减小，当半径增加到 3 以后最大应力的值趋向平稳。

8.3 圆管弯扭联合作用下的应力分析

利用 ABAQUS 分析了圆管在弯扭联合作用下的应力分布。

8.3.1 问题描述

如图 8-23 所示，分析圆管在弯矩和扭矩共同作用下的应力、应变。

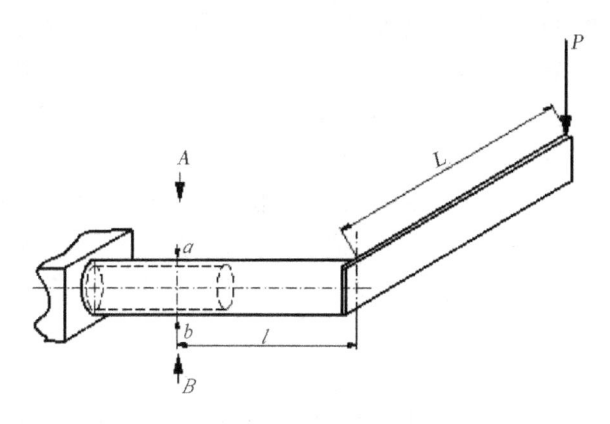

图 8-23 圆管受弯扭联合作用

8.3.2 基本理论

圆管同时受弯矩和扭矩作用。在距离圆管右端为 l 处的圆管上方取一点 A。A 点的弯曲正应力为

$$\sigma_x = \frac{Pl}{W}$$

式中 W 为抗弯截面模量。

A 点的扭转切应力为

$$\tau_{xy} = \frac{PL}{W_n}$$

式中 L 为力作用点到圆管中心的距离，W_n 为抗扭截面模量。

8.3.3 详细操作步骤

1. 建立模型

在 ABAQUS 的 Module 栏中选择 Part，点击左侧工具条 ，弹出 Create Part 对话框，在 Name 栏输入 Job，其他保持默认设置，点击 Continue。点击左侧工具条 ，先画外圆，在屏幕下方按照提示输入圆的圆心坐标（0，0）按确认键，按照提示输入外圆一点的坐标（10，0）按确认键；接着画内圆，在屏幕下方按照提示输入圆的圆心坐标（0，0）按确认键，按照提示输入内圆一点的坐标（9，0）按确认键。连击鼠标中键两次弹出对话框 Edit Base Extrusion，在

Depth 中输入 50 点击 OK。现在就生成了圆管了。下面建立参考点 RP，点击主菜单 Tools，选择 Reference Point，左键点击圆管中间黄点，参考点建立完毕。

2. 赋予材料属性

在 ABAQUS 界面上方 Module 栏中选择 Property，点击左侧工具条，弹出 Edit Material，在 Name 栏输入 Material，点击 Mechanical，依次选择 Elasticity→Elastic。杨氏模量输入 210000，泊松比输入 0.3，点击 OK。点击左侧工具条，弹出 Create Section 对话框，在 Name 栏输入 Section，其他保持默认设置，点击 Continue，弹出 Edit Section 对话框，保持默认值，直接点击 OK。点击左侧工具条，鼠标左键点击圆管，在绘图区击中键一次，弹出 Edit Section Assignment 对话框，保持默认值，直接点击 OK。现在圆管变成了绿色，说明材料属性已赋予了圆管。

3. 装配

在 ABAQUS 界面上方 Module 栏中选择 Assembly，点击左侧工具条，弹出 Create Instance 对话框，保持默认设置，点击 OK。装配完毕。

4. 设置分析步

在 ABAQUS 界面上方 Module 栏中选择 Step，点击左侧工具条，弹出 Create Step 对话框，在 Name 栏输入 Step，其他保持默认设置，点击 Continue，弹出 Edit Step 对话框，都保持默认值，直接点击 OK。

5. 定义相互作用

在 ABAQUS 界面上方 Module 栏中选择 Interaction，为了耦合参考点和圆管断面，建立点，点击主菜单 Tools，依次选择 Set→Manager，弹出 Set Manager 对话框，点击 Create 按钮，在弹出的 Create Set 对话框 Name 栏输入 Set，点击 Continue，鼠标点击第一步建立的参考点，击中键一次，建立点 Set 已经进入 Set Manager 对话框，点击 Dismiss 按钮。接着建立耦合面，点击主菜单 Tools，依次选择 Surface→Manager，弹出 Surface Manager 对话框，点击 Create 按钮，在弹出的 Create Surface 对话框 Name 栏输入 Surf，点击 Continue，鼠标点击圆管截面，在绘图区击中键一次，建立面 Surf 已经进入 Set Manager 对话框，点击 Dismiss 按钮。点击左侧工具条，弹出 Create Constraint 对话框，Name 栏输入 Constraint，选择 Coupling 点击 Continue，点击 RP 参考点，再点击绘图区下面的 Surface 按钮，点击刚建立的耦合面，在绘图区击中键一次。弹出 Edit Constraint 对话框，在 Coupling type 选择 Distributing，其他保持默认设置，点击 OK。

6. 施加载荷

在 ABAQUS 界面上方 Module 栏中选择 Load，点击左侧工具条，弹出

Create Load 对话框，Name 栏输入 Load-1，选择 Concentrated force 点击 Continue，点击参考点 RP，在绘图区击中键一次，弹出 Edit Load 对话框，CF1 栏中输入 100，表示在 X1 方向加载 100，点击 OK。再点击左侧工具条，弹出 Create Load 对话框，Name 栏输入 Load-2，选择 Moment 点击 Continue，点击参考点 RP，在绘图区击中键一次，弹出 Edit Load 对话框，CF3 栏中输入 10000，表示在 Z1 方向加载 10000，点击 OK。点击左侧工具条，弹出 Create Boundary Condition 对话框，Name 栏输入 BC，在 Step 栏选择 Initial，其他保持默认设置，点击 Surf 相对的圆管断面，在绘图区击中键一次。弹出 Boundary Condition 对话框，选择 ENCASTRE，点击 OK。施加边界条件后的模型如图 8-24 所示。

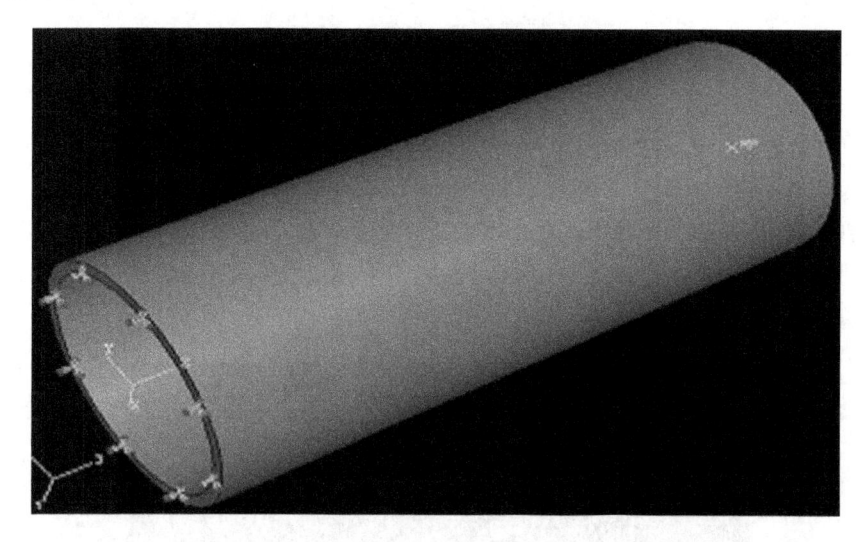

图 8-24　模型图

7. 划分网格

在 ABAQUS 界面上方 Module 栏中选择 Mesh，Object 栏中选择 Part，撒全局种子，点击左侧工具条，弹出 Global Seeds 对话框，Approximate global size 输入 2，其他保持默认值点击 OK。设置单元类型，点击左侧工具条，弹出 Mesh Controls 对话框，在 Element Shape 中选择 Hex-dominated，其他保持默认值点击 OK。点击左侧工具条，弹出 Element Type 对话框，在 Geometric Order 中选择 Quadratic，其他保持默认值，点击 OK。点击左侧工具条，点击绘图区下 Yes 按钮，网格划分完毕。划分网格后如图 8-25 所示。

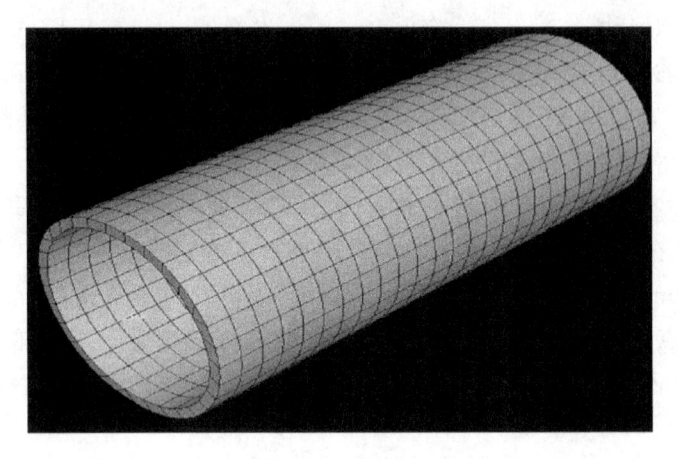

图 8-25　网格图

8. 提交作业

在 ABAQUS 界面上方 Module 栏中选择 Job，点击左侧工具条 🖥️，弹出 Job Manager 对话框，点击 Create 按钮，在弹出的对话框中输入 Job，点击 Continue，弹出 Edit Job 保持默认设置点击 OK。提交作业，点击 Submit，等待运算结果。当看到 Status 中出现 Completed 时，点击 Results，查看结果。显示 Mises 应力云图如图 8-26 所示。

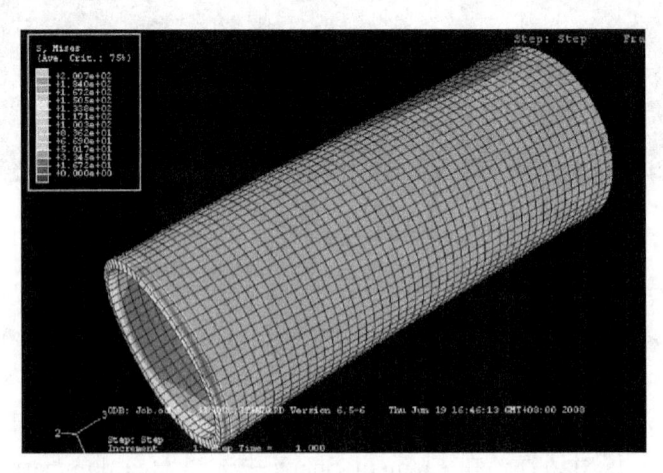

图 8-26　应力云图

8.4　实心圆轴与空心圆轴对比分析

前面分析了空心圆轴，这里对实心圆轴进行模拟计算。

8.4.1 详细操作过程

1. 建立模型

在 ABAQUS 界面上方 Module 栏中选择 Part，点击左侧工具条，弹出 Create Part 对话框，在 Name 栏输入 shixinzhou 注意下面选项应选中为 3D, deformable, 在 Base Feature 中 shape：solid, Type 选中 Extrusion, Approximate size 设为 20, 点击 Continue 进入草图绘制环境。点击左侧工具条，画圆，在屏幕下方按照提示输入圆的圆心坐标（0，0）按确认键，按照提示输入外圆一点的坐标（10，0）。连续击鼠标中键两次弹出对话框 Edit Base Extrusion, 在 Depth 中输入 50, 点击 OK。现在就生成了轴的模型了。

2. 建立参考点 RP

点击主菜单 Tools，选择下拉菜单中的 Reference Point，左键点击轴截面中间圆心处黄点，参考点建立完毕。

3. 建立材料属性并赋予轴模型

在 ABAQUS 界面上方 Module 栏中选择 Property，点击左侧工具条，弹出 Edit Material，在 Name 栏输入 Material，点击 general 选中 density，输入 7800，点击 Mechanical，依次选择 Elasticity→Elastic。杨氏模量输入 2.078E5，泊松比输入 0.3, 点击 OK。点击左侧工具条，弹出 Create Section 对话框，在 Name 栏输入 Section，其他保持默认设置，点击 Continue，弹出 Edit Section 对话框，保持默认值，点击 OK。点击左侧工具条，鼠标左键点击圆轴，单击下面的 Done 按钮，弹出 Edit Section Assignment 对话框，保持默认值，点击 OK。现在圆轴变成了绿色，说明材料属性已赋予了筒体。

4. 模型装配

在 ABAQUS 界面上方 Module 栏中选择 Assembly，点击左侧工具条，弹出 Create Instance 对话框，保持默认设置（选项分别选中 Instance Type：Dependent (mesh on part))，点击 OK。装配完毕。

5. 设置分析步

在 ABAQUS 界面上方 Module 栏中选择 Step，点击左侧工具条，弹出 Create Step 对话框，在 Name 栏输入 Step，其他保持默认设置（选项分别选中 Procedure Type：General，下面的选项为 Static, General）点击 Continue，弹出 Edit Step 对话框，都保持默认值，点击 OK。

6. 设置相互作用

在 ABAQUS 界面上方 Module 栏中选择 Interaction。

(1) 为了耦合参考点和轴截面，建立耦合点，点击主菜单 Tools，依次选择 Set→Manager，弹出 Set Manager 对话框，点击 Create 按钮，在弹出的 Create Set 对话框 Name 栏输入 Set，点击 Continue，鼠标点击第一步建立的参考点（即截面的圆心），左键点击一次，建立点 Set 已经进入 Set Manager 对话框，点击 Dismiss 按钮。

(2) 接着建立耦合面，点击主菜单 Tools，依次选择 Surface→Manager，弹出 Surface Manager 对话框，点击 Create 按钮，在弹出的 Create Surface 对话框 Name 栏输入 Surf，点击 Continue，鼠标点击轴截面，单击下面的 Done 按钮，建立面 Surf 已经进入 Set Manager 对话框，点击 Dismiss 按钮。

(3) 建立耦合约束，点击左侧工具条，弹出 Create Constraint 对话框，Name 栏输入 Constraint，选择 Coupling 点击 Continue，点击 RP 参考点，再点击绘图区下面的 Surface 按钮，点击刚建立的耦合面，在绘图区点击中键一次。弹出 Edit Constraint 对话框，在 Coupling type 选择 Distributing，其他保持默认设置，点击 OK。

7. 设置载荷步

1) 设置加载

在 ABAQUS 界面上方 Module 栏中选择 Load，点击左侧工具条，弹出 Create Load 对话框，Name 栏输入 Load-1，选择 Concentrated force 点击 Continue，点击参考点 RP，单击下面的 Done 按钮，弹出 Edit Load 对话框，CF1 栏中输入 100，表示在 X1 方向加载 100 的力，点击 OK。再点击左侧工具条，弹出 Create Load 对话框，Name 栏输入 Load-2，选择 Moment 点击 Continue，点击参考点 RP，单击下面的 Done 按钮，弹出 Edit Load 对话框，CM3 栏中输入 10000，表示在 Z1 方向加载 10000 的扭矩，点击 OK。

2) 设置约束情况

点击左侧工具条，弹出 Create Boundary Condition 对话框，Name 栏输入 BC，在 Step 栏选择 Initial，其他保持默认设置，点击与 Surf 相对的轴截面，单击下面的 Done 按钮。弹出 Boundary Condition 对话框，选择 ENCASTRE，点击 OK。施加载荷和约束后的模型如图 8-27 所示。

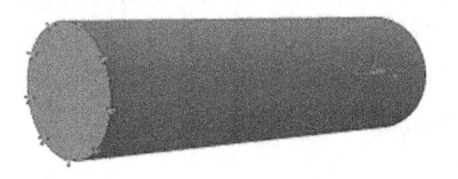

图 8-27 模型图

第8章 ABAQUS分析实例

8. 划分网格

在 ABAQUS 界面上方 Module 栏中选择 Mesh，Object 栏中选择 Part，撒全局种子，点击左侧工具条，弹出 Global Seeds 对话框，Approximate global size 输入 2，其他保持默认值点击 OK。设置单元类型，点击左侧工具条，弹出 Mesh Controls 对话框，在 Element Shape 中选择 Hex-dominated，其他保持默认值，点击 OK。点击左侧工具条，弹出 Element Type 对话框，在 Geometric Order 中选择 Quadratic，其他保持默认值，点击 OK。点击左侧工具条，点击绘图区下 Yes 按钮，网格划分完毕。网格如图 8-28 所示。对该模型更精确的分析应利用其轴对称性质。

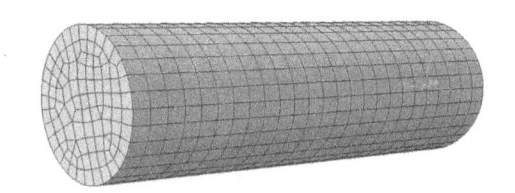

图 8-28 网格图

9. 提交作业

在 ABAQUS 界面上方 Module 栏中选择 Job，点击左侧工具条，弹出 Job Manager 对话框，点击 Create 按钮，在弹出的对话框中输入 Job，点击 Continue，弹出 Edit Job 保持默认设置，点击 OK。提交作业，点击 Monitor 按钮打开作业监视对话框，点击 Submit 提交作业，等待运算结果。作业计算完毕后会在 Status 中出现 Completed 和完成时间，点击 Job Manager 对话框中的 Results，查看结果。

10. 查看结果

单击工具栏中 按钮，可以查看变形后应力云图，如图 8-29 所示。鼠标左键单击上方工具栏内的 按钮，并在图示区左键按下拖动可以观察各个角度的应力分布状况。

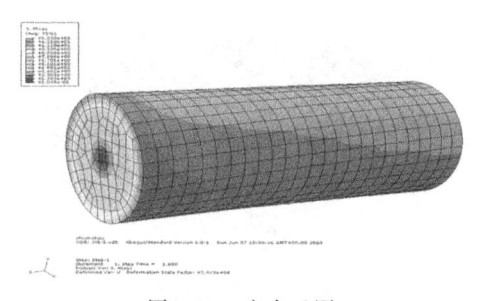

图 8-29 应力云图

按下左侧工具栏中 按钮，可以同时选择观看多个状态下的情况，例如单击 后再单击 两个按钮就可以观察到变形前后网格分布情况，如图 8-30 所示。

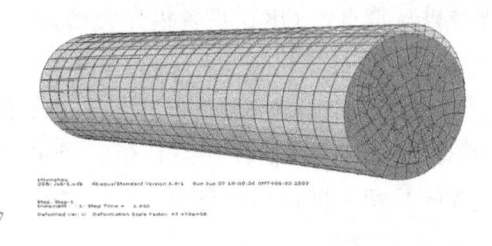

图 8-30 变形前后比较

单击 按钮就可以观察到轴内部的应力分布情况，如图 8-31 所示。

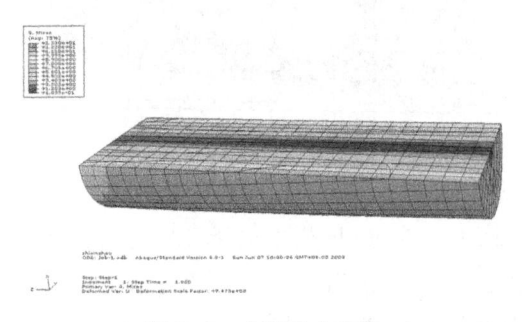

图 8-31 内部应力观察

从图 8-31 中可以看出，在轴的内部，应力是很小的，也就是说内部材料的性能没有完全发挥出来。对空心圆轴进行分析对比。分别计算了内径为 16、17、18 的空心轴的应力状况。模型的外径为 20，内径为 16，长度为 50 时，材料使用率已经很高了。利用同样方法建立了外径为 20，内径为 17，长度为 50 的分析模型。如图 8-32 所示。

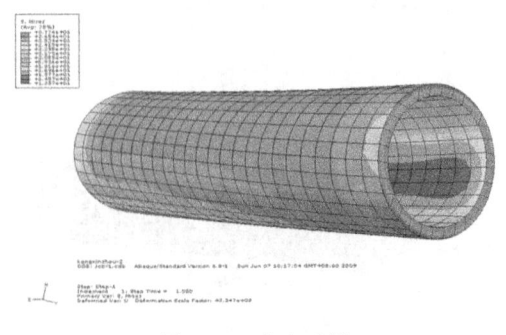

图 8-32 应力云图

内径为 18 时，由于管壁太薄，在 Warning 提示区里说明单元扭曲。如图 8-33 所示。需要细分单元或选用壳单元等方法来解决。

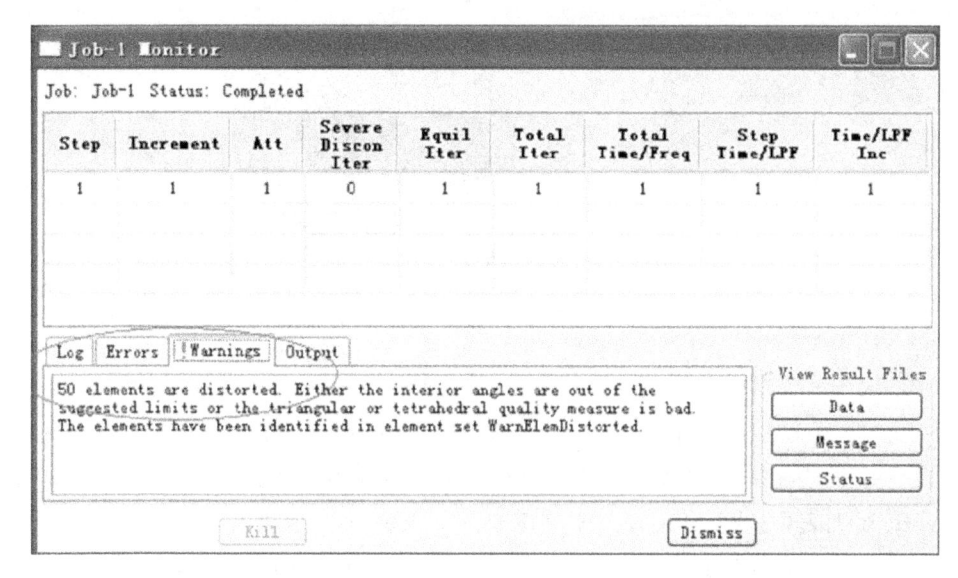

图 8-33　单元扭曲

8.4.2　数值解与材力解对比分析

1. 应力最大值的验证

显然，固定端为危险截面，在危险截面处计算弯曲正应力和扭转切应力的最大值，计算结果为 $\sigma_{r4}=12.74\mathrm{MPa}$。

该软件模拟的结果最大值为 13.30MPa，结果误差为 $\varepsilon=4.39\%$，符合工程精度要求。

2. 应力分布规律比较

由材料力学知识我们知道，圆轴扭转时横截面上的切应力分布规律为切应力大小正比于该点到圆心的距离 ρ，圆心处切应力为零。

在 ABAQUS 计算结果中取出横截面上的应力值分布规律。

（1）执行 Tools→Path→Create… 命令，弹出 Create Path 对话框，选择 Node list（节点列表），单击 Continue，弹出 Edit Node list Path 对话框，单击 Add After…按钮，在视图区选择如图 8-34 所示的 10 个节点，单击鼠标中键，返回 Edit Node list Path 对话框，单击 OK 按钮，完成路径创建。路径选择如图 8-34 所示。

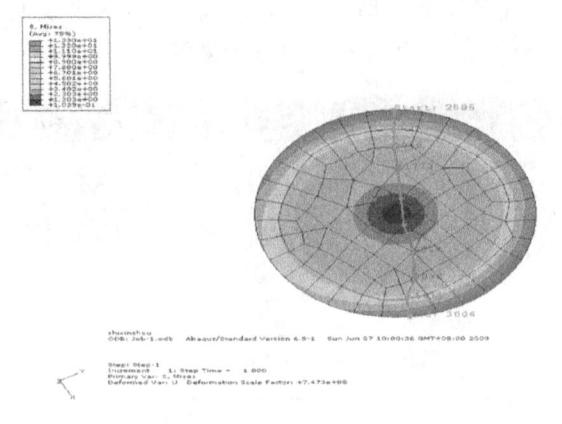

图 8-34　路径选择

（2）单击工具区中的 ![] 工具，在弹出的 Create XY Date 对话框中选择 Path，单击 Continue 按钮，在 Field Output 对话框中采用默认的 S（应力），在 Invariant 列表中选择 Mises，单击 OK 按钮，按默认的名称保存数据。单击工具区 ![] 工具右侧的 XY Date Manager 工具 ![]，弹出 XY Date Manager 对话框，单击 Plot 按钮，视图区限制模型 Mises 应力值沿该路径的变化规律，如图 8-35 所示。

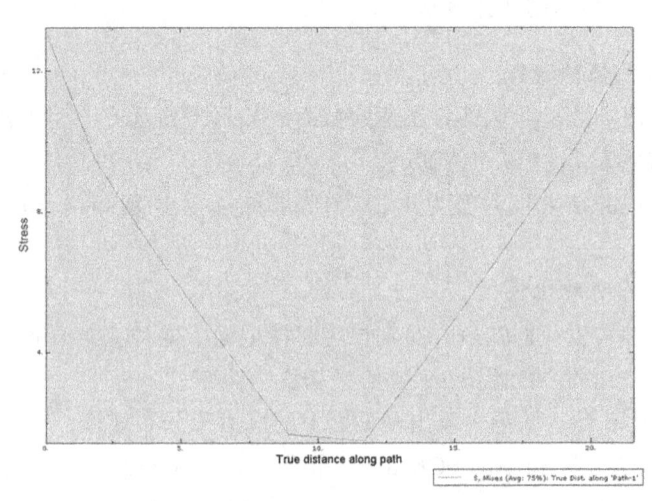

图 8-35　应力沿路径变化

从图 8-35 可以看出，在轴外缘处应力有最大值，向圆心过渡时应力值逐渐减小，最小值几乎为零（这是由于选择节点时未能选到圆心位置造成的），与理论的分布规律基本符合。

8.5 工字梁三维静力分析

8.5.1 问题描述

1. 结构类型

工字形简支梁，如图 8-36 所示。

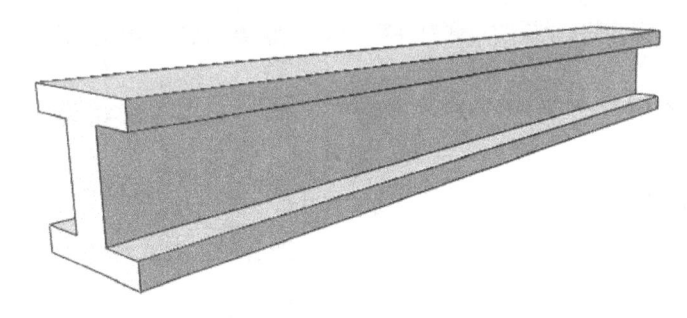

图 8-36 工字形简支梁示意图

2. 结构参数

梁横截面尺寸为 40mm（宽）×10mm（厚）×60mm（高），长度为 400mm 的工字形简支梁，其上表面受均布载荷 $q=100\text{N}/\text{mm}^2$。材料为铝合金，弹性模量 $E=70\text{GPa}$，泊松比为 0.3，求梁受弯后的应力情况。如图 8-37 所示，

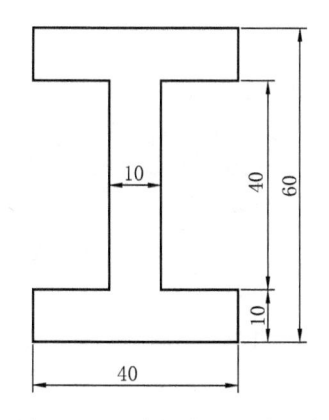

图 8-37 工字梁截面形状尺寸

8.5.2 分析过程

1. 创建几何模型

在 Module 选项下选择 Part 模块，在 Name 中输入：gongziliang，依次选

3D、Solid、Extrusion（拉伸式生成方式），大致几何尺寸：500，点 Continue 进入绘制截面形状界面。绘制截面形状如图 8-37 所示。

2. 材料属性与截面属性的定义

绘制完工字梁部件模型后，便可进入属性（Property）模块进行材料属性的定义，建立材料库如图 8-38 所示。

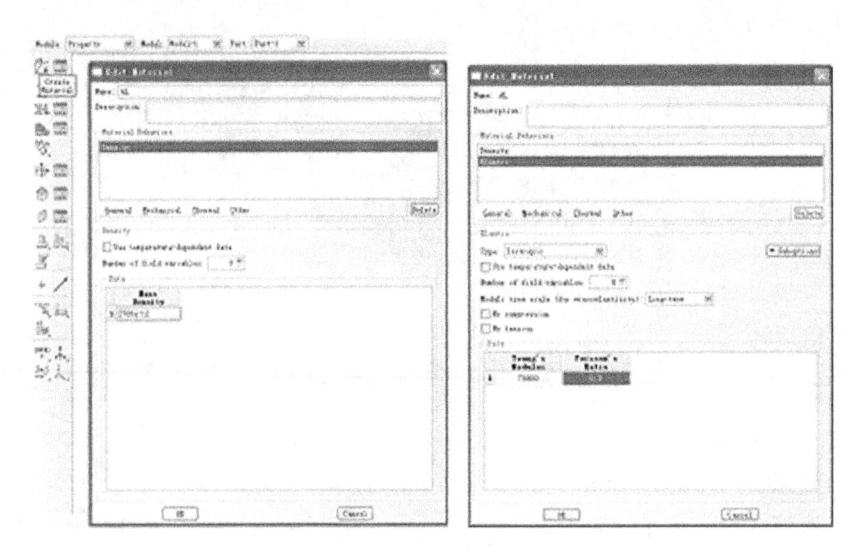

图 8-38　铝合金材料定义

3. 组装部件

在 Module 中选择 Assembly 模块。如图 8-39 所示。

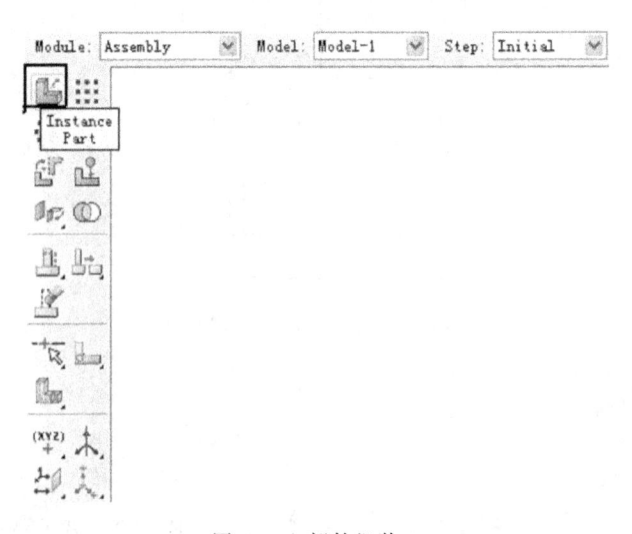

图 8-39　部件组装 1

第 8 章 ABAQUS 分析实例

点击 Instance Part 命令，出现如图 8-40 所示对话框，因只有一个部件，直接点击 OK 便可。

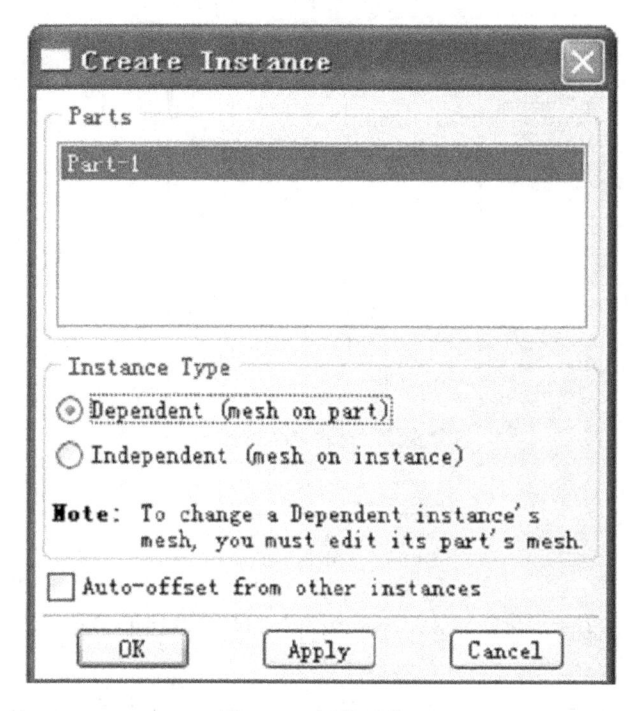

图 8-40 部件组装 2

4. 设置分析步

设置分析步：在 Module 中选择 Step 模块。如图 8-41 所示。

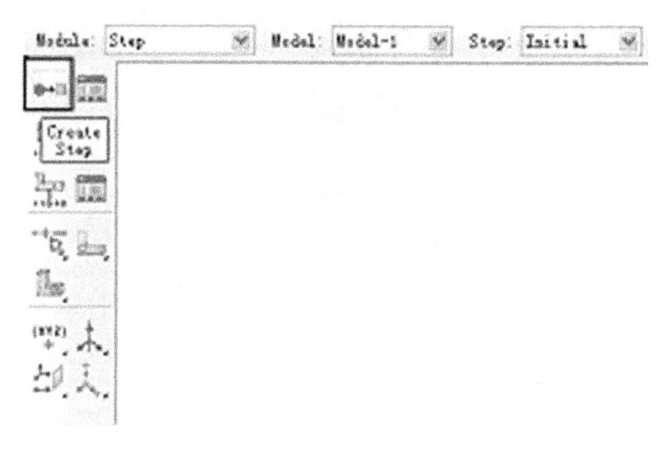

图 8-41 设置分析步

点击 Create Step 命令，进入图 8-42 所示分析步的选择界面。

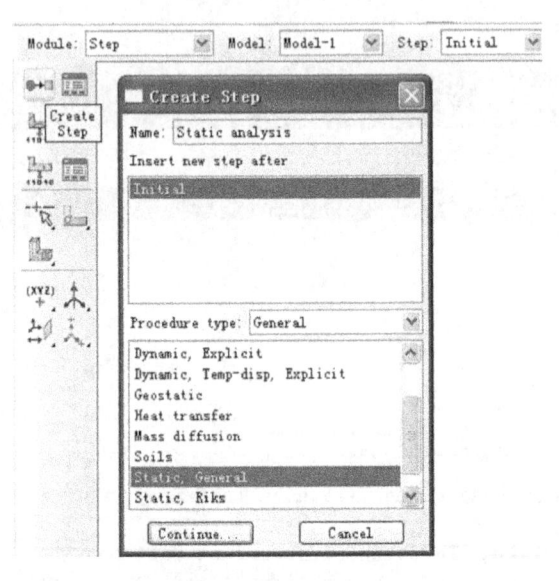

图 8-42 分析步的选择

选择通用静力学分析步，点击 Continue，随后出现的对话框中的默认参数不需修改，点击 OK 便可。

设置输出：输出一般默认的有很多项，其中有些输出是我们不关注的，而且输出项多了也影响计算速度与输出文件的大小。本分析实例中，我们只输出应力。

输出选择如图 8-43 所示，点击 Manager，出现如图 8-44 所示对话框，点击 Edit，出现如图 8-45 所示的参数设置。

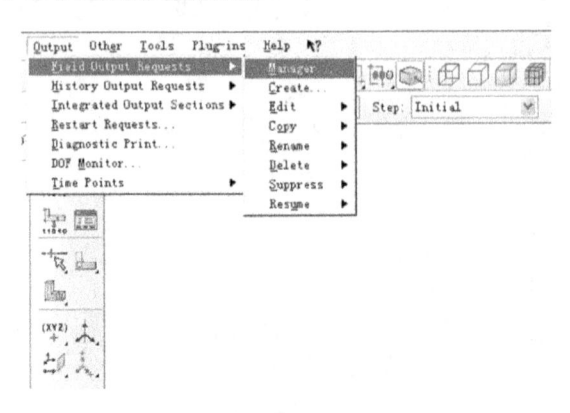

图 8-43 输出选择

第 8 章　ABAQUS 分析实例

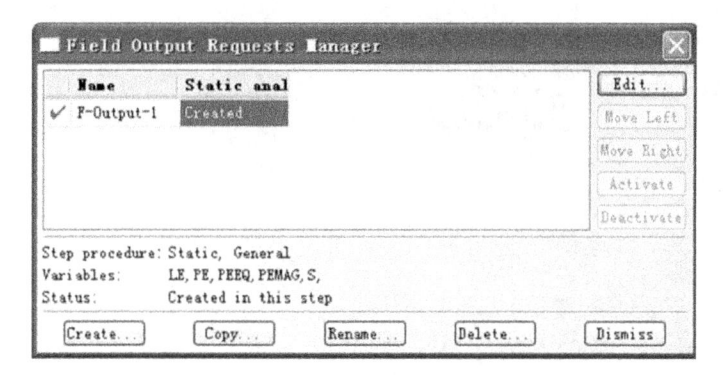

图 8-44　输出设置

图 8-45　输出参数设计

5. 设置相互作用

设置相互作用：在 Module 中选择 Interaction 模块，如图 8-46 所示。

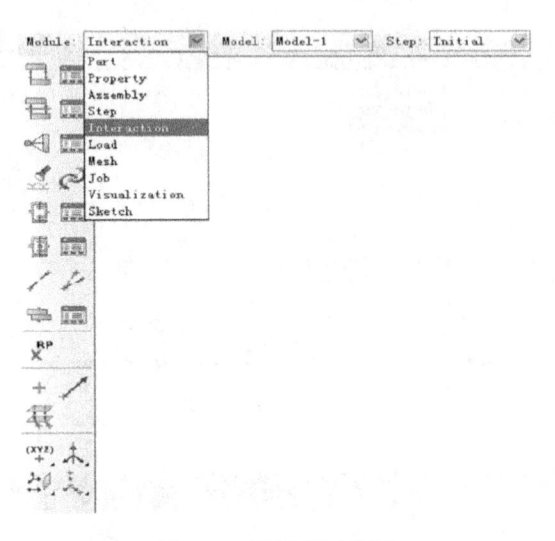

图 8-46 设置相互作用

6. 设置载荷及边界条件

边界条件 1：梁左端固定五个自由度，三个移位 U1、U2、U3 及两个转动自由度 UR2、UR3，如图 8-47 所示。

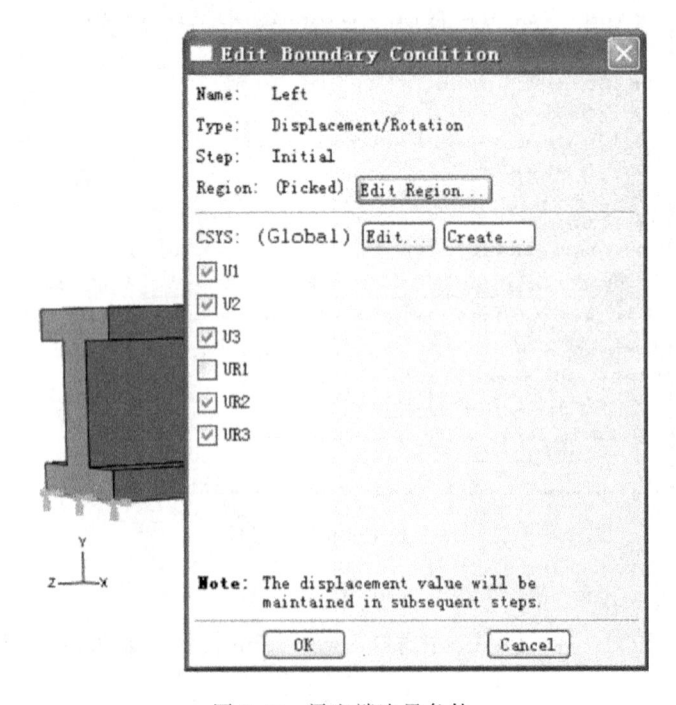

图 8-47 梁左端边界条件

边界条件 2：梁右端固定四个自由度，两个移位 U1、U2 及两个转动自由度 UR2、UR3，如图 8-48 所示。

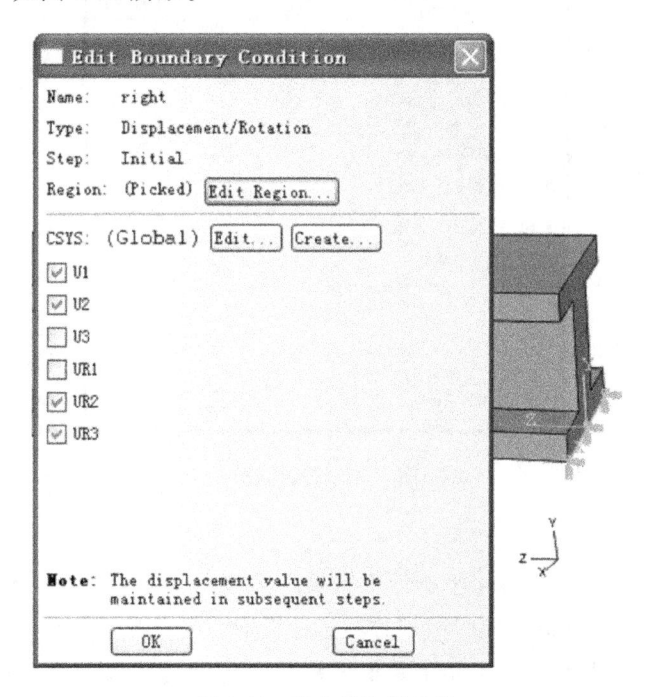

图 8-48 梁右端边界条件

载荷 Load 定义：如图 8-49 所示，点击 Create Load，出现如图 8-50 所示的载荷编辑选项，因为是均布载荷，所以选择 Pressure，选最上表面为施加面。

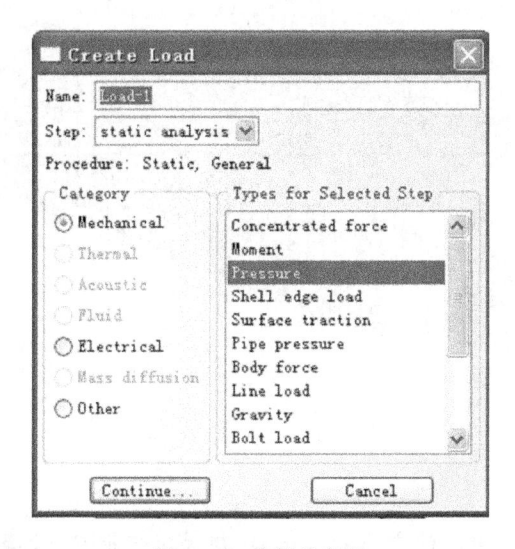

图 8-49 载荷的定义

图 8-50　编辑载荷

7. 网格划分

网格划分（Mesh）直接影响计算结果的误差大小，网格越规则且尺寸越小，计算结果越接近实际值，但网格划分过小会增加计算成本，尤其是对动力学分析的影响巨大，所以网格的划分需要根据结构本身的总体尺寸大小确定。在本例中，我们定义总体网格大小为 5mm×5mm×5mm，网格划分结果如图 8-51 所示。

从图 8-51 中可以看出，网格是规则的，不需要再进行体的切割来规格化网格。

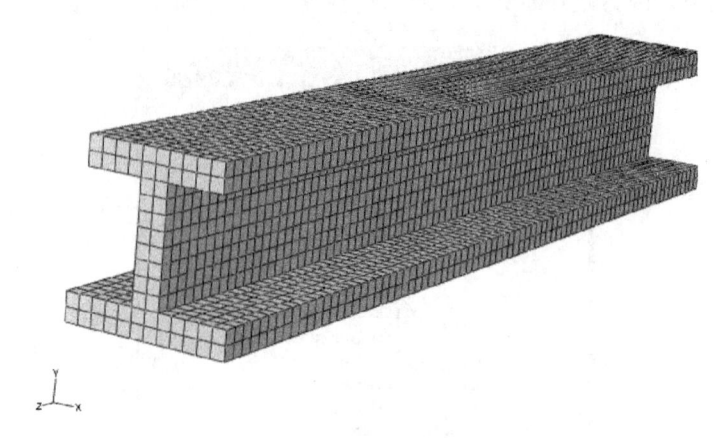

图 8-51　网格划分结果

8. 提交作业

划分好网格后，可以建立作业（Job）并提交作业进行计算。

9. 计算结果显示

当 Status 显示状态为 Completed 时，从 Job manager 对话框中选择 Results 便可进入结果显示。这里只取整体位移云图，如图 8-52 所示。

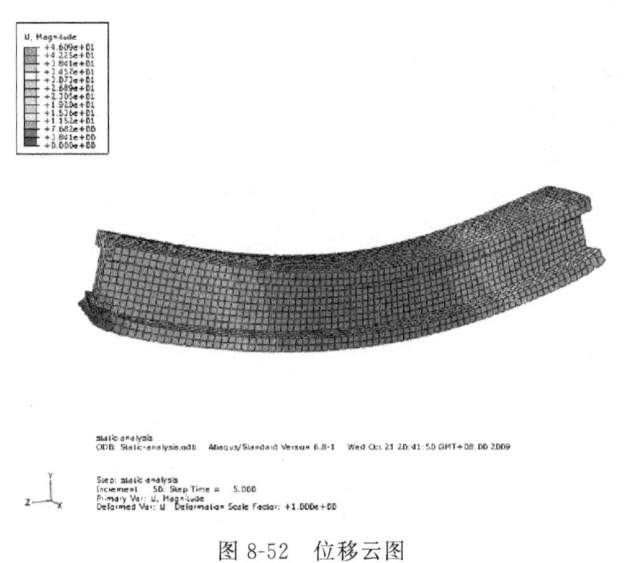

图 8-52 位移云图

8.6 热膨胀节的作用分析

温度的变化将引起物体的膨胀或者收缩。静定结构可以自由变形，当温度均匀变化时，不会引起构件的内力。但是，如果是超静定结构的变形受到部分或者全部约束，温度变化时，往往就要产生温度应力。

ABAQUS 可以求解以下类型的传热问题。

（1）非耦合传热分析。在此类分析中，模型的温度场不受应力应变场或电场的影响，在 ABAQUS/Standard 中可以分析热传导、强制对流、边界辐射等传热问题，其分析类型可以是瞬态或稳态、线性或非线性。

（2）顺序耦合热应力分析。此类分析的应力应变场取决于温度场，但温度场不受应力应变场的影响。此类问题使用 ABAQUS/Standard 来求解，具体方法是首先分析传热问题，然后将得到的温度场作为已知条件，进行热应力分析，得到应力应变场。分析传热问题所采用的网格和热应力分析的网格可以是不一样的，ABAQUS 会自动进行插值处理。

（3）完全耦合热应力分析。此类分析中的应力应变场和温度场之间有着强烈的相互作用，需要同时求解。可以使用 ABAQUS/Standard 或 ABAQUS/Explicit 来求解此类问题。

(4) 绝热分析。在此类分析中,力的变形产生热,而整个过程中不发生热扩散。可以使用 ABAQUS/Standard 或 ABAQUS/Explicit 来求解。

(5) 热电耦合分析。此类分析使用 ABAOUS/Standard 来求解电流产生的温度场。

(6) 空腔辐射。使用 ABAQUS/Standsrd 来求解非耦合传热问题时,除了边界辐射外,还可以模拟空腔辐射。

本例使用 ABAQUS/Standard 进行顺序耦合热应力分析,根据已知的温度场来求解模型的应力应变场。可以学习 ABAQUS/CAE 的在 Material 功能模块中定义线胀系数以及在 Load 功能模块中使用预定义场(Predefinedfield)来定义温度场。

8.6.1 问题描述

如图 8-53 所示,两端固定的等直杆如图 8-53(a)和等截面曲杆如图 8-53(b),直径均为 $d=10$mm,$l=200$mm,在室温 20℃ 时,杆内无应力,当温度升高 -50℃、50℃、100℃ 时,求杆的应力及变形,并对结果进行分析,得出结论。已知钢的弹性模量 $E=200$GPa,热膨胀系数 $\alpha=10\times 10^{-6}$℃$^{-1}$。

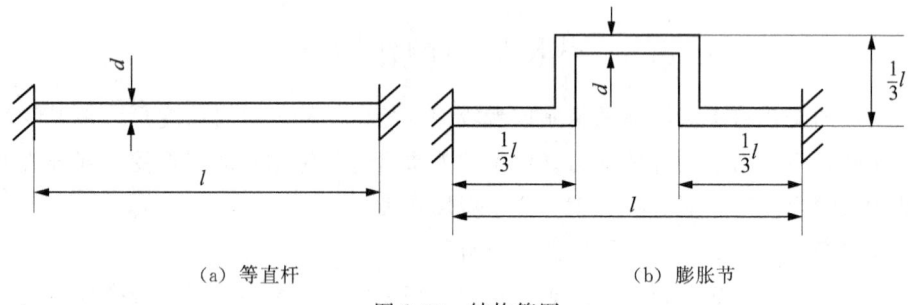

(a) 等直杆   (b) 膨胀节

图 8-53 结构简图

8.6.2 基本理论

对两端固定的等直圆杆来说,由平衡方程只能得出两固定端的反力 F_{RA} 与 F_{RB} 相等,但并不能确定反力的数值,必须再补充一个变形协调方程。设想拆除右端固定约束,允许其自由胀缩,当温度变化为 ΔT 时,杆件的温度变形(伸长)应为

$$\Delta l_T = \alpha_l \Delta T l$$

式中 α_l 为材料的线膨胀系数。然后在右端作用约束力 F_{RB},杆件因 F_{RB} 产生的缩短是

$$\Delta l = \frac{F_{RB} l}{EA}$$

实际上，由于两端固定，杆件长度不能变化，必须有 $\Delta l_T = \Delta l$，这就是补充的变形协调方程。综合以上算式可得

$$\alpha_l \Delta T l = \frac{F_{RB} l}{EA}$$

由此求出

$$F_{RB} = EA\alpha_l \Delta T$$

应力大小为

$$\sigma_T = \frac{F_{RB}}{A} = \alpha_l E \Delta T$$

设材料参数：$\alpha_l = 10 \times 10^{-6} \, ℃^{-1}$，$E = 200$ GPa，所以有

$$\sigma_T = 10 \times 10^{-6} \times 200 \times 10^3 \Delta T \text{ MPa}$$

可见，当温度变化值较大时，产生的应力数值是非常可观的。

8.6.3 详细操作步骤

1. 等直圆杆分析

1) 创建部件

在 Module 列表中选择 Part。

点击左侧工具区的 Crate Part，弹出创建部件的对话框，采用默认的部件名称即可，将 Modeling Space 设为 3D，Type 设为 Deformable，在 Base Feature 中 Shape 设为 Solid，Type 设为 Extrusion，点击 Continue。

进入绘图环境，点击左侧工具区的 ⊙，在窗口底部的提示区输入（5, 0），按回车键，然后点击鼠标中键，弹出 Edit Base Extrusion 对话框，在 Depth 后面输入 200，点击 OK。

2) 创建材料和截面属性

在 Module 列表中选择 Property。

创建材料，点击 ，弹出 Edit Material 对话框，采用在 Name 后面的默认材料名称，也可以自己设置，点击 Mechanical→Elasticity→Elastic。在数据表中设置 Young's Modulus 为 200000，Poisson's Ratio 为 0.3，其余参数不变，点击 Mechanical→Expension，输入膨胀系数为 1E-5，点击 OK。

创建截面属性，点击 ，弹出 Create Section 对话框，保持默认参数不变，点击 Continue。在弹出的 Edit Section 对话框中，保持默认参数不变，点击 OK。

赋予部件截面属性，点击 ，点击视图区中的部件模型，在视图区点击鼠

标中键,弹出 Edit Section Assignment 对话框,点击 OK。

3) 定义装配件

在 Module 列表中选择 Assembly。

点击 ▣,在弹出的 Create Instance 对话框中,前面创建的部件 Part-1 自动被选中,默认参数为 Instance Type:Dependent (mesh on part),点击 OK。

4) 设置分析步

在 Module 列表中选择 Step。

点击 ▣,在弹出的 Create Step 对话框中,采用默认名称,也可以自己设置定义,其余参数保持默认值不变,点击 Continue,在弹出的 Edit Step 对话框中,保持各参数的默认值,点击 OK。

5) 划分网格

在 Module 列表中选择 Mesh。

在窗口顶部的环境栏中把 Object 选项设为 Part:Part-1。

设置边上的种子,点击左侧工具区的 ▣,选中视图区中部件,在视图区点击鼠标中键,在底部的提示区输入 2,按回车键。

设置网格控制参数,点击 ▣,弹出 Mesh Controls 对话框,选中 Hex-dominated,点击 OK。

设置单元类型,点击 ▣,弹出 Element Type 对话框,将 Geometric Order 设为 Quadratic,保持对 Reduced integration 的选择,其余参数保持不变,点击 OK。

划分网格,点击 ▣,窗口底部的提示区显示 "Ok to mesh the part instance?" 直接点击提示区中的 Yes。

检查网格质量,点击 ▣,选中整个部件,点击鼠标中键,弹出 Verify Mesh 对话框,点击 Highlight,底部提示区显示网格数量 Number of elements,Analysis errors:0 (0%),Analysis warnings:0 (0%),这表示网格的质量优良,如果出现错误和警告,应该重新分割部件,并重新画网格。

6) 定义边界条件和载荷

在 Module 列表中选择 Load,定义边界条件和载荷。

定义边界条件,点击 ▣,在弹出的 Create Boundary Condition 对话框中,将 Step 设为 Initial,其余各项参数保持默认值不变,点击 Continue,用鼠标左键选中圆杆的一端截面,按住键盘上的 Shift 键,选中另外一个截面,在视图区点击鼠标中键,在弹出的 Edit Boundary Condition 对话框中,选择 ENCASTRE (U1=U2=U3=UR1=UR2=UR3=0),然后点击 OK。

定义温度场，在 Load 功能模块中，选择主菜单 Field→Manager，点击 Create，采用默认的名称即可，也可以自行定义，设置 Step 为 Initial，Categor 为 Other，Types for Selected Step 为 Temperature，点击 Continue。选中视图区的部件，在弹出的窗口内，在 Magnitude 后面输入初始温度 20，然后点击 OK，再点击 Propagated，然后点击 Edit 按钮，把 Magnitude 值改为 −50，再点击 OK。

7) 提交分析作业

在 Module 列表中选择 Job 功能模块。

创建分析作业，点击 ▣，弹出 Job Manager 对话框，点击 Create，采用 Name 默认工作名称 Job-1，点击 Continue，弹出 Edit Job 对话框，各项参数保持默认值，点击 OK。

提交分析，在 Job Manager 对话框中点击 Submit，对话框中的 Status 提示依次变为 Submitted，Running，和 Completed，这表示对模型的分析已经成功完成。点击此对话框中的 Results，自动进入 Visualization 模块。分析过程中可以点击对话框中的 Monitor 来查看信息，若有错误或警告会在 Errors 或 Warnings 下面显示出来。如果 Status 提示变为 Aborted，说明模型存在问题，分析已终止。检查前面各个建模步骤是否都已准确完成，更正错误后，再重新提交分析。

8) 后处理

进入 Visualization 模块后，视图区中显示出模型未变形时的轮廓图。

显示未变形图，点击 ▣，显示出未变形时的网格模型。

显示变形图，点击 ▣，显示出变形后的网格模型。

点击窗口右下角的 Deformed Shape Options，在弹出的对话框中，选中 Superimpose Undeformed Plot，点击 OK，看到变形后的模型和未变形的模型一起显示出来。

显示云图，点击 ▣，显示出 Mises 应力云图。

显示节点的 Mises 应力值，点击窗口顶部工具栏的 ⓘ，在弹出的 Query 对话框中选择 Probe values，然后点击 OK。在弹出的 Probe values 对话框中，将 Probe 设为 Nodes，选中 S，Mises，然后将鼠标移至想了解的节点处，此节点的 Mises 应力就会在 Probe values 对话框中显示出来。

查询节点的应变值，在 Probe values 对话框中点击 Field Output，弹出 Field

Output 对话框,当前默认的输出变量是 Name:S,Invariant:Mises。将输出变量改为 Name:U,点击 OK。此时云纹图变成对 U1 的结果显示。将鼠标移至模型右下角节点处,此时的 U 就会在 Probe values 对话框中显示出来,点击 Cancel 可以关闭对话框。

其他情况的操作过程与上述的类似。当改变温度变化情况时,只需要在 Load 功能模块中,选择主菜单 Field→Manager,然后点击 Edit 按钮,把 Magnitude 值改为变化后的温度值,再点击 OK。然后再点击 Job,进行工作创建和分析即可。

2. 膨胀节(等截面曲圆杆)分析

这里只介绍与等直杆不同的地方。

1)创建部件

点击左侧工具区的 Crate Part,弹出创建部件的对话框,采用默认的部件名称即可,将 Modeling Space 设为 3D,Type 设为 Deformable,在 Base Feature 中 Shape 设为 Solid,Type 设为 Sweep,点击 Continue。

选择画折线图图标,在绘图区下方的提示区内输入坐标(-100,0),按 Enter 键,输入下一点坐标(-33.33,0),按 Enter 键,输入下一点坐标(-33.33,66.67),按 Enter 键,输入下一点坐标(33.33,66.67),按 Enter 键,输入下一点坐标(33.33,0),按 Enter 键,输入下一点坐标(100,0),按 Enter 键,连续点击鼠标中键,直至折线变换坐标显示。

点击左侧工具区的 ⊙,在窗口底部的提示区输入(5,0),按回车键,然后连续点击鼠标中键,出现所要的曲杆模型。

2)划分网格

曲杆在方向改变处有尖角,所以在划分网格时,网格类型不能选择六面体,设置网格控制参数时,点击 ▥,弹出 Mesh Controls 对话框,选中 Tet,点击 OK。

其他过程、参数设置与前面的等直杆相同。

8.6.4 结果分析

1. 杆内应力、位移与温度变化的关系

杆内位移最大值与温度变化关系如图 8-54 所示。

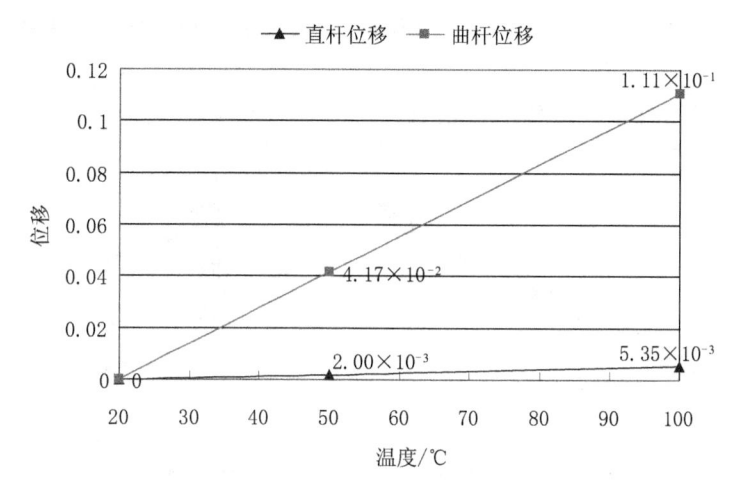

图 8-54 杆内位移最大值与温度变化关系

由图 8-54 可见，随着温度变化幅度的提高，杆中位移值随之逐渐增大。曲杆中位移值远远大于直杆的杆中应变。这是因为，结构对曲杆中间部位的变形约束与直杆杆中相比较，大大削弱了。

杆内应力与温度变化关系如图 8-55 所示。

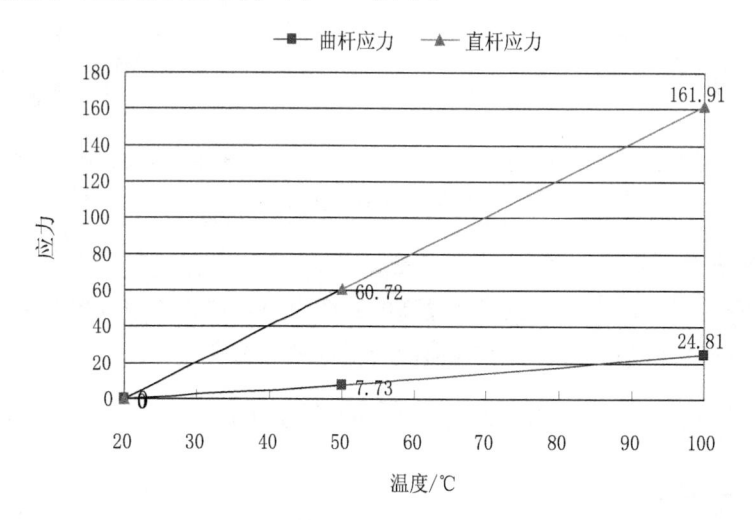

图 8-55 杆内应力最大值与温度变化关系

由图 8-55 可见，温度变化值越大，在杆内产生的应力值越大，并且，在变化相同温度的条件下，曲杆内应力比直杆内应力小得多。

2. 理论解与数值解的对比

理论计算公式为 $\sigma_T = \alpha_l E \Delta T$，计算直杆温度由 20℃降低至 −50℃时，杆中

应力的理论计算值为 140MPa，数值模拟的结果为 141.68 MPa。结果基本一致。

3. 计算结果云图

结果云图如图 8-56、图 8-57 所示。

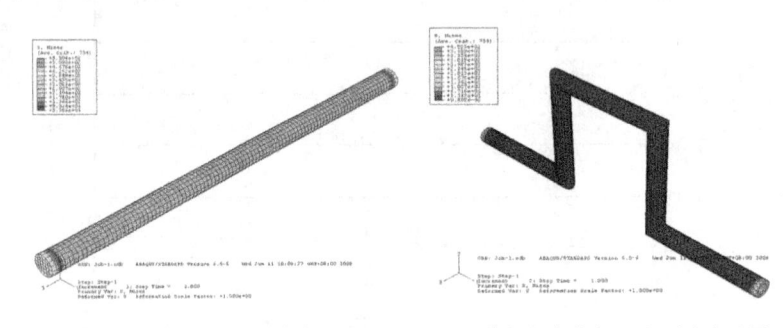

(a) 直杆温度升为 100℃时应力云图　　(b) 曲杆温度升为 100℃时应力云图

图 8-56　杆内应力云图

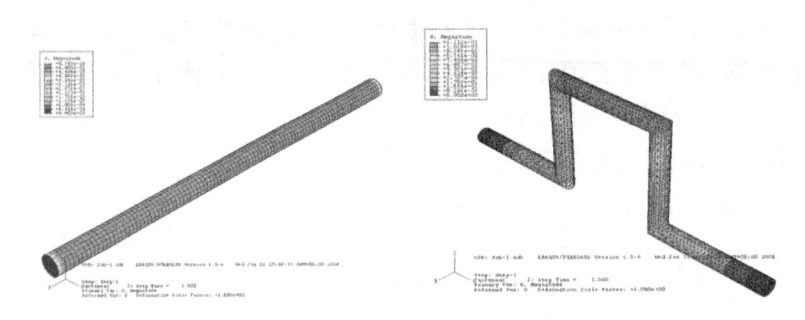

(a) 直杆温度升为 100℃时位移云图　　(b) 曲杆温度升为 100℃时位移云图

图 8-57　杆内位移云图

4. 结论

在工程应用中，为了避免产生过高的温度应力，在管道中设置类似于曲杆的伸缩节，这样可以削弱对膨胀或收缩的约束，降低温度应力。

8.7　管的模态分析

8.7.1　问题描述

研究管道系统中一段 5m 长管子的振动频率。管子由钢制成，弹性模量 $E=200\text{GPa}$，泊松比为 0.3，其外径为 180mm，壁厚为 20mm。管子的一端被牢固地夹住，另一端也只能沿轴向运动。管道系统中这 5m 长的部分可能会受到频率高至 35Hz 的随机载荷。为了确保这一段管子不发生共振，要求检验当考虑使用载荷作用在管的轴向时，其最低振动模态是否会低于 35Hz。管子在使用时承受

4000kN 的压缩载荷。管道如图 8-58 所示。

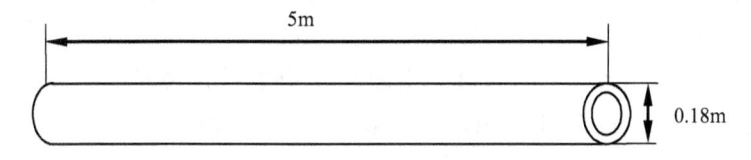

图 8-58 管的主要尺寸

由于结构横截面的对称性，管子的最低振动模态在管子轴向的任何垂直方向上都是正弦波变形。下面使用三维梁单元来分析模拟。

8.7.2 建模与分析

详细操作步骤如下。

1. Part 模块创建部件

进入 ABAQUS/CAE，在主窗口的模块 Module 进入 Part 模块，选![图标]，进入 Creat Part 对话框，选取 3D、Deformable、Wire、Planar 单元（图 8-59），再用鼠标在工具箱中选择![图标]，起点定在（0，0），终点定在（5，0）点，连续点击鼠标中键，完成管道的绘制。

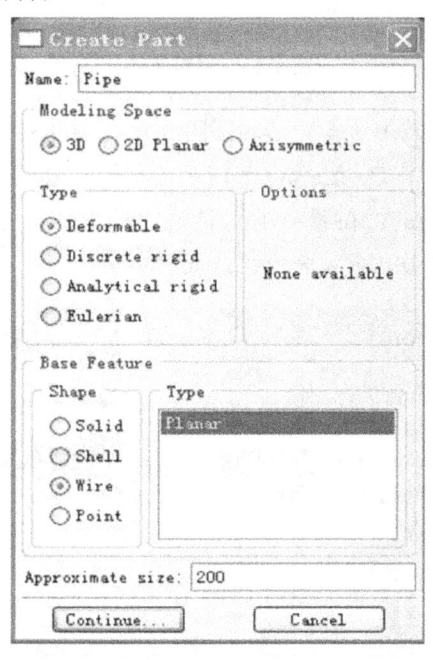

图 8-59 创建部件

2. Property 模块创建属性

输入材料常数，选工具栏中的 ⚒，弹出 Edit Material 对话框。设置钢材的材料属性（图 8-60）。

钢材弹性常数：在 Mechanical→Elasticity 中填弹性模量和泊松比分别为 200E9 和 0.3。在 General→Density 中填钢的密度为 7800。

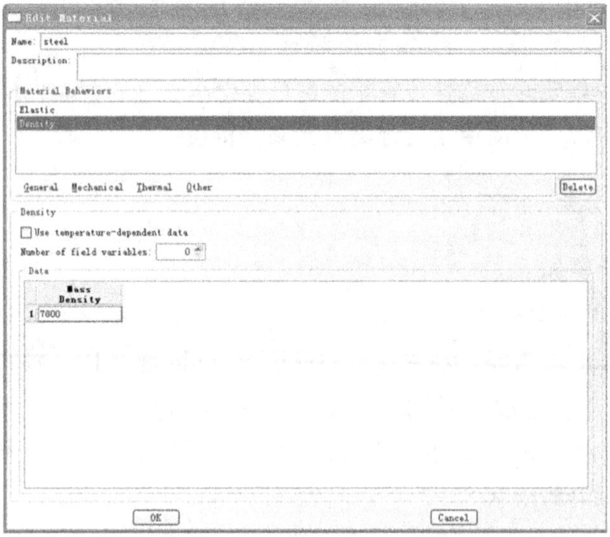

图 8-60 材料属性

选工具栏中的 ⚒，选 Beam，Beam（图 8-61）创建梁截面属性。在弹出的对话框（图 8-62）中，点击 Profile name 后的 Create，在弹出的对话框（图 8-63）中选 Pipe，点击 Continue，在弹出的对话框（图 8-64）中分别填入半径 0.09，厚度 0.02。连续点击两次 OK，完成梁截面的定义。

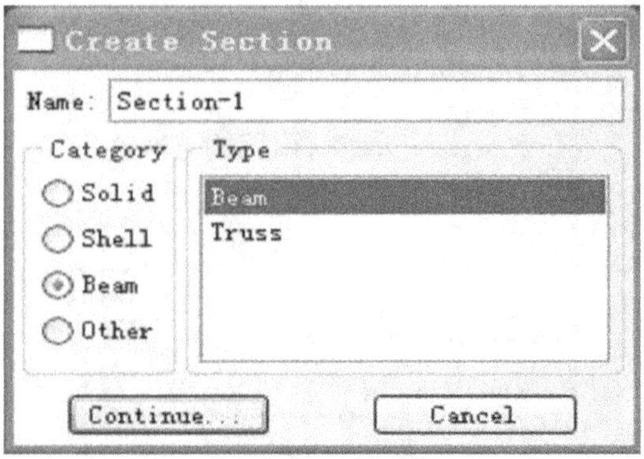

图 8-61 创建截面

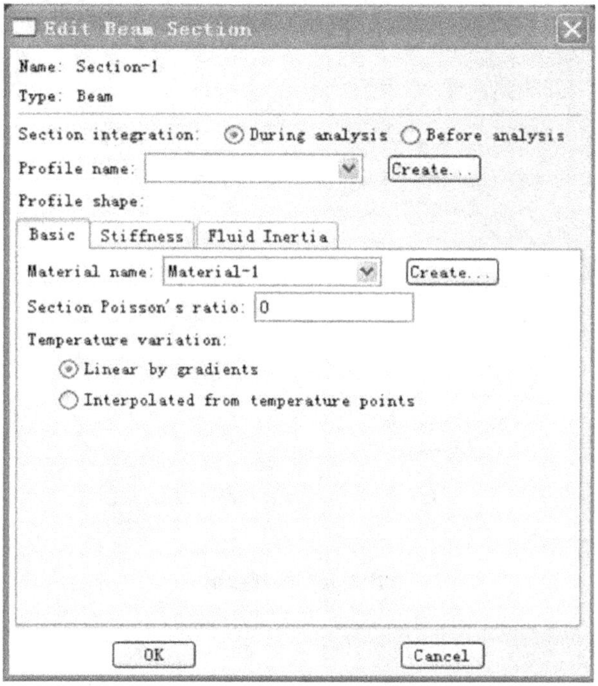

第8章 ABAQUS分析实例

图 8-62 编辑截面属性

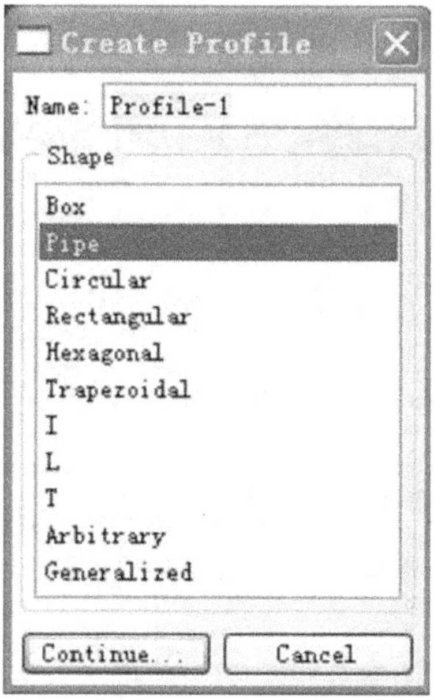

图 8-63 选取管

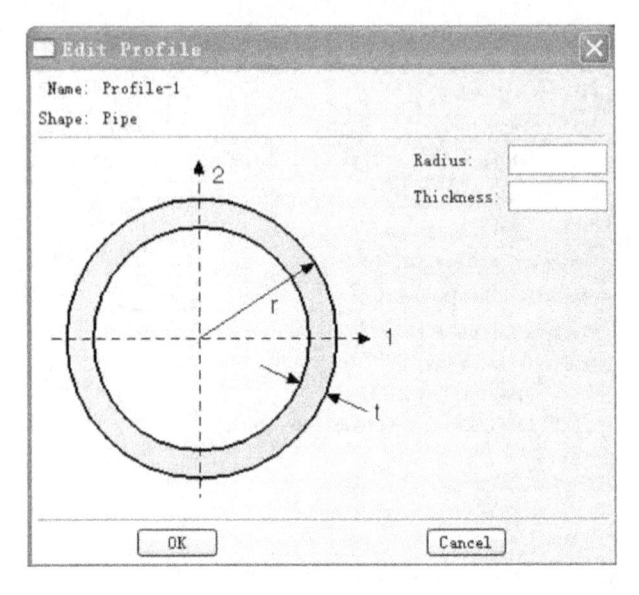

图 8-64　轮廓参数

赋予截面属性：选工具栏中的 ▦ ▦，将截面属性赋予管道。

3. Assembly 模块装配

选工具栏中的 ▦，弹出 Create Instance 对话框，点击 OK，如图 8-65 所示。

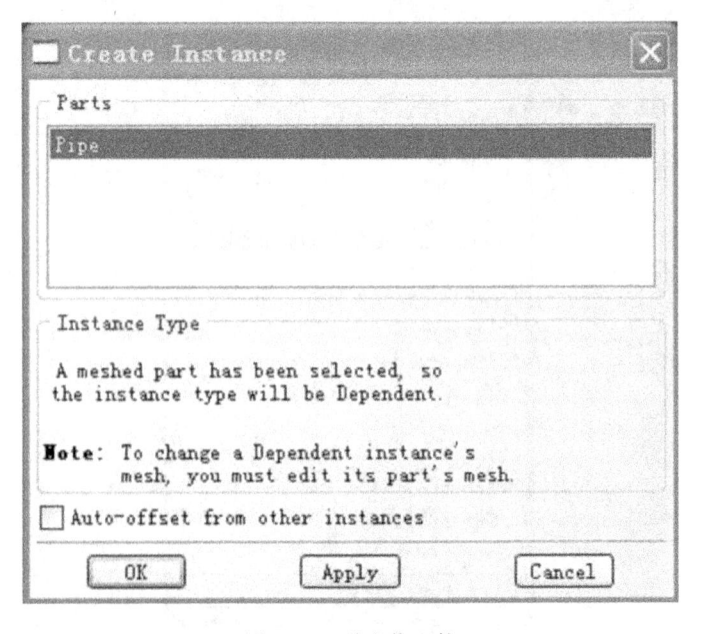

图 8-65　形成装配件

4. Step 模块定义分析步

选工具栏中的 ⚙, 弹出 Creat Step 对话框（图 8-66），将 Name 改为 apply load，选 Static, General，点击 Continue，出现 Edit Step，选 Nlgeom 为 On，选 Incrementation 标签页，将初始时间增量设为 0.1，点击 OK。

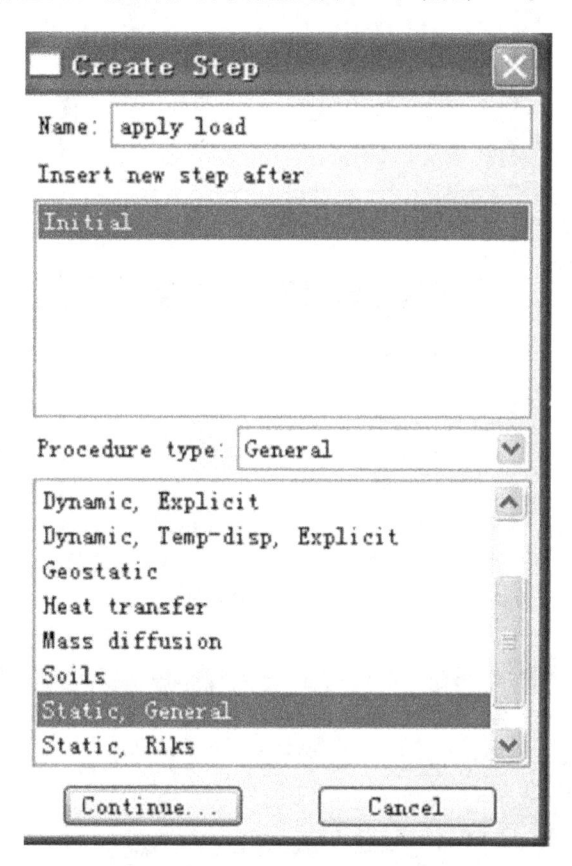

图 8-66 创建分析步

选工具栏中的 ⚙, 弹出 Creat Step 对话框，将 Name 改为 Frequency，选 Linear Perturbation, Frequency（图 8-67），点击 Continue，出现 Edit Step（图 8-68），选 Eigensolver 为 Subspace，在 Number of Eigenvalues Requested 填入 8，点击 OK。

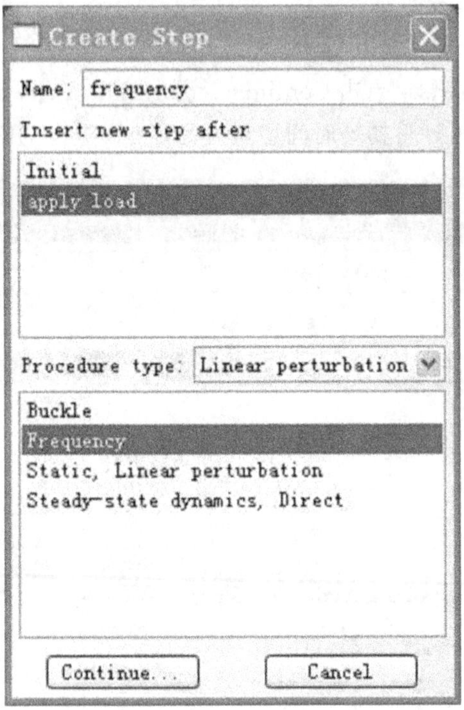

图 8-67 分析步参数选择

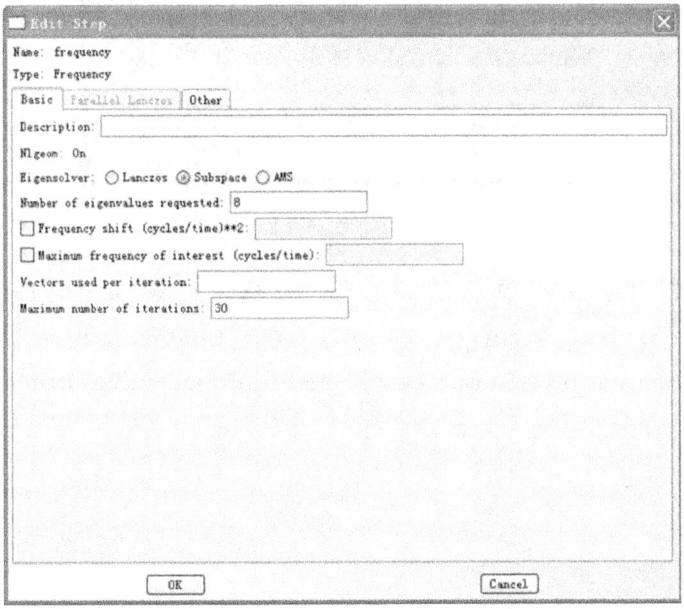

图 8-68 输入分析参数

第 8 章 ABAQUS 分析实例

5. Load 模块加约束及载荷

输入边界条件：选工具栏中的 ▬，在 Step 中选 Initial，在 Type for Selected Step 中选 Displacement/Rotation，确定后选择管道左端点，点击鼠标中键，选 U1、U2、U3、UR1、UR2、UR3（图 8-69），点击 OK。

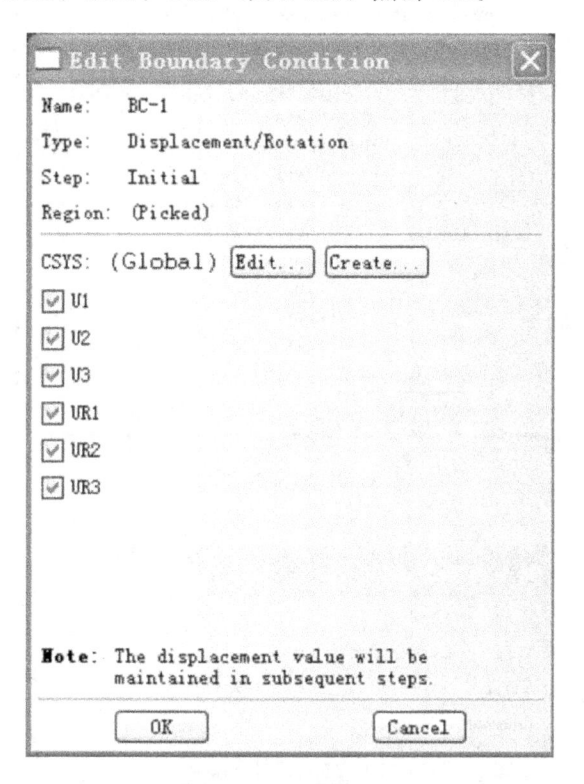

图 8-69　定义约束

选工具栏中的 ▬，在 Step 中选 Initial，在 Type for Selected Step 中选 Displacement/Rotation，确定后选择管道右端点，点击鼠标中键，选 U2、U3、UR1、UR2、UR3，点击 OK。

选工具栏中的 ▬，弹出 Creat Load 对话框（图 8-70），选 Concentrated Force，点击 Continue，选择管道的右端点，再点击鼠标中键，在出现的对话框（图 8-71）CF1 中填入 −4e6，点击 OK。

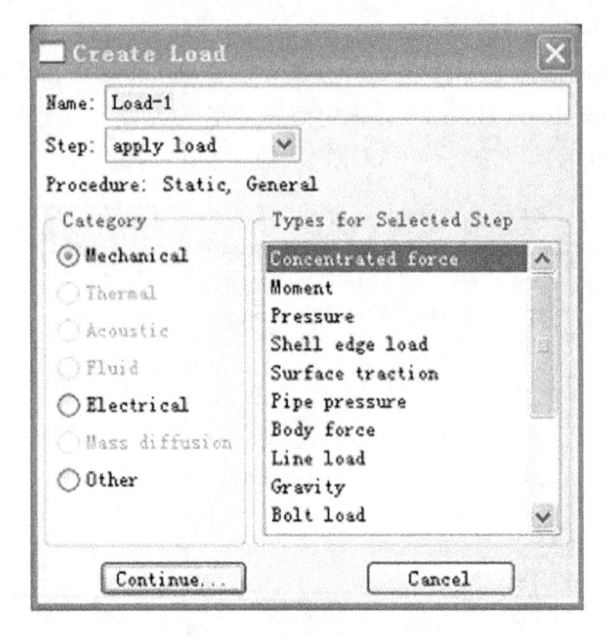

图 8-70 施加载荷方式

图 8-71 载荷大小与方向

6. Mesh 模块划分网格

在 Object 中选 Part，选工具栏中的 ，按住鼠标左键不动，出现一系列选项，选择▦，点击管道，点击鼠标中键，在提示区中输入 30，点击 OK。

设置单元类型：选工具栏中的▦，选 Standard，Quadratic，Pipe，点击 OK。（图 8-72）

划分网格：选工具栏中的▦，在窗口底部提示区显示"Ok to mesh the part?"，点击 Yes，得网格。

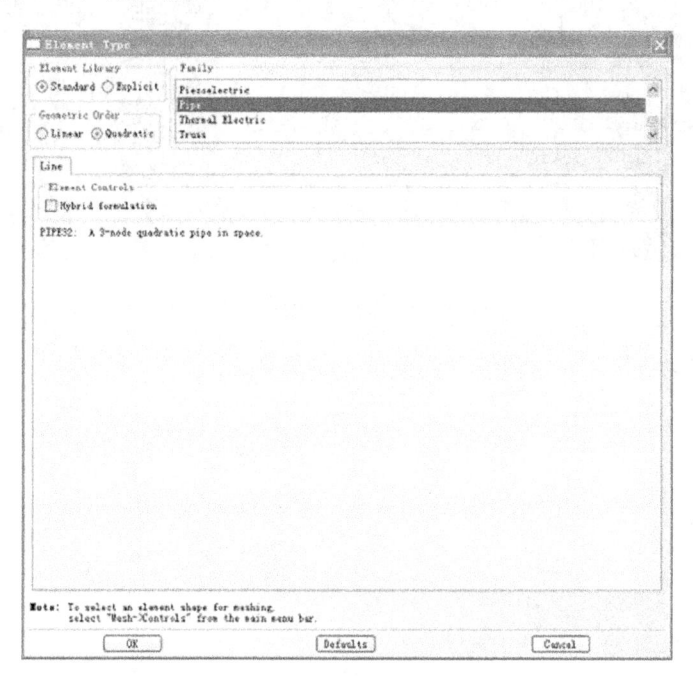

图 8-72　单元类型选择

7. Job 模块提交计算和查看结果

选工具栏中的▦→Creat→Continue→OK，选提交（Submit）（图 8-73），当计算结束，点击 Results 看结果（这时进入了 Visualization 模块）。

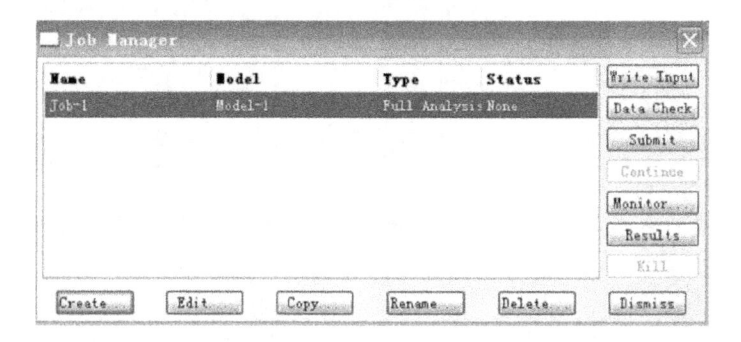

图 8-73　提交分析

8. Visualization 模块进行后处理

点击 ,再点击 ,在主菜单中选择 Results→Step/Frame,在对话框中选择分析步 Frequency 和 Mode1,点击 OK,可以看到变形图和未变形图的叠加(图 8-74)。选择其他 Mode 就可得到相应的模态。

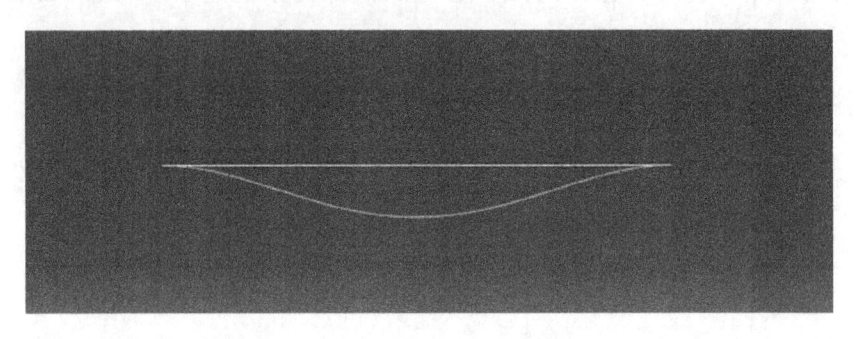

图 8-74 变形前及一阶模态

当压缩载荷作用时这段管子的最低频率为 31.3Hz。

第 9 章　ABAQUS 非线性分析实例

ABAQUS 的结构非线性分析可以解决材料非线性、几何非线性和边界非线性等问题。具体包括。

（1）材料非线性。有非线性弹性、塑性、材料损伤、退化和失效等。

（2）边界条件非线性。接触问题、在分析过程中边界条件变化、严重不连续形式的非线性等。

（3）几何非线性。大挠度和大变形、大旋转、结构不稳定（屈曲）、预载荷效应等。

9.1　铰链连接接触分析

接触问题是一种高度非线性行为。为了进行切实有效的计算，理解问题的物理特性和建立合理的模型是很重要的。

接触问题存在两个较大的难点：其一，在用户求解问题之前，用户通常不知道接触区域。随载荷、材料、边界条件和其他因素的不同，表面之间可以接触或者分开，这往往在很大程度上是难以预料的，并且还可能是突然变化的。其二，大多数的接触问题需要考虑摩擦作用，有几种摩擦定律和模型可供挑选，它们都是非线性的。摩擦效应可能是无序的，所以摩擦使问题的收敛性成为一个难点。

接触问题分为两种基本类型：刚体-柔体的接触，柔体-柔体的接触。在刚体-柔体的接触问题中，接触面的一个或多个被当作刚体（与它接触的变形体相比，有大得多的刚度）。一般情况下，一种软材料和一种硬材料接触时，可以假定为刚体-柔体的接触，许多金属成形问题归为此类接触。柔体-柔体的接触是一种更普遍的类型，在这种情况下，两个接触体都是变形体（有相近的刚度）。

ABAQUS 接触分析功能支持三种接触方式：点-点，点-面和面-面接触。典型面-面接触分析的基本步骤如下。

（1）建立几何模型并划分网格；

（2）识别接触对；

（3）指定接触面和目标面；

（4）定义目标面；

（5）定义接触面；

（6）设置单元关键选项和实常数；

(7) 定义/控制刚性目标面的运动（仅适用于刚体-柔体接触）；

(8) 施加必须的边界条件；

(9) 定义求解选项和载荷步；

(10) 求解接触问题；

(11) 查看结果。

9.1.1 问题描述

所分析的问题模型如图 9-1 所示。

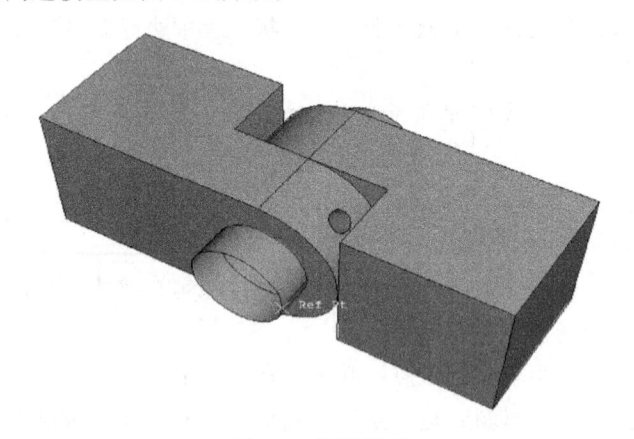

图 9-1 问题模型

9.1.2 详细操作步骤

1. 启动 ABAQUS/CAE

首先运行 ABAQUS/CAE，在出现的对话框内选择 Create Model Database。

2. 创建部件

从 Module 列表中选择 Part，进入 Part 模块，如图 9-2 所示。

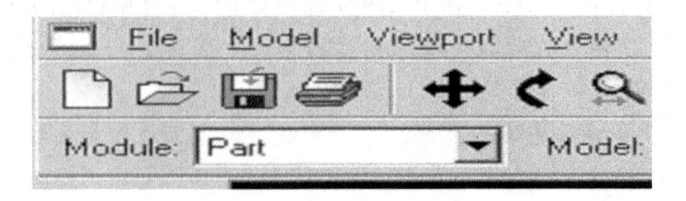

图 9-2 进入 Part 模块

（1）点击左侧工具区的 ，弹出创建部件的对话框，在 Name 后面输入部件名 Hinge-hole，将 Modeling Space 设为 3D，Type 设为 Deformable，在 Base

第 9 章 ABAQUS 非线性分析实例 · 243 ·

Feature 中 Shape 设为 Solid，Type 设为 Extrusion，设置如图 9-3 所示。输入 0.3 作为 Approximate size 的值，点击 Continue。

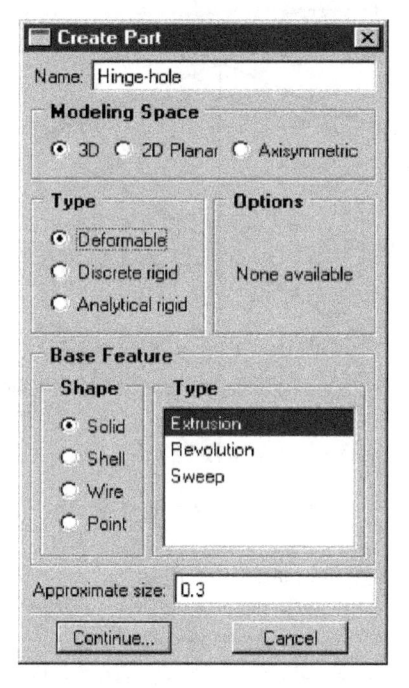

图 9-3 创建部件参数设置

（2）进入绘图环境，点击左侧工具区的 ▭，在窗口底部的提示区输入 (0.02，0.02) 和 (−0.02，−0.02)，然后按回车键，在提示框点击 OK 按钮。CAE 弹出 Edit Basic Extrusion 对话框。输入 0.04 作为 Depth 的数值，如图 9-4 所示。点击 OK 按钮。

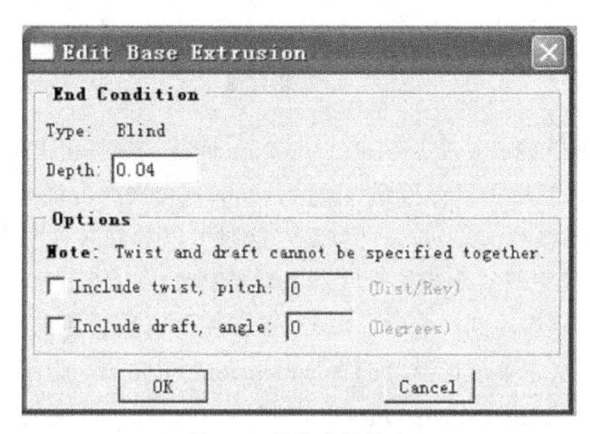

图 9-4 拉伸参数输入

3. 在基本特征上加轮缘

在主菜单上选择 Shape→Solid→Extrude，选择六面体的前表面，点击左键，选择如图 9-5 所示的边，点击左键。

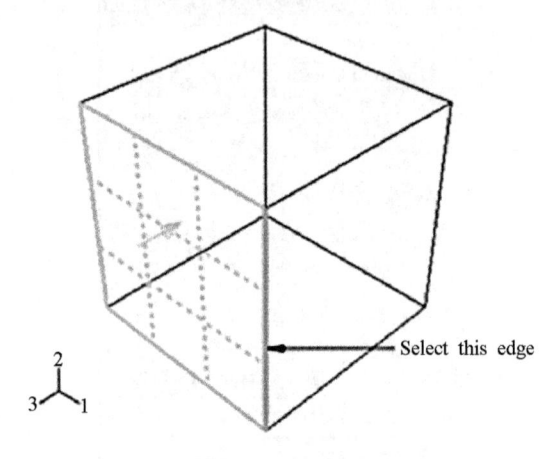

图 9-5　生成三维实体

利用图标创建三条线段，如图 9-6 所示。

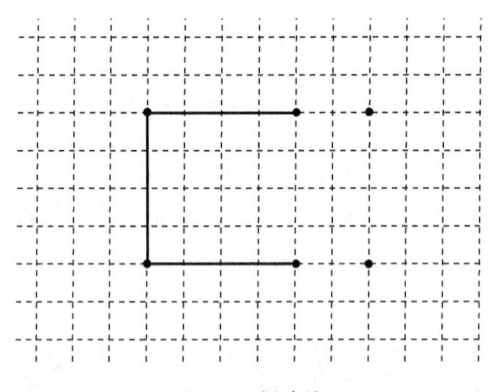

图 9-6　创建线

在工具栏中选择 Create Arc：Center and 2 Endpoints 移动鼠标到（0.04，0.0），圆心，点击左键，然后将鼠标移到（0.04，0.02）再次点击鼠标左键，从已画好区域的外面将鼠标移到（0.04，−0.02），这时可以看到在这两个点之间出现一个半圆，点击左键完成这个半圆。在工具栏选择 Create Circle：Center and Perimeter，将鼠标移动到（0.04，0.0）点击左键，然后将鼠标移动到（0.05，0.0）点击左键。从主菜单选择 Add→Dimension→Radial，为刚完成的圆标注尺寸。选择工具栏的 Edit Dimension Value 图标，选择圆的尺寸（0.01）点击

第 9 章　ABAQUS 非线性分析实例

左键，在提示栏输入 0.012，按回车。再次点击 Edit Dimension Value，退出该操作。点击提示栏上的 Done 按钮。在 CAE 弹出的 Edit Extrusion 对话框内输入 0.02 作为深度的值。CAE 以一个箭头表示拉伸的方向，点击 Clip 可改变这个方向。点击 OK，完成操作。

4. 创建润滑孔

进入 Sketch 模块，从主菜单选择 Sketch→Create，命名为 Hole，设置 0.2 为 Approximate Size 的值，点击 Continue。创建一个圆心在 (0, 0)，半径为 0.003 的圆，然后点击 Done，完成这一步骤。回到 Part 模块，在 Part 下拉菜单中选择 Hinge-hole。在主菜单中选择 Tools→Datum，按图 9-7 所示选择对话框内的选项，点击 Apply。

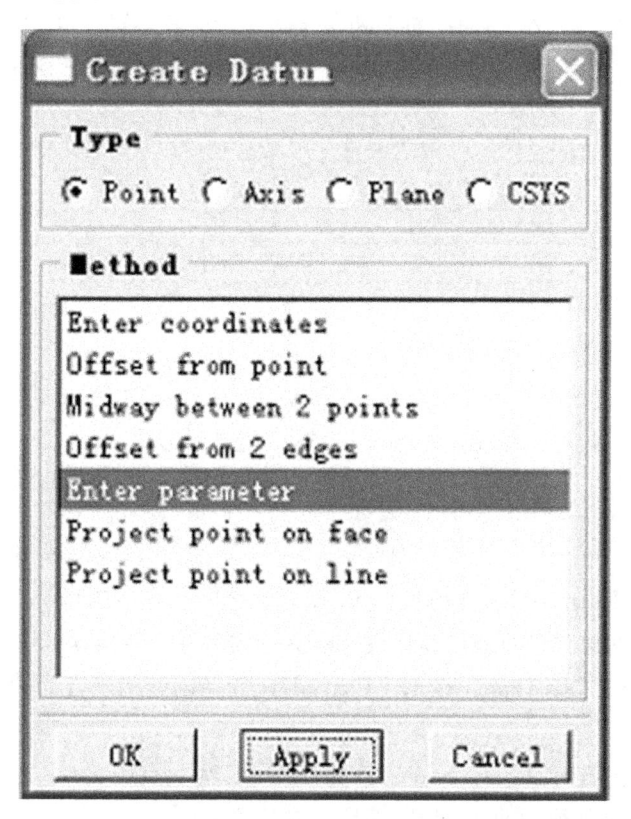

图 9-7　选择参数

选择轮缘上的一条边，见图 9-8，参数的值是从 0 到 1，如果箭头和图 9-8 中所示一样就输入 0.25，敲回车，否则就输入 0.75。ABAQUS/CAE 在这条边的 1/4 处上创建一个点。

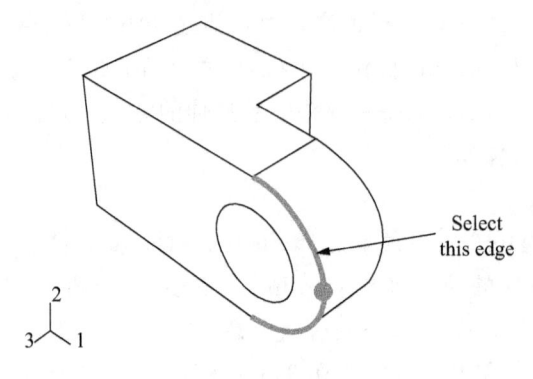

图 9-8 创建点

创建一个基线,在 Create Datum 对话框内选择 Axis,在 Method 选项中选择 2 Points,点击 Apply。选择圆的中心点和刚创建的基点,将创建如图 9-9 所示的基线。

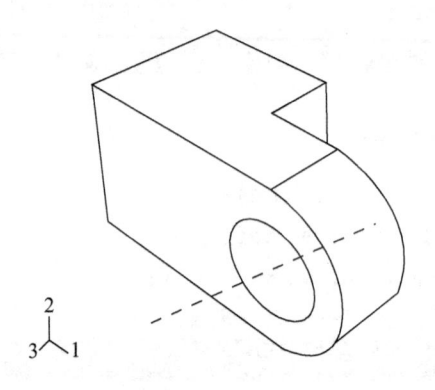

图 9-9 创建基线

在 Create Datum 对话框内选择 Plane,在 Method 中选择 Point and normal,点击 OK,选择刚创建的基点和基线。建立的模型如图 9-10 所示。

从主菜单中选择 Shape→Cut→Extrude,选择创建的基准面和图 9-11 所示的边,点击左键。

从主菜单中选择 Add→Sketch,选择 Hole 然后点击 OK,在提示栏中点击 Translate,通过下面两步将 Hole 移到最终位置。

(1) 先点击 Hole 的圆心,然后点击创建的基点,圆心就移动到了基点上。

(2) 点击工具栏中的 Edit Vertex Location,然后点击移动后的圆心(基点),点击提示栏的 Done,再点击提示栏中随后出现的 Translate 按钮,输入 (0,0) 和 (0,0.01) 敲回车,最后点击 Done。

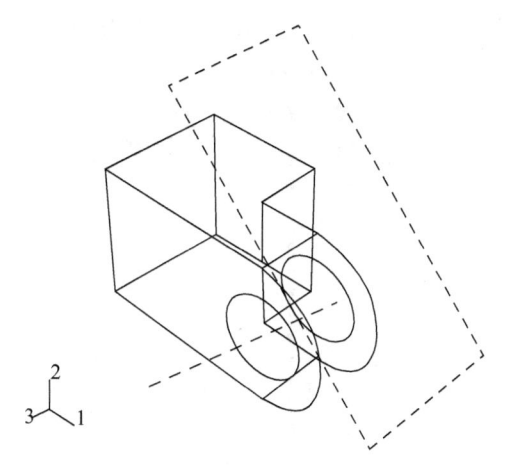

图 9-10　模型图

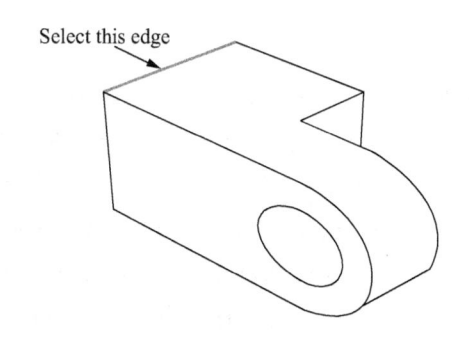

图 9-11　选择边

在 Edit Cut Extrusion 对话框中选择 Blind 作为 Type 的选项，0.015 作为深度，如果需要可以选择 Flip 改变箭头的方向，然后点击 OK。

5. 创建不含润滑孔的铰链

(1) 从主菜单选择 Part→Copy→Hinge-hole，命名新的部件为 Hinge-solid，点击 OK。

(2) 在 Part 下拉菜单中选中 Hinge-Solid，从工具栏里选择 Delete Feature 凸选中创建的基点，点击提示栏里的 Yes，删除基点和他的子特征。

6. 创建一个刚体销钉

从主菜单里选择 Part→Create，命名为 Pin，选择 Modeling Space 为 3D，类型为 Analytical rigid，选择 Revolved shell 为基本特征，输入 0.2 作为 Approximate size 的值，然后点击 Continue。

从工具栏选择 Create Lines：Connected 创建一条从 (0.012, 0.03) 到

(0.012, -0.03) 的直线, 如图 9-12 所示。然后点击 Done, 退出草图。

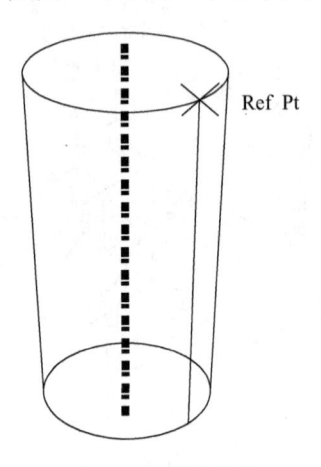

图 9-12 创建直线

7. 创建材料属性

进入 Property 模块，在主菜单中选择 Material→Create 来创建一个新的材料。在 Edit Material 对话框，命名这个材料为 Steel, 选择 Mechanical→Elasticity→Elastic, 在杨氏模量中输入 209E9, 输入 0.3 作为泊松比。点击 OK, 退出材料编辑。从主菜单中选择 Section→Create, 在 Create Section 对话框中定义这个区域为 SoildSection, 在 Category 选项中接受 Solid 作为默认的选择, 在 Type 选项中接受 Homogeneous 作为默认的选择，点击 Continue。在出现的 Edit Section 对话框中选择 Steel 作为材料，接受 1 作为 Plane stress/strain thickness, 并点击 OK。在 Part 中选择 Hinge-hole, 从主菜单中选择 Assign→Section, 选择整个 Part, ABAQUS 将会把你选择的区域高亮化，在对话栏点击 Done, 在出现的 Assign Section 对话框中点击 OK。重复上述步骤，为 Hinge-solid 分配材料属性。

8. 部件组装

进入 Assembly 模块，从主菜单中选择 Instance→Create, 在 Create Instance 对话框中选择 Hinge-hole, 点击 Apply。

在 Create Instance 对话框中选择 Hinge-solid, 选中 Auto-offset from other instances, 点击 OK。

从主菜单中，选择 Constraint→Face to Face, 选择图 9-13 (a) 所示的表面，再选择如图 9-13 (b) 的表面，点击 Flip, 如果两个箭头同向, 点击 OK, 在提示栏输入 0.04, 敲回车。

从主菜单中选择 Constraint→Coaxial, 先选择如图 9-14 (a) 所示的孔, 再

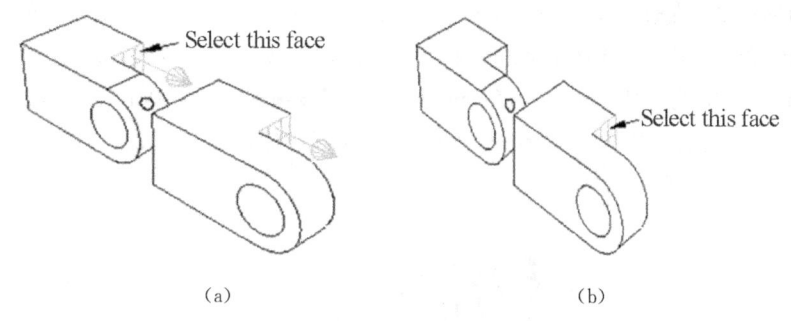

第 9 章　ABAQUS 非线性分析实例　　　　　　　　　　　　　　　　• 249 •

　　　　　　（a）　　　　　　　　　　　　　（b）

图 9-13　选择面

选择如图 9-14（b）所示的孔，点击 Flip，如果箭头如图 9-14（b）所示，点击 OK。

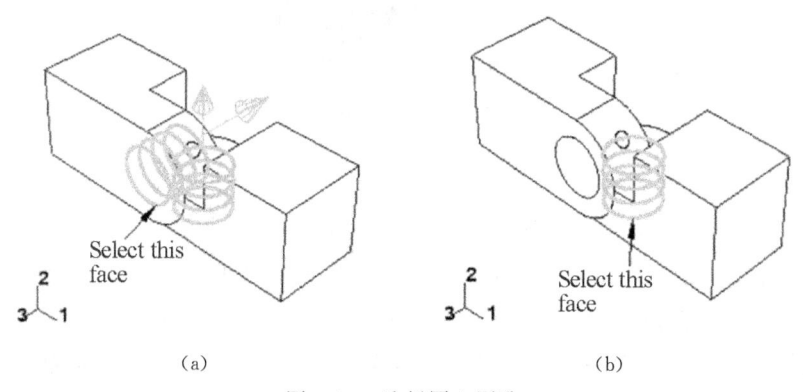

　　　　　　（a）　　　　　　　　　　　　　（b）

图 9-14　选择同心圆孔

　　从主菜单中选择 Constraint→Edge to Edge，选择如图 9-15（a）所示的边，再选择如图 9-15（b）所示的边，点击 Flip，如果箭头如图 9-15（b）所示，点击 OK。完成铰链的组装。

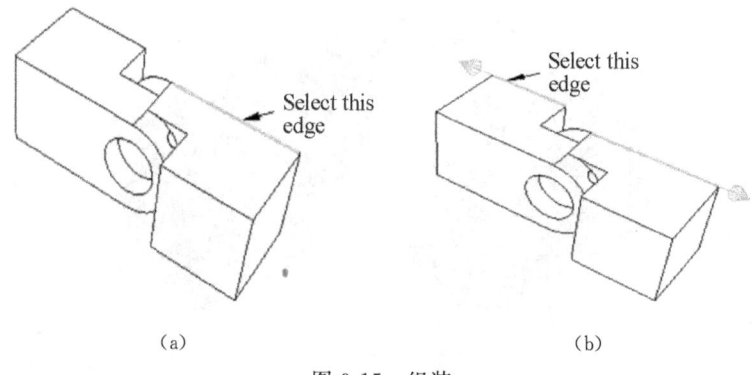

　　　　　　（a）　　　　　　　　　　　　　（b）

图 9-15　组装

从主菜单中选择 Instance→Create，选择 Pin，点击 OK。从主菜单中选择 Constraint→Coaxial，选择 Pine 和铰链中的孔，如果需要点击 Flip，点击 OK。

从主菜单中选择 Instance→Translate，选择 Pine，点击 Done，在 CAE 警告信息栏中点击 Yes。在提示栏输入（0，0，0）和（0，0，0.02），敲回车。在提示栏点击 OK。最终的构形如图 9-16 所示。

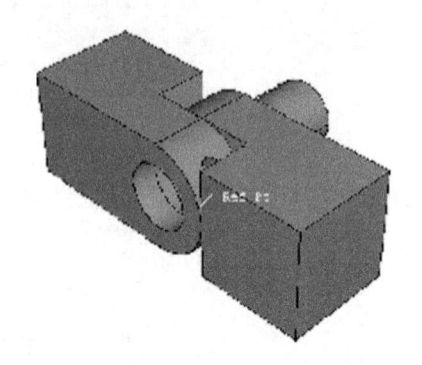

图 9-16　三维模型

9. 定义分析步

进入 Step 模块，从主菜单中选择 Step→Create，命名这个分析步为 Contact，接受默认的 Static，General，点击 Continue。在出现的 Edit Step 对话框中，接受所有默认选择，并点击 OK，创建一个分析步。

重复上一步，创建一个分析步，命名为 Load，在 Edit Step 对话框中，进入 Incrementation 子选项，输入 0.1 为 Initial Increment Size。点击 OK，完成分析步的创建。

为输出结果创建几何集，在主菜单选择 Tools→Set→Create，命名这个几何集为 Ndisp-output，点击 Continue。选择如图 9-17 所示的点。点击 Done，完成该步骤。

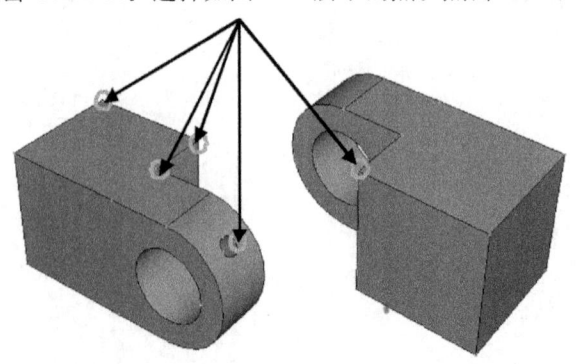

图 9-17　定义输出

采用相同的技术，定义如图 9-18 所选的面为 Fixed-face-output，所选的边为 Hole-output。

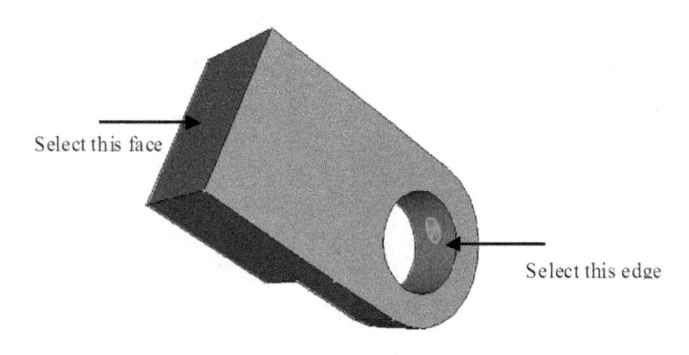

图 9-18　选择面和边

从主菜单中选择 Output→Field Output Requests→Manager，从出现的对话框中选择 F-output-1，点击 Edit，删除变量 PE、PEEQ 和 PEMAG，删除选择 Forces/Reactions，点击 OK，点击 Dismiss 退出 Field Output Requests Manager。

从主菜单中选择 Output→History Output Requests→Manager，从出现的对话框中选择 H-output-1，点击 Edit，在 Domain 中选择 Set name，并选择 Ndisp-output，去掉 Energy 选项，输入 U1、U2、U3，点击 OK。

创建新的历史输出，为 Fixed-face-output 输出变量 RF1，为 Hole-output 输出变量 S11，MISES 和 E11。点击 Dismiss，退出 History Output Requests Manager。

从主菜单中选择 Tools→Set→Create，命名为 Monitor，点击 Continue，选择 Ndisp-output 集中于 Hinge-solid 上的点，点击 Done，完成几何集的创建。

从主菜单中选择 Output→DOF Monitor，选中 Monitor a degree of freedom throughout the analysis，在 Point region 选择 Monitor，在 Degree of freedom 中输入 1，点击 OK。

10. 定义表面和相互作用

进入 Interaction 模块，选择 View→Assembly Display Options，在 Assembly Display Options 对话框中点击 Instance，点击 Hinge-hole-1 和 Hinge-solid-1，最后点击 Apply。ABAQUS/CAE 只显示 Pin 部件。

从主菜单中选择 Tools→Surface→Create，命名这个表面为 Pin，点击 Continue，选择销钉外表面，点击提示栏内的 Done，在销钉上出现两个箭头，选择 Magenta 作为销钉表面的法向。

采用第一步的方法，只显示 Hinge-hole-1。从主菜单中选择 Tools→Surface→

Create，命名这个表面为 Flange-h，点击 Continue，选择如图 9-19（a）的表面。采用同样的技术创建一个叫 Inside-h 的表面，如图 9-19（b）所示。

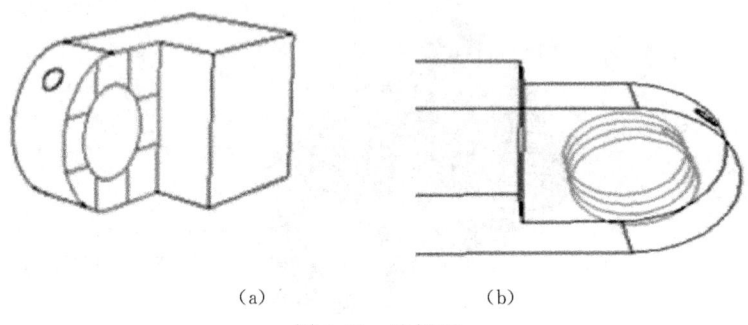

(a)　　　　　　(b)

图 9-19　选择面

只显示 Hinge-solid-1，创建和 Flange-h 表面紧靠在一起的表面，命名为 Flange-s。同样创建一个表面，命名为 Inside-s，该表面和 Inside-h 通过 pin 连接在一起。

11. 定义模型各部分之间的接触

从主菜单选择 Interaction→Property→Create，在出现的对话框中命名其为 NoFric，接受 Contact 作为默认选择，点击 Continue。在后出现的 Edit Contact Property 对话框中，选择 Mechanical→Tangential Behavior，接受默认的选择，然后选择 Mechanical→Normal Behavior，接受默认的选择，点击 OK。

从主菜单中选择 Interaction→Manager，然后点击 Create，在出现的对话框中，命名其为 Hingepin-hole，接受默认选择，点击 Continue。在提示栏的右下角点击 Surface，在 Region Selection 对话框中选择 Pin 作为主表面，点击 Continue。采用同样技术，选取 Inside-h 作为从表面，点击 Continue。观察出来的对话框，并接受默认的选择，点击 OK。

采用相同的技术定义一个相互作用为 Hingepin-solid，用 Pin 作为主表面，Inside-s 作为从表面，NoFric 为相互作用的特性。创建一个 Flanges 的相互作用，用 Flange-h 作为主表面，Flange-s 作为从表面。然后点击 Dismiss 退出 Interaction Manager。

12. 定义边界条件

进入 Load 模块，从主菜单中选择 BC→Manager，在 Boundary Condition Manager 中点击 Create，在出现的 Create Boundary Condition 对话框中，命名这个边界条件为 Fixed，接受默认的选择，点击 Continue，在出现的 Region Selection 对话框中选择 Fixed-face-output，点击 Continue，在出现的 Edit Boundary Conditions 对话框中选中 Encastre，点击 OK。

在 Boundary Condition Manager 中点击 Create，命名这个边界条件为 NoSlip，选择 Displacement/Rotation，点击 Continue。选择 Pin 的刚体参考点，点击 Done，在 Edit Boundary Conditions 对话框中选中所有选项，点击 OK。

在 Boundary Condition Manager 中，选中图 9-20 所示，点击 Edit，去掉 U1 和 UR2 的选择，点击 OK，可以注意到，在 Load 步时，NoSlip 的状态变为 Modified。

图 9-20 编辑边界条件

继续创建一个叫 Constrain 的边界条件，选择 Displacement/Rotation，选择前面定义的 Monitor，约束它在 1，2，3 三个方向的平动。按照 3 步中的办法，在 Load 分析步，释放 1 方向的约束。完成后，退出 Boundary Condition Manager。

13. 施加载荷

从工具栏中选择 Create Load 按钮，在对话框中，命名载荷为 Pressure，接受以 Load 作为载荷施加的分析步，选择载荷类型为 Pressure，点击 Continue。

选择图 9-21 的底面，点击 Done，在对话框中，输入 $-1.0E6$，接受默认选择，点击 OK。

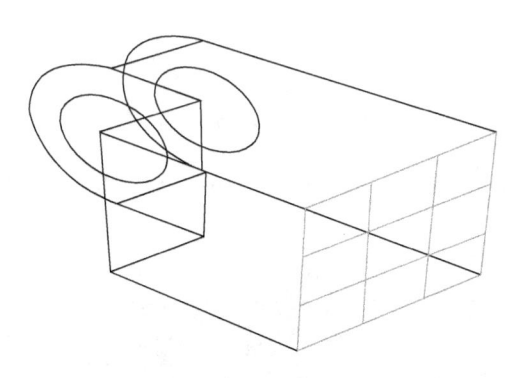

图 9-21 施加荷载

14. 划分网格

进入 Mesh 模块，从主菜单选择 Tools→Partition，在 Create Partition 对话框中，选择 Cell，选择 Extend face，点击 Apply。选择整个 Hinge-solid-1，选择图 9-22（a）的面，点击提示栏中的 Create Partition 按钮。CAE 形成如图 9-22（b）所示图形。

(a)　　　　　　　　　　　　　(b)

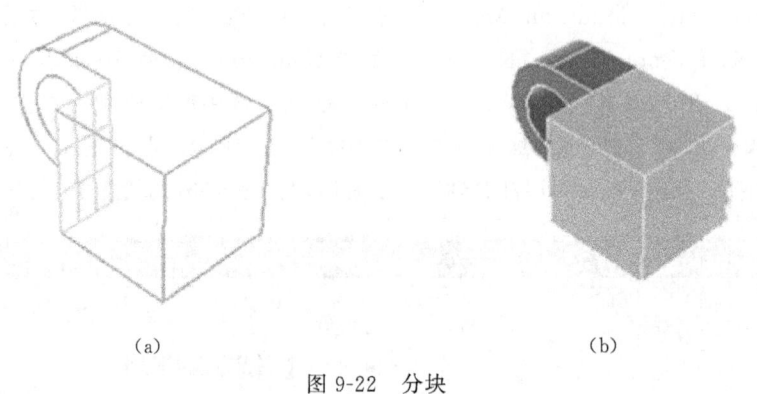

图 9-22　分块

同前步，先将 Hinge-hole 分成两个部分。

从 Create Partition 对话框中，选择 Cell，选择 Define cutting plane，点击 Apply，选择整个 Hinge-hole，点击 Done，在提示栏选择 3 Points，选择如图 9-23的三点，点击 Create Partition 按钮，CAE 将整个 Hinge-hole 分为 3 块。

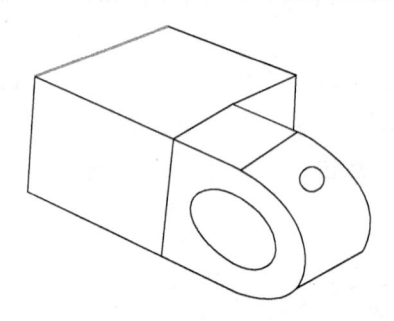

图 9-23　选择分块面

采用 Define cutting plane 将 Hinge-hole 分成图 9-24 的数个部分（用 3 Points）。

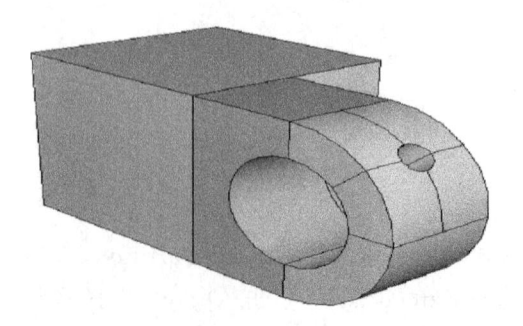

图 9-24　分块结果

再采用上面相同的技术将突起的底部分割成 2 个部分，最终结果如图 9-25 所示。

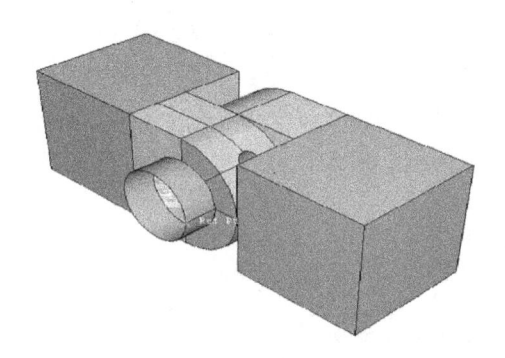

图 9-25 分割完成

从主菜单选择 Mesh→Controls，选中除了销钉以外的所有部分，点击 Done，在对话框内接受默认的选项，点击 OK。

从主菜单选择 Mesh→Element Type，用相同方法选中除了销钉以外的所有部分，点击 Done，在对话框中，接受所有的默认选择，点击 OK。

从主菜单选择 Seed→Instance，选中 2 个铰链，点击 Done，在提示栏中输入 0.004，敲回车，点击 Done。

从主菜单选择 Mesh→Instance，选中 2 个铰链，点击 Done。CAE 将为铰链划分网格。

15. 提交分析

进入 Job 模块，从主菜单选择 Job→Create，命名其为 Pullhinge，点击 Continue，接受所有的默认选择，点击 OK。

从主菜单选择 Job→Manager，在 Job Manager 中点击 Submit 提交任务，点击 Monitor 来观察分析的进程。

分析结束后，点击 Results，对结果进行可视化。

16. 查看结果

点击工具栏的 Plot Deformed Shape 按钮，显示结构变形结果。

从主菜单选择 Plot→Contours，显示云图，通过主菜单的 Result→Field Output，可以改变等高线所代表的变量。

从主菜单选择 Animate→Time History，可以观看 CAE 制作的动画过程。

从主菜单选择 Result→History Output，可以选取你想要绘制的 x-y 曲线。

9.2 材料非线性超静定梁分析

9.2.1 问题描述

矩形截面超静定梁如图 9-26 所示,梁长 $L=4m$,高 $H=0.2m$,上面作用均布载荷 q,材料特性如图 9-27 所示,弹性模量 $E=200GPa$,泊松比 $\mu=0.3$,屈服应力 $\sigma_y=360MPa$。

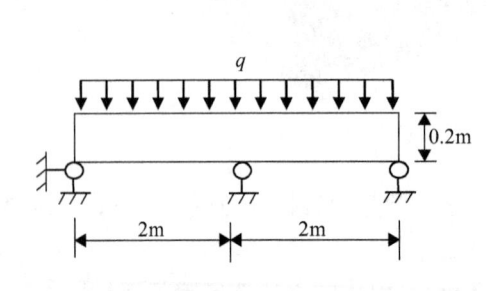

图 9-26 梁约束与受力情况

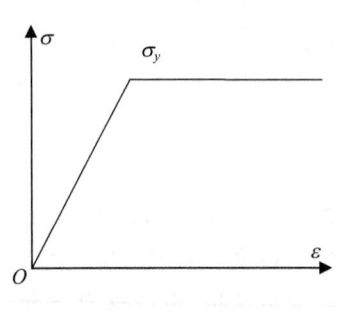

图 9-27 材料特性

9.2.2 详细操作步骤

1. Part 模块创建部件

进入 ABAQUS/CAE,在主窗口的模块(Module)进入 Part 模块,选 ⌷,进入 Creat Part 对话框,选取 2D Planar,Deformable,Shell 单元,如图 9-28 所示,大致尺寸设为 5000,再用鼠标在工具箱中选择 ⌷,起点定在(-2000,-100)点,终点定在(2000,100)点,画出梁的形状。点击 ⌷,再点击 ⌷,起点定在(0,100)点,终点定在(0,-100)点,连续点击鼠标中键三次,完成梁的绘制。

2. Property 模块定义材料属性

输入材料常数,选工具栏中的 ⌷,弹出 Edit Material 对话框如图 9-29 所示。

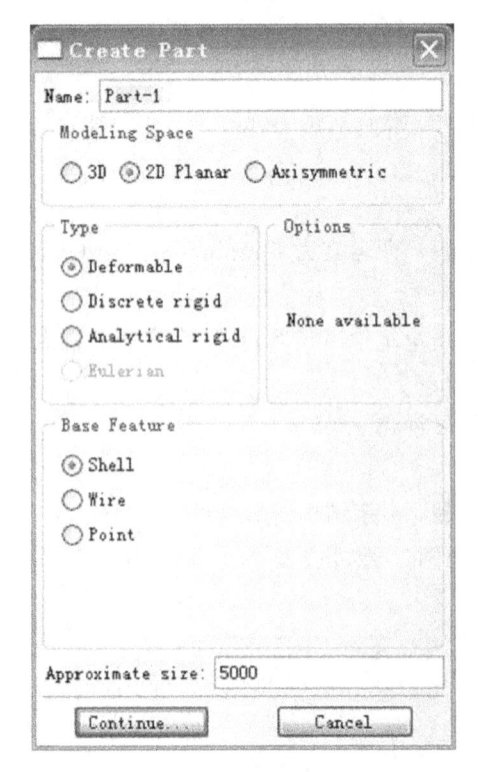

图 9-28 创建部件

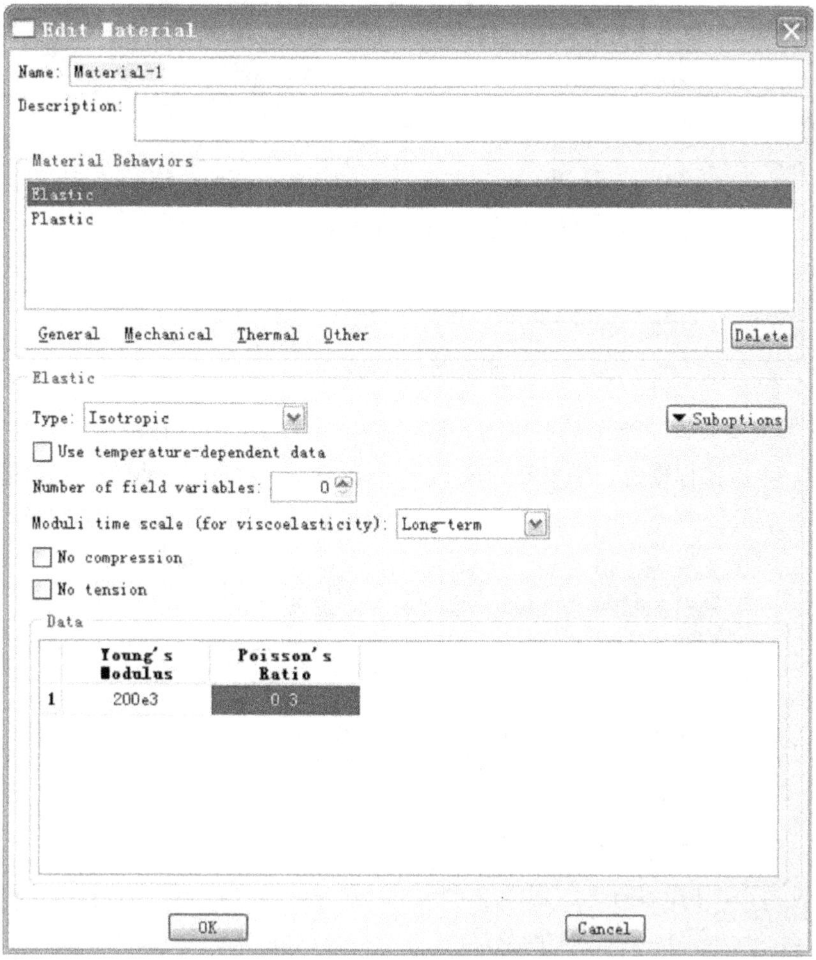

第 9 章　ABAQUS 非线性分析实例

图 9-29　定义材料属性

弹性常数：在 Mechanical→Elasticity 中填弹性模量和泊松比分别为 200e3 和 0.3。

塑性常数：在 Mechanical→Plasticity 中填屈服应力为 360 和 0（0 表示刚屈服时塑性应变为零）（注意：这里输入的弹性常数和塑性常数都属于 Material-1，而不是两种不同材料的属性）。

定义截面性质：选工具栏中的 ，选 Continue，点击 OK，如图 9-30 所示。

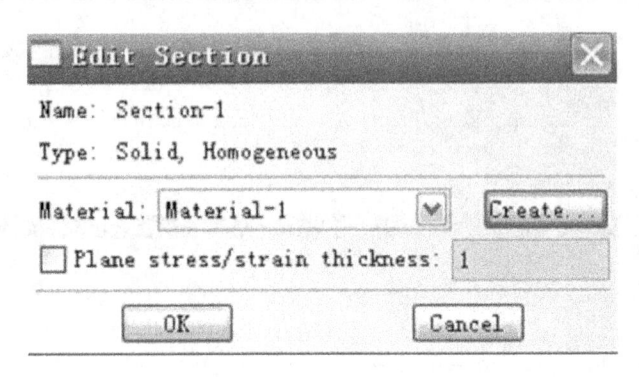

图 9-30 截面属性

赋予截面属性：选工具栏中的 ▥▸▤，在矩形区域中点鼠标左键，选定整个矩形区域，再点鼠标中键，弹出 Edit Section Assignment 对话框，点击 OK，如图 9-31 所示。

图 9-31 赋予截面属性

3. Assembly 模块创建实例

选工具栏中的 ▤，弹出 Create Instance 对话框，点击 OK，如图 9-32 所示。

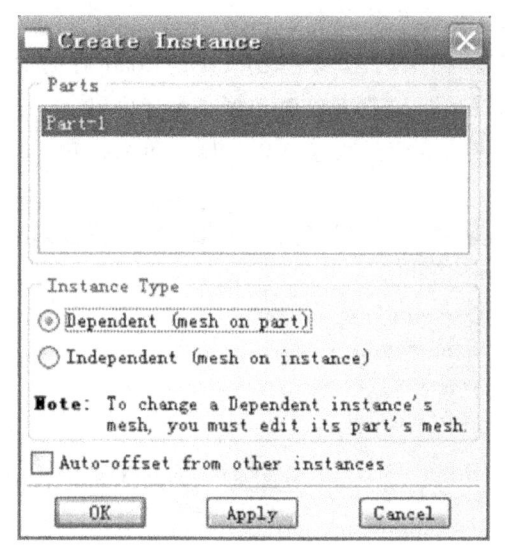

第 9 章 ABAQUS 非线性分析实例

图 9-32 创建实例

4. Step 模块定义分析步

选工具栏中的 ○→■，弹出 Creat Step 对话框如图 9-33 所示，将 Name 改为 Apply Load，选 Static，General，点击 Continue，出现 Edit Step，点击 OK。

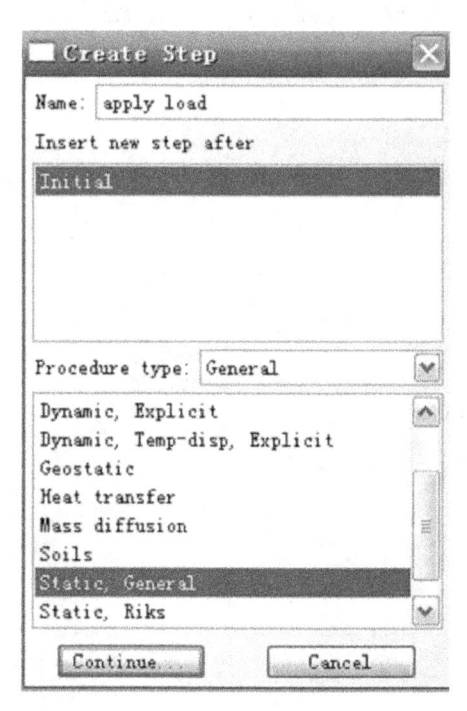

图 9-33 定义分析步

5. Load 模块定义边界条件与加载

输入荷载：选工具栏中的 ⌐┘，弹出 Creat Load 对话框如图 9-34 所示，选 Pressure，点击 Continue，选梁上表面，再点鼠标中键，出现的对话框如图 9-35 所示，Magnitude 中填入 q 值的大小（正为压，负为拉）。

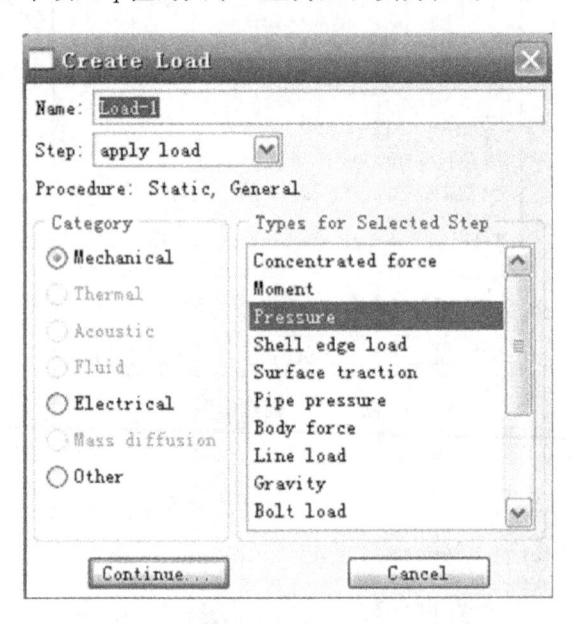

图 9-34 载荷性质

图 9-35 载荷大小

第 9 章　ABAQUS 非线性分析实例

定义边界条件：选工具栏中的 ⌊⊐，在 Step 中选 Initial，在 Type for Selected Step 中选 Displacement/Rotation，如图 9-36 所示，确定后选择梁的左下端为固定铰支座，选 U1、U2；重复上一步操作，选梁下端中点为竖向铰支座，选 U2，选梁的右下端为竖向铰支座，选 U2。

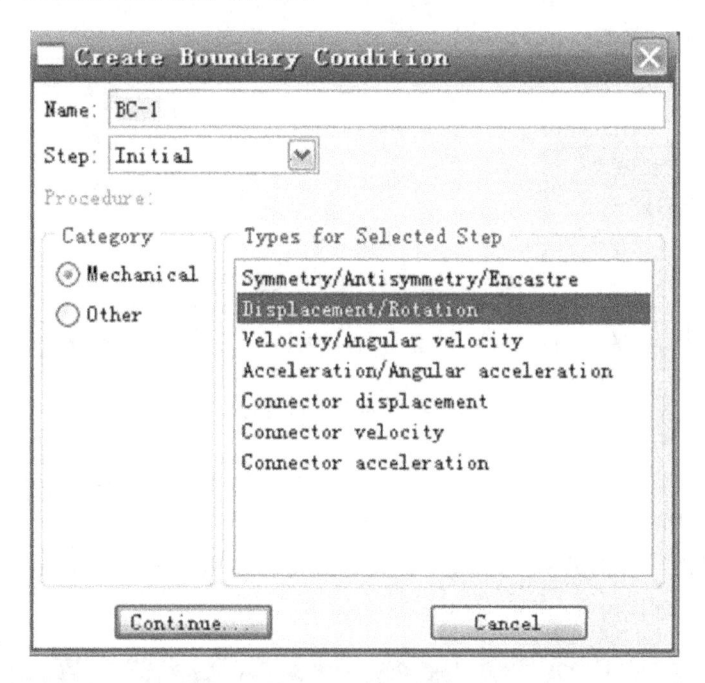

图 9-36　定义约束

6. mesh 模块划分网格

在 Object 中选 Part，如图 9-37 所示，选工具栏中的 ⌊⊐，按住鼠标左键不动，出现一系列选项，选 Seed Part。在 Approximate globe size 输入 50，点击 OK。

图 9-37　选部件

设置网格控制参数：选工具栏中的 ▦，在 Element Shape 中选 Quad，在 Technique 中选 Structured，如图 9-38 所示。

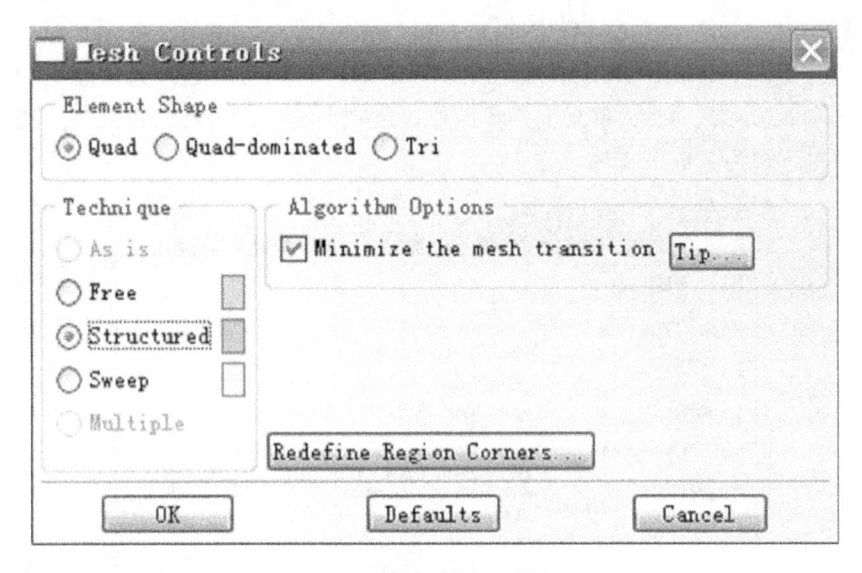

图 9-38 网格控制参数

设置单元类型：选工具栏中的 ▦，在 Geometric Order 中选 Linear，在 Family 中选 Plane Stress。

划分网格：选工具栏中的 ▦，在窗口底部提示区显示 Ok to mesh the part? 点击 Yes，得如图 9-39 所示网格。

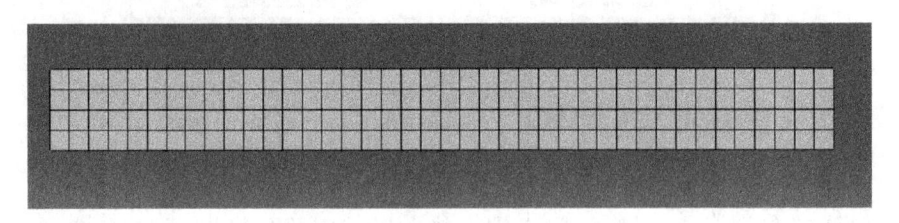

图 9-39 网格

7. Job 模块提交计算

选工具栏中的 ▦→Creat→Continue→OK，选提交（Submit），如图 9-40 所示。当计算结束，点击 Results 看结果（这时进入了 Visualization 模块），点击工具栏的 ▦，就可看到 Mises 应力分布云图。

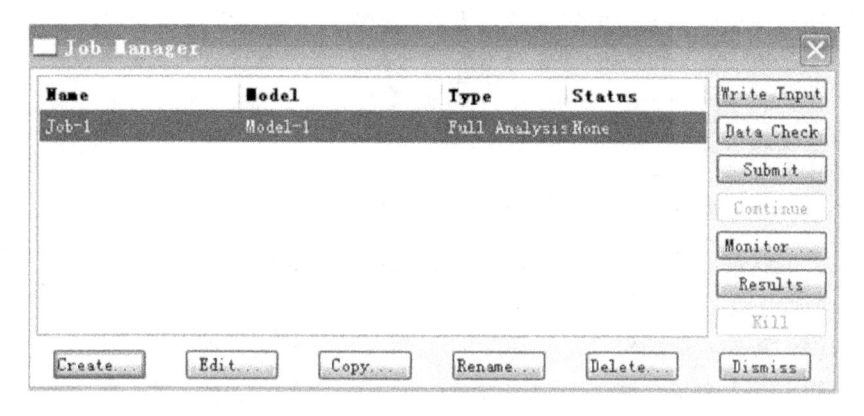

第 9 章 ABAQUS 非线性分析实例

图 9-40 提交工作

8. Visualization 模块查看结果

图 9-41 是 $q=8$MPa 的情况，这时在中间支座处形成了塑性铰；图 9-42 是 $q=10$MPa 的情况，这时随着 q 的增大，在梁的中部也形成了塑性铰。

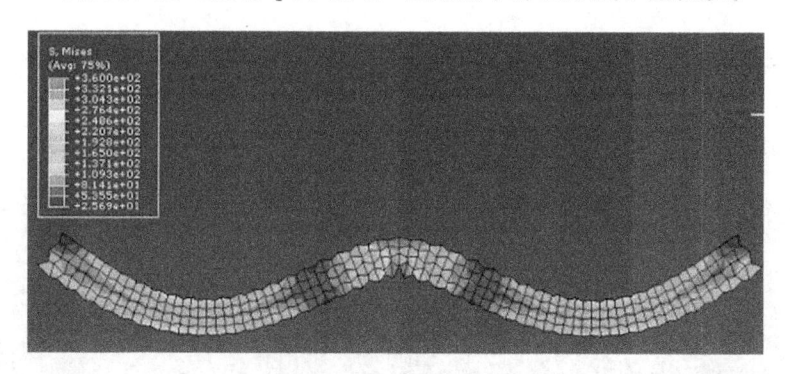

图 9-41 $q=8$MPa 时的应力云图

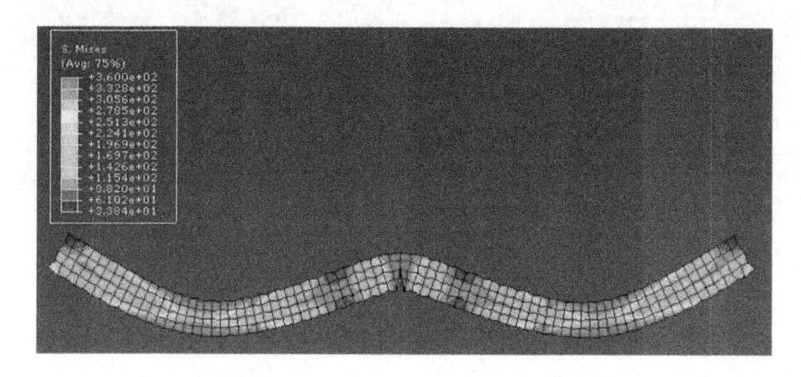

图 9-42 $q=10$MPa 时的应力云图

同等条件下简支梁产生塑性铰的极限弯矩为

$$M_u = \frac{1}{4}\sigma_y H^2$$

则极限载荷为

$$q^u = 8\frac{M_u}{L^2} = 2\sigma_y\left(\frac{H}{L}\right)^2 = 2\times 360\times\left(\frac{0.2}{4}\right)^2 = 1.8\text{MPa}$$

由此可以得出结论：超静定结构的承载能力要远大于静定结构。在载荷不断增大的情况下，超静定结构首先会在某一个或一些部位出现塑性铰，使结构变为静定结构，随着载荷的继续增大，一旦塑性铰再出现，此时结构变为机构体系，整个结构也就失去了承载能力。通过 ABAQUS 有限元分析，我们能很直观地看出塑性铰首先出现的部位。

9.3 板的大变形分析

9.3.1 问题描述

如图 9-43 所示平板，长 120m，宽 60m，厚 0.08m，材料弹性模量为 200GPa，密度 7850kg/m³，一端固定，一端自由，分析自由端面受到大小为 100Pa 的载荷作用，板面内受到 50Pa 的力作用时的应力和变形情况。

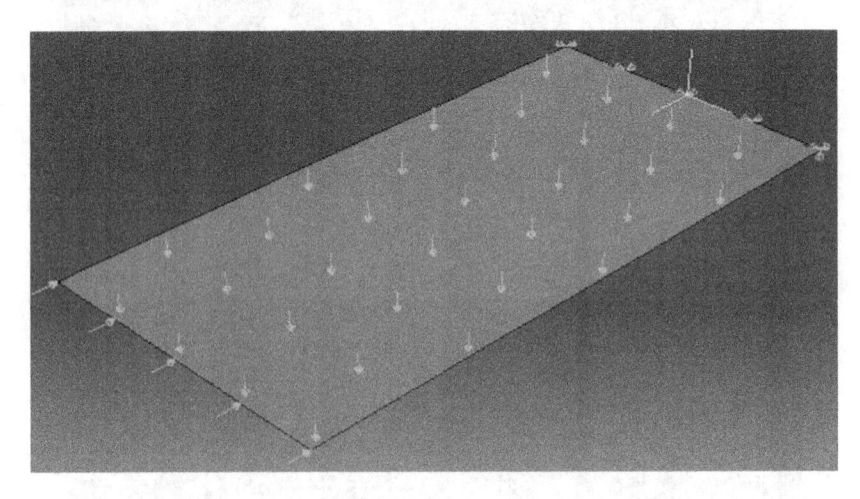

图 9-43　板受力情况

9.3.2 详细操作步骤

1. Part 模块建模

进入 ABAQUS/CAE，在主窗口的模块（Module）进入 Part 模块，选 ，进入 Creat Part 对话框，选取 3D，Deformable，Shell，Extrusion，如图 9-44 所示，大致尺寸设为 200，再用鼠标在工具箱中选择 ，起点定在 (-30, 0) 点，终点定在 (30, 0) 点，连续点击鼠标中键三次，出现对话框，如图 9-45 所示，在 Depth 输入 120，点击 OK，完成板的绘制。

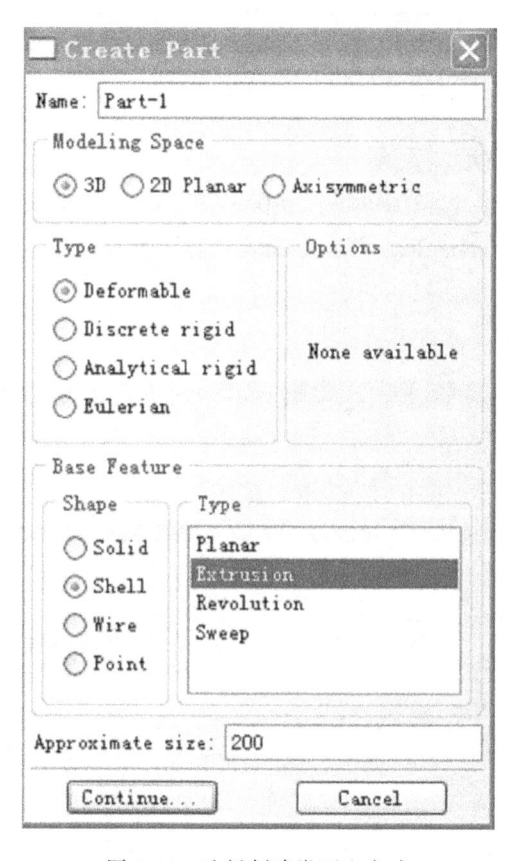

图 9-44 选择创建类型和方式

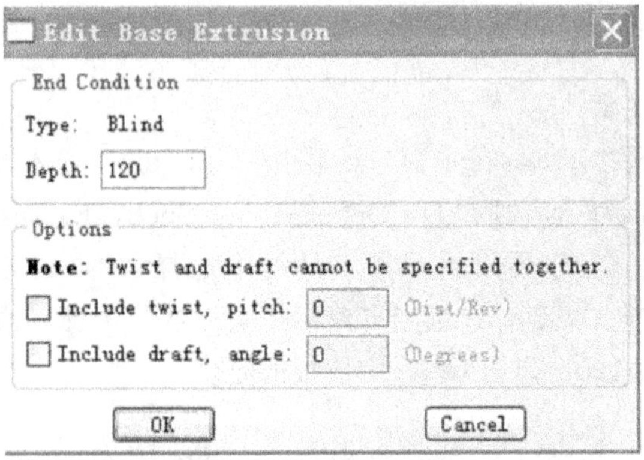

图 9-45　填写参数

2. Property 模块定义属性

输入材料常数，选工具栏中的 ，弹出 Edit Material 对话框，如图 9-46 所示。

弹性常数：在 Mechanical→Elasticity 中填弹性模量和泊松比分别为 200e9 和 0.3。

密度常数：在 General 中填 7850。

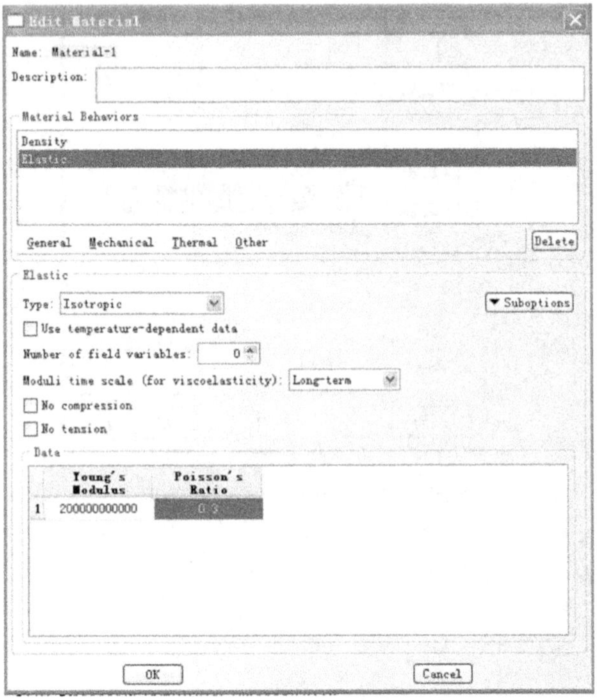

图 9-46　输入材料参数

第 9 章 ABAQUS 非线性分析实例

选工具栏中的 ≡，Category 选 Shell，Type 选 Homogeneous，点击 Continue，在 Value 一栏中填 0.08，点击 OK，如图 9-47 所示。

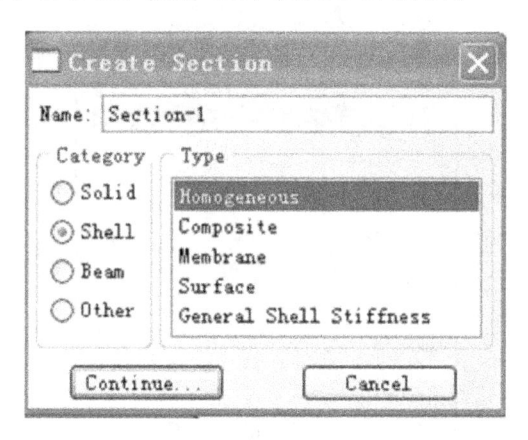

图 9-47 定义截面

赋予截面属性：选工具栏中的 ≡，在板区域中点鼠标左键，选定整个板区域，再点鼠标中键，弹出 Edit Section Assignment 对话框，点击 OK。如图 9-48 所示。

图 9-48 赋予截面属性

3. Assembly 模块创建实例

选工具栏中的 ![icon]，弹出 Create Instance 对话框，点击 OK，如图 9-49 所示。

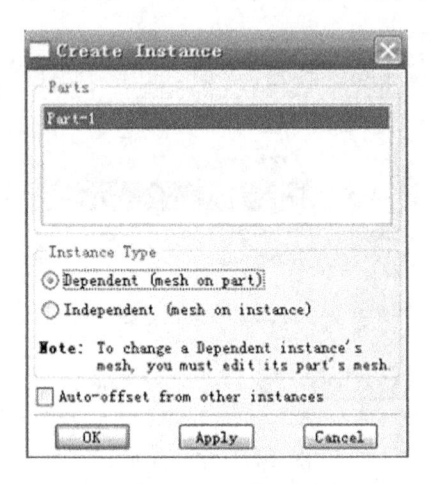

图 9-49 创建实例

4. Step 模块创建分析步

选工具栏中的 ![icon]，弹出 Creat Step 对话框，如图 9-50 所示，将 Name 改为 apply load，选 Static，Riks，点 Continue，出现 Edit Step，选 Nlgeom 为 On，在 Incrementation 标签栏中将 Initial 设为 0.1，点击 OK。

图 9-50 创建分析步

5. Load 模块施加约束与载荷

输入载荷：选工具栏中的 ，弹出 Creat Load 对话框，如图 9-51 所示，选 Pressure，点击 Continue，选择板面，再点鼠标中键，在提示区选 Purple，在出现的对话框，如图 9-52 所示，Magnitude 中填入 50。再次施加载荷，选 Shell edge load，选择板的一侧短边，点击鼠标中键，在 Magnitude 中输入 100，点击 OK。

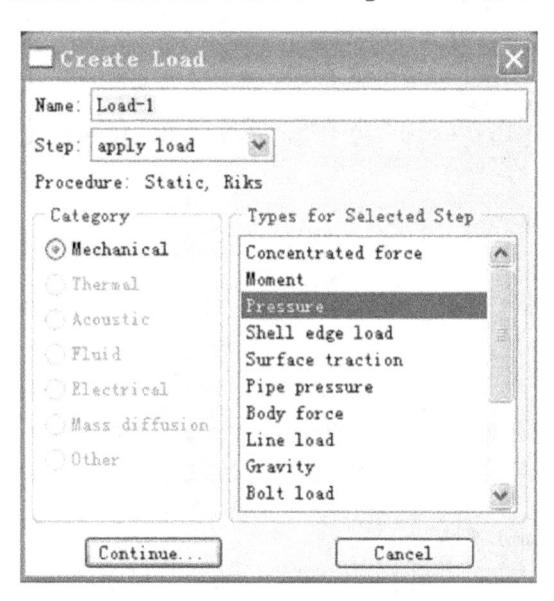

图 9-51 施加载荷

图 9-52 输入载荷大小

输入边界条件：选工具栏中的 ![icon]，在 Step 中选 Initial，在 Type for Selected Step 中选 Symmetry/Antisymmetry/Encastre，如图 9-53 所示，确定后选择板的另一侧短边，点击鼠标中键，选 ENCASTRE，点击 OK。

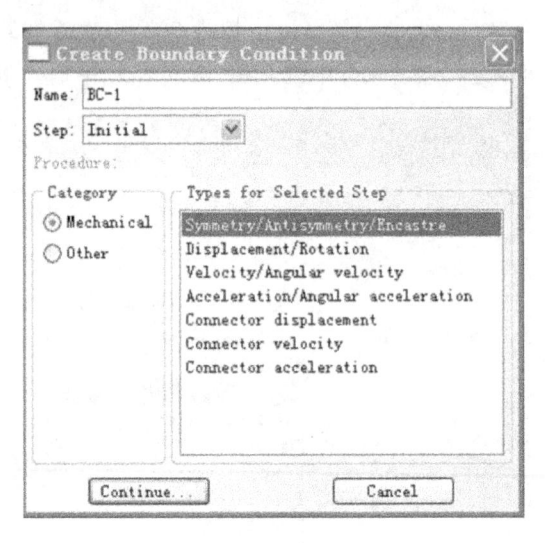

图 9-53 定义约束

6. mesh 模块划分网格

在 Object 中选 Part，如图 9-54 所示，选工具栏中的 ![icon]，按住鼠标左键不动，出现一系列选项，选 Seed Part。在 Approximate globe size 输入 4，点击 OK。

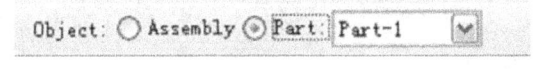

图 9-54 选择 Part

设置网格控制参数：选工具栏中的 ![icon]，在 Element Shape 中选 Quad，在 Technique 中选 Structured。如图 9-55 所示。

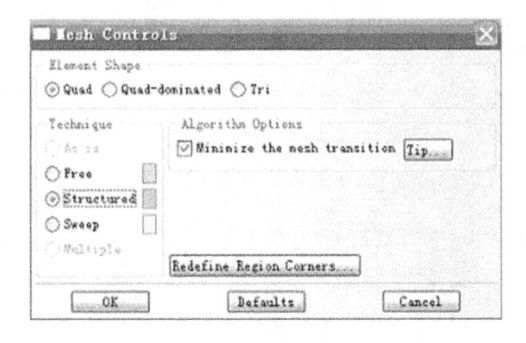

图 9-55 网格选项

划分网格：选工具栏中的 ▙，在窗口底部提示区显示 Ok to mesh the part? 点击 Yes，得如图 9-56 所示网格。

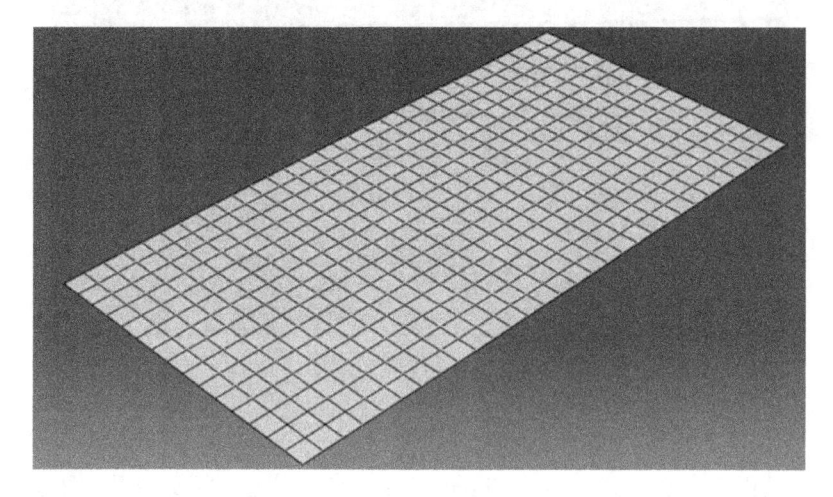

图 9-56　网格图

7. Job 模块提交计算

选工具栏中的 ▦→Creat→Continue→OK，选提交（Submit），如图 9-57 所示，当计算结束，点击 Results 可以看结果。

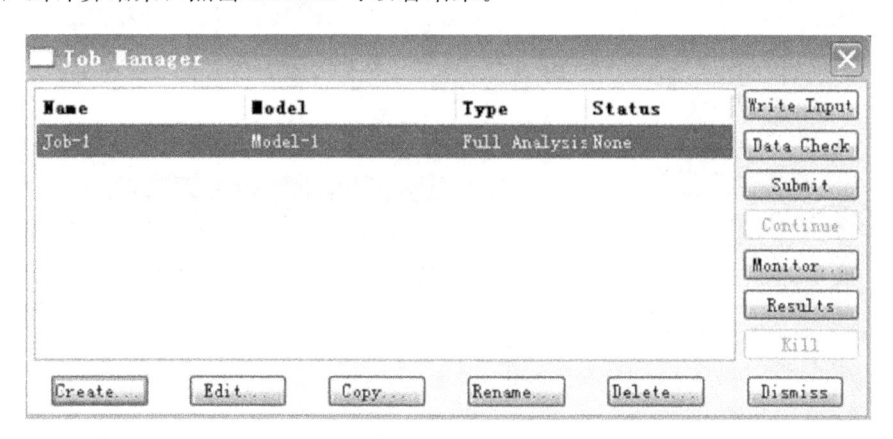

图 9-57　提交分析

8. Visualization 模块查看结果

进入 Visualization 模块，点击工具栏的 ▙，就可看到 Mises 应力分布云图，如图 9-58 所示。

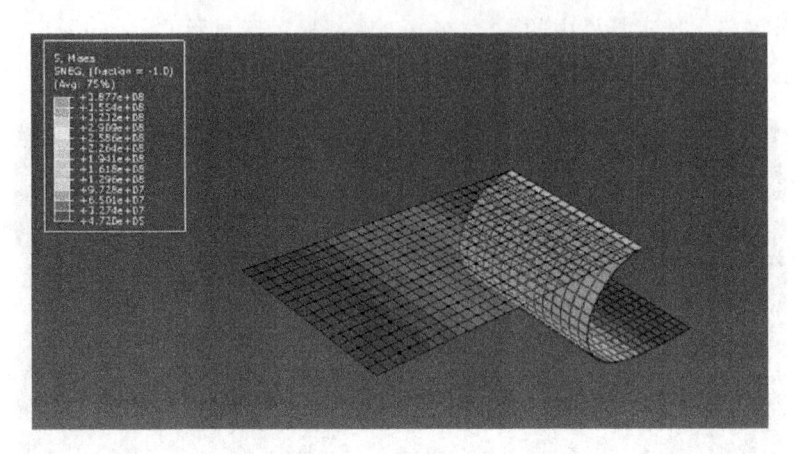

图 9-58 应力云图

9. 查看诊断信息

分析过程中出现了 Negative Eigenvalue 等警告信息，下面查看一下分析过程的诊断信息。在主菜单中选择 Tools→Job Diagnostics，点击左侧区域中的加号，如图 9-59 所示。其中 Step 为分析步，Increment 为时间增量步，Attempt 为减小增量步的尝试，Iteration 为迭代。

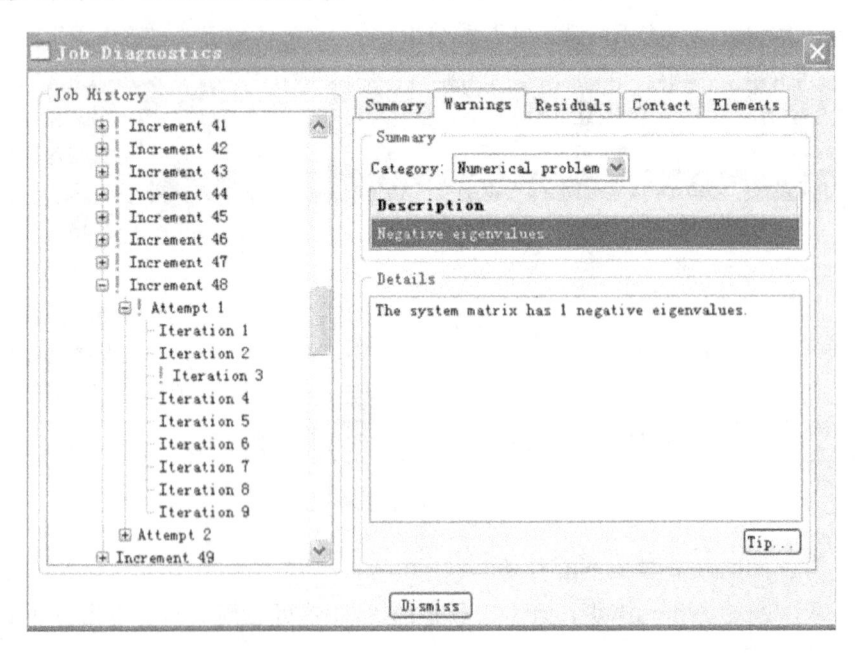

图 9-59 过程诊断

以 Increment48 为例，它的 Attempt 1/Iteration 3 出现了 Negative Eigenvalue 警告信息，无法收敛。ABAQUS 自动减小时间增量步，在 Attempt 2 中没有再出现警告信息，达到了收敛。

9.4 球与平面接触分析

9.4.1 问题描述

如图 9-60 所示一刚性球体，球半径为 20mm，一长方体试件（长 60mm、宽 60mm、高 20mm）位于球体正下方，上表面距球心 30mm，底端固定，材料弹性模量为 210GPa，泊松比为 0.3。试分析当球体向下缓慢移动 12mm 时试件的变形与应力。

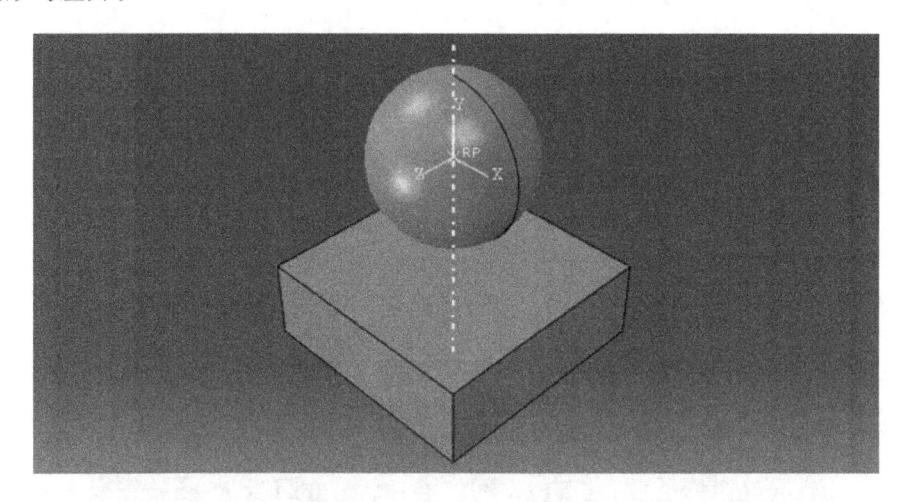

图 9-60　刚性球与长方体接触

9.4.2 详细操作步骤

1. Part 模块建模

进入 ABAQUS/CAE，在主窗口的模块（Module）进入 Part 模块，选 ，进入 Creat Part 对话框，选取 3D，Analytical rigid，Revolve shell 单元，如图 9-61 所示。大致尺寸设为 200，再用鼠标在工具箱中选择 ，圆心定在（0，0），起点定在（0，20）点，终点定在（20，0）点，点击鼠标中键，重复上述操作，圆心定在（0，0），起点定在（20，0）点，终点定在（0，-20）点，连续点击鼠标中键，完成刚性球的绘制，如图 9-62 所示。

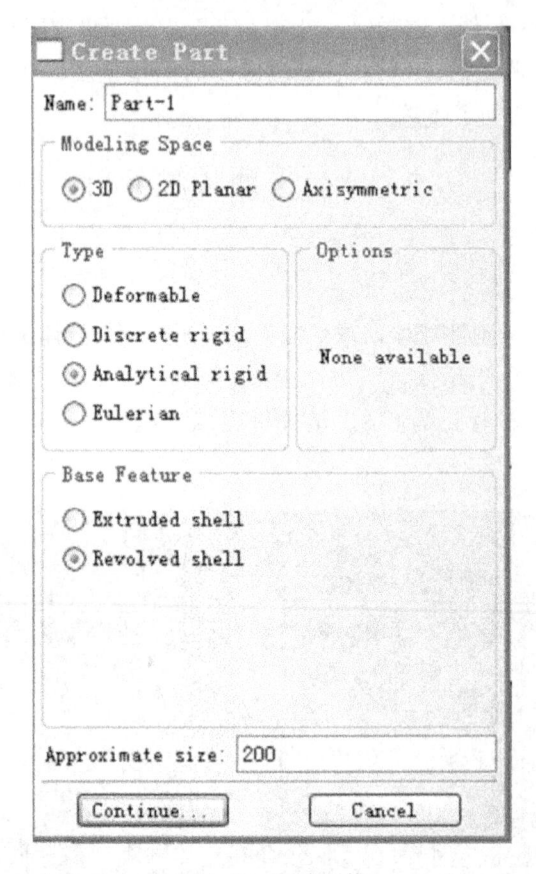

图 9-61　创建刚体

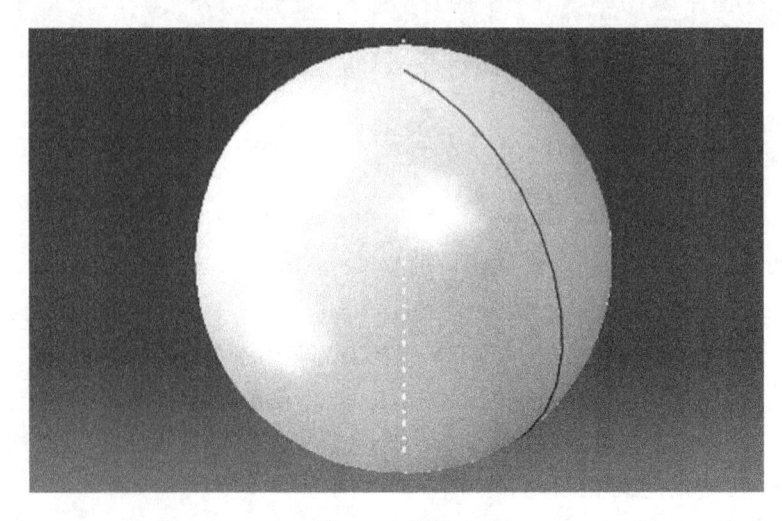

图 9-62　刚性球

选 Tools→Reference Point，输入坐标（0，0，0），完成参考点的选取。

选 ，进入 Creat Part 对话框，选取 3D，Deformable，Solid Extrusion，大致尺寸设为 200，再用鼠标在工具箱中选择 ，起点定在（－30，－30）点，终点定在（30，－50）点，连续点击鼠标中键两次，出现对话框，在 Depth 输入 60，点击 OK，完成长方体的绘制。

2. Property 模块定义属性

输入材料常数，选工具栏中的 ，弹出 Edit Material 对话框，如图 9-63 所示。

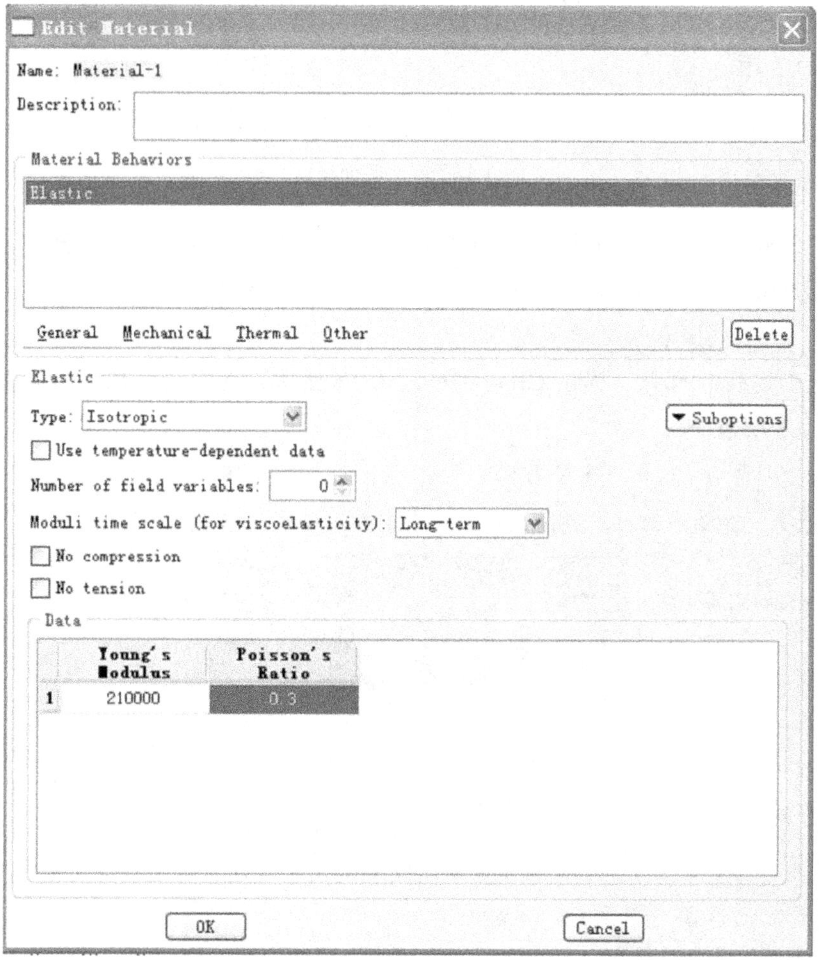

图 9-63 材料属性

弹性常数：在 Mechanical→Elasticity 中填弹性模量和泊松比分别为 210000

和 0.3。

选工具栏中的 ⬚，选 Solid，Homogeneous，点击 Continue，点击 OK，如图 9-64 所示。

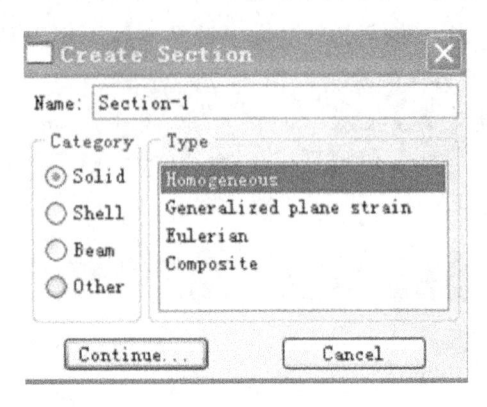

图 9-64　定义截面属性

赋予截面属性：选工具栏中的 ⬚，在长方体中点鼠标左键，选定整个区域，再点鼠标中键，弹出 Edit Section Assignment 对话框，点击 OK。

3. Assembly 模块创建实例

选工具栏中的 ⬚，弹出 Create Instance 对话框，选定两个部件，点击 OK，如图 9-65 所示。

选工具栏中的 ⬚，选长方体部件，点鼠标中键，输入起点（0，−30，0），终点（0，−30，−30），点击 OK，完成刚性球与长方体的组装。

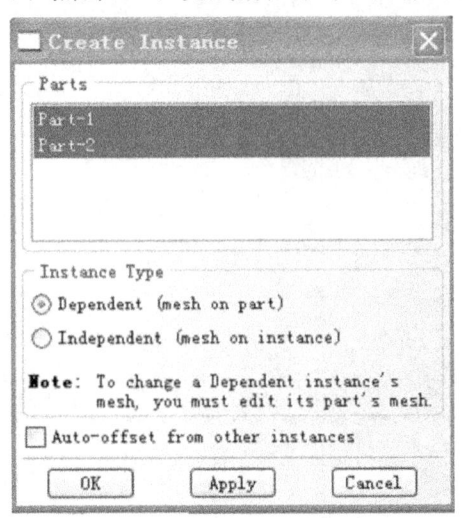

图 9-65　创建实例

4. Step 模块创建分析步

选工具栏中的 ◯▸■，弹出 Creat Step 对话框，如图 9-66 所示，将 Name 改为 Incontact，选 Static, General，点击 Continue，出现 Edit Step，选 Nlgeom 为 On，点击 OK。

选工具栏中的 ◯▸■，弹出 Creat Step 对话框，将 Name 改为 Press，选 Static, General，点击 Continue，在 Incrementation 标签栏中将 Initial 设为 0.1，点击 OK。

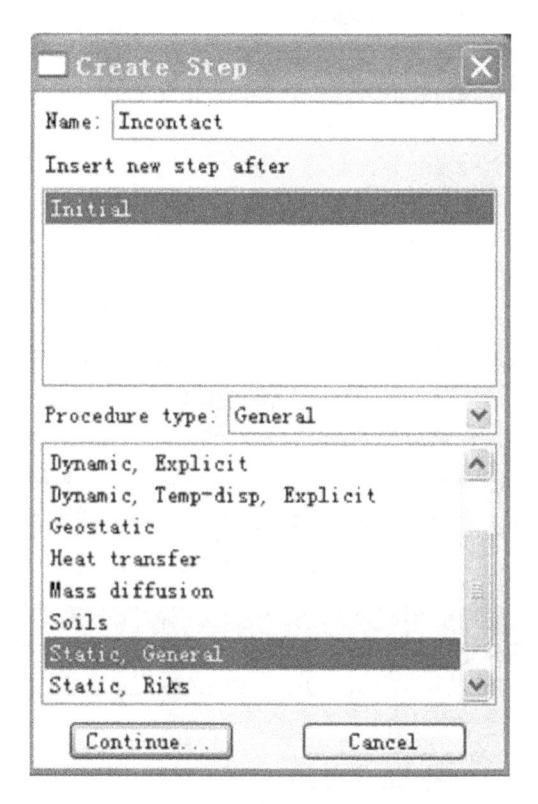

图 9-66 定义分析步

5. Interaction 模块定义接触

选工具栏中的 ■，弹出 Creat Interaction Property 对话框，如图 9-67 所示，点击 Continue，点击 OK，设置无摩擦接触属性。

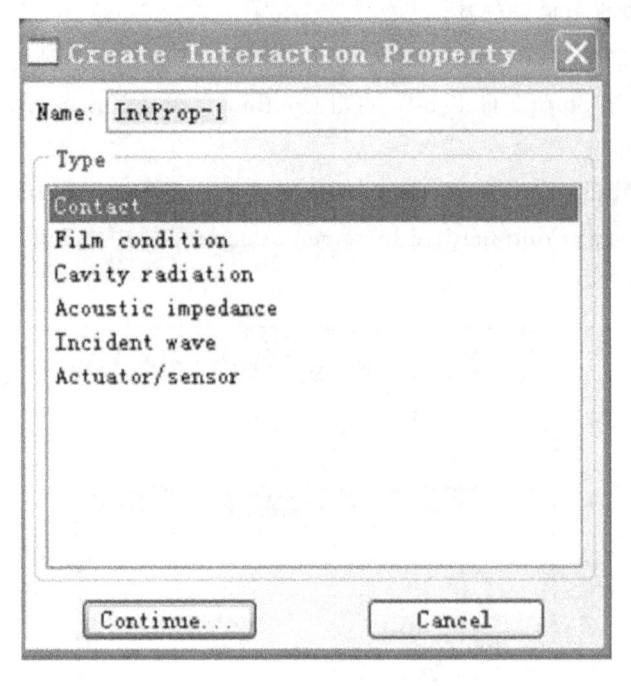

图 9-67 定义接触

选工具栏中的 ,弹出 Creat Interaction 对话框,如图 9-68 所示,将分析步设为 Incontact,点击 Continue,主面选刚性球外法线球面,从面选择长方体上表面,在弹出的 Edit Interaction 对话框保留默认设置,点击 OK。

图 9-68 选择接触属性

第 9 章 ABAQUS 非线性分析实例

6. Load 模块施加约束与载荷

输入边界条件：选工具栏中的 ，在 Step 中选 Initial，在 Type for Selected Step 中选 Symmetry/Antisymmetry/Encastre，如图 9-69 所示，确定后选择长方体的底面，点击鼠标中键，选 ENCASTRE，点击 OK。

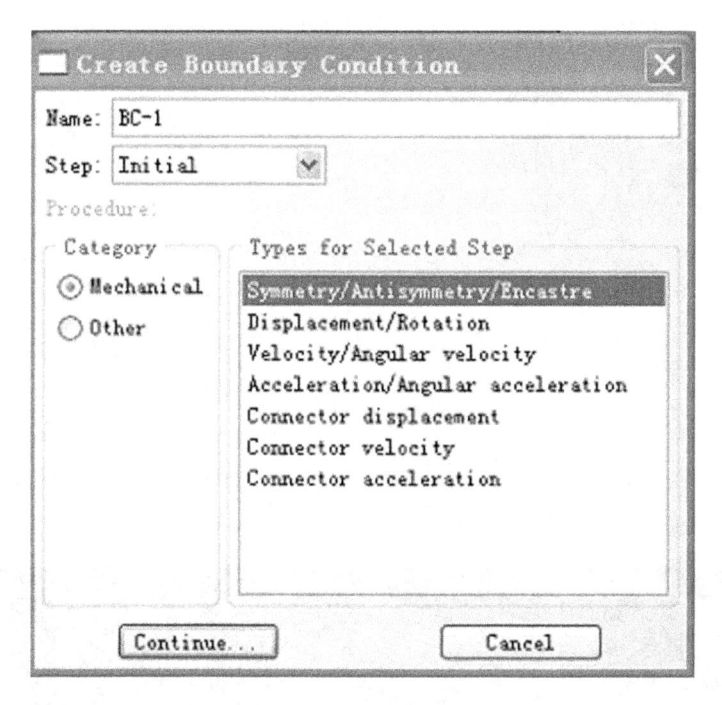

图 9-69 施加约束

选工具栏中的 ，在 Step 中选 Incontact，在 Type for Selected Step 中选 Displacement/Rotation，确定后选择刚性球参考点，选择 U1、U2、U3、UR1、UR2、UR3，其中 U2 输入 -10.001，其他为 0，点击 OK。

选工具栏中的 Boundary Condition Manager ，在对话框中，点击边界条件 BC-2 在第二个分析步 Press 下面的 propagated，然后点击 Edit 按钮，把 U2 的位移值改为 -12。点击 OK。

7. mesh 模块划分网格

在 Object 中选 Part，选工具栏中的 ，按住鼠标左键不动，出现一系列选项，选 Seed Part。在 Approximate globe size 输入 4，点击 OK。

设置网格控制参数：选工具栏中的 ，在 Element Shape 中选 Hex，在 Technique 中选 Structured。如图 9-70 所示。

图 9-70 选择网格属性

划分网格：选工具栏中的 ▦，在窗口底部提示区显示 Ok to mesh the part? 点击 Yes，得如图 9-71 所示网格。

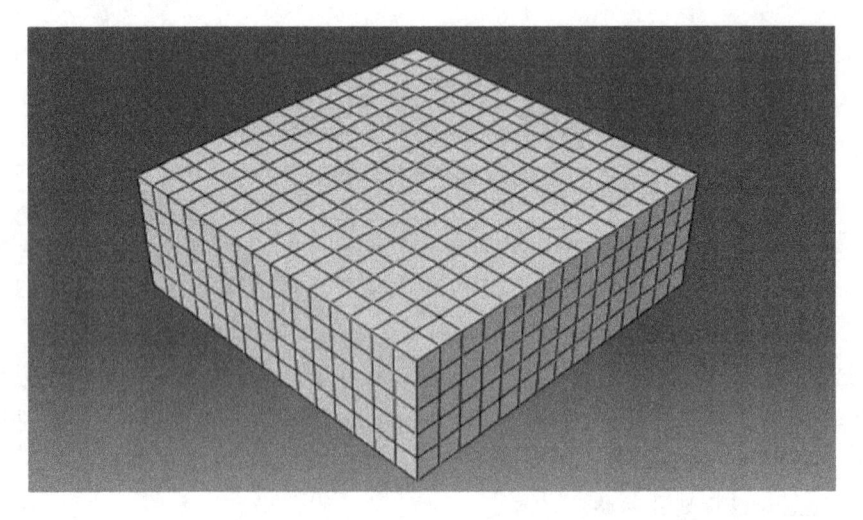

图 9-71 网格图

8. Job 模块提交计算

选工具栏中的 ▦ →Creat→Continue→OK，选提交（Submit），如图 9-72 所示，当计算结束，点击 Results 查看结果。

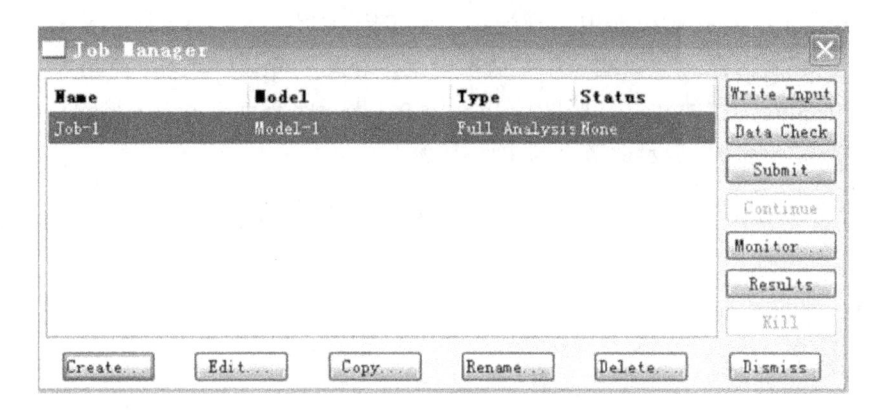

第 9 章　ABAQUS 非线性分析实例

图 9-72　提交分析

9. Visualization 模块查看结果

当计算结束，点击 Results 查看结果，这时进入了 Visualization 模块，点击工具栏的 ![icon]，就可看到 Mises 应力分布云图如图 9-73 所示。点击 ![icon] 显示动画，查看变化过程。

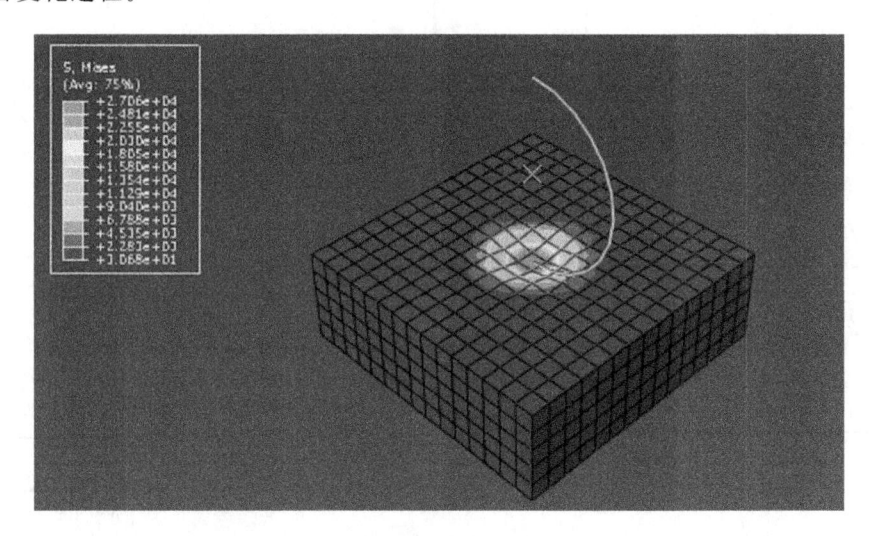

图 9-73　应力云图

10. 后处理

（1）点击主菜单 View→ODB Display Options，选择 Sweep/Extrude 标签页，选中 Sweep analytical rigid surfaces，在 To 一栏填入 360，点击 OK，出现完整的刚性球。

（2）显示接触压强 CPRESS 和接触状态 COPEN。在主菜单中选择 Results

→Field Output，在对话框中选择输出变量 CPRESS，点击 Apply，可以看到接触面上的接触压强。类似地，在对话框中选择输出变量 COPEN，点击 Apply，可以显示各节点的接触状态。如果 COPEN>0，表示此节点与主面没接触；如果为 0 或非常接近于 0，表示此节点与主面接触。

9.5 大变形橡胶圈接触分析

9.5.1 问题描述

方筒内部一圆筒如图 9-74 所示，方筒材料为钢，厚 5.5mm，视为理想弹塑性，如图 9-75 所示，材料弹性模量 $E=200\text{GPa}$，泊松比为 0.3，屈服应力 $\sigma_y=380\text{MPa}$。圆筒内径 100mm，厚 5mm，圆筒材料为橡胶，试验数据见表 9-1～表 9-3，无载荷状态圆筒外壁与方筒内壁相切。当圆筒内部受内压力时，试分析结构的响应。

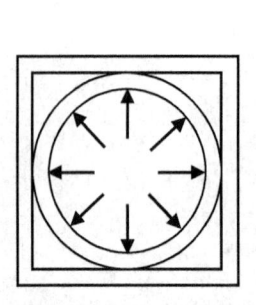

图 9-74 结构示意图

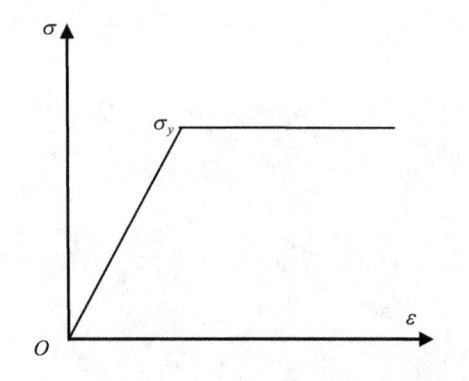

图 9-75 材料应力应变关系

表 9-1 单轴实验数据

应力/Pa	应变
0.054×10^6	0.0380
0.152×10^6	0.1338
0.254×10^6	0.2210
0.362×10^6	0.3450
0.459×10^6	0.4600
0.583×10^6	0.6242
0.656×10^6	0.8510
0.730×10^6	1.4268

表 9-2 双轴实验数据

应力/Pa	应变
0.089×10^6	0.0200
0.255×10^6	0.1400
0.503×10^6	0.4200
0.958×10^6	1.4900
1.703×10^6	2.7500
2.413×10^6	3.4500

9.5.2 详细操作步骤

1. Part 模块创建部件

进入 ABAQUS/CAE，在主窗口的模块（Module）进入 Part 模块，选 🗒，进入 Creat Part 对话框，选取 2D Planar，Deformable，Shell 单元，如图 9-76 所示，大致尺寸设为 400，再用鼠标在工具箱中选择 ⊙，圆心定在（0,0），终点定在（100,0）点，重复上述操作，圆心定在（0,0），终点定在（105,0）点，连续点击鼠标中键，完成平面圆筒的绘制，如图 9-77 所示。

表 9-3 平面实验数据

应力/Pa	应变
0.550×10^6	0.0690
0.324×10^6	0.2828
0.758×10^6	1.3862
1.269×10^6	3.0345
1.779×10^6	4.0621

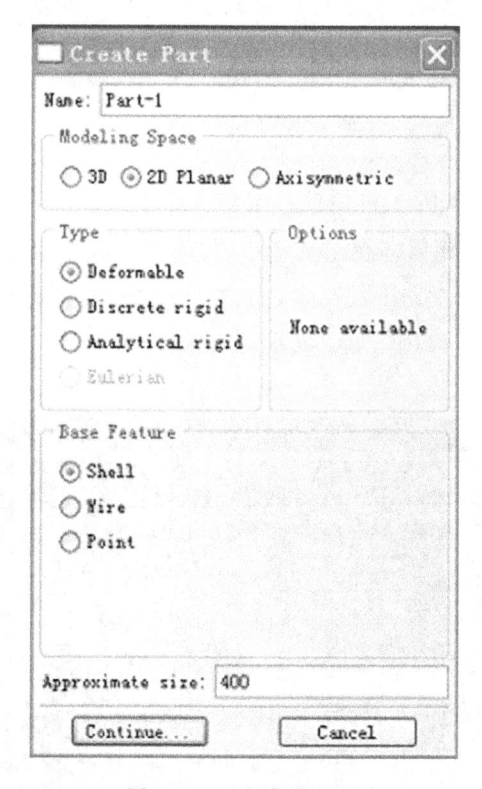

图 9-76 选择部件属性

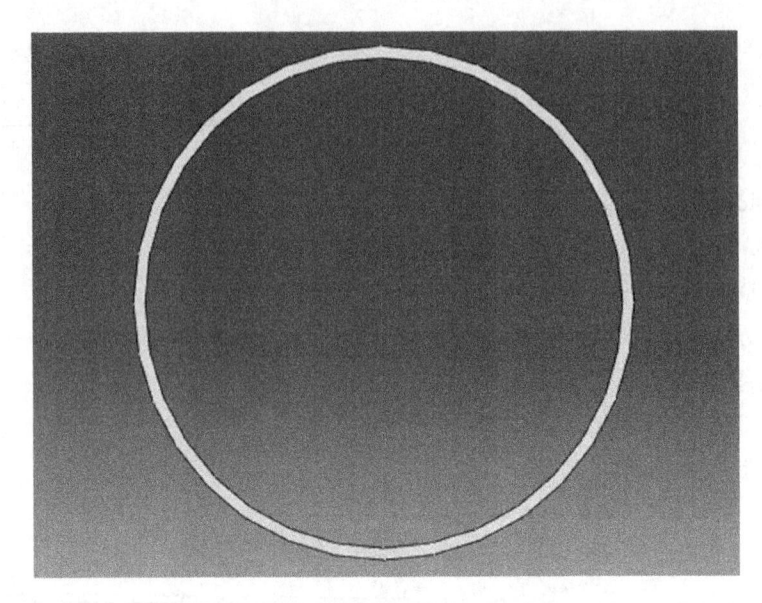

图 9-77 创建平面圆筒

选 ![icon]，进入 Creat Part 对话框，选取 2D Planar，Deformable，Shell 单元，大致尺寸设为 400，再用鼠标在工具箱中选择 ![icon]，起点定在（-104.5，104.5）点，终点定在（104.5，-104.5）点，重复上述操作，起点定在（-110，110）点，终点定在（110，-110）点，连续点击鼠标中键，完成平面方筒的绘制，如图 9-78 所示。

图 9-78 创建平面方筒

2. Property 模块定义属性

输入材料常数，选工具栏中的 ![icon]，弹出 Edit Material 对话框。分别设置钢材和橡胶的材料属性，如图 9-79、图 9-80 所示。

钢材弹性常数：在 Mechanical→Elasticity 中填弹性模量和泊松比分别为 200e9 和 0.3。

塑性常数：在 Mechanical→Plasticity 中填屈服应力为 380e6 和 0（0 表示刚屈服时塑性应变为零）。

橡胶超弹性参数：在 Mechanical→Elasticity→Hyperelastic 中，从 Strain energy potential 列表中选择 Polynomial，点击 Test Data 菜单选项，输入所给定的试验数据。

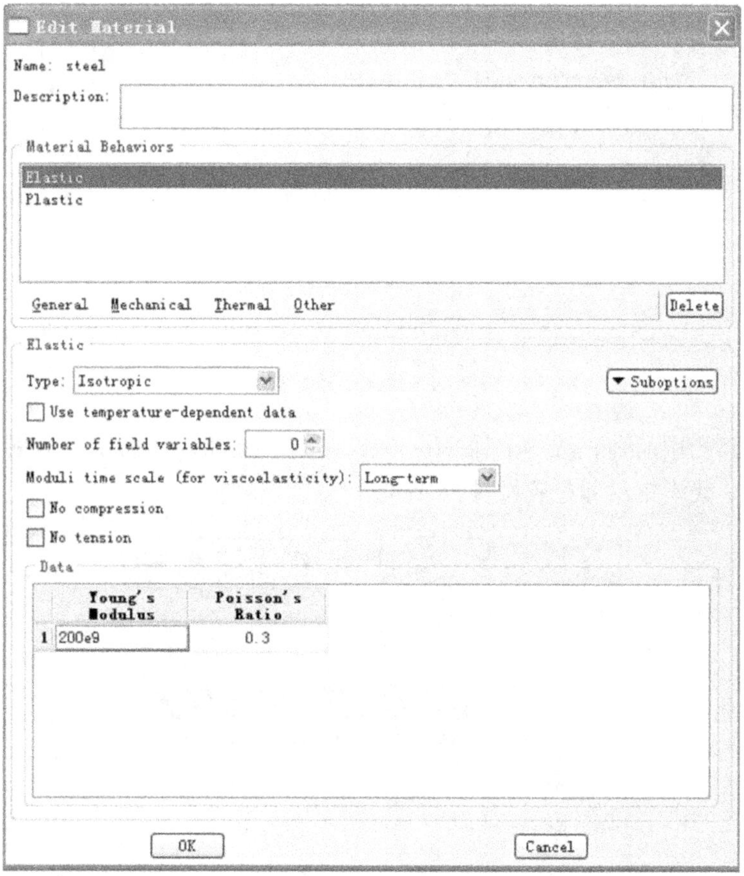

图 9-79 定义材料属性

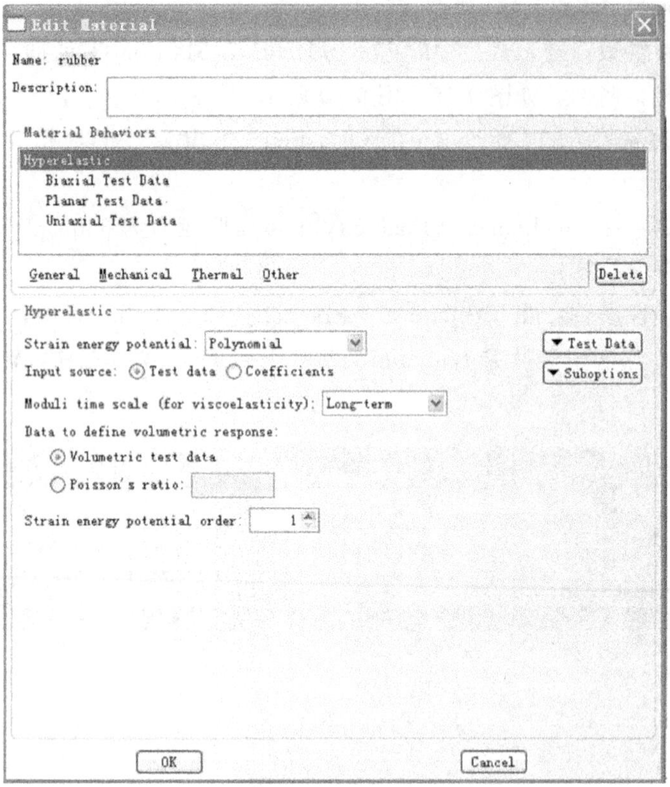

图 9-80　定义超弹性材料

选工具栏中的 ᵾ，选 Solid，Homogeneous，如图 9-81 所示，分别定义两个截面属性，代表钢材和橡胶材料。

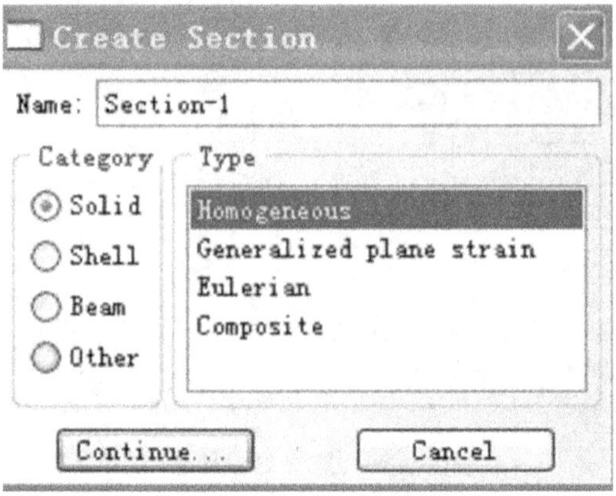

图 9-81　定义截面属性

赋予截面属性：选工具栏中的 ▦ ▦，将钢材截面属性和橡胶截面属性分别赋予平面方筒和平面圆筒。

3. Assembly 模块创建实例

选工具栏中的 ▦，弹出 Create Instance 对话框，选定两个部件，点击 OK，如图 9-82 所示。

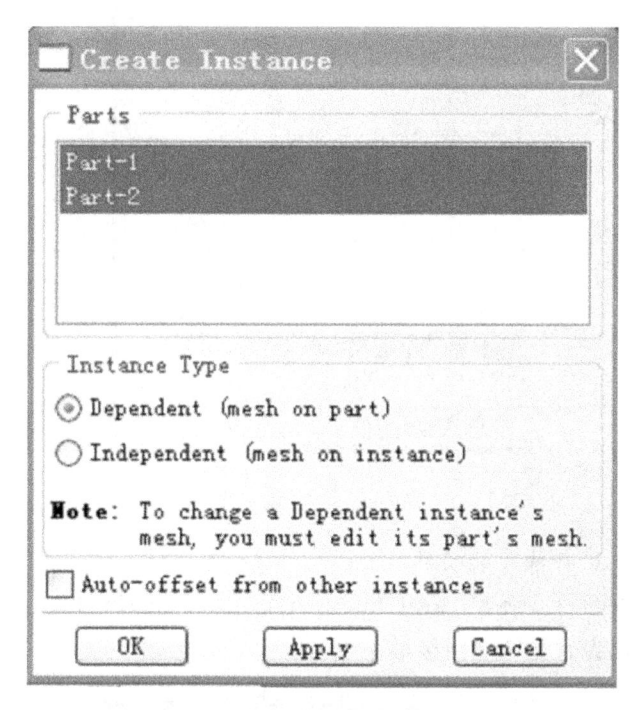

图 9-82 创建实例

4. Step 模块定义分析步

选工具栏中的 ▦，弹出 Creat Step 对话框，如图 9-83 所示，将 Name 改为 apply load，选 Static，General，点击 Continue，出现 Edit Step，选 Nlgeom 为 On，Time period 填 0.5，选 Incrementation 标签页，将初始时间增量设为 0.001，最大增量步数设为 200，Minimum 填 5E-008，点击 OK。

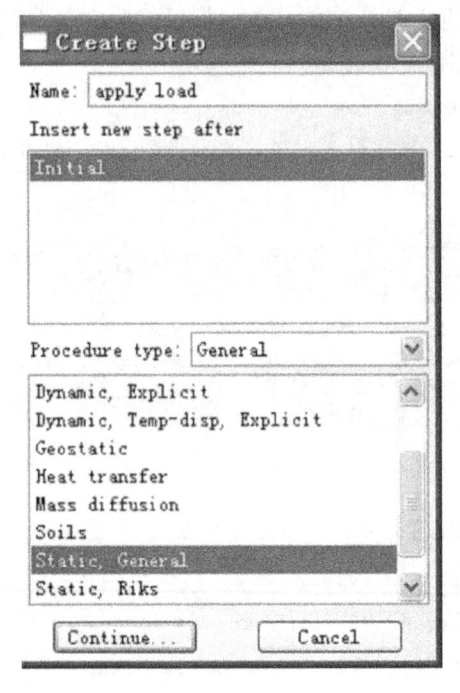

图 9-83 定义分析步

5. Interaction 模块定义接触

选工具栏中的 ▤，弹出 Creat Interaction Property 对话框，如图 9-84 所示，点击 Continue，设置无摩擦硬接触。

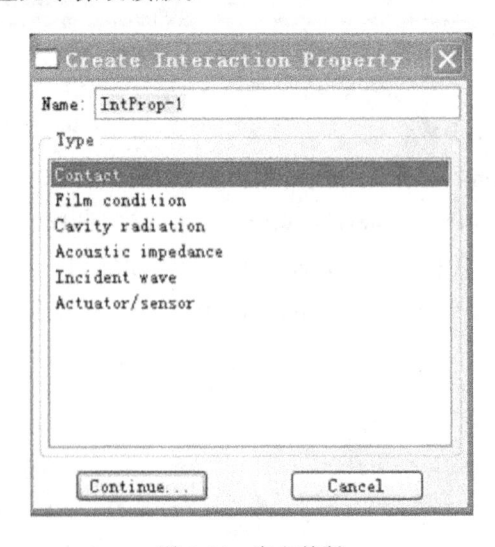

图 9-84 定义接触

第 9 章 ABAQUS 非线性分析实例

选工具栏中的 ，弹出 Creat Interaction 对话框，如图 9-85 所示，将分析步设为 apply load，点击 Continue，主面选平面圆筒外壁，从面选平面方筒内表面，在弹出的 Edit Interaction 对话框保留默认设置，点击 OK。

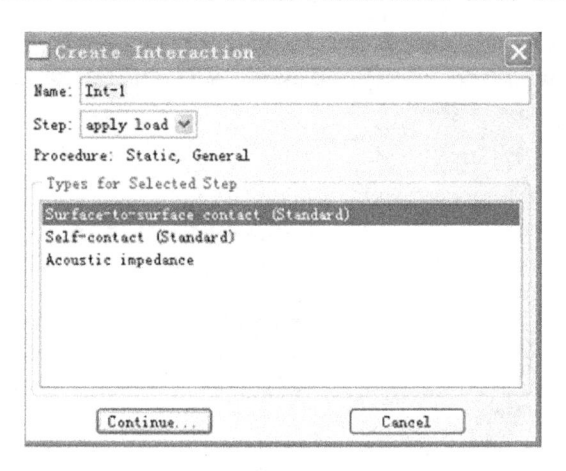

图 9-85 接触性质

6. Load 模块定义边界条件与加载

输入边界条件：选工具栏中的 ，在 Step 中选 Initial，在 Type for Selected Step 中选 Displacement/Rotation，确定后选择平面方筒的四个角点，点击鼠标中键，选 U1、U2、UR3，如图 9-86 所示，点击 OK。

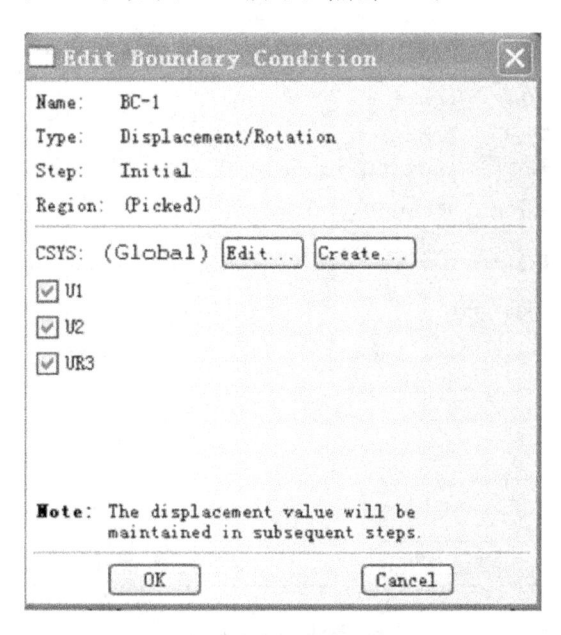

图 9-86 定义边界条件

选工具栏中的 ⌷，弹出 Creat Load 对话框，如图 9-87 所示，选 Pressure，点击 Continue，选平面圆筒的内表面，再点鼠标中键，在出现的对话框图 9-88，Magnitude 中填入 q 值的大小。

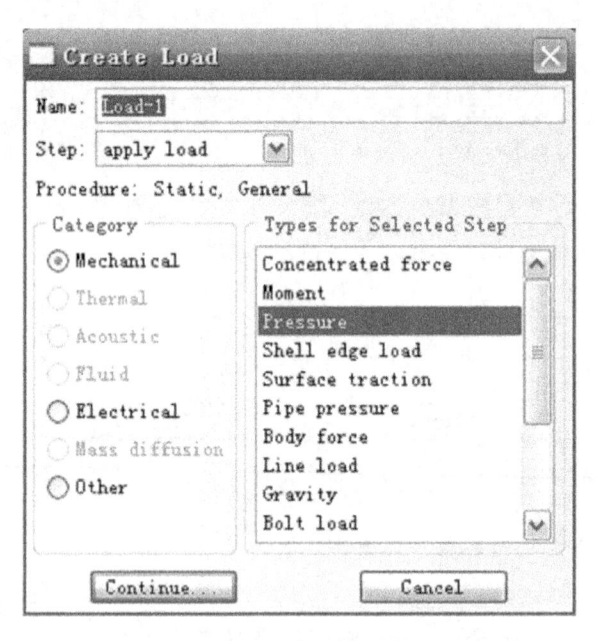

图 9-87 施加载荷

图 9-88 载荷大小

7. mesh 模块划分网格

在 Object 中选 Part2，选工具栏中的 ▦，按住鼠标左键不动，出现一系列选项，选 Seed Part。在 Approximate globe size 输入 5，点击 OK。

设置网格控制参数：选工具栏中的 ▦，在 Element Shape 中选 Quad-dominated，在 Algorithm 中选 Advancing front。如图 9-89 所示。

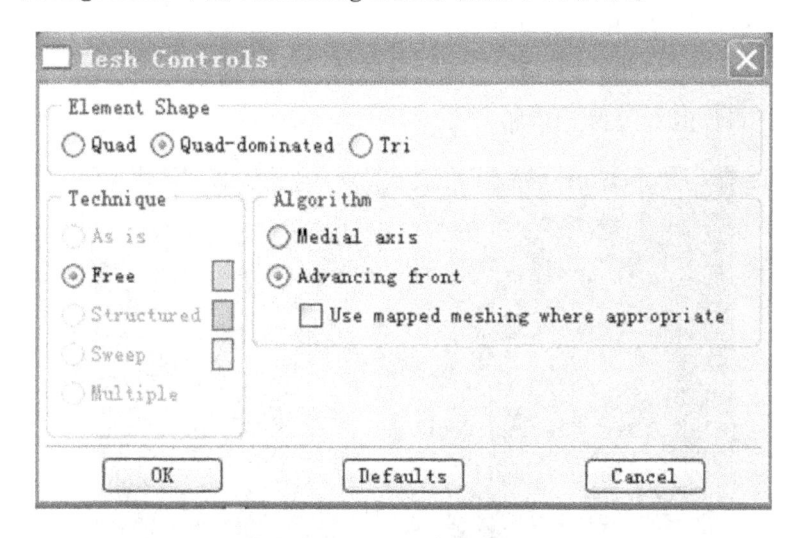

图 9-89 网格参数选择

划分网格：选工具栏中的 ▦，在窗口底部提示区显示 Ok to mesh the part? 点击 Yes，得如图 9-90 所示网格。

图 9-90 平面方筒网格

类似可以划分平面圆筒，但需先在 Part 模块中选 ▦，将平面圆筒分为上下半圆。

选工具栏中的 ▦，按住鼠标左键不动，出现一系列选项，选 Seed Part。在 Approximate globe size 输入 20，点击 OK。

设置网格控制参数：选工具栏中的 ▦，在 Element Shape 中选 Quad-dominated，在 Algorithm 中选 Medial axis。

划分网格：选工具栏中的 ▦，在窗口底部提示区显示 Ok to mesh the part? 点击 Yes，得如图 9-91 所示网格。

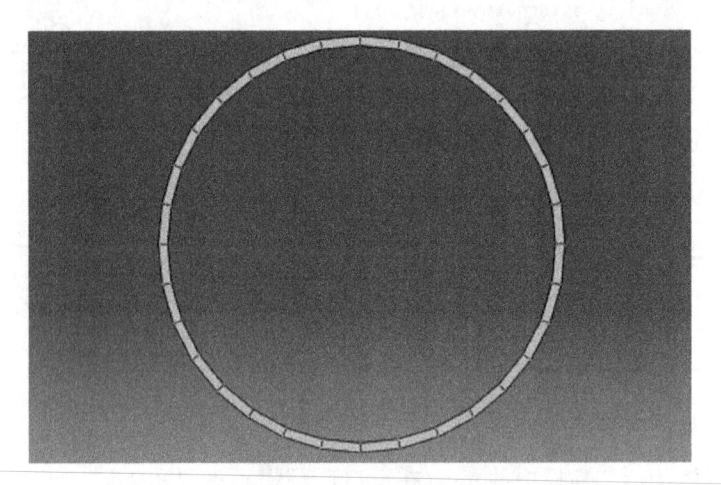

图 9-91 平面圆筒网格

8. Job 模块提交计算

选工具栏中的 ▦→Creat→Continue→OK，选提交（Submit），如图 9-92 所示，当计算结束，可点击 Results 看结果，这时进入了 Visualization 模块。

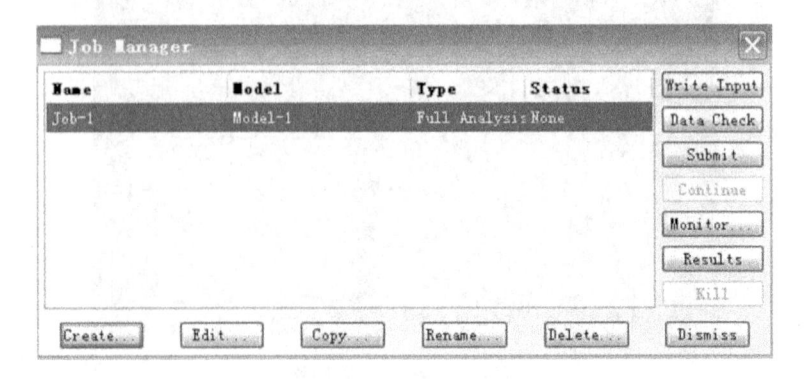

图 9-92 提交分析

9. Visualization 模块查看结果

点击 Results 进入 Visualization 模块，点击工具栏的 ![icon]，就可看到 Mises 应力分布云图。点击 ![icon] 显示动画，可查看分析过程。

在主菜单中选择 Results→Field Output，在对话框中选择输出变量 U，点击 OK，可以看到位移云图如图 9-93 所示。

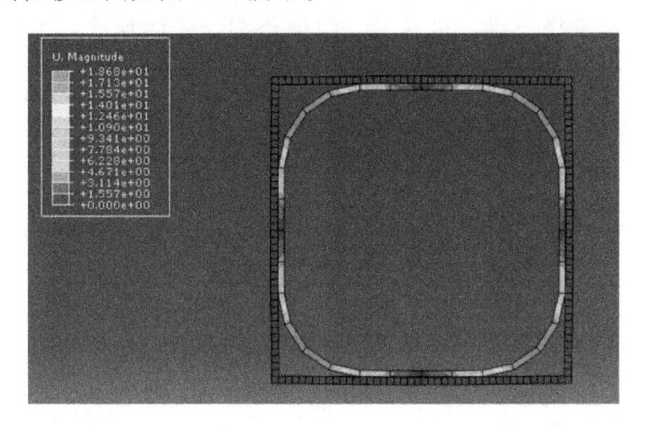

图 9-93 查看结果

9.6 弹塑性材料、大变形接触分析

9.6.1 问题描述

长方体包装箱盒子，尺寸如图 9-94 所示，箱体板厚度为 0.5mm，箱顶面受扭矩作用，底部固定，分析其应力和变形。材料为铝合金，属于弹塑性材料，密度 2700kg/m³，弹性模量 80GPa，泊松比为 0.3。材料的塑性特性数据见表 9-4。

表 9-4 材料塑性特性

屈服应力/MPa	塑性应变
158.7	0.000
163.1	0.015
186.3	0.033
193.2	0.044
202.2	0.062
207.0	1.500

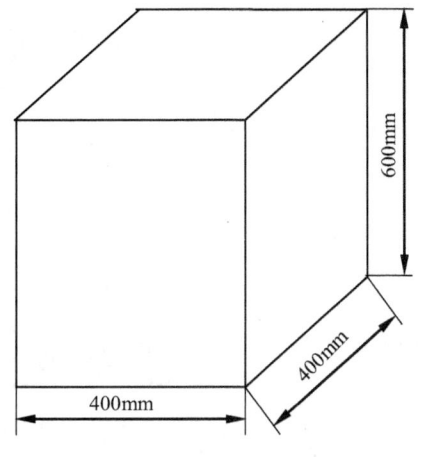

图 9-94 长方体包装箱尺寸示意图

由于软件本身没有单位，所以需要用户规定单位，为了统一，本例题涉及的数据单位都采用国际单位制。

9.6.2 创建几何模型

在 Module 选项下选择 Part 功能模块，点击工具栏 ，在 Name 中输入部件名称：box，依次选择三维、可变形、拉伸类型、壳体形状，大致尺寸：1，如图 9-95 所示。

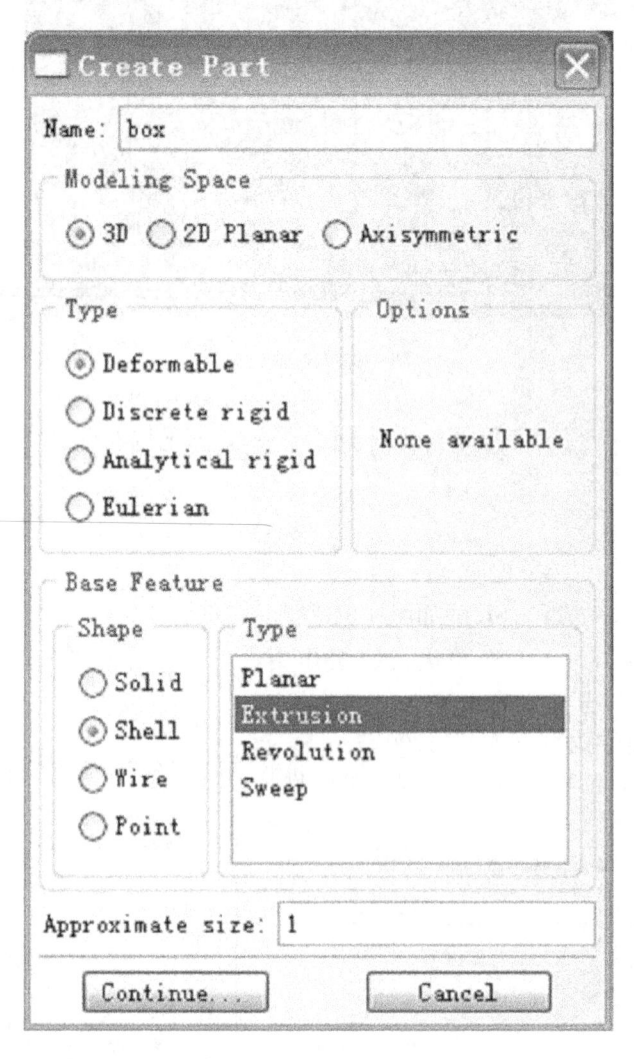

图 9-95　创建方式选项

用 工具画一矩形，用 修正边长为 0.4，见图 9-96。

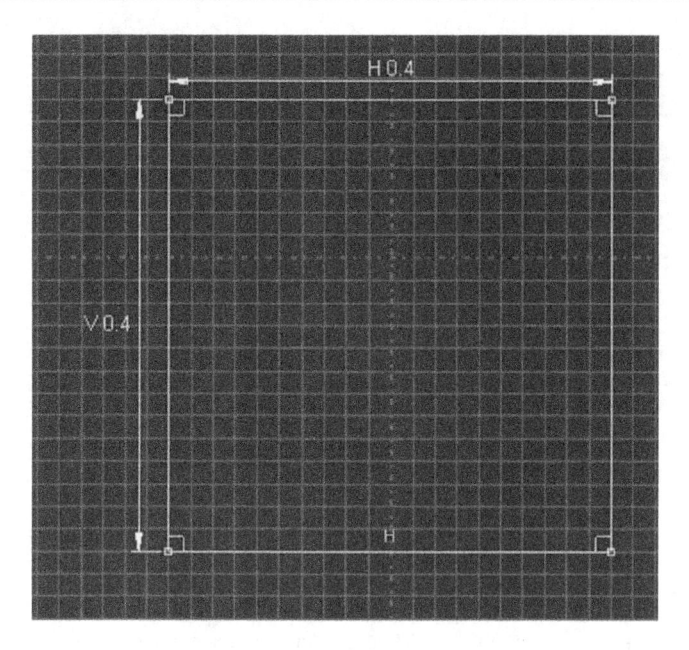

第 9 章 ABAQUS 非线性分析实例

图 9-96 创建矩形

画图区下方显示 Sketch the section for the shell extrusion 点击 Done 或鼠标中键。在弹出的拉伸编辑对话框中，拉伸深度处输入 0.6，点击 OK。如图 9-97 所示。

图 9-97 拉伸

生成如图 9-98 所示中空四面箱体。

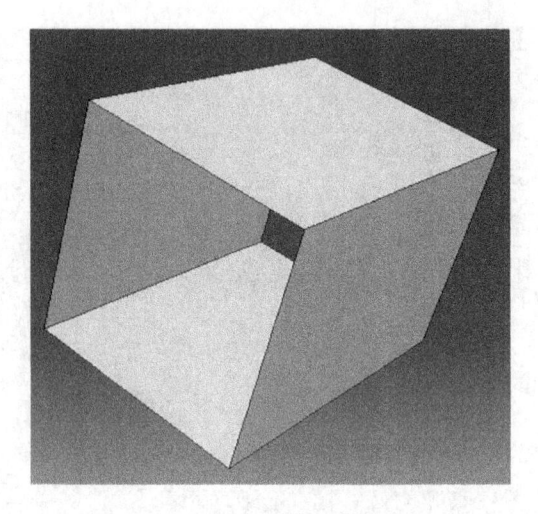

图 9-98 箱体四面

再次点击工具 ，在弹出的对话框中输入部件名称：box-plate，选择三维、可变形、平面类型、壳体形状，大致尺寸：1。如图 9-99 所示。

图 9-99 创建平板

第9章 ABAQUS非线性分析实例

在画图区同上步骤画矩形线框，修订各边尺寸为 0.4，点击 Done 或鼠标中键。生成如图 9-100 所示平板。

图 9-100 平板

9.6.3 定义材料截面属性

进入 Property 功能模块，点击 创建材料属性，在弹出的 Edit Material 对话框中，材料名称中输入：aluminum，选择 General→Density，输入密度为 2700；选择 Mechanical→Elasticity→Elastic 输入弹性模量和泊松比分别为 80E9 和 0.3；选择 Mechanical→Plasticity→Plastic 输入表 9-4 中的塑性数据。如图 9-101 所示。

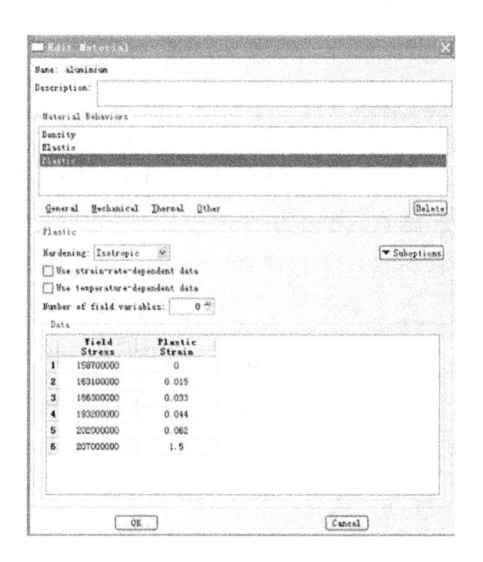

图 9-101 材料塑性数据

点击 🖿，在弹出的创建截面对话框中选择 Homogeneous，Shell，点击继续，在 Edit Section 中输入壳体厚度 5e-4，厚度积分点为默认值 5，点击 OK，如图 9-102 所示。

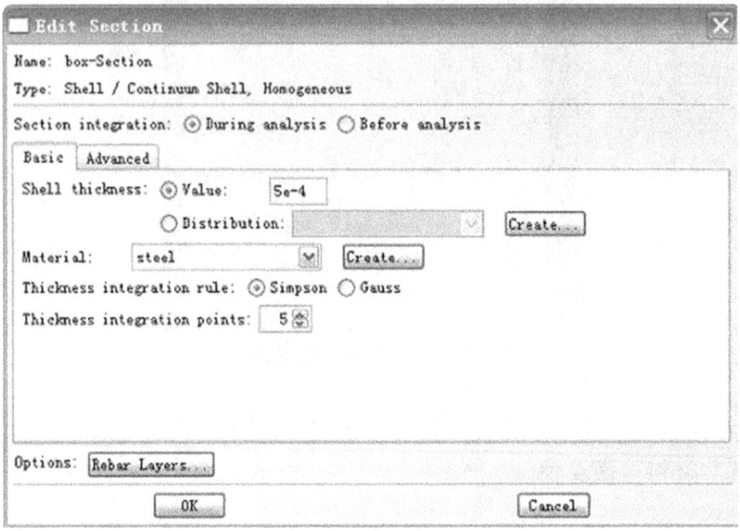

图 9-102 定义截面属性

点击 🖿 赋予截面属性，选择绘图区部件 box 所有截面，在绘图区单击鼠标中键或下边的 Done 按钮，同样方法将截面属性赋予 box-plate 截面（也可在后面装配完 box-all 部件后直接赋截面属性到 box-all 部件）。赋完截面属性的部件为土黄色。

9.6.4 装配部件

进入 Assembly 模块，点击 🖿，在弹出的 Create Instance 对话框中选择 box 和 box-plate（按住 Shift 键），类型为 dependent，点击 OK。点击 🖿 移动部件，选择平板，点击鼠标中键，选择平板上的一个点，再选择 box 上的一个点，使平板部分成为箱体的底部，点击 OK。再次点击 🖿，选择 box-plate，同样方法使平板成为箱体的另一个底面。点击 ⊙，在弹出的对话框中全部默认，点击继续，选择全部箱体平面，点击 OK，将所有的平面合并成为一体，重新命名新的部件为 box-all，这样就装配成一个完整的六面壳体。如图 9-103 所示。

第 9 章 ABAQUS 非线性分析实例

图 9-103 装配部件

9.6.5 创建载荷步

首先对装配部件进行稳定性分析。进入 Step 功能模块，点击 创建载荷步，输入初始载荷步名称 satbility，从 Linear Perturbation 类型中选择 Buckle 过程，进行屈曲分析。见图 9-104。

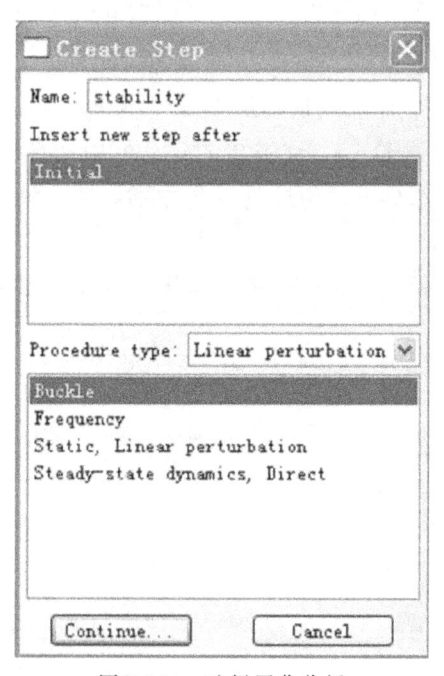

图 9-104 选择屈曲分析

采用子空间迭代法求解，设置需要的特征值数为 10，每次迭代使用的向量为 18，最大迭代次数为 50。见图 9-105。

图 9-105　设置迭代步

9.6.6　划分网格

进入 Mesh 功能模块，将部件 box-all（或者 box 及 boxplate）划分网格，点击 ▦ 布种，在整体布种尺寸中输入 0.05，点击 ▦ 选择种子即单元类型，选择全部壳平面点击鼠标中键，标准线性四边形壳 S4R 单元，点击 OK，点击 ▦，选择部件，点击鼠标中键或 Done，在弹出的对话框中选择四边形单元种类结构划分，如图 9-106 所示，部件显示为绿色。点击 ▦，Yes 划分网格。画好的网格如图 9-107 所示。

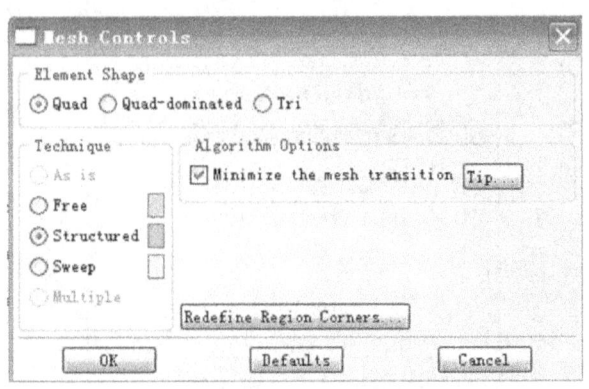

图 9-106　单元选择

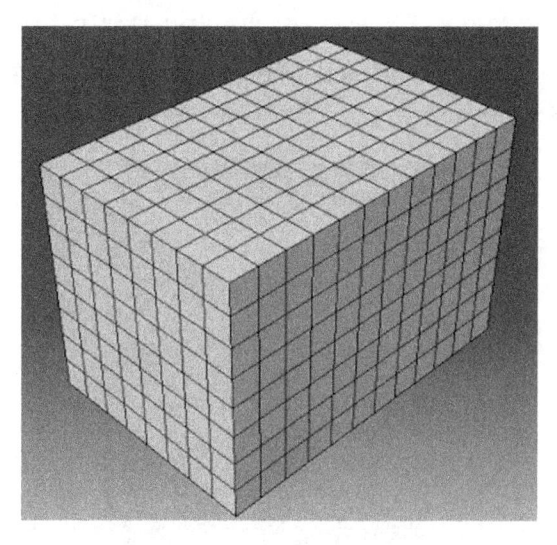

第 9 章 ABAQUS非线性分析实例 · 301 ·

图 9-107 网格图

9.6.7 施加约束和载荷

进入 Load 功能模块，点击 创建约束，在初始载荷步命名为 restrict，选择如图 9-108 位移约束类型。

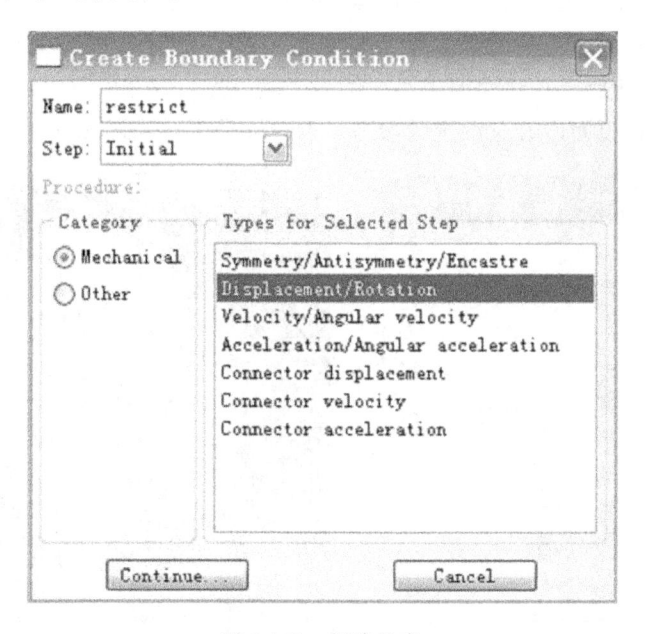

图 9-108 创建约束

点击继续，选择部件的一个底面，点击鼠标中键或 Done 按钮，在弹出的编辑边界条件对话框中选择六个约束全部选择，点击 OK，一个底面就被约束住了，如图 9-109 所示。

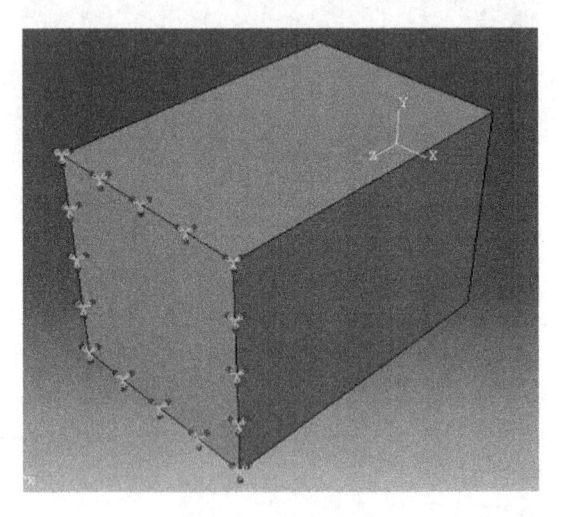

图 9-109 约束情形

加载方式：在另一底面施加扭矩，在软件操作过程中需要定义一个参考点在底面，扭矩施加在这个参考点上。具体操作过程：在主菜单栏选择 Tool→Ratum，在弹出的对话框中选择取两点中点为基准点，如图 9-110 所示，选择顶面的两个对边上的点，在顶面的中心设置一个基准点，在主菜单栏选择 Tool→Reference Point 将顶面中心点设置为参考点 RP-1，如图 9-111 所示。

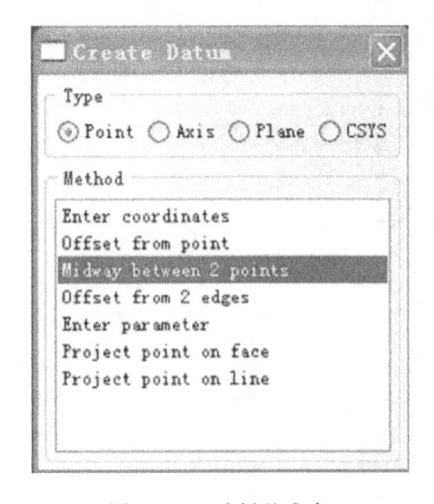

图 9-110 选择基准点

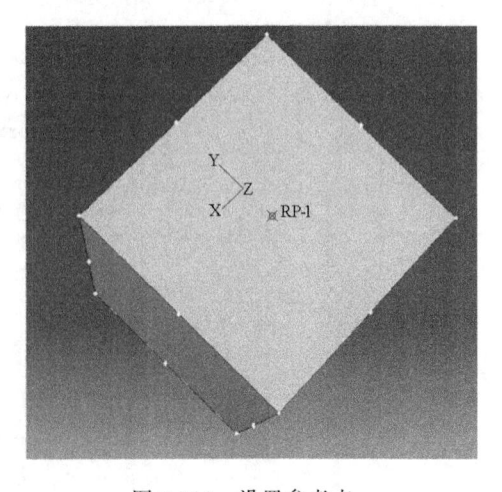

图 9-111 设置参考点

第 9 章 ABAQUS 非线性分析实例

点击 ![icon]，创建载荷，在 boxbuckle 载荷步下命名为 moment，选择 Moment（扭矩）载荷，如图 9-112 所示。点击继续，选择参考点 RP-1，点击 Done，在弹出的编辑载荷对话框 CM3 中输入 −3000，施加如图 9-113 所示的扭矩。

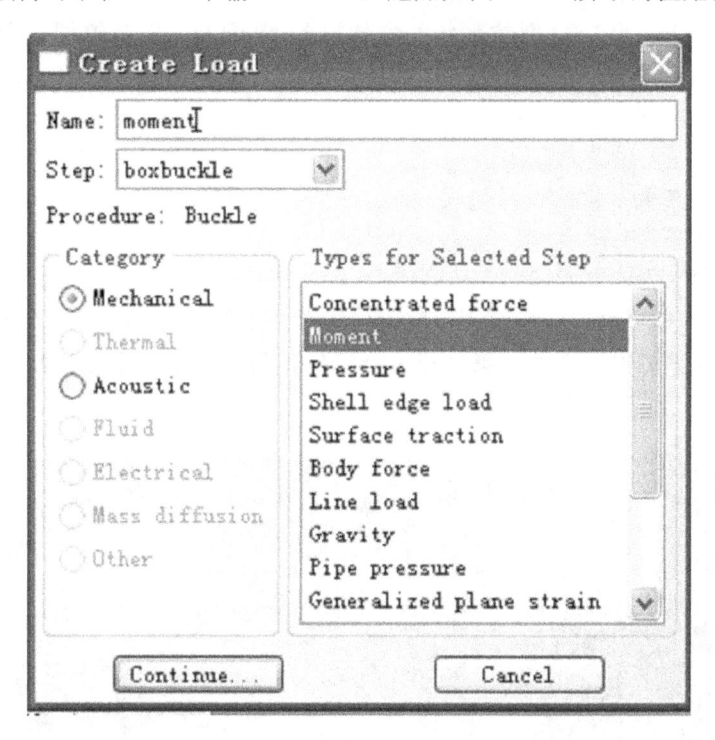

图 9-112 施加扭矩

图 9-113 载荷情形

9.6.8 运行程序计算

进入 Job 功能模块，在主菜单中选择 Model→Rename→Model-1 将模型名称改为 boxbuckle。点击 📇 创建工作，命名为 boxbuckle，点击继续，全部参数为默认，点击 OK。在 🗐 工作控制中，点击 Submit 提交作业，点击 Monitor 可监控计算过程。

9.6.9 结果查看

计算完成后点击 Results 直接进入 Visualization 模块，点击 📊 （Plot deformed shape 变形图）可以看到一阶特征模态，如图 9-114 所示。点击视图区上方的 ▶ next 键可以依次看到第二至第十阶的特征屈曲模态。二阶特征屈曲模态如图 9-115 所示。

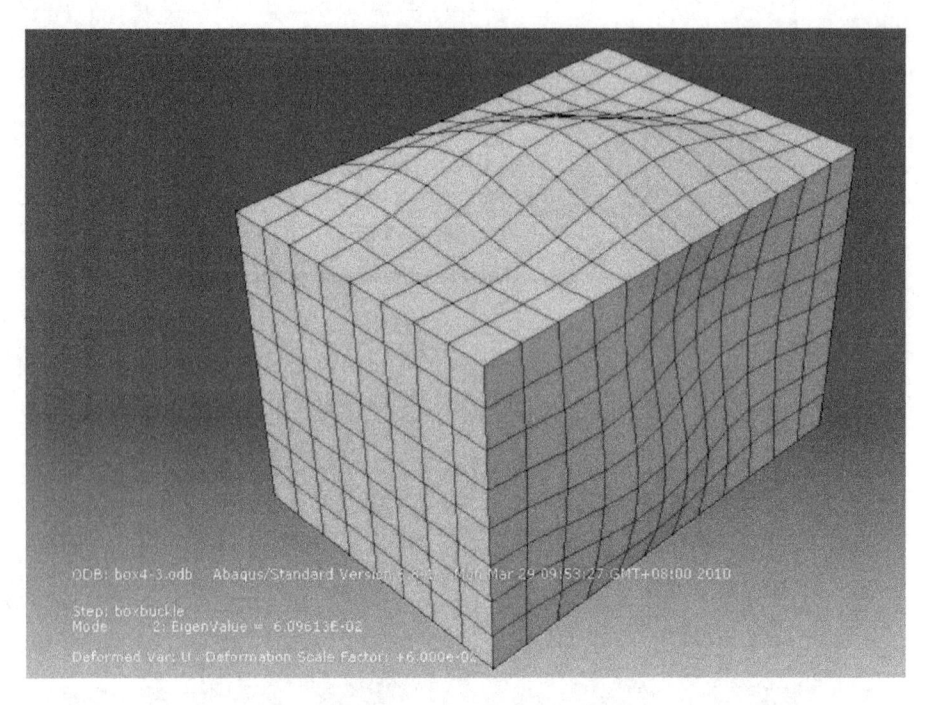

图 9-114　一阶特征屈曲模态

在屈曲分析运行完毕后，查看数据文件里输出的特征值。输出显示了 10 个特征屈曲模态和 10 个相应的特征值。要得到实际的屈曲载荷，将特征值和所施加的载荷相乘即可。例如，第一个模态的屈曲载荷为 $6.1 \times 3000 \times 0.01 =$

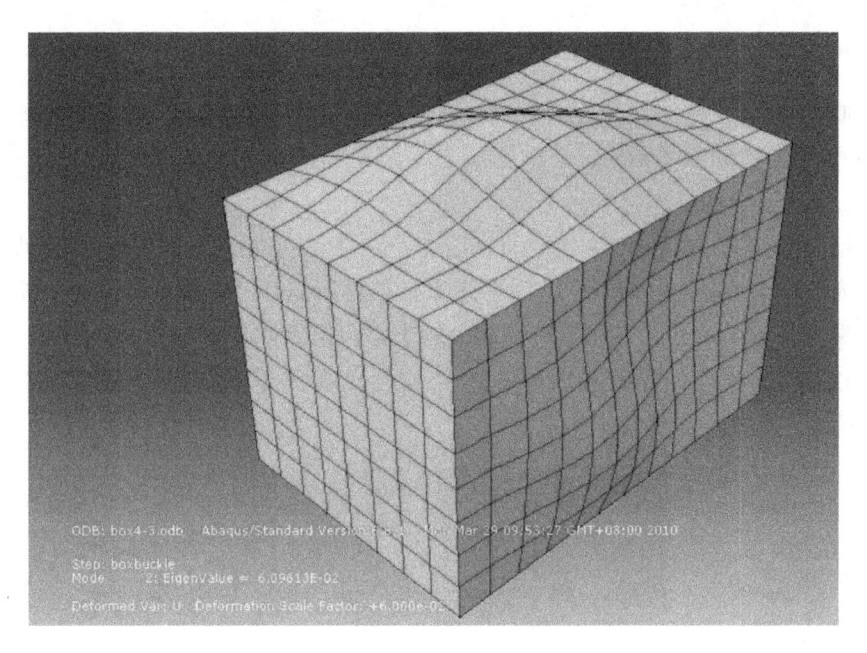

图 9-115 二阶特征屈曲模态

183（N·m）。输出内容如下：

```
E I G E N V A L U E    O U T P U T
BUCKLING LOAD ESTIMATE = ("DEAD" LOADS) + EIGENVALUE * ("LIVE" LOADS).
        "DEAD" LOADS = TOTAL LOAD BEFORE * BUCKLE STEP.
        "LIVE" LOADS = INCREMENTAL LOAD IN * BUCKLE STEP
  MODE NO         EIGENVALUE
       1          -6.09613E-02
       2           6.09613E-02
       3          -6.09613E-02
       4           6.09613E-02
       5          -6.23965E-02
       6           6.23965E-02
       7          -6.54270E-02
       8           6.54270E-02
       9           7.22339E-02
      10          -7.22339E-02
```

9.6.10 修改模型进行扭曲分析

通过 Model→Copy Model→boxbuckle 将屈曲模型复制生成一个名为 box-screwy 的新模型。

1. 定义分析步

用一个显式动态分析步代替原来屈曲分析中的分析步。进入 Step 模块，删除名为 boxbuckle 的分析步。此时会弹出一个对话框，警告所有与这个分析步有关的载荷、边界条件、相互作用和输出请求都会被删除，单击 Yes。创建一个新的显式动态分析步，取名为 boxscrewy，设置分析步时间为 0.1。创建好的分析步如图 9-116 所示。

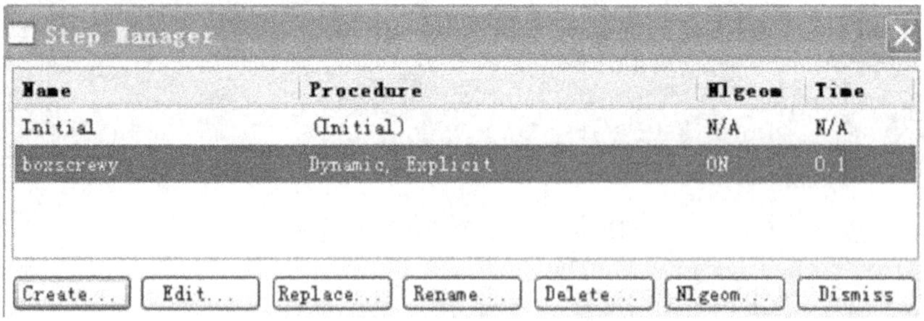

图 9-116 分析步管理

2. 定义表面和相互作用

在扭曲过程中，箱子内外表面的很多区域都会和其他区域发生接触。由于无法事先判断哪些指定的区域会发生接触，所以必须允许接触以一种十分广泛的方式发生，即箱子内、外表面的任何区域会发生接触。这里使用自接触和接触算法中的双侧面接触特征来定义扭曲分析中的接触条件。

回到 Interaction 模块，点击主菜单中的 Tool→Surface→Creat 创建一个名为 boxall 的双侧表面，选择部件全部，点击 Done，both sides。

选择主菜单 Interaction→Propety→Creat 创建名为 Fric 的接触属性，Tangential Behavior 中选择 Penalty（罚函数）摩擦公式，设置摩擦系数为 0.1。

点击 创建一个名为 box-self 的相互作用来模拟分析过程中箱子各表面的自接触。选择 Self-Contact (Explicit)（显式自接触）为接触类型，如图 9-117 所示，点击继续，点击视图区右下角的 Surfaces 按钮，选择 boxall 表面，点击继续，选择 Penalty 接触方法，接触属性为 Fric，见图 9-118。

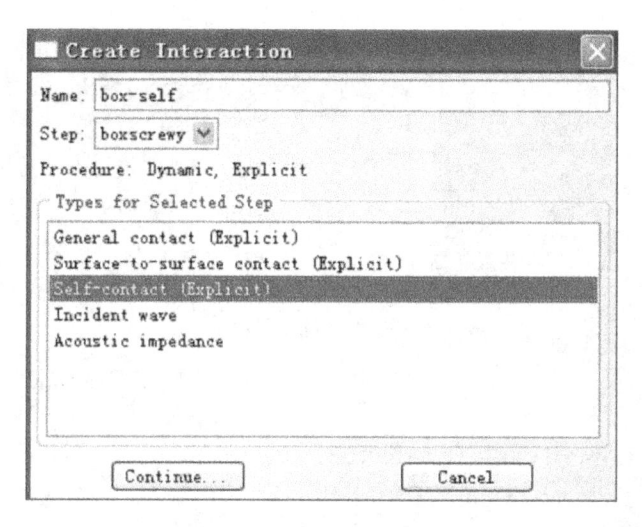

第 9 章 ABAQUS 非线性分析实例 · 307 ·

图 9-117 接触属性

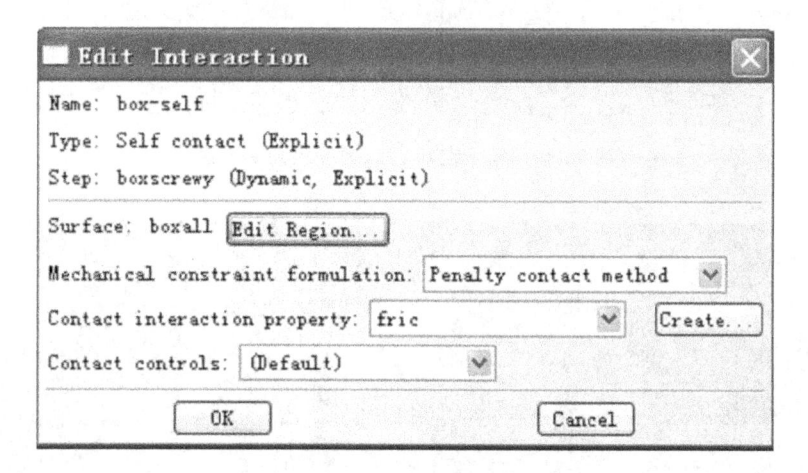

图 9-118 接触选项

3. 施加载荷和网格定义

进入 Load 功能模块，在 boxscrewy 载荷步下创建名为 crewy 的扭矩载荷施加于箱子顶部的参考点，载荷值为 Z 向 −5000。

进入 Mesh 模块，将网格类型改为相应的动态显式类型。

4. 扭曲分析和后处理

进入 Job 功能模块，创建名为 boxcrewy 的作业，提交作业，监视求解过程。求解完成点击 Results 直接进入 Visualization 模块。观察箱子的变形和应力情况，如图 9-119、图 9-120 所示。还可点击 看到变形过程的动画。

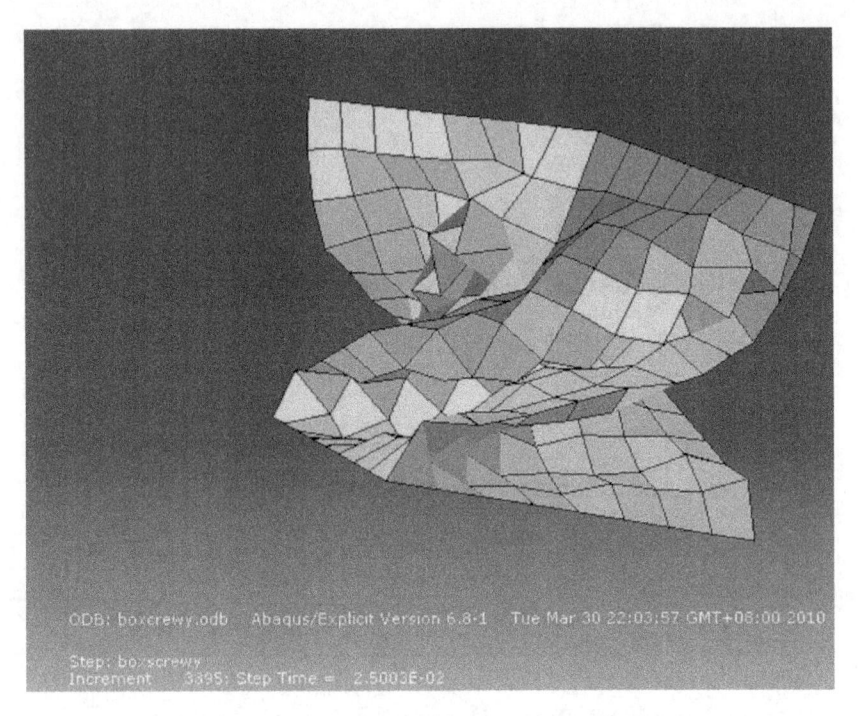

图 9-119　箱子在 0.025s 时受扭的变形图

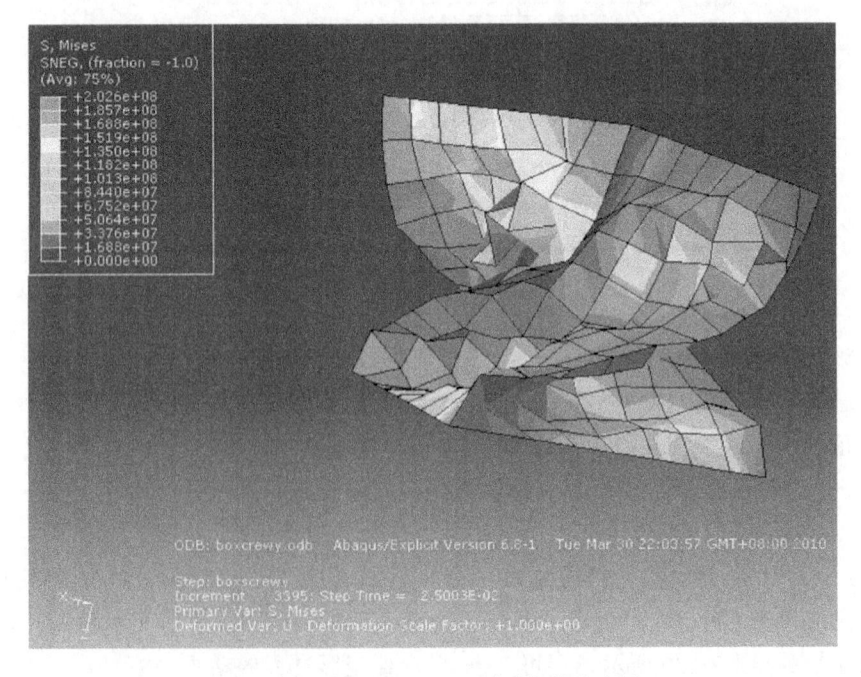

图 9-120　箱子在 0.025s 时受扭的应力图

5. 引入特征屈曲模态扰动网格

使用 Keywords Editor（关键词编辑器）将扰动缺陷引入到后屈曲分析的模型中。

进入 Job 模块，从主菜单栏中选择 Model→Editor Keywords→boxscrewy，打开箱体扭曲模型的关键词编辑器。在关键词编辑器中找到 ** BOUNDARY CONDITION 文本块，单击 Add After 在其后添加一个新的文本块。输入如下内容：

* Imperfection, file = boxbuckle, step = 1
1, 1.0e-5
2, 0.4e-5
3, 0.2e-5
4, 0.1e-5
5, 0.08e-5
6, 0.06e-5
7, 0.06e-5
8, 0.04e-5
9, 0.02e-5
10, 0.01e-5

单击 OK，保存设置并退出编辑器。

重新建立工作并运行程序，会发现在引用了特征屈曲扰动网格产生的屈曲变形较之前的光滑。

9.7 含黏弹阻尼材料工字梁动力分析

9.7.1 目的

结构的零部件组装及布尔运算（Merge）、黏弹性阻尼材料的定义（Viscoelastic）以及结构振动响应分析。

9.7.2 建模方式

以工字梁为基梁，建立井字梁，如图 9-121 所示，井字梁俯视图如图 9-122 所示。

图 9-121 井字形梁

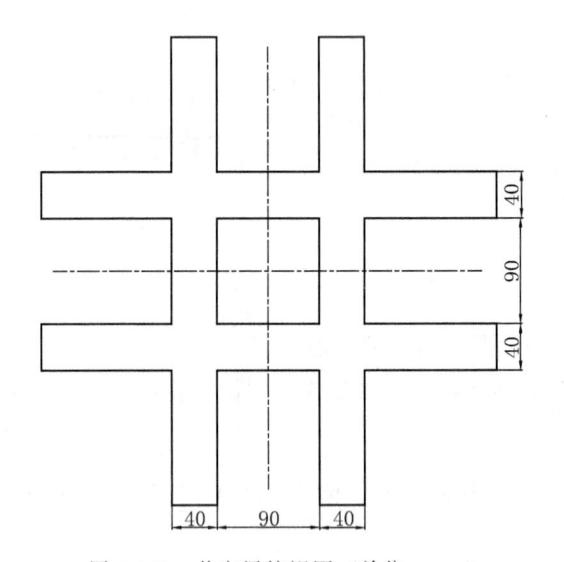

图 9-122 井字梁俯视图（单位：mm）

9.7.3 模型描述

由四条横截面尺寸为 40mm（宽）×10mm（厚）×60mm（高），长度为 400mm 的工字组成的井字形简支梁，其上表面受均布载荷 $q=10\text{N}/\text{mm}^2$，载荷性质如图 9-123 所示。基体材料为铝合金，弹性模量 $E=70\text{GPa}$，泊松比为 0.3，下表面粘贴黏弹性阻尼材料 ZN-1，其黏弹特性如表 9-5 所示，求梁受载荷后的响应。

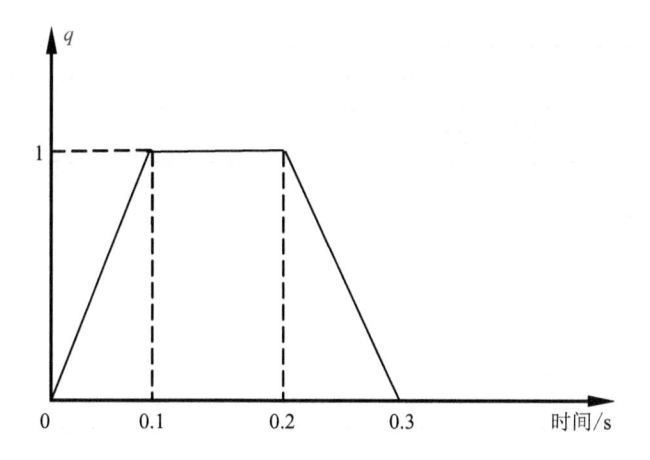

第 9 章　ABAQUS 非线性分析实例

图 9-123　载荷性质

表 9-5　ZN-1 阻尼材料的动特性参数

温度（30℃）频率/Hz	复数模量 E 实部 储能模量 G'/MPa	复数模量 E 虚部 损耗模量 G''/MPa	材料损耗因子 $\beta=\tan\delta$
2	3.60×10^5	1.55×10^5	0.43
3	4.00×10^5	1.92×10^5	0.48
4	4.10×10^5	2.05×10^5	0.5
5	4.60×10^5	2.76×10^5	0.6
6	4.80×10^5	2.93×10^5	0.61
7	5.00×10^5	3.25×10^5	0.65
8	5.20×10^5	3.48×10^5	0.67
9	5.50×10^5	3.80×10^5	0.69
10	5.90×10^5	4.19×10^5	0.71
20	7.40×10^5	6.88×10^5	0.93
30	8.30×10^5	8.22×10^5	0.99
40	9.00×10^5	9.90×10^5	1.1
50	9.60×10^5	1.15×10^6	1.2
100	1.03×10^6	1.28×10^6	1.25
200	1.60×10^6	2.08×10^6	1.3
300	1.95×10^6	2.63×10^6	1.35
400	2.20×10^6	2.97×10^6	1.35
500	2.40×10^6	3.31×10^6	1.38

续表

温度（30℃）	复数模量 E		材料损耗因子
频率/Hz	实部 储能模量 G'/MPa	虚部 损耗模量 G''/MPa	$\beta=\tan\delta$
600	2.60×10^6	3.61×10^6	1.39
700	2.75×10^6	3.85×10^6	1.4
800	3.00×10^6	4.17×10^6	1.39
900	3.30×10^6	4.55×10^6	1.38
1000	3.50×10^6	4.8×10^6	1.37

9.7.4　建模及分析过程

1. 部件的建立

载入前面分析中所建立的工字梁作为基梁，不作任何尺寸修改，部件建模过程此处不再介绍。

2. 材料属性定义

在该模型中使用两种材料，基体层用铝合金材料，黏弹性层用 ZN-1 阻尼材料，具体性能设置如图 9-124 及图 9-125 所示。

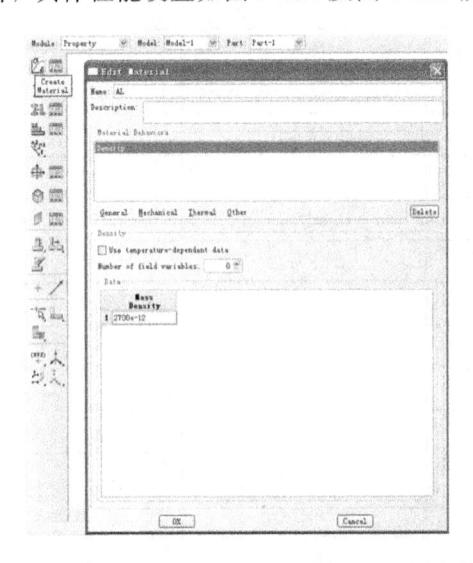

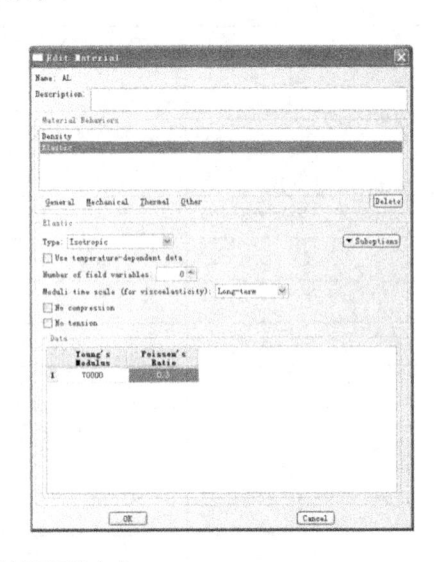

图 9-124　铝合金材料属性定义

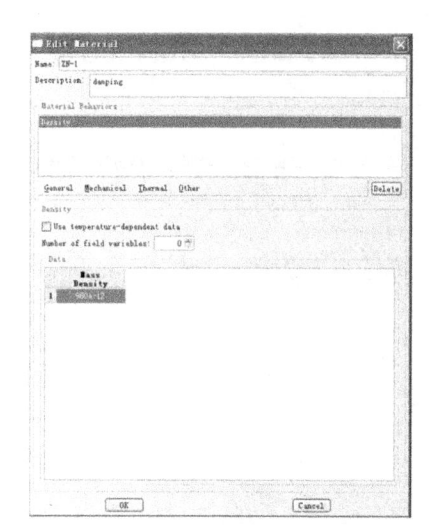

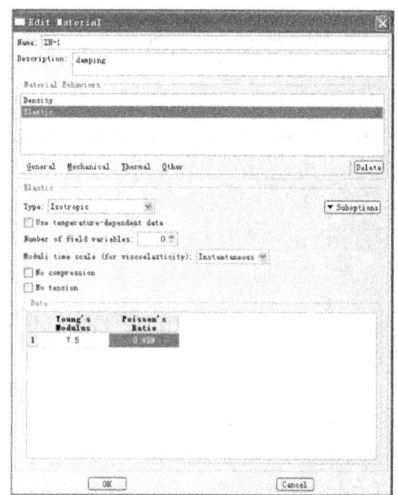

图 9-125　ZN-1 阻尼材料基本属性设置

不可压缩黏弹性材料的泊松比为 0.5，而在有限元分析中为了避免由此造成的分析不收敛问题，同时不至于对计算结果产生较大的影响，取泊松比为 0.499。

黏弹特性的定义方法如图 9-126 所示，点击 Viscoelastic 便可进入设置界面，如图 9-127 所示。

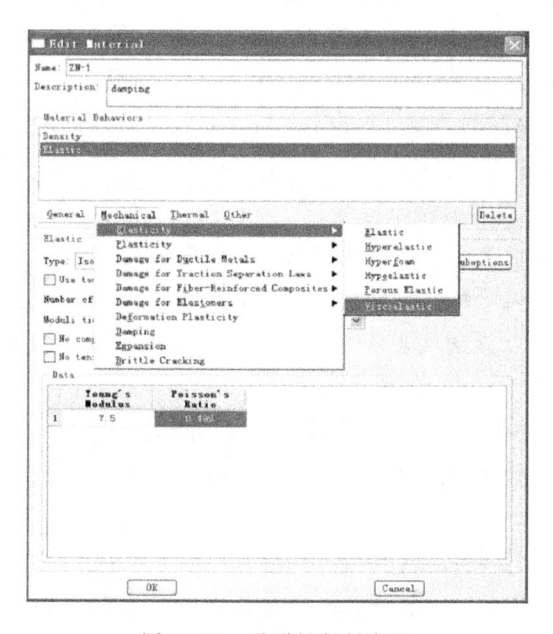

图 9-126　黏弹性材料定义

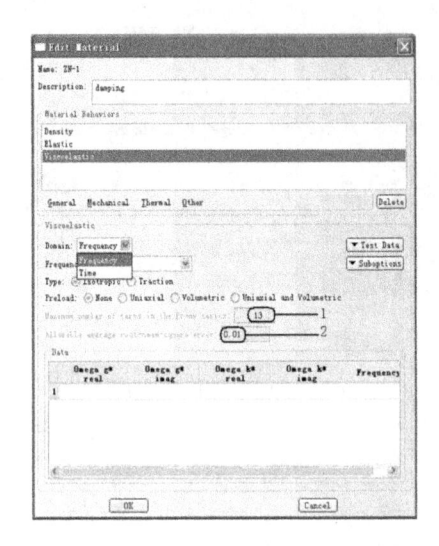

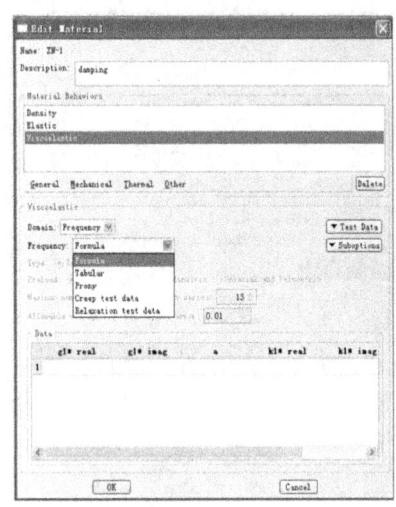

(a)

(b)

图 9-127　黏弹性阻尼材料设置界面

Domain：Frequency 与 Time 两个选项。

这个选项主要是设置黏弹性材料黏弹特性是基于频率的黏弹特性还是转化为时间的黏弹特性。如果选择 Frequency，则表示所定义的黏弹材料为基于频率的黏弹特性，输出结果曲线的横坐标也是频率；如果选择 Time，则表示所定义的黏弹材料为转化的基于时间的黏弹特性，输出结果曲线的横坐标为时间。关于这两种黏弹特性定义方法，请参考帮助文档中的详细介绍。

若选 Frequency，则需完成 Formula、Tabulay、Prony、Creep test data、Regulation test data 几个选项。

Formula：该选项表示黏弹特性是以方程的形式定义。

Tabulay：该选项表示黏弹特性是以频率列表形式定义。

Prony：该选项表示黏弹特性是以普诺尼级数定义，需要定义其系数。

Creep test data：该选项表示黏弹特性是以实验所得黏弹特性曲线来定义黏弹特性。

图 9-127 (a) 中的 "1" 与 "2" 处数据的处理：

1 处的数据：此处的数据是有效黏弹性数据组个数，最大数为 13，一般设置为最大数；

2 处的数据：此处的数据代表各黏弹性数值的均方根，此数的设置可以先不用考虑，先设置一个数字在提交材料参考验证时根据所得 .dat 文件中的相关数据重新设置，详见后面的处理过程。

Data 中的数据设置如图 9-128 所示。Omega g * real、Omega g * imag、Omega k * real、Omega k * imag、Frequency 分别表示黏弹性材料的剪切模量实部、剪切模量虚部、压缩模量的实部、压缩模量的虚部以及对应的频率值点。

图 9-128 黏弹性特性参数设置

因为在此实例中所用的 ZN-1 阻尼材料为不可压缩黏弹性阻尼材料，所以压缩模量实部与虚部均为"0"。

3. 部件的组装

给截面模型赋予材料属性后，便要进行部件的组装（Assembly），因为在此实例中，由四根相同的工字梁来组装成一完整的"井字梁"结构，所以只需要建一根工字形梁，在组装时拷贝同一根工字梁便可，如图 9-129 所示建立组装模型。

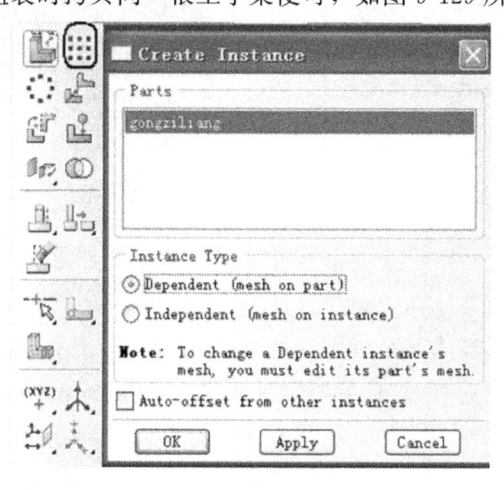

图 9-129 部件的组装

然后选择如图 9-129 中圈中菜单，将已建立的部件进行线性阵列，输入间距与两排两列参数后，出现如图 9-130 所示的阵列。

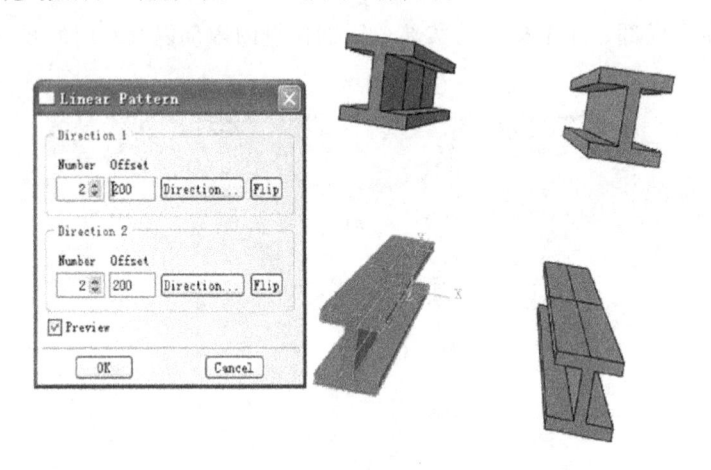

图 9-130　部件的阵列

再选用如图 9-131 所示的约束关系选项 Constraint，应用 Edge to Edge 以及 Coincident Point，组成如图 9-132 所示的井字形梁。

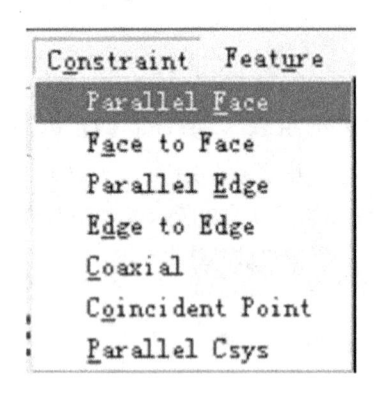

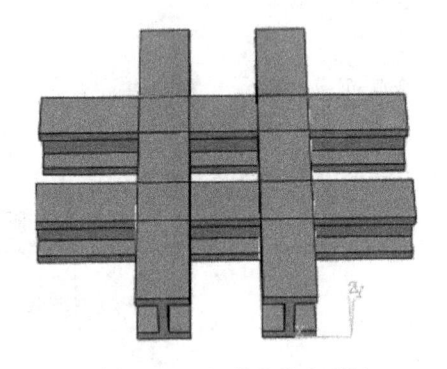

图 9-131　约束关系选项　　　　图 9-132　组装的井字形梁

这样组装起来的井字形梁在接触处还只是简单的"重合"在一起，重叠的部分在后面的网格划分与计算中会导致计算失败，所以还需要应用布尔运算将四根工字形梁组成一体的整体梁，应用合并（Merge），如图 9-133 所示。

运用布尔运算后，四根工字形梁便形成一整体式的井字形梁，如图 9-134 所示。

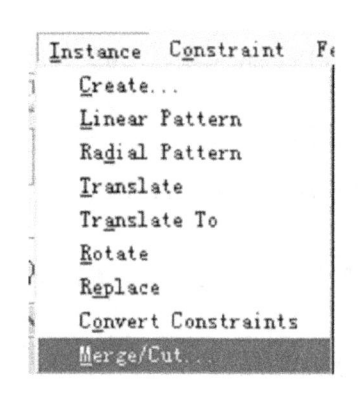

第 9 章 ABAQUS非线性分析实例

图 9-133 布尔运算

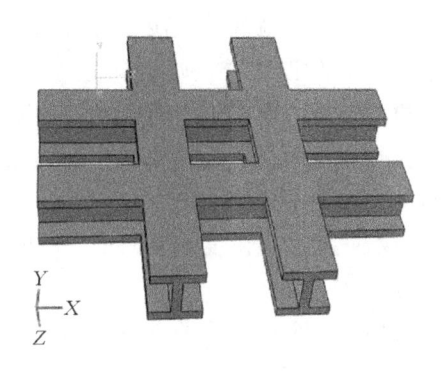

图 9-134 井字形梁

4. 设置分析步

该实例为应用隐式动力学分析黏弹性阻尼材料对减振的效果，所以设置分析步（Step）如图 9-135 所示，选用 Dynamic，Implicit，总分析时间为 5s，增量步长为 0.05s，最大增量步数为 100（0.5/0.05＝100），其他为默认，设置输出选项如图 9-136 所示。

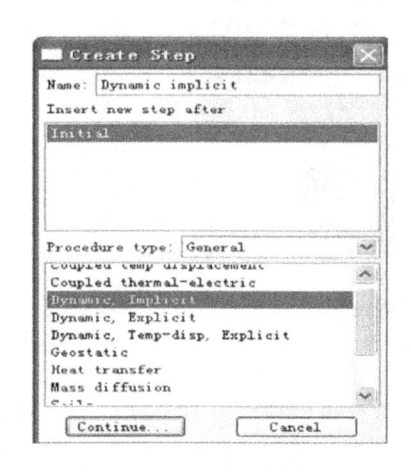

图 9-135 隐式动力学分析步

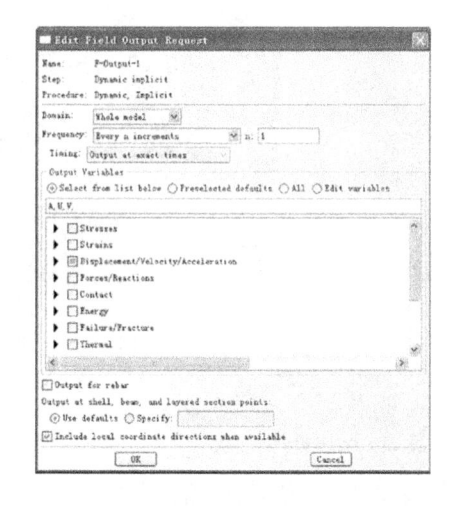

图 9-136 隐式动力学分析输出选项设置

5. 接触设置（Interaction）

该实例中我们选择一体式建模，然后分区域赋予不同的材料特性，所以在此没有接触问题需要特别的设置。如果根据需要将不同部件分步建模后再组装，并不对其进行布尔运算，则需要重新设置接触问题。

6. 载荷及边界条件（Load）

载荷：因为施加的载荷为均布载荷，所以选择 Pressure，输入载荷大小 $q=10\text{N}/\text{mm}^2$，如图 9-137 所示。

边界条件：该梁采用简支方式，将梁的端部全部支撑。

左端：六个自由度约束五个自由度，即三个移动自由度 U1、U2、U3 与两个转动自由度 UR1、UR2；

右端：六个自由度约束四个自由度，即两个移动自由度 U2、U3 与两个转动自由度 UR1、UR2；

后端：六个自由度约束五个自由度，即三个移动自由度 U1、U2、U3 与两个转动自由度 UR2、UR3；

前端：六个自由度约束四个自由度，即两个移动自由度 U1、U2 与两个转动自由度 UR2、UR3。

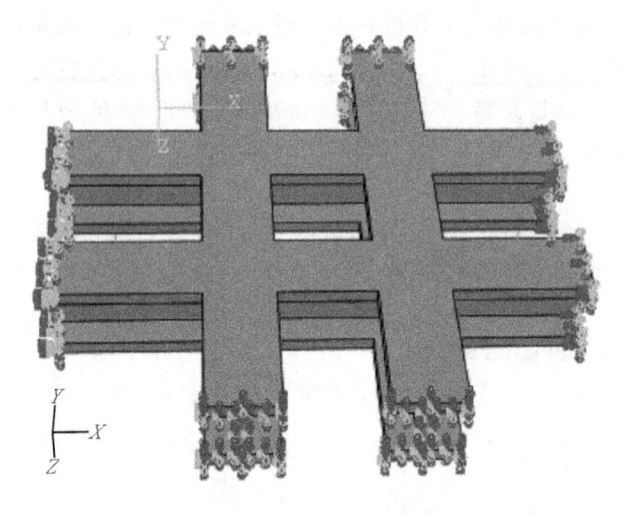

图 9-137 井字梁载荷施加

7. 网格划分（Mesh）

对井字梁进行网格划分，选择组装后的部件，可发现模型显示颜色为"橙黄色"，表示因结构复杂不能用一步完成的方式进行网格划分，必须进行模型的切分以便网格划分。

如图 9-138 所示选择切分菜单 Partition Cell，然后选择下方选项中的 3 Points 来切分模型。如图 9-139 所示，选择三个在同一平面且不在一条线上的三个点来作为切割平面的基准点。

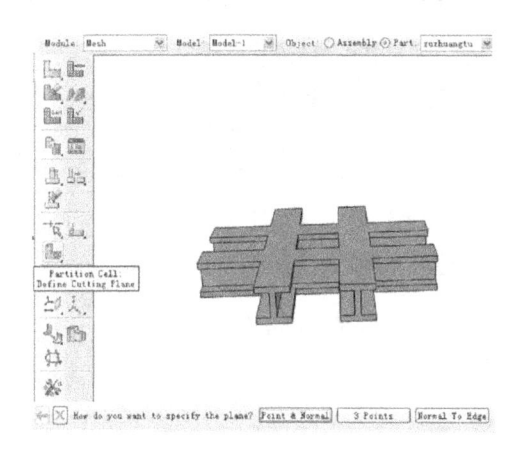

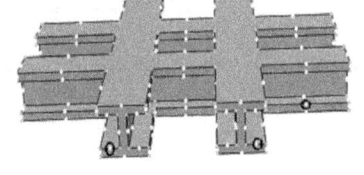

图 9-138　切分菜单　　　　　　　图 9-139　三点平面切割法

应用此方法两次，可以将模型切割划分为三个区域，如图 9-140 所示。

将井字梁切割划分为三个部分后，模型显示颜色为黄色，此时便可进行网格划分，划分后的网格如图 9-141 所示。我们可以发现，经过这样简单切割后的模型网格不是很规格，如果想使网格划分得更加规格，可以多次应用三点平面切割法将模型切割划分为比较规格的小区域，以使网格划分得更规格化。

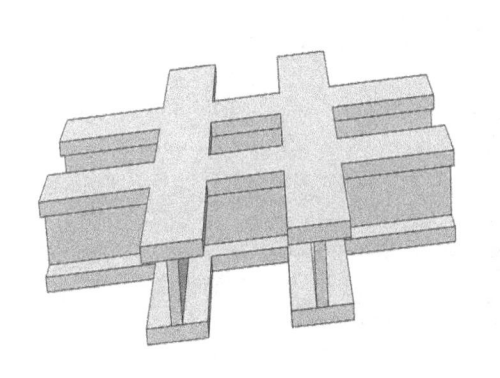

图 9-140　切割划分后的三个区域　　　　图 9-141　划分后的网格

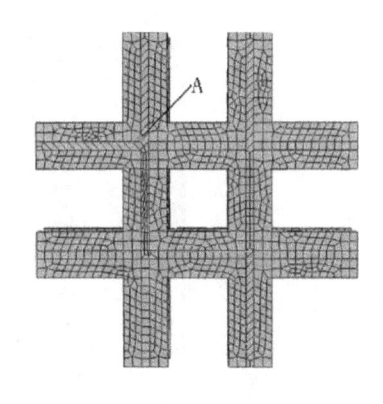

然后再给切割后的三个区域上、中、下三部分赋予材料特性，上两层材料为铝合金材料，下层材料为 ZN-1 黏弹性阻尼材料。

8. 建立分析作业（Job）

建立隐式动力学分析作业名 Implicit dynamic，提交作业后便可看到如图 9-142 所示的错误信息。

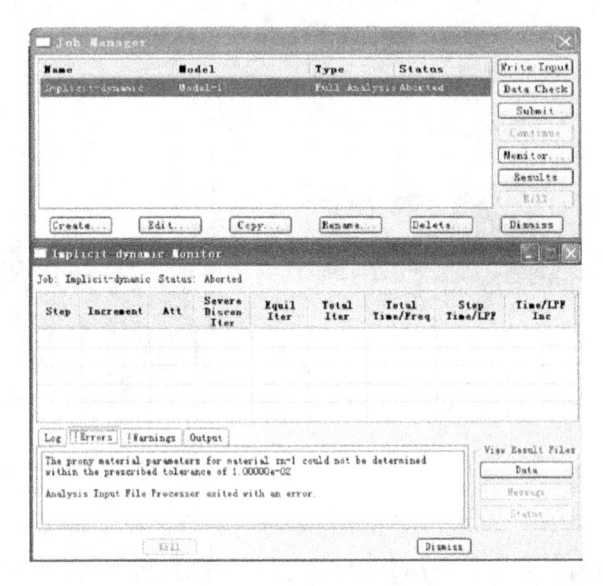

图 9-142　黏弹材料未正确设置均方根时的报错信息

从 .dat 文件 Implicit dynamic .dat 中可以找出自动计算出来的最大均方根值，如图 9-143 所示。

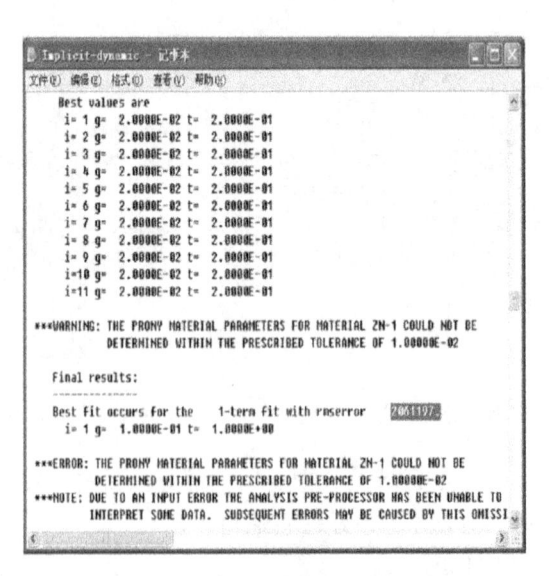

图 9-143　自动计算出的均方根值

然后返回材料属性的设置项，将均方根值设置成比最大均方根 2061197 大的值，在此实例中设置成 2100000，如图 9-144 所示。设置完后，提交分析作业，

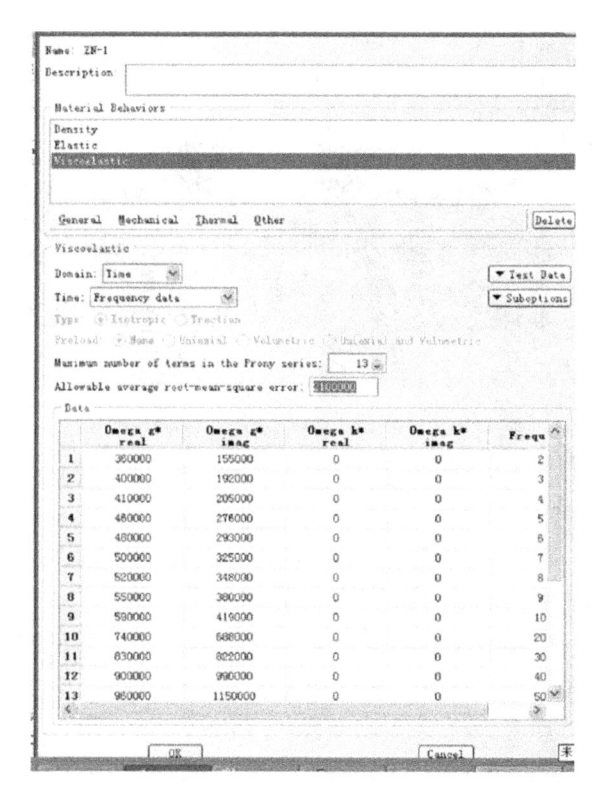

第 9 章 ABAQUS 非线性分析实例 · 321 ·

图 9-144 重新设置均方根值

便可以顺利进行分析了。

9.7.5 查看分析结果

分析完成后，点击 Results 进入 Visualization 模块，计算结束后的位移云图、速度云图以及加速度云图如图 9-145～图 9-147 所示。

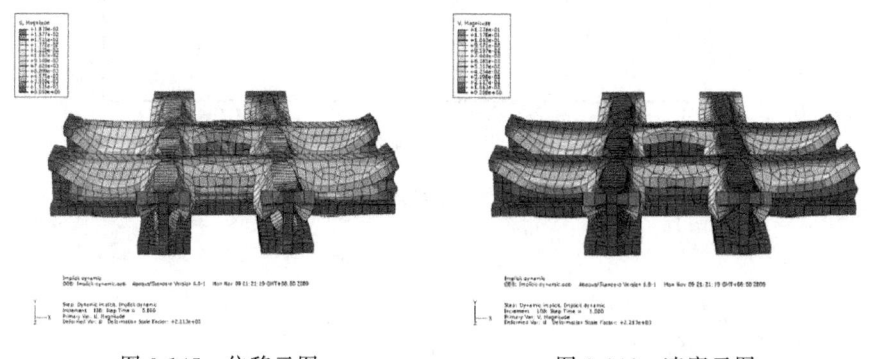

图 9-145 位移云图　　　　图 9-146 速度云图

图 9-147　加速度云图

选取井字梁上表面处 A 点，绘制其振动曲线。井字梁主要受 Y 方向（2 方向）的载荷作用，所以其振动主要是 Y 方向的载荷引起的振动，只绘制 Y 方向的振动曲线（振幅、振动速度、振动加速度）。振动速度、振动加速度曲线（卸载后的振动曲线，即 0.2s 后的振动曲线），如图 9-148、图 9-149 所示。

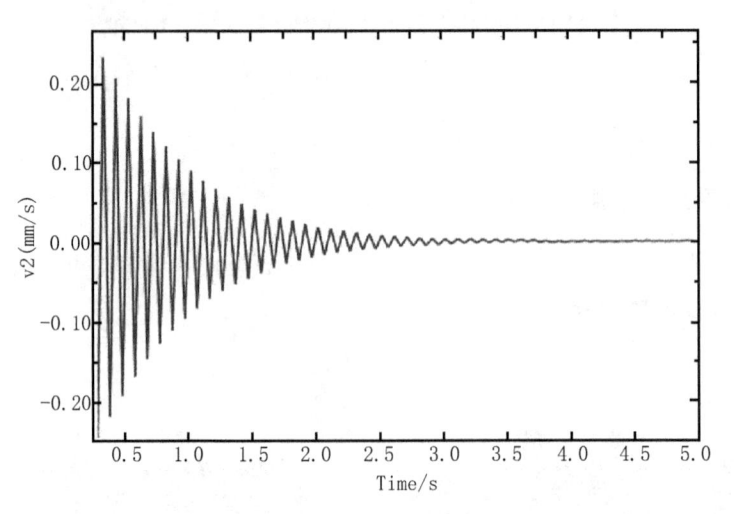

图 9-148　振动速度曲线

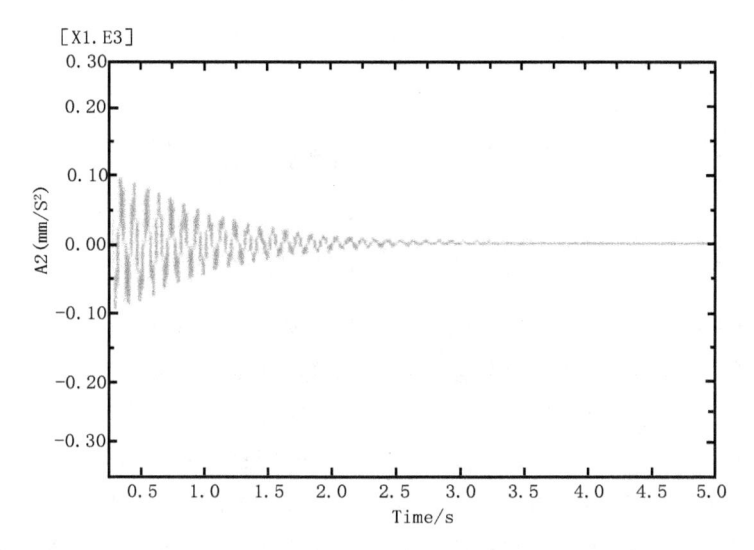

图 9-149 振动加速度曲线

第 10 章 优化设计及软件

10.1 最优化概论

最优化方法,是现代运筹学的一个重要分支。它所研究的中心问题是:如何根据系统的特性,去选择满足控制规律的参数,使得系统按照要求运转或工作,同时使系统的性能或指标达到最优。最优化问题往往具有三个基本的要素:一是问题的变量,就是系统中可以改变的参数;二是问题受到的约束,也就是问题必须满足的条件;三是问题的目标,即衡量该设计或控制的好坏的标准。

自从 20 世纪 50 年代开始,随着数学建模和计算技术的发展,最优化方法在工程领域得到了蓬勃的发展,理论和算法也日趋完善。事实上,许多科学方法的发展,都源自自然的启示和社会发展的需求,最优化方法也不例外。

10.1.1 最优化源于自然

按照现代科技测算,宇宙的年龄在 150 亿~200 亿年。从初始极小的未知状态到今天的宇宙,我们所看到的美丽宇宙,从旋转的星系到熙攘的原子活动,所有的物质都被安排得井井有条,而且在遵循着一些和谐的规律演化着。尽管我们对这个宇宙是按着怎样的目标而演化还一无所知,但我们可以肯定的是,它是按着某种规律演化的。大多数科学家都认为,宇宙是按着某种质朴的、具有惊人优美的数学原理运行的。

我们还无法把握宇宙的总体运行规律,但对于局部的问题,我们有很多的例子。例如,哈密顿原理描述:对于完整的保守系统,在相同的时间内,由某一初位形转移到另一位形的一切可能运动中,真实运动使哈密顿作用量取极值。这一原理不仅可以应用于力场,也可应用于电磁场。这是一个地道的最优化问题。

在生物界,无处不体现着一种自然的优化。从我们现有的知识来看,生物种群的基本目标是保持种群的生存和延续。而这种演化的可变因素,即变异,就是生物基因的突变。基因的突变形成了数目繁多的生物种群。而这一系统的约束条件就是自然环境,包括维持生命的空气、水和合适的温度,其次还有食物链等。自然环境的选择将不适于生存的突变给剔除掉了,就好像我们在进行最优控制或最优设计时,达不到要求的方案要被取消。我们今天所看到的生物,无不体现其为生存繁衍和适应环境而存在的特性。

在植物界，以常见植物为例，它们以阳光为动力源，从土地中吸收水分和养分，从空气中吸收二氧化碳，从而实现其生命活动。植物根据自身的需求，用合适的根系分布从土壤中吸取养分和水分；用分散的树叶吸收阳光，按照对光线的需求，会有不同的叶形和尺寸；用树干把二者联系起来并完成一定的呼吸作用，而且，在受力较大和输送量较大的地方，其树干必粗，树干还有树皮保护着；蔓生植物按短程线攀缘，且每一段都以反向螺旋结构以保证其承载能力和抗震能力，看来整个系统是经过自然选择达到优化的。

在动物界，且不说高度发达的人类，就一般动物而言，为了达到生存和繁衍的目标，它们都具有发达的感官，视觉、听觉、嗅觉、触觉等，都是在运动和生存竞争中得到了发展；软体类动物壳和飞禽与爬行类动物的卵壳的结构和形状都几乎处于理想状态；动物的骨骼结构及其尺寸分布极其合理等；所有这些实现了动物界的优胜劣汰、适者生存。因此可以说，动物的进化也是一个优化过程。

10.1.2 最优化在工程中得到发展

最优化理论作为运筹学的一个重要分支，从 20 世纪 50 年代开始得到发展，在此之前，还没有形成一门完善的学科。因此，在对一个系统进行控制或设计时，设计者往往根据直觉和经验进行控制或设计，这时的设计优化只是设计者的一种模糊的、不严格的期望。50 年代以后，最优化理论和工程应用得到了蓬勃的发展。

首先是工程的需求。20 世纪 50 年代末起，航空航天领域进入快速发展时期，原子能的应用，对海洋的探索，这些要求系统能承受高温、高压、高速等环境的同时，还必须轻质、能耗低、控制精确，从前的那种以经验和直觉为主的控制和设计方法已经难以满足工程的要求，苛刻的条件和迫切的需求呼唤新的、更精确的理论和方法。

其次是数学理论的发展和完善。线性规划、整数规划、动态规划、非线性规划等求解优化模型的算法相继提出并求解，使优化在处理大规模的问题时有了严格的数学基础。随着最优化涉及的工程问题规模越来越大、求解越来越困难，近十年来又发展起来了模仿生物进化的遗传进化算法、模仿神经系统工作运行的神经网络方法等。而且，新的更有效的算法仍在进一步发展之中。总之，数学的发展使最优化问题变得可解，而最优化问题在求解的同时也促进了数学的发展。

电子计算机和计算技术的发展使优化设计或控制得以实现。最优化模型提出的往往是由传统的计算手段无法求解的，因为对于一个系统，其影响的参数即变量，可能很多，受到的限制即约束也可能很多，而每一变量对系统目标和约束的影响也可能很复杂，这就使得即使是对于一般的工程问题，其计算量也是非常浩大的。今天的计算机的运算速度已经达到了每秒万亿次,即使是这样的速度,还有一些优化模型是难以求解的。因此可以说,如果没有高速的计算机和先进的计算方法,也就不会有今天的最优化技术。

最优化方法已经在今天的工程中得到了普遍的重视。如最初在航空航天领域中的结构设计中取得了成功,随后开始推广到一般的工程结构,如汽车、船舶、高层建筑、水利工程、交通工程、工艺流程、输电网络、通信网络、城市规划等几乎所有的工程领域,并取得了难以估量的经济效益。

10.1.3 最优化对社会持续发展的作用

最优化对社会发展的影响,除了在经济方面,可以说已经渗透到社会的各个领域,包括科技、教育、军事、政治等领域。

在古代,我们的祖先就有了朴素的优化思想。田忌赛马的故事是对策论中一个经典的故事,介绍了田忌由于按孙膑的盼咐,用自己的下等马对齐威王的上等马,中等马对齐威王的下等马,而用上等马对齐威王的中等马,最后在己方实力不如对方的情况下赢得了赌马的胜利。赵州桥的设计是结构优化的典范,不仅节省了材料,而且历经一千多年而安然无恙。赵州桥的形状,经力学家钱令希院士验证,完全同弹塑性力学理论相吻合,同时也与优化专家隋允康教授用现代拓扑优化方法计算的最优形状几乎完全一致。都江堰水利工程,是全世界至今为止,年代最久、唯一留存、以无坝引水为特征的宏大水利工程。2200多年来,经历了无数自然灾害,至今仍然连续使用,仍在发挥巨大经济效益,不愧为文明世界的伟大工程,也是工程优化的杰作。

作为一门系统的学科,最优化在国外的起步与发展略早于我国,也得到了相应的重视。最优化在我国也正在向各个领域发展,并被开始广泛应用,从而创造可观的经济效益和社会效益。

在结构设计领域,最优化的发展最为完善。最优化方法已被广泛应用于汽车结构的设计、船舶结构的设计、高层建筑物的结构设计、核电站设计、飞机设计、火箭导弹设计、桥梁及大坝设计等许许多多的工程结构中。其次,在电网布局设计、交通流控制设计、城市给排水管网设计、通信网络设计、工艺流程设计等方面也取得了可喜的成果。这些为工业生产和发展节约了大量的资金和能源,为保护环境和持续发展作出了重大的贡献。企业生产经营最优化决策系统,结合企业生产实际,能自动制定以企业经济效益最大为目标的生产经营计划。通过对企业的原材料、生产装置、半成品、成品等各种资源的全面管理,寻求经济效益最佳的生产经营方案。可以根据原料质量、价格和供应量的变化,产品质量、价格和市场需求情况,加工能力和工作状况,固定和可变加工费,以及能耗等各种因素，定量地确定最佳生产流程和产品结构，同时得到成本、收入、利润、税金等各种财务的预测指标，实现对企业有限资源的充分利用和合理配置，从而提高生产效率，增强应变能力，最终使企业能够在激烈的市场竞争中得以生存，赢得竞争，求得发展。

在农业方面，有资源的最优配置以取得最大的经济效益问题；有根据病虫害的抗药规律和药物效力的规律进行最优时机、最优用药量和最优喷洒方法的优化等。在造林方面，用优化方法确定在资金、计划、苗木品种和数量等约束条件下造林规划设计的最优方案。

在教育方面，"教学过程的最优化"理论，是前苏联著名教育理论家巴班斯基创立的。他指出："教学过程的最优化，是指通过选择一种适合教育过程具体情况的教学方法，使教师和学生在花费最少的必要时间和精力的情况下，获得最好的效果。"他同时强调指出，最优化并不是什么特别的教学法或教学手段，而是在符合教学规律和教学原则的基础上，教师对教育过程的一种目标明确的安排，这种最优化教学方法已在部分教师中尝试进行。

在宏观经济规划和老百姓的日常生活中，也要进行优化。这就是，如何花尽可能少的钱办尽可能多的事。在国企改革中需要优化组合；在经济政策和管理上需要优化投资环境；在人事管理中需要优化人员的知识结构；在土地资源利用中需要优化资源配置；在资金的管理上需要优化资金的投入和产出；在人们日常生活中需要优化时间的分配和安排；在购物时需要对需求及性能价格进行优化。凡此种种，不胜枚举，都是我们在日常生活中可以听到的，但实际上，这些还都处在一种直觉的或经验的基础上的优化。

10.1.4 最优化模型

最优化方法已在各行业得到广泛应用，并创造了可观的经济效益，最优化概念也已深入人们心中。但是，它还远没有发挥它应有的作用。除了对优化模型的求解需要进行更深入的研究以外，如何针对各种复杂的事物，建立起可靠的优化模型，这才是最为重要的。

10.2 数学规划

10.2.1 数学规划及其发展概述

20世纪50年代末，数学领域中出现了一门重要的应用数学学科——运筹学（operations research），它适应现代社会的进展、军事的竞争以及工业的发展的迫切需要，提供了在各个领域中进行综合决策的手段。

运筹学把科学的方法、技术和工具应用在社会、军事、工业中的问题上，对于可以形成求解最佳方案的各种问题，提供问题的解答，从而使方案做得最好不再是经验和才能的结果，而是科学的结论。其中，数学规划（mathematical programming）是运筹学中最早形成的理论体系之一，也是众多分支中最重要的分支之一。

数学规划含有设计变量（design variable）、目标函数（objective function）与约束条件（constraint condition）3个要素，数学规划重点研究寻优算法及其相关的收敛性，它的理论严谨，适用面广，且解法在一定的条件下收敛性具有理论保证。

数学规划欲求解的优化问题通常可以表达为下述形式：

$$\begin{cases} 求 & x=\{x_1, \cdots, x_n\}^T \\ 使 & f(x) \to \min \\ \text{s.t.} & g_j(x) \leq 0 \quad (j=1, \cdots, m) \end{cases} \quad (10\text{-}1)$$

其中，x 是待求的 n 维设计变量；$f(x)$ 是评价该问题优劣的目标函数；min 是使目标函数极小化的意思，即 Minimize 的缩写；$g_j(x)$ 是对于设计限制的函数表达式，称为约束条件；s.t.（subject to）是使目标函数受到约束条件限制的意思；m 是约束条件的总数。

式（10-1）虽然是极小化目标、不大于的不等式约束条件，它也可以解决含有极大化目标、等式约束条件或不小于的不等式等约束条件的问题，因为后者经简单的变换均可以化为前者的形式。

不同的数学表达式体现出不同类型的数学规划形式，反映了求解的内容和条件等因素的差别，会影响到计算效率和方法的稳定性。如果目标函数 $f(x)$ 与约束条件 $g_j(x)$ 均为线性函数，则式（10-1）为线性规划问题，否则为非线性规划问题；在非线性规划中，当目标为二次函数，约束条件为线性函数时，则成为二次规划问题；一个数学规划如果存在多个目标函数，则为多目标问题。

数学规划论包括丰富和具体的研究方向：线性规划、非线性规划、对偶规划、几何规划、整数规划、动态规划及多目标规划等。在实际应用中，最常用且成熟也是研究得最多的当属线性规划和二次规划。另外，对偶规划也是一个求解多约束问题的有力方法。

数学规划论在社会和经济的管理和计划、军事的指挥和实施、工业产品和系统的设计与运行等诸多领域，有着十分广泛的应用。其中，结构优化设计学科可以理解为数学规划论在计算固体力学中的应用，它开始于20世纪60年代，Schmit 提出将结构分析的有限元法与数学规划法结合，用以处理含力学响应约束条件的结构最轻重量的问题，从而奠定了工程结构优化方法的基础，这就使得结构优化几乎与有限元方法同时起步。

由于颇具典型性和其发展的迅速，结构优化设计学科对于其他领域优化问题的建模与求解，很有借鉴作用。

为了建立既有通用性、又具有较高计算效率的优化方法，结构优化领域在20世纪60年代后期出现了优化准则法，它依据所要解决问题的物理背景和力学性质设立某种准则，用以代替约束条件下的目标极小化，并据此建立优化迭代格式，或对于结构优化问题依据经典数学分析的 Lagrange 乘子法或数学规划中的 Kuhn-Tucker 条件，建立起结构优化应当满足条件的迭代格式。优化准则法求解效率较高，适用于大型优化问题的求解，但是适用面较狭窄。

1974年，Schmit 和 Farshi 提出了近似概念法，从而为数学规划能有效地求解结构数值优化问题展示了新的前景。究其本质，这个经历了十几年摸索的结论，是对于建立结构优化模型的深刻领悟。换句话说，尽管数学家能够为我们提供求解优化问题的有效算法，他们却不能替我们建立工程优化的模型，这是因为具体的优化模型只有熟悉工程实际的工程师和力学家才能携手做出来。针对工程问题建立的数学模型一般都是相当复杂的，它依赖于结构响应量对于设计变量的导数值计算，也就是工程优化领域十分关注的敏度分析。

Schmit 同 Farshi 和以后 Schmit 同 Fluery 等在结构优化设计中的规划法中吸收了准则法的优点，根据力学特性和工程直觉，他们的近似概念法中采取了很多行之有效的措施，如近似显式逼近、设计变量连接、有效约束粗选、倒数变量的引入、采用对偶求解技术等，使计算模型得到了显著的改善。许多结构优化模型因此可以处理成线性规划问题、二次规划问题及对偶规划问题，借助于数学规划中成熟的算法，可以对大多数实际工程问题进行求解。

在众多工程优化领域里，结构优化设计是发展快且发展成熟的工程优化学科之一。结构优化设计的三个基础是依赖于计算机技术、结构分析方法和数学规划理论的发展。

（1）计算机技术无论是硬件还是软件水平都有很大提高且迅速发展；

（2）结构分析主要采用有限元分析方法这个主要的数值分析工具，有限元技术为结构优化设计提供了可靠的结构分析和敏度分析的手段；

（3）数学规划为结构优化奠定了良好的数学基础。

40多年来，结构优化数值方法的研究与应用受到学术与工程界的广泛重视并取得长足进展，普遍应用于航空、航天、船舶、车辆、桥梁、房屋、机械等许多工程设计领域。

现在，结构优化的数值方法已经由单一的力学领域向应用物理学的各个分支拓广，发展为结构与多学科优化。

工程优化问题要求优化算法具有如下特性。

(1) 可靠性，算法在各种情况下都有收敛的保证。

(2) 通用性，算法能处理等式和不等式等各种约束，并且对目标、约束函数的形式没有过多限制。

(3) 有效性，算法通过较少的迭代次数就能够收敛，并且在每次迭代内应有较少的计算量。

(4) 健壮性，无论初始点在那里，均应收敛到某一最优点。

(5) 准确性，指算法收敛到精确的数学意义上最优点的能力。

(6) 方便性，软件要面向设计人员，不管他是否有经验，实际问题的解决，在要求可靠性高的同时，还要求用户界面好、求解能力强、程序的易于使用，这些都是方便性的体现。

根据以上 6 个特性的要求，这里分别选用具有广泛代表性的线性规划、二次规划、近似规划及对偶规划问题进行软件开发、编程考核，为工程优化的求解提供最基本、最有力的寻优工具。

10.2.2 线性规划

线性规划（linear programming）作为具有代表性、应用最广的一种优化问题，Dantzig 提出了对之求解的单纯形法，奠定了线性规划的理论和算法基础。单纯形法被誉为 "20 世纪最伟大的创造之一"。由于线性规划问题是一个凸规划，其最优点总是在凸域的顶点，采用单纯形算法可使得线性规划的求解非常可靠，并且具有较高的求解效率。

1. 线性规划标准形式

线性规划是指目标函数为线性、约束亦为线性的极值问题。形如

$$\begin{cases} \min & \boldsymbol{CX} \\ \text{s. t.} & \boldsymbol{AX} = \boldsymbol{B} \\ & \boldsymbol{X} \geqslant 0 \end{cases} \quad (10\text{-}2)$$

其中，$\boldsymbol{C} = (c_1, c_2, \cdots, c_n)$ 为目标函数系数，$\boldsymbol{X} = (x_1, x_2, \cdots, x_n)^\mathrm{T}$ 为设计变量，$\boldsymbol{A}$ 为 $m \times n$ 阶约束矩阵，$\boldsymbol{B} = (b_1, b_2, \cdots, b_m)^\mathrm{T}$ 为约束右端向量，式 (10-2) 称为线性规划的标准形式。

2. 其他形式转化为标准形式

(1) 对求极大值问题，可以将目标函数乘以 -1，转化为求极小问题。

(2) 若第 i 个约束条件为 "$\leqslant$"，则在该约束左边加上一个松弛变量 x_{n+i}，$(x_{n+i} \geqslant 0)$，该约束成为

$$\sum_{j=1}^{n} a_{ij} x_j + x_{n+i} = b_i \tag{10-3a}$$

若第 i 个约束条件为"$\geqslant$",则在该约束左边减去一个剩余变量 x_{n+i},($x_{n+i} \geqslant 0$),该约束成为

$$\sum_{j=1}^{n} a_{ij} x_j - x_{n+i} = b_i \tag{10-3b}$$

(3) 若某一变量 i 有上下界约束:$\underline{x_i} \leqslant x_i \leqslant \bar{x}_i$,则令 $y_i = x_i - \underline{x_i}$,原约束转化为

$$\begin{cases} y_i \leqslant \bar{x}_i - \underline{x_i} \\ y_i \geqslant 0 \end{cases} \tag{10-4a}$$

以 $\boldsymbol{Y}$ 作为新的变量,目标函数成为

$$\boldsymbol{f} = \boldsymbol{C}(\boldsymbol{Y} + \underline{\boldsymbol{X}}) \tag{10-4b}$$

约束条件成为

$$\boldsymbol{AY} = B - \boldsymbol{A}\underline{\boldsymbol{X}} \tag{10-4c}$$

式中 $\underline{\boldsymbol{X}} = (\underline{x_1}, \underline{x_2}, \cdots, \underline{x_n})^T$,$\boldsymbol{Y} = (y_1, y_2, \cdots, y_n)^T$。以上转变都由计算程序自动完成。

(4) 如果在某个线性规划问题中,对一部分变量不要求非负约束,它是用标准形式给出的。例如,不限 $x_1 \geqslant 0$,此时的 x_1 称为自由变量。可以记

$$x_1 = u - v, \quad u \geqslant 0, \ v \geqslant 0 \tag{10-4d}$$

并且相应于式 (10-2),目标函数及约束中的 x_1 均以 u、v 代替。

3. 两相法求标准线性规划问题

对形如式 (10-2) 的标准形式,首先寻找本身是否含有明显的基本可行解,如果有,则从基本可行解出发,直接进行第二阶段的最优解求解。如果没有明显的初始基本可行解,则构造辅助问题:

$$\begin{cases} \min \quad g = \sum_{i=1}^{m} x_{n+i} \\ \text{s.t.} \quad \sum_{j=1}^{n} a_{ij} x_j + x_{n+i} = b_i \quad (i = 1, 2, \cdots, m) \\ \quad x_j \geqslant 0 \quad (j = 1, 2, \cdots, n+m) \end{cases} \tag{10-5}$$

其中,x_{n+i} ($i = 1, 2, \cdots, m$) 称为人工变量,该问题的初始基本可行解为:$x_j = 0$ ($j = 1, 2, \cdots, n$);$x_{n+i} = b_i$ ($i = 1, 2, \cdots, m$)。求出该问题的最优解作为原问题的初始基本可行解,若求出的最优解使目标函数 g 的值不为 0,则说明原问题没有可行解。

设已求得问题的基本可行解 x^0，不妨设前 m 个变量为基变量，于是

$$\boldsymbol{X}^0 = (x_1^0, x_2^0, \cdots, x_m^0, x_{m+1}^0, \cdots, x_n^0)^T = (x_1^0, x_2^0, \cdots, x_m^0, 0, 0, \cdots, 0)^T \tag{10-6}$$

其中 $x_i^0 > 0$ ($i = 1, 2, \cdots, m$)，为了便于运算表达，将约束矩阵 $\boldsymbol{A}$ 分解，记 $\boldsymbol{D} = (p^1, p^2, \cdots, p^m), \boldsymbol{N} = (p^{m+1}, p^{m+2}, \cdots, p^n)$，则

$$\boldsymbol{A} = (\boldsymbol{D}, \boldsymbol{N}) \tag{10-7}$$

因此，约束方程可写为

$$(\boldsymbol{D}, \boldsymbol{N}) \boldsymbol{X} = \boldsymbol{B} \tag{10-8}$$

方程两边左乘 $\boldsymbol{B}^{-1}$，有

$$(\boldsymbol{I}, \boldsymbol{D}^{-1}\boldsymbol{N}) \boldsymbol{X} = \boldsymbol{D}^{-1}\boldsymbol{B} \tag{10-9}$$

由此可知，若问题有可行解，一定有基本可行解，则总可以化成如下形式

$$\min \left\{ \sum_{i=1}^{m} c_i x_i + \sum_{i=m+1}^{n} c_i x_i \right\}$$

$$\text{s. t.} \begin{cases} x_1 & + a_{1,m+1}^0 x_{m+1} + \cdots + a_{1,n}^0 x_n = b_1^0 \\ \quad x_2 & + a_{2,m+1}^0 x_{m+1} + \cdots + a_{2,n}^0 x_n = b_2^0 \\ \qquad x_3 & + a_{3,m+1}^0 x_{m+1} + \cdots + a_{3,n}^0 x_n = b_3^0 \\ \qquad \cdots \\ \qquad\qquad x_m + a_{m,m+1}^0 x_{m+1} + \cdots + a_{m,n}^0 x_n = b_m^0 \\ x_i \geq 0 \quad (i = 1, 2, \cdots, n) \end{cases} \tag{10-10}$$

其可行解必满足

$$\begin{cases} x_i = b_i^0 - \sum_{j=m+1}^{n} a_{ij}^0 x_j, & (i = 1, 2, \cdots, m) \\ x_i \geq 0, & (i = 1, 2, \cdots, n) \end{cases} \tag{10-11}$$

于是基本可行解为

$$\boldsymbol{X}^0 = (b_1^0, b_2^0, \cdots, b_m^0, 0, \cdots, 0)^T \tag{10-12}$$

代入目标函数可得

$$\boldsymbol{CX} = \boldsymbol{CX}^0 + \sum_{j=m+1}^{n} (c_j - z_j^0) x_j \tag{10-13}$$

其中

$$z_j^0 = \sum_{i=1}^{m} c_i a_{ij}^0 \quad (j = m+1, \cdots, n) \tag{10-14}$$

用 $\lambda_j = c_j - z_j^0$ ($j = m+1, \cdots, n$) 作为检验 $\boldsymbol{X}^0$ 是否为最优解的检验数，方法如下：

第 10 章 优化设计及软件

(1) 当所有 $\lambda_j \geqslant 0$ 时，对于任意可行解都有 $CX \geqslant CX^0$，故 X^0 是最优解。

(2) 若存在 k ($m+1 \leqslant k \leqslant n$)，使 $\lambda_j < 0$，且存在某个 i ($1 \leqslant i \leqslant m$)，使 $a_{ik}^0 > 0$，则可引入一个新的 p^k，取代原基底中的某一向量，得到一个新的基本可行解，使目标函数值下降。若存在 k ($m+1 \leqslant k \leqslant n$)，使 $\lambda_j < 0$，且对于所有的 i ($i=1, 2, \cdots, m$)，都有 $a_{ik}^0 \leqslant 0$，则问题无有限最优解。

4. 退化情形的特殊处理

对于非退化的一般线性规划问题，每次迭代都能使目标函数有所改进，经过有限次迭代一定能得到最优解。但由于退化问题的目标函数在迭代过程中可能没有改进，有时会出现经过若干步迭代后又回到原来的基，即基底循环，这种情况可以通过下面的方法来解决：

(1) 当有多个检验数为负时，选对应变量中下标最小的为进基变量；

(2) 如果有几个元素同时满足离基条件，则选对应基变量中下标最小者为离基变量。

如此即可保证不出现基底循环。

5. Karmarkar 标准形算法

算法针对下述形式：

$$\begin{cases} \min \; CX \\ \text{s. t.} \; AX \leqslant B \\ \quad\quad X \geqslant 0 \end{cases} \tag{10-15}$$

等价地化为求线性方程组的非负解问题：

$$\begin{cases} AX - U = B \\ A^T Y + V = C \\ C^T X - B^T Y = 0 \\ X, Y, U, V \geqslant 0 \end{cases} \tag{10-16}$$

记

$$\bar{A} = \begin{pmatrix} A & 0 & -1 & 0 \\ 0 & A^T & 0 & 1 \\ C^T & -B^T & 0 & 0 \end{pmatrix}, \quad \bar{B} = \begin{pmatrix} B \\ C \\ 0 \end{pmatrix}, \quad \bar{X} = \begin{pmatrix} X \\ Y \\ U \\ V \end{pmatrix}$$

于是问题归结为求解

$$\bar{A}\bar{X} = \bar{B}, \quad \bar{X} \geqslant 0 \tag{10-17}$$

利用伪变量技巧，上述问题又可重新化为一个线性规划

$$\min\{\lambda \mid \bar{A}\bar{X} - \lambda(\bar{A}\bar{C} - \bar{B}) = \bar{B}, \quad \bar{X} \geqslant 0, \lambda \geqslant 0\} \tag{10-18}$$

$$Q = (\bar{A} - (\bar{A}C - \bar{B})), \quad Z = \begin{pmatrix} \bar{X} \\ \lambda \end{pmatrix}, \quad \bar{k} = \begin{pmatrix} 0 \\ 1 \end{pmatrix}$$

设 Z 的维数为 ω，则问题又写成了标准形式：

$$\min\{\bar{k}^T Z \mid Z \in \mathbf{R}^\omega, \quad QZ = \bar{b}, \quad Z \geqslant 0\} \tag{10-19}$$

然而，现在的线性规划问题，有了如下的两个特性：

(1) $Z = C$ 是问题的一个可行解；

(2) 若求得 $\min C^T Z > 0$，则原线性规划问题无可行解；若求得 $\min C^T Z = 0$，则同时也就获得了原线性规划问题的一个最优解。

概括地说，Karmarkar 算法是对势函数实行梯度投影法．独特之处是不断地进行投影变换．使算得的点列围绕着问题的中心线前进．当点沿中心线趋向于最优解时，势函数的值趋向于负无穷．这就隐含了每步迭代至少能使势函数减小某个定值，从而就能使目标函数值至少按某个比例缩小。

Karmarkar 算法和非线性规划中的经典罚函数方法相比较，其差异在于迭代过程中引入了"投影变换"（或标量变换）．通过投影变换，修正势函数的梯度投影方向，使迭代过程围绕着中心线前进．但是不作投影变换（或标量变换）。

6. Todd-Burrel 算法

Todd 和 Burrell 放松了 Karmarkar 模型中的条件，发展成为 Todd-Burrell 算法。考虑问题 (LP)：

$$\begin{aligned} & \min\ \{c^T x \mid x \in S\} \\ & S = \{x \mid Ax = 0, \ c^T x = n, \ x \geqslant 0\} \\ & S_+ = \{x \mid Ax = 0, \ c^T x = n, \ x > 0\} \end{aligned} \tag{10-20}$$

并假定满足条件：

(1) $Ac = 0$；

(2) $B = \begin{pmatrix} A \\ c^T \end{pmatrix}$ 为行满秩矩阵。

记 (LP) 的最优解为 x^*，(LP) 的对偶线性规划为 (DP)

$$\max\ \{nz \mid A^T y + cz \leqslant c\} \tag{10-21}$$

对任意给定的 y，只要取

$$z = \min_j\ (c - A^T y) \tag{10-22}$$

则 $\{y, z\}$ 便是对偶规划 (DP) 的一个可行解。

10.2.3 二次规划

二次规划 (quadratic programming) 的目标函数为二次函数，它是通过有限次迭代可以求得精确解的一类非线性规划问题。Kuhn 和 Tucker 完成了非线性规划的基础性工作，随着计算机和工程建模的发展，最优化理论和方法也在不断发展。二次规划的算法较多，有直接消去法、Lagrange 乘子法、有效集方法、Wolfe 算法、Lemke 算法及割平面法等，其中 Lemke 算法是一种求解带有不等式约束问题的有效方法。

1. 二次规划的主要求解方法

二次规划是指目标函数为二次、约束为线性的极值问题。由于二次规划的约束条件为变量的线性函数，因此可行域是凸域，而目标函数则是更一般的二次函数了。因此，二次规划既是一种非线性规划问题，又是通过有限次迭代可以求得最优解的一类问题，因而具有特别意义。

直接消去法是最简单又最直接的方法，该方法利用约束中的方程来消去部分变量，从而把问题转化为无约束问题来求解。其特点是思想简单明了，使用方便，不足之处是约束矩阵中的基矩阵可能接近于奇异方阵，从而引起最优解的数值不稳定。

主动集方法（active set method）要求所有迭代点都是可行的，每次迭代都是利用当前点的起作用约束集来定义搜索方向，并通过线性搜索来确定步长。

Wolfe 算法将线性规划中的单纯形法推广到一般的二次凸规划问题，当海森矩阵为半正定时可能失效。

罚函数法通过构造增广目标函数，把给定的约束优化问题转化为一系列无约束极小化问题。罚函数法的优点是方法结构简单，意义明确，缺点是收敛速度慢、计算量大，由于要求罚函数无限增大或无限减小而导致数值上的困难。

乘子法的优点在于巧妙地利用了问题的 Lagrange 函数，把它和罚函数相结合构造了新的增广目标函数。然而，一般因为无法预先知道最优 Lagrange 乘子，因而仍需将问题转化为一系列无约束优化问题来逼近最优乘子和最优解。

Lemke 算法将线性规划的单纯形法做适当修改，再来求二次规划的 K-T 点，其换基原则比线性规划的单纯形法更为简单。

2. 二次规划的 Lemke 算法

1）Lemke 算法求解的问题形式

二次规划的 Lemke 算法主要针对下列形式的问题

$$\begin{cases} \min \ f = \dfrac{1}{2} \boldsymbol{X}^{\mathrm{T}} \boldsymbol{H} \boldsymbol{X} + \boldsymbol{C} \boldsymbol{X} \\ \text{s. t.} \quad \boldsymbol{A} \boldsymbol{X} \leqslant \boldsymbol{B} \\ \qquad \boldsymbol{X} \geqslant 0 \end{cases} \qquad (10\text{-}23)$$

其中，$\boldsymbol{C} = (c_1, c_2, \cdots, c_n)$ 为目标函数一次项系数，$\boldsymbol{X} = (x_1, x_2, \cdots, x_n)^{\mathrm{T}}$

为设计变量，A 为 $m \times n$ 约束矩阵，$B = (b_1, b_2, \cdots, b_m)^T$ 为约束右端向量，H 为 $n \times n$ 目标二次项系数矩阵，即海森矩阵（Hessian matrix），要求半正定对称。对于更复杂的情形，如式（10-24），也可在进行转化后求解。

$$\begin{cases} \min \ f = \dfrac{1}{2} X^T H X + C X \\ \text{s. t.} \ \ A_1 X \leqslant B_1 \\ \quad\quad\ A_2 X = B_2 \\ \quad\quad\ \underline{X} \leqslant X \leqslant \overline{X} \end{cases} \quad (10\text{-}24)$$

其中，$\underline{X}$ 和 $\overline{X}$ 分别为变量的下、上界约束。

2）Lemke 算法

Lemke 算法首先引进人工变量（artificeial variable），然后通过基底交换的运算沿着相邻的准互补基本可行解（almost complementary basic feasible solution）移动，直到求得互补基本可行解或者指出所定义的区域无界的一个方向。

对形如式（10-23）的二次规划问题，引入 Lagrange 乘子 λ 和 μ，构造 Lagrange 函数：

$$L = \dfrac{1}{2} X^T H X + C X + \lambda^T (A X - B) - \mu^T X \quad (10\text{-}25)$$

其中，$\lambda = (\lambda_1, \lambda_2, \cdots, \lambda_m)^T$，$\mu = (\mu_1, \mu_2, \cdots, \mu_n)^T$。按 K-T 条件，应有 $\lambda \geqslant 0$ 及 $\mu \geqslant 0$，X 是问题的最优解的充要条件为

$$\left.\begin{aligned} & \nabla_x L = H X + C^T + A^T \lambda - \mu = 0 \\ & A X - B \leqslant 0, \quad X \geqslant 0 \\ & \lambda^T (A X - B) = 0, \quad \mu^T X = 0 \end{aligned}\right\} \quad (10\text{-}26)$$

引入松驰变量（slack variable）$V = (v_1, v_2, \cdots, v_m)^T$，$V \geqslant 0$，则式（10-26）可写成

$$\left.\begin{aligned} & I_m V + A X = B \\ & I_n \mu - A^T \lambda - H X = C^T \\ & \lambda_j v_j = 0 \quad (j = 1, 2, \cdots, m) \\ & \mu_i x_i = 0 \quad (i = 1, 2, \cdots, n) \\ & \lambda \geqslant 0, \quad V \geqslant 0, \quad \mu \geqslant 0, \quad X \geqslant 0 \end{aligned}\right\} \quad (10\text{-}27)$$

其中，I_n 和 I_m 分别为 n、m 阶单位方阵。至此，求解二次规划的问题就转化为求解（10-27），而问题（10-27）中只有条件 $\lambda_j v_j = 0$ 及 $\mu_i x_i = 0$ 是非线性的，因为它们涉及两项的乘积。问题可用线性互补（linear complementary）方法求解。

线性互补问题定义为求 $W = (w_1, w_2, \cdots, w_n)^T$，$Z = (z_1, z_2, \cdots, z_n)^T$，

使得

$$\begin{cases} \bm{W} - \tilde{\bm{H}} \bm{Z} = \bm{Q} \\ w_j \geqslant 0, \quad z_j \geqslant 0 \quad (j=1, 2, \cdots, n) \\ w_j z_j = 0 \quad (j=1, 2, \cdots, n) \end{cases} \quad (10\text{-}28)$$

其中，$\tilde{\bm{H}}$ 为 $n \times n$ 方阵；$\bm{Q}$ 为 $n \times 1$ 列阵；(w_j, z_j) 为一对互补变量；$w_j z_j = 0$ 称为互补性条件（complementary condition）。将上述线性互补问题的记号作如下变换，即可得到二次规划的 K-T 条件的线性互补问题：

$$\bm{W} = \begin{pmatrix} \bm{V} \\ \bm{\mu} \end{pmatrix}, \quad \tilde{\bm{H}} = \begin{pmatrix} \bm{0} & -\bm{A} \\ \bm{A}^{\mathrm{T}} & \bm{H} \end{pmatrix}, \quad \bm{Q} = \begin{pmatrix} \bm{B} \\ \bm{C}^{\mathrm{T}} \end{pmatrix}, \quad \bm{Z} = \begin{pmatrix} \bm{\lambda} \\ \bm{X} \end{pmatrix} \quad (10\text{-}29)$$

至此，问题等价于求解线性互补问题 (10-28)、(10-29)，如果 $(\bm{W}^{\mathrm{T}}, \bm{Z}^{\mathrm{T}})^{\mathrm{T}}$ 是 (10-28) 前两式的一个基本可行解，而且每对互补变量 (w_j, z_j) $(j=1, 2, \cdots, n)$ 只有一个是基本变量，则 $(\bm{W}^{\mathrm{T}}, \bm{Z}^{\mathrm{T}})^{\mathrm{T}}$ 被称为 (10-28) 的一组互补基本可行解。

若 (10-28) 右端项 $\bm{Q} \geqslant 0$，则 $\bm{Z} = 0$，$\bm{W} = 0$ 即为该问题的一组基本可行解；若 $\bm{Q} \geqslant 0$ 不成立，则引进一个人工变量 $\bm{Z}_0$ 并建立

$$\begin{cases} \bm{W} - \bm{H}\bm{Z} - \bm{I}\bm{Z}_0 = \bm{Q} \\ w_j \geqslant 0, z_j \geqslant 0, z_0 \geqslant 0 \quad (j=1, 2, \cdots, n) \\ w_j z_j = 0 \quad (j=1, 2, \cdots, n) \end{cases} \quad (10\text{-}30)$$

其中，$\bm{I}$ 为元素为 1 的 $n \times 1$ 的列向量。它的一个显而易见的基本可行解是

$$\bm{Z}_0 = \max \{-q_i, \quad i=1, 2, \cdots, n\}, \bm{Z} = 0, \bm{W} = \bm{Q} + \bm{I}\bm{Z}_0 \quad (10\text{-}31)$$

它也是一个准互补基本可行解，通过换基得到相邻的准互补基本可行解，直到求得互补基本可行解或者所定义的区域无界的一个方向。

10.2.4 通用近似规划

通用近似规划（general approximate programming）的思路是：对于一般工程问题，如能求出不同点时目标函数及约束函数的数值及一阶导数，可以建立优化模型，适合于复杂工程问题中目标函数或约束函数表达式未知或很复杂的情形。可以采用基于 Taylor 近似的函数、逼近复杂问题的目标函数和约束条件，然后按线性规划方法或二次规划方法求解，从整体上看，这是序列线性规划方法或序列二次规划方法解法。

由于一般情况只能给出一阶导数值，因此在某点实际属于线性规划问题，而在另一点又成了另一个线性规划问题，由于起始点及目标函数和约束函数的导数都发生了变化，因而成为一系列线性规划问题。线性问题的求解方法非常成熟稳

健，根据某些估计方法或工程经验获得一个初始估计 X_0，在 X_0 点将目标函数 $f(X)$ 和约束函数 $q(X)$ 及 $g(X)$ 作泰勒展开：

目标：
$$f(X) = f(X_0) + \Delta f(X - X_0) \tag{10-32}$$

约束：
$$q(X) = q(X_0) + \Delta q(X - X_0) = 0 \tag{10-33}$$
$$g(X) = g(X_0) + \Delta g(X - X_0) \leqslant 0 \tag{10-34}$$
$$X_{ALB} \leqslant X \leqslant X_{UB} \tag{10-35}$$

求解上述规划问题得到一个中间解，然后以此中间解作为初始解，继续迭代直到收敛为止。

该模型主要用于目标函数或约束函数复杂难求或未知的情况，其函数值和一阶导数也可以用数值方法求得。

对一般规划问题，用下列线性规划模型进行序列化近似：

$$\begin{cases} \min \quad C^T X \\ \text{s. t.} \quad AX = (\leqslant \text{或} \geqslant) B \\ \underline{X} \leqslant X \leqslant \bar{X} \end{cases} \tag{10-36}$$

化成标准形式：

$$\begin{cases} \min \quad C^T X_1 \\ \text{s. t.} \quad A_1 X_1 = B_1 \\ X_1 \geqslant 0 \end{cases} \tag{10-37}$$

首先采用线性规划程序求解，若有可行解，则继续迭代直到收敛；若无可行解，则作如下处理：

(1) 对等式约束，增加松弛变量，转化为两个不等式：

$$\sum_{j=1}^{n} a_{ij} x_j + \varepsilon_i \geqslant b_i$$
$$\sum_{j=1}^{n} a_{ij} x_j - \varepsilon_i \leqslant b_i \tag{10-38}$$

(2) 对小于等于不等式约束，减去一个正的变量，转化为一个等式：

$$\sum_{j=1}^{n} a_{ij} x_j - \varepsilon_i = b_i \tag{10-39}$$

(3) 对大于等于不等式约束，加上一个正的变量，转化为一个等式：

$$\sum_{j=1}^{n} a_{ij}x_j + \varepsilon_i = b_i \tag{10-40}$$

问题成为

$$\begin{cases} \min & \varepsilon_1 + \varepsilon_2 + \cdots + \varepsilon_n \\ \text{s. t.} & \boldsymbol{A}_1\boldsymbol{X}_1 + \{\varepsilon\}_{n1} = \boldsymbol{B}_1 \\ & \boldsymbol{A}_2\boldsymbol{X}_2 + \{\varepsilon\}_{n2} \leqslant (\geqslant) \boldsymbol{B}_2 \\ & \boldsymbol{X} \geqslant 0, \quad \boldsymbol{\varepsilon} \geqslant 0 \end{cases} \tag{10-41}$$

求解上述模型，使问题在不可行域内找到一个违背约束最小的解，使迭代继续进行。将求解结果赋给 $\boldsymbol{X}$ 作为下一循环的初始值。

因此，上述模型主要用于目标函数或约束函数复杂难求或未知的情况，其函数值和一阶导数也可以用数值方法求得。对于目标函数或约束函数非线性程度较高的情形，对设计变量边界的约束尤为重要，即为了保证问题的收敛，应该取较小的运动极限。

10.2.5 对偶规划

对偶规划（dual programming）将设计变量空间的寻优过程转化在对偶变量空间里寻优，它要求目标函数和约束函数是变量可分离的形式，当原问题为凸规划时，原问题与对偶问题的对偶间隙为零，而可分离性使设计变量和对偶变量成为显式关系，凸性还保证局部最优解也是全局最优解。由于对偶变量少，且约束只是变量非负限制，不仅问题简单，规模比原问题小得多，而且易于求解。

对偶二次规划是指目标函数为二次、约束为线性的极值问题，求解时采用对偶方法。主要针对下列形式的问题

$$\begin{cases} \min & f = \dfrac{1}{2}\boldsymbol{X}^{\mathrm{T}} \boldsymbol{H} \boldsymbol{X} + \boldsymbol{C}\boldsymbol{X} \\ \text{s. t.} & \boldsymbol{A}_1\boldsymbol{X} \leqslant \boldsymbol{B}_1 \\ & \boldsymbol{A}_2\boldsymbol{X} = \boldsymbol{B}_2 \\ & \underline{\boldsymbol{X}} \leqslant \boldsymbol{X} \leqslant \overline{\boldsymbol{X}} \end{cases} \tag{10-42}$$

其中，$\boldsymbol{H}$ 为 $n \times n$ 目标二次项系数矩阵，要求正定对称；$\boldsymbol{C} = (c_1, c_2, \cdots, c_n)$ 为目标函数一次项系数；$\boldsymbol{X} = (x_1, x_2, \cdots, x_n)^{\mathrm{T}}$ 为设计变量；$\boldsymbol{A}_1$ 及 $\boldsymbol{A}_2$ 分别为不等式约束及等式约束的约束矩阵；$\boldsymbol{B}_1$、$\boldsymbol{B}_2$ 为约束右端向量；$\underline{\boldsymbol{X}}$ 和 $\overline{\boldsymbol{X}}$ 分别为变量的下、上界约束。

对于模型 (10-42)，可以通过标准化处理后成为如下形式

$$\begin{cases} \min \quad f = \frac{1}{2}\boldsymbol{X}^{\mathrm{T}}\boldsymbol{H}\boldsymbol{X} + \boldsymbol{C}\boldsymbol{X} \\ \text{s. t.} \quad \boldsymbol{A}\boldsymbol{X} \leqslant \boldsymbol{B} \\ \qquad \boldsymbol{X} \geqslant 0 \end{cases} \tag{10-43}$$

其中，A 为约束矩阵，B 为约束右端向量。模型（10-43）的对偶规划为

$$\begin{cases} \max \quad \frac{1}{2}\boldsymbol{\lambda}^{\mathrm{T}}\boldsymbol{D}\boldsymbol{\lambda} + \boldsymbol{\lambda}^{\mathrm{T}}\boldsymbol{E} - \frac{1}{2}\boldsymbol{C}^{\mathrm{T}}\boldsymbol{H}^{-1}\boldsymbol{C} \\ \boldsymbol{\lambda} \geqslant 0 \end{cases} \tag{10-44}$$

式中，$\boldsymbol{\lambda} = (\lambda_1, \lambda_2, \lambda, \lambda_m)^{\mathrm{T}}$ 为新的变量，$\boldsymbol{D} = -\boldsymbol{A}\boldsymbol{H}^{-1}\boldsymbol{A}^{\mathrm{T}}$，$\boldsymbol{E} = -\boldsymbol{B} - \boldsymbol{A}\boldsymbol{H}^{-1}\boldsymbol{C}$。由于是极大值问题，实际求解时在目标函数前加负号，变成极小值问题。

模型（10-44）的最优目标值与模型（10-43）相同，另外，若（10-44）无可行解，则原问题目标无界，若（10-44）目标无界，则原问题无可行解。通过求出（10-44）的最优解 λ^* 可求得原问题的最优解 $\boldsymbol{X}^*$

$$\boldsymbol{X}^* = -\boldsymbol{H}^{-1}(\boldsymbol{C} + \boldsymbol{A}^{\mathrm{T}}\boldsymbol{\lambda}) \tag{10-45}$$

由于对偶问题的变量数与原问题的约束数相同，因此可以视情况选择求解方法。

10.3 数学规划程序介绍

10.3.1 常用数学规划程序

1. 线性规划求解器

线性规划（linear programming）作为具有代表性、应用最广的一种优化问题，Dantzig 提出了对之求解的单纯形法，奠定了线性规划的理论和算法基础。由于线性规划问题是一个凸规划，其最优点总是在凸域的顶点，采用单纯形算法可使得线性规划的求解非常可靠，并且具有较高的求解效率。

2. 二次规划求解器

二次规划（quadratic programming）的目标函数为二次函数，它是通过有限次迭代可以求得精确解的一类非线性规划问题。Kuhn 和 Tucker 完成了非线性规划的基础性工作，随着计算机和工程建模的发展，最优化理论和方法也在不断发展。二次规划的算法较多，有直接消去法、Lagrange 乘子法、有效集方法、Wolfe 算法、Lemke 算法及割平面法等，其中 Lemke 算法是一种求解带有不等式约束问题的有效方法。

3. 近似规划求解器

对于给出已知设计点的目标函数值及约束函数导数值的问题，可以建立近似规划（approximate programming）优化模型，适合于复杂工程问题中目标函数

或约束函数表达式未知或很复杂的情形。可以采用基于 Taylor 近似的函数、逼近复杂问题的目标函数和约束条件，然后按线性规划方法或二次规划方法求解，从整体上看，这是序列线性规划方法或序列二次规划方法解法。

4. 对偶规划求解器

对偶规划（dual programming）将设计变量空间的寻优过程转化在对偶变量空间里寻优，它要求目标函数和约束函数是变量可分离的形式，当原问题为凸规划时，原问题与对偶问题的对偶间隙为零，而可分离性使设计变量和对偶变量成为显式关系，凸性还保证局部最优解也是全局最优解。由于对偶变量少，且约束只是变量非负限制，不仅问题简单，而且规模比原问题小得多，而且易于求解。

10.3.2 程序功能

程序主体计算部分采用 MS-F，界面部分采用 C++语言，程序包括以下内容：
（1）线性规划问题求解程序；
（2）二次规划问题求解程序；
（3）近似规划问题求解程序；
（4）对偶二次规划问题求解程序。

10.3.3 线性规划程序说明

1. 线性规划求解程序简介

线性规划求解程序采用 C++语言及 MS-F 编写，其中计算部分用 MS-F 编写，界面部分用 C++编写，主界面设计如图 10-1 所示。界面采用 Windows 风格，上部下拉菜单。

图 10-1 规划法程序主界面

点击优化模块菜单中"线性规划求解器"后进入线性规划求解器输入初始数据界面如图 10-2 所示。

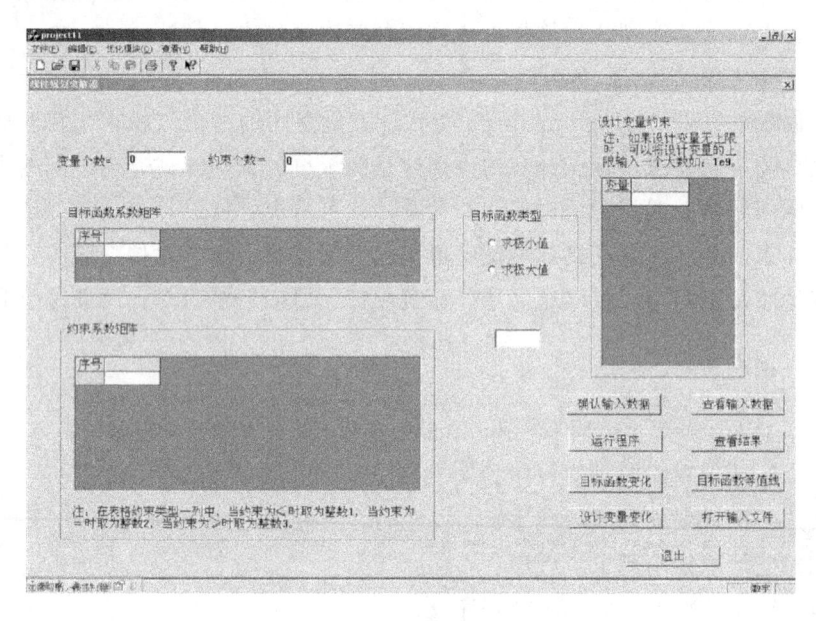

图 10-2 初始数据输入界面

在相应的控件中输入原始数据即可进行计算，下面以实际例子作详细说明。

2. 线性规划求解程序算例

算例 1 小于等于约束（exam1.txt）

$$\begin{cases} \min f = -5x_1 - 8x_2 - 7x_3 - 4x_4 - 6x_5 \\ \text{s.t. } 2x_1 + 3x_2 + 3x_3 + 2x_4 + 2x_5 \leqslant 20 \\ \quad\quad 3x_1 + 5x_2 + 4x_3 + 2x_4 + 4x_5 \leqslant 30 \\ \quad\quad x_1 \geqslant 0, x_2 \geqslant 0, x_3 \geqslant 0, x_4 \geqslant 0, x_5 \geqslant 0 \end{cases}$$

原始数据内容：

第一行：5　2　1

其中，5 表示变量个数；2 表示约束个数；1 表示求极小值，若为 2 则是求极大值。

第二行：-5　-8　-7　-4　-6

以上数据为目标函数一次项系数 C

2　3　3　2　2　1　20
3　5　4　2　4　1　30

以上为约束表示，前 5 列为约束矩阵（视情况其列数与变量数相同），第 6 列表示约束类型（小于等于：1；等式：2；大于等于：3）；最后 1 列为约束右端项。

0   1e8
0   1e8
0   1e8
0   1e8
0   1e8

以上为变量边界约束，左边为下界，右边为上界。
以上为所需全部原始数据。
计算结果如下：
线性规划求解结果文件
原始数据文件名：exam1.txt
变量个数＝5
约束个数＝2
Min －5.000000　　－8.000000　　－7.000000　　－4.000000
　　－6.000000
s.t.
　　2.000000　　　3.000000　　　3.000000　　　2.000000
　　2.000000＜＝　　　20.000000
　　3.000000　　　5.000000　　　4.000000　　　2.000000
　　4.000000＜＝　　　30.000000
设计变量下、上限：
　　0.000000E＋00　　1.000000E＋08
　　0.000000E＋00　　1.000000E＋08
　　0.000000E＋00　　1.000000E＋08
　　0.000000E＋00　　1.000000E＋08
　　0.000000E＋00　　1.000000E＋08
－－－－－－－以上为原始数据－－－－－－－
初始基本可行解
　　0.000000E＋00　　0.000000E＋00　　0.000000E＋00　　0.000000E＋00
　　0.000000E＋00　　20.000000　　　　30.000000　　　　1.000000E＋08
　　1.000000E＋08　　1.000000E＋08　　1.000000E＋08　　1.000000E＋08
有最优解，变量及目标变化过程：
迭代步　　　　1
设计变量＝　0.000000E＋00　　　　6.000000　　　0.000000E＋00
0.000000E＋00

0.000000E+00

目标函数＝　　　－48.000000

迭代步　　　2

设计变量＝　　　0.000000E+00　　　　　5.000000　　　　　0.000000E+00

　2.500000

　　0.000000E+00

目标函数＝　　　－50.000000

————————————————————

总迭代次数：　　　　3

设计变量最优值：

0.000000E+00　　　　5.000000　　　　0.000000E+00　　　　2.500000

　0.000000E+00

目标函数最优值：　　－50.00000

————————The End—————————

算例 2　无有限最优解问题（Noopt.txt）

原问题的目标函数趋向于负无穷，

$$\begin{cases} \min\ f = -20x_1 - 10x_2 - 3x_3 \\ \text{s.t.}\ \ 3x_1 - 3x_2 + 5x_3 \leqslant 50 \\ \quad\ \ x_1 + x_3 \leqslant 30 \\ \quad\ \ x_1 - x_2 + 4x_3 + x_4 = 20 \\ \quad\ \ x_1 \geqslant 0,\ x_2 \geqslant 0,\ x_3 \geqslant 0,\ x_4 \geqslant 0 \end{cases}$$

主要计算结果如下

初始基本可行解

0.000000E+00　　　0.000000E+00　　　5.000000　　　0.000000E+00

25.000000　　　5.000000　　　1.000000E+10　　　1.000000E+10

1.000000E+10　　　1.000000E+10

无有限最优解

算例 3　原问题无可行解（Nosolu.txt）

$$\begin{cases} \min\ f = -x_1 - 2x_2 - 3x_3 \\ \text{s.t.}\ \ x_1 - x_2 - x_3 \leqslant 4 \\ \quad\ \ -x_1 - 3x_3 \geqslant 5 \\ \quad\ \ x_1 - x_3 = 10 \\ \quad\ \ x_1 \geqslant 0,\ x_2 \geqslant 0,\ x_3 \geqslant 0 \end{cases}$$

计算结果如下

无可行解

算例 4 等式约束（exam3.txt）

$$\begin{cases} \min & f = -2x_1 - x_2 \\ \text{s.t.} & x_1 + x_2 + x_3 = 5 \\ & -x_1 + x_2 + x_4 = 0 \\ & 6x_1 + 2x_2 + 4x_5 = 21 \\ & x_1 \geqslant 0, x_2 \geqslant 0, x_3 \geqslant 0, x_4 \geqslant 0, x_5 \geqslant 0 \end{cases}$$

计算结果如下

有最优解，变量及目标变化过程：

————————————————

总迭代次数： 1

设计变量最优值：

2.750000　　　2.250000　　0.000000E+00　　5.000000E-01

0.000000E+00

最优目标函数值：　-7.750000

—————————The End—————————

算例 5 退化情形（Degenerate.txt）

$$\begin{cases} \min & f = -0.75x_1 + 20x_2 - 0.5x_3 + 6x_4 \\ \text{s.t.} & 0.5x_1 - 8x_2 - x_3 + 9x_4 + x_5 = 0 \\ & 0.5x_1 - 12x_2 - 0.5x_3 + 3x_4 + x_6 = 0 \\ & x_3 + x_7 = 1 \\ & x_1 \geqslant 0, x_2 \geqslant 0, x_3 \geqslant 0, x_4 \geqslant 0, x_5 \geqslant 0, x_6 \geqslant = 0, x_7 \geqslant 0 \end{cases}$$

主要计算结果如下

————————————————

总迭代次数： 4

设计变量最优值：

1.000000　　　0.000000E+00　　1.000000　　　0.000000E+00

5.000000E-01　0.000000E+00　　0.000000E+00

目标函数最优值：　-1.25000

—————————The End—————————

算例 6 变量边界约束起作用时的结果比较（exam4.txt）

$$\begin{cases} \min \quad f = -x_1 - 3x_2 + x_3 \\ \text{s. t.} \quad x_2 + 2x_3 + x_4 = 4 \\ \quad\quad -x_1 + 2x_2 + x_3 + x_4 + x_5 = 4 \\ \quad\quad 3x_1 + 3x_3 + x_4 = 4 \\ \quad\quad x_1 \geqslant 0, x_2 \geqslant 0, x_3 \geqslant 0, x_4 \geqslant 0, x_5 \geqslant 0 \end{cases}$$

主要计算结果如下

有最优解，变量及目标变化过程：

——————————————————

总迭代次数： 1

设计变量最优值：

    0.000000E+00   1.333333   1.333333   0.000000E+00

    0.000000E+00

目标函数最优值： -2.66667

————————The End————————

对于该例，修改变量边界约束为 $0 \leqslant x_i \leqslant 1$（Exam41.txt），则运算结果为

——————————————————

总迭代次数： 2

设计变量最优值：

    0.000000E+00   1.000000   1.000000   1.000000

    0.000000E+00

目标函数最优值： -2.00000

————————The End————————

算例7 普通约束转化为变量边界约束的结果比较

$$\begin{cases} \min \quad f = -5x_1 - x_2 \\ \text{s. t.} \quad x_1 + 2x_2 \leqslant 7 \\ \quad\quad 4x_1 + 2x_2 \leqslant 19 \\ \quad\quad x_1 \geqslant 1 \\ \quad\quad x_1 + 4x_2 \geqslant 2 \\ \quad\quad x_1 \geqslant 0, x_2 \geqslant 0 \end{cases}$$

主要计算结果如下：

——————————————————

总迭代次数： 3

设计变量最优值：	4.750000	0.000000E+00
目标函数最优值：	-23.75000	

————————————————————

将第 3 个约束 $x_1 \geq 1$ 作为变量边界约束，重新优化后结果相同：

————————————————————

总迭代次数：	3	
设计变量最优值：	4.750000	0.000000E+00
目标函数最优值：	-23.75000	

————————————————————

10.3.4 二次规划程序说明

二次规划是指目标函数为二次、约束为线性的极值问题。

1. 二次规划程序

二次规划程序界面设计类似于线性规划。

二次规划求解程序采用 C++语言及 MS-F 编写，其中计算部分用 MS-F 编写，界面部分用 C++编写，主界面设计参考线性规划程序。

2. 输入的数据

对于没有界面的程序，输入数据是通过文件输入的。文件名在程序运行开始时输入，输出的结果在文件 Res.dat 中；目标函数随迭代步变化的情况在文件 CADQ.TXT 中。以下面的问题为例，说明需要输入的数据

$$\begin{cases} \min \quad f = x_1^2 + x_2^2 + x_3^2 - 2x_1 x_2 \\ \text{s.t.} \quad 2x_1 + x_2 = 4 \\ \qquad\quad 5x_2 - x_3 = 7 \\ \qquad\quad x_1 \geq 0, x_2 \geq 0, x_3 \geq 0 \end{cases}$$

其输入数据文件内容为

第一行：3, 2, -1, 1,

其中，3 表示变量个数；2 表示约束个数；-1 表示求极小值，若为 1 则是求极大值；后面的 1 表示有变量上下界约束，若为 0 则表示变量没有上界约束（只有非 0 约束）

2, -2, 0,

-2, 2, 0,

0, 0, 2,

————以上数据为目标函数海森矩阵 H

0, 0, 0,
―――――以上数据为目标函数一次项系数 C
2, 1, 0,　　　2,　　4,
0, 5, -1,　　 2,　　7,
―――――以上为约束表示，前 3 列为约束矩阵（视情况其列数与变量数相同），第 4 列表示约束为等式约束（小于等于：1；等式：2；大于等于：3）；最后 1 列为约束右端项。
0.5, 0.5, 0.5,
2, 2, 2,
―――――以上为变量边界约束，第 1 行为下界，第 2 行为上界，若文件中第 1 行的第 4 个参数为 0（即变量没有下界约束，只有非 0 约束），则不需要上面两行。

3. 二次规划程序算例

算例 1　等式约束情形

$$\begin{cases} \min \ f = x_1^2 - 2x_1 - x_2 \\ \text{s.t.} \ 2x_1 + 3x_2 + x_3 = 6 \\ \phantom{\text{s.t.}} \ 2x_1 + x_2 + x_4 = 4 \\ \phantom{\text{s.t.}} \ x_1 \geqslant 0, x_2 \geqslant 0, x_3 \geqslant 0, x_4 \geqslant 0 \end{cases}$$

原始数据文件：
4, 2, -1, 0,
2, 0, 0, 0,
0, 0, 0, 0,
0, 0, 0, 0,
0, 0, 0, 0,
-2, -1, 0, 0,
2, 3, 1, 0, 2, 6,
2, 1, 0, 1, 2, 4,
结果文件主要内容：
======初 始 模 型======
变量个数＝　　　4
约束个数＝　　　2
海森矩阵 H＝　　2.000000000000000　　0.000000000000000E+000
0.000000000000000E+000　　0.000000000000000E+000
0.000000000000000E+000　　0.000000000000000E+000

0.000000000000000E+000　　0.000000000000000E+000
0.000000000000000E+000　　0.000000000000000E+000
0.000000000000000E+000　　0.000000000000000E+000
0.000000000000000E+000　　0.000000000000000E+000
0.000000000000000E+000　　0.000000000000000E+000
目标函数一次项 C=　　　－2.000000000000000　－1.000000000000000
0.000000000000000E+000　　0.000000000000000E+000
约束矩阵 A=　　　2.000000000000000　3.000000000000000
　　1.000000000000000　　0.000000000000000E+000
　　2.000000000000000　　1.000000000000000
　　0.000000000000000E+000　　1.000000000000000
约束右端项 B=　　　6.000000000000000　4.000000000000000
=====标 准 模 型======
变量个数=　　　　4
约束个数=　　　　4
海森矩阵 H=　　　2.000000000000000　0.000000000000000E+000
0.000000000000000E+000　　0.000000000000000E+000
0.000000000000000E+000　　0.000000000000000E+000
0.000000000000000E+000　　0.000000000000000E+000
0.000000000000000E+000　　0.000000000000000E+000
0.000000000000000E+000　　0.000000000000000E+000
0.000000000000000E+000　　0.000000000000000E+000
目标函数一次项 C=－2.000000000000000　－1.000000000000000
0.000000000000000E+000　　0.000000000000000E+000
约束矩阵 A=　　　2.000000000000000　3.000000000000000
　　1.000000000000000　　0.000000000000000E+000
　　2.000000000000000　　1.000000000000000
　　0.000000000000000E+000　　1.000000000000000
　　－2.000000000000000　　－3.000000000000000
　　－1.000000000000000　　0.000000000000000E+000
　　－2.000000000000000　　－1.000000000000000
　　0.000000000000000E+000　　－1.000000000000000
约束右端项 B=　　　6.000000000000000　　　　4.000000000000000

　　　　−6.000000000000000　　　　　−4.000000000000000
======中 间 结 果======
迭代步：　　1
变量值：
0.000000000000000E+000　　0.000000000000000E+000
0.000000000000000E+000　　0.000000000000000E+000
0.000000000000000E+000　　0.000000000000000E+000
1.6666666666666667　　0.000000000000000E+000
目标函数值＝　　　.000000

* * * * * * * * * * * * * * * * * *

迭代步：　　2
变量值：
0.000000000000000E+000　　6.666666666666670E−001
0.000000000000000E+000　　0.000000000000000E+000
0.000000000000000E+000　　0.000000000000000E+000
9.999999999999996E−001　　0.000000000000000E+000
目标函数值＝　　−.666667

* * * * * * * * * * * * * * * *

迭代步：　　3
变量值：
2.499999999999998E−001　　1.000000000000000
0.000000000000000E+000　　0.000000000000000E+000
0.000000000000000E+000　　0.000000000000000E+000
5.000000000000000E−001　　0.000000000000000E+000
目标函数值＝　−1.437500

* * * * * * * * * * * * * * * *

迭代步：　　4
变量值：
7.499999999999999E−001　　1.000000000000000
0.000000000000000E+000　　0.000000000000000E+000
0.000000000000000E+000　　0.000000000000000E+000
0.000000000000000E+000　　5.000000000000001E−001
目标函数值＝　−1.937500

* * * * * * * * * * * * * * * *

迭代步： 5
变量值：
4.999999999999997E－001　2.000000000000000　0.000000000000000E＋000
0.000000000000000E＋000　0.000000000000000E＋000　0.000000000000000E＋000
0.000000000000000E＋000　0.000000000000000E＋000
目标函数值＝　　－2.750000
＊＊＊＊＊＊＊＊＊＊＊＊＊＊＊＊

迭代步： 6
变量值：
4.999999999999997E－001　2.000000000000000　0.000000000000000E＋000
0.000000000000000E＋000　0.000000000000000E＋000　0.000000000000000E＋000
0.000000000000000E＋000　0.000000000000000E＋000
目标函数值＝　　－2.750000
＊＊＊＊＊＊＊＊＊＊＊＊＊＊＊＊

迭代步： 7
变量值：
4.999999999999998E－001　2.000000000000000　0.000000000000000E＋000
0.000000000000000E＋000　1.776356839400251E－016　0.000000000000000E＋000
0.000000000000000E＋000　0.000000000000000E＋000
目标函数值＝　　－2.750000
＊＊＊＊＊＊＊＊＊＊＊＊＊＊＊＊

迭代步： 8
变量值：
9.444444444444442E－001　1.555555555555555　0.000000000000000E＋000
0.000000000000000E＋000　3.333333333333332E－001　0.000000000000000E＋000
0.000000000000000E＋000　5.555555555555555E－001
目标函数值＝　　－2.552469
＊＊＊＊＊＊＊＊＊＊＊＊＊＊＊＊

迭代步： 9
变量值：
6.666666666666666E－001　1.555555555555556　0.000000000000000E＋000
1.111111111111111　3.333333333333335E－001　0.000000000000000E＋000
0.000000000000000E＋000　2.220446049250313E－016
目标函数值＝　　－2.444444

****
======最 终 结 果======
  总迭代次数＝   9
————————————————
设计变量最优值＝
    X（1）＝   .666667
    X（2）＝   1.555556
    X（3）＝   .000000
    X（4）＝   1.111111
————————————————
目标函数值＝   －2.444444

****

算例 2　"大于等于"不等式约束情形

$$\begin{cases} \min\ f = x_1^2 - x_1 x_2 + 2x_2^2 - x_1 - 10x_2 \\ \text{s.t.}\ -3x_1 - 2x_2 \geq -6 \\ \qquad x_1 \geq 0,\ x_2 \geq 0 \end{cases}$$

主要结果：

总迭代次数＝ 3

设计变量最优值
    X（1）＝   .500000
    X（2）＝   2.250000
目标函数值＝   －13.750000

****

算例 3　考虑变量边界约束时的比较

$$\begin{cases} \min\ f = x_1^2 + x_2^2 + x_3^2 - 2x_1 x_2 \\ \text{s.t.}\ 2x_1 + x_2 = 4 \\ \qquad 5x_2 - x_3 = 7 \\ \qquad x_1 \geq 0,\ x_2 \geq 0,\ x_3 \geq 0 \end{cases}$$

主要结果：

总迭代次数＝   6

设计变量最优值＝
    X（1）＝   1.300000
    X（2）＝   1.400000

X（3）＝　　　.000000
目标函数值＝　　.010000

算例 4　将算例 3 中的边界约束修改为 $0.5 \leqslant x_1 \leqslant 2.0$，$0.5 \leqslant x_2 \leqslant 2.0$，$0.5 \leqslant x_3 \leqslant 2.0$，其余相同。

优化的主要结果为

总迭代次数＝　　6

设计变量最优值＝

　　X（1）＝　　　1.250000
　　X（2）＝　　　1.500000
　　X（3）＝　　　.500000

目标函数值＝　　.312500

* * * * * * * * * * * * * * * * * *

算例 5　将算例 3 中的边界约束修改为 $0 \leqslant x_1 \leqslant 1.0$，$0 \leqslant x_2 \leqslant 1.0$，$0 \leqslant x_3 \leqslant 1.0$，其余相同。（NOSOLU.TXT）

优化的主要结果为

　　非基变量 ZZ（ 7）可以无限增加，
　　未找到解！
　　迭代次＝　　　4

* * * * * * * * * * * * * * * *

算例 6　变量有上下界约束的问题

$$\begin{cases} \min \quad f = x_1^2 + x_2^2 \\ \text{s.t.} \quad -x_1 - x_2 \leqslant -1 \\ \qquad 0.25 \leqslant x_1 \leqslant 1 \\ \qquad 0.25 \leqslant x_2 \leqslant 1 \end{cases}$$

主要结果：

总迭代次数＝　　3

设计变量最优值＝

　　X（1）＝　　　.500000
　　X（2）＝　　　.500000

目标函数值＝　　.500000

* * * * * * * * * * * * * * * * * *

10.3.5　对偶二次规划程序说明

对偶二次规划是指目标函数为二次、约束为线性的极值问题，求解时采用对偶方法。

1. 对偶二次规划程序

对偶二次规划程序界面与二次规划程序界面相同，需要的数据也相同。

对偶二次规划求解程序采用C++语言及MS-F编写，其中计算部分用MS-F编写，界面部分用C++编写。

2. 输入的数据

对于没有界面的程序，输入数据是通过文件输入的。文件名在程序运行开始时输入，输出的结果在文件 Res.txt 中。以下面的问题为例，说明需要输入的数据

$$\begin{cases} \min \quad f = x_1^2 + x_2^2 + x_3^2 - 2x_1 x_2 \\ \text{s.t.} \quad 2x_1 + x_2 = 4 \\ \quad\quad 5x_2 - x_3 = 7 \\ \quad\quad x_1 \geqslant 0, x_2 \geqslant 0, x_3 \geqslant 0 \end{cases}$$

其输入数据文件内容为

第一行：3，2，−1，1，

其中，3 表示变量个数；2 表示约束个数；−1 表示求极小值，若为 1 则是求极大值；后面的 1 表示有变量上下界约束，若为 0 则表示变量没有上界约束（只有非 0 约束）

2，−2，0，

−2，2，0，

0，0，2，

————以上数据为目标函数海森矩阵 $\boldsymbol{H}$

0，0，0，

————以上数据为目标函数一次项系数 $\boldsymbol{C}$

2，1，0，　　2，　　4，

0，5，−1，　　2，　　7，

————以上为约束表示，前 3 列为约束矩阵（视情况其列数与变量数相同），第 4 列表示约束为等式约束（小于等于：1；等式：2；大于等于：3）；最后 1 列为约束右端项。

0.5，0.5，0.5，

2，2，2，

————以上为变量边界约束，上边 1 行为下界，第 2 行为上界，若文件第 1 行的第 4 个参数为 0（即变量没有下界约束，只有非 0 约束），则不需要上面两行。

3. 算例

算例1　有交叉项、不等式约束情形

$$\begin{cases} \min \quad f = x_1^2 - x_1 x_2 + 2x_2^2 - x_1 - 10x_2 \\ \text{s.t.} \quad -3x_1 - 2x_2 \geqslant -6 \\ \quad x_1 \geqslant 0, x_2 \geqslant 0 \end{cases}$$

主要结果：

——————初 始 模 型———————

变量个数＝　　　2

约束个数＝　　　1

海森矩阵 H＝　　2.000000000000000　　－1.000000000000000

　　　　－1.000000000000000　　4.000000000000000

目标函数一次项 C＝　　－1.000000000000000　　－10.000000000000000

约束矩阵 A＝　　－3.000000000000000　　－2.000000000000000

约束右端项 B＝　　－6.000000000000000

——————中 间 结 果———————

中间变量个数＝　　1

约束个数＝　　0

海森矩阵 H＝　　8.000000000000000

目标函数一次项 C＝　　－6.000000000000000

迭代步：　　1

中间变量值：

7.500000000000000E-001

——————最 终 结 果———————

迭代次数＝　　1

————————————————

中间设计变量值＝

　　Lamda（1）＝　　.750000

————————————————

最优解：

　　X（1）＝　　.500000

　　X（2）＝　　2.250000

　　最优目标函数值＝　　－13.750000

　　＊＊＊＊＊＊＊＊＊＊＊＊＊＊＊＊＊＊

算例 2 无交叉项、不等式约束情形

$$\begin{cases} \min & f = 9x_1^2 + 9x_2^2 - 30x_1 - 72x_2 \\ \text{s. t.} & -2x_1 + x_2 \geqslant -4 \\ & x_1 \geqslant 0, x_2 \geqslant 0 \end{cases}$$

主要结果：

总迭代次数＝　　2

————————————————

设计变量最优值＝

X（1）＝　　1.666667

X（2）＝　　4.000000

————————————————

目标函数值＝　　－169.000000

* *

算例 3 变量有上下界约束的问题

$$\begin{cases} \min & f = x_1^2 + x_2^2 \\ \text{s. t.} & -x_1 - x_2 \leqslant -1 \\ & 0.25 \leqslant x_1 \leqslant 1 \\ & 0.25 \leqslant x_2 \leqslant 1 \end{cases}$$

主要结果：

迭代次数＝　　1

最优解：

　　X（1）＝　　.500000

　　X（2）＝　　.500000

　　最优目标函数值＝　　.500000

* * * * * * * * * * * * * * * *

算例 4

$$\begin{cases} \min & f = 2x_1^2 - 2x_1 x_2 + x_2^2 - 6x_1 - 2x_2 \\ \text{s. t.} & -x_1 - x_2 \geqslant -2 \\ & -2x_1 + x_2 \geqslant -2 \\ & x_1 \geqslant 0, x_2 \geqslant 0 \end{cases}$$

主要结果：

迭代次数＝　　1

————————————————

中间设计变量值＝

Lamda（1）＝　　　　2.800000
Lamda（2）＝　　　　.000000
————————————————

最优解：
X（1）＝　　　　1.200000
X（2）＝　　　　.800000
最优目标函数值＝　　　　－7.200000
＊＊＊＊＊＊＊＊＊＊＊＊＊＊＊＊

算例 5　无解的情形（Nosolu.txt）

$$\begin{cases} \min\ f = x_1^2 + x_2^2 + x_3^2 - 2x_1 x_2 \\ \text{s.t.}\ 2x_1 + x_2 = 4 \\ \quad\ \ 5x_2 - x_3 = 7 \\ \quad\ \ 0 \leqslant x_1 \leqslant 1.0 \\ \quad\ \ 0 \leqslant x_2 \leqslant 1.0 \\ \quad\ \ 0 \leqslant x_3 \leqslant 1.0 \end{cases}$$

优化的主要结果为
非基变量 YY（7）可以无限增加，
未找到解！
迭代次＝　　　　2
＊＊＊＊＊＊＊＊＊＊＊＊＊＊＊＊

通过对偶二次规划与二次规划对比，对偶二次规划由于没有了约束条件，一般求解较快，但要求海森矩阵必须正定对称，且中间结果属于对偶规划的内容因而没有实际意义，只能看到最终求解结果。

10.3.6　近似规划程序说明

一些工程问题的目标函数或约束函数很难表示成某个表达式，或者表达式相对复杂而不宜用一般优化方法来求解，对于这些问题，可以用线性逼近方法来求解。

1. 近似规划模块求解程序算例

算例 1　（USER1_1，USER2_1）等式约束线性问题

$$\begin{cases} \min\ f = 4x_1 + x_2 + x_3 \\ \text{s.t.}\ 2x_1 + x_2 + 2x_3 = 4 \\ \quad\ \ 3x_1 + 3x_2 + x_3 = 3 \\ \quad\ \ x_1 \geqslant 0,\ x_2 \geqslant 0,\ x_3 \geqslant 0 \end{cases}$$

最优解：(0, 0.4, 1.8)

算例 2 （USER1_2，USER2_2）不等式约束线性问题

$$\begin{cases} \min \quad f = -5x_1 - 8x_2 - 7x_3 - 4x_4 - 6x_5 \\ \text{s. t.} \quad 2x_1 + 3x_2 + 3x_3 + 2x_4 + 2x_5 \leqslant 20 \\ \quad\quad 3x_1 + 5x_2 + 4x_3 + 2x_4 + 4x_5 \leqslant 30 \\ \quad\quad x_1 \geqslant 0, x_2 \geqslant 0, x_3 \geqslant 0, x_4 \geqslant 0, x_5 \geqslant 0 \end{cases}$$

最优解：(0, 5, 0, 2.5, 0)

算例 3 （USER1_3，USER2_3）等式约束非线性问题

$$\begin{cases} \min \quad f = x_1^2 - 2x_1 - x_2 \\ \text{s. t.} \quad 2x_1 + 3x_2 + x_3 = 6 \\ \quad\quad 2x_1 + x_2 + x_4 = 4 \\ \quad\quad x_1 \geqslant 0, x_2 \geqslant 0, x_3 \geqslant 0, x_4 \geqslant 0 \end{cases}$$

最优解：(0.666667, 1.555556, .000000, 1.111111)
目标函数值：   −2.444444

算例 4 （USER1_4，USER2_4）"大于等于"不等式约束非线性问题

$$\begin{cases} \min \quad f = x_1^2 - x_1 x_2 + 2x_2^2 - x_1 - 10x_2 \\ \text{s. t.} \quad -3x_1 - 2x_2 \geqslant -6 \\ \quad\quad x_1 \geqslant 0, x_2 \geqslant 0 \end{cases}$$

设计变量最优值
    X（1）=   .500000
    X（2）=   2.250000
目标函数值=   −13.750000

算例 5 （USER1_5，USER2_5）目标函数为三次非线性问题

$$\begin{cases} \min \quad f = (x_1 + 1)^3/12 + x_2 \\ \text{s. t.} \quad x_1 - 1 \geqslant 0 \\ \quad\quad x_2 \geqslant 0 \end{cases}$$

设计变量最优值
    X（1）=   1
    X（2）=   0
目标函数值=   2/3

以算例 5 为例，说明程序的使用。首先，修改子程序 USER1，及 USER2，如下所示。

2. 近似规划程序子模块 1——USER1_5

近似规划程序用户定义数据模块 1，模块用于定义设计变量个数、约束个

数、最大迭代次数、极大或极小选择参数、约束函数类型及变量约束下限与上限。针对不同的问题，该模块的数据不同。

- - - - 给设计变量个数、约束个数、极大或极小选择参数赋值

N_VAR = 2（设计变量个数）

N_CON = 1（约束个数）

MINMAX = 1（求极大值）

- - - - 给约束类型赋值：($\leqslant$) = 1；(=) = 2；($\geqslant$) = 3

ISORTT (1) = 3

- - - - 给设计变量下限及上限赋值（共 N_VAR 对，应尽量精确！）

L_LIMIT (1) = 0（X (1) 的下限）

U_LIMIT (1) = 50（X (1) 的上限）

L_LIMIT (2) = 0（X (1) 的下限）

U_LIMIT (2) = 50（X (1) 的上限）

- - - - 给定设计变量收敛精度及允许的迭代次数

EPF = 0.01（给定设计变量收敛精度）

IT_MAX = 100（允许的最大迭代次数）

3. 近似规划程序子模块 2——USER2_5

近似规划程序用户定义数据模块 2，模块用于计算给定设计变量，初始时的目标函数值、目标函数系数值及约束函数系数值。针对不同的问题，该模块赋值不同。

- - - - 给变量赋初值

X0 (1) = 2

X0 (2) = 2

- - - - 只计算当前点目标函数值

F0 = (X0 (1) + 1)**3/12 + X0 (2)（目标函数值计算）

- - - - 需要计算当前点目标函数值及后面的计算

F0 = (X0 (1) + 1)**3/12 + X0 (2)（目标函数值计算）

- - - - 计算求导所用的变量步长（用户不修改）

CALL CALDX (X0, L_LIMIT, U_LIMIT, ITER, IT_MAX, DX, NN)

- - - - 计算当前点目标函数导数值 DETF (1: N_VAR)，

DETF (1) = (X0 (1) + 1)**2/4（目标函数对 X0 (1) 的导数）

DETF (2) = 1（目标函数对 X0 (2) 的导数）

- - - - 计算当前点约束函数导数值

DETQ (1, 1) = 1（第一个约束函数对 X0 (1) 的导数）

DETQ（1，2）＝0（第一个约束函数对 X0（2）的导数）
－－－－计算当前点约束函数右端向量值 RVEC（1：N_CON）
RVEC（1）＝1（第一个约束函数的右端值）
程序运行后的结果文件如下

通用优化求解结果文件

变量个数＝ 2

约束个数＝ 1

允许的最大迭代次数＝ 100

判断收敛的目标变化值＝ .01000000

设计变量下、上限：

 0.000000E＋00 50.000000

 0.000000E＋00 50.000000

初始设计变量值：

 2.000000 2.000000

初始目标函数值（解不一定可行）： 4.25000000

——————以上为原始数据——————

第（1）步有最优解

设计变量值：

 1.575000 1.575000

目标函数值： 2.997822

————————————————

第（2）步有最优解

设计变量值：

 1.213750 1.213750

目标函数值： 2.117825

————————————————

第（3）步有最优解

设计变量值：

 1.000000 9.066875E－01

目标函数值： 1.573354

————————————————

第（4）步有最优解

设计变量值：

 1.000000 6.456844E－01

目标函数值： 1.312351
————————————————

第（5）步有最优解
设计变量值：
 1.000000   4.238317E-01
目标函数值： 1.090498
————————————————

第（6）步有最优解
设计变量值：
 1.000000   2.352569E-01
目标函数值： .901924
————————————————

第（7）步有最优解
设计变量值：
 1.000000   7.496837E-02
目标函数值： .741635
————————————————

第（8）步有最优解
设计变量值：
 1.000000   0.000000E+00
目标函数值： .666667
————————————————

第（9）步有最优解
设计变量值：
 1.000000   0.000000E+00
目标函数值： .666667
————————————————

总迭代次数= 9
满足收敛条件，找到最优解。
————————The End————————

10.4 线性规划源程序

```
PROGRAM Linear _ Programming
C    线性规划主程序，读入问题规模，变量数 N，约束个数 M
```

C   结果存放于 RES. TXT 文件中

```
      IMPLICIT INTEGER (I-N)
      REAL TEMP (5000)
      CHARACTER * 50 INDAT
      WRITE ( * , * )´Input data file name:´
      READ ( * , * ) INDAT
      OPEN (2, FILE = INDAT, STATUS = ´OLD´)
      READ (2, * ) N, M, MINMAX
      READ (2, * ) (TEMP (I), I = 1, N)
      IEQT = 0
      DO 10 I = 1, M
        READ (2, * ) (TEMP (I), I = 1, N + 2)
        IF (TEMP (N + 1) . EQ. 2) IEQT = IEQT + 1
10    CONTINUE
      MM = M + N
      NN = 2 * N + M - IEQT
      CALL MAINOPT (N, M, NN, MM, IEQT, INDAT)
      CLOSE (2, STATUS = ´KEEP´)
      STOP
      END
```

C   -

```
      SUBROUTINE MAINOPT (N, M, NN, MM, IEQT, INDAT)
```

C   线性规划主子程序:

```
      IMPLICIT INTEGER (I-N)
      CHARACTER * 6 FLAG
      CHARACTER * 50 INDAT
      INTEGER ISORT0 (MM)
      REAL A (MM, NN), B (MM), TEMP (M, N + 2)
      REAL C (NN), X (NN), X _ STEP (NN + 1, NN)
      REAL ALB (NN), UB (NN)
      OPEN (3, FILE = ´RES. TXT´, STATUS = ´UNKNOWN´)
      CALL CLEAR2 (MM, NN, A)
      CALL CLEAR2 (NN + 1, NN, X _ STEP)
```

```
            CALL CLEAR1 (MM, B)
            CALL CLEAR1 (NN, C)
            CALL CLEAR1 (NN, X)
            CALL CLEAR1 (NN, ALB)
            REWIND (2)
            DO 2 I = 1, NN
              UB (I) = 1E10
  2         CONTINUE
            WRITE (3, *)´线性规划求解结果文件´
            WRITE (3, 40) INDAT
  40        FORMAT (2X,´原始数据文件名:´, A20)
            READ (2, *) N, M, MINMAX
            READ (2, *) (C (I), I = 1, N)
            WRITE (3, *)
            WRITE (3, 3) N
  3         FORMAT (2X,´变量个数 = ´, I4)
            WRITE (3, 4) M
  4         FORMAT (2X,´约束个数 = ´, I4)
            WRITE (3, *)
            IF (MINMAX.EQ.1) THEN
              WRITE (3, *)´Min´, (C (I), I = 1, N)
            ELSEIF (MINMAX.EQ.2) THEN
              WRITE (3, *)´Max´, (C (I), I = 1, N)
            ENDIF
            WRITE (3, 5)
  5         FORMAT (2X,´s.t.´)
            IF (MINMAX.EQ.2) THEN
              DO 9 I = 1, N
                C (I) = -C (I)
  9           CONTINUE
            ENDIF
            DO 10 I = 1, M
              READ (2, *) (TEMP (I, J), J = 1, N + 2)
              IF (TEMP (I, N + 1).EQ.1) THEN
```

```
              FLAG = ´<=´
          ELSEIF (TEMP (I, N+1) .EQ.2) THEN
              FLAG = ´=´
          ELSEIF (TEMP (I, N+1) .EQ.3) THEN
              FLAG = ´>=´
          ENDIF
          WRITE (3, *) (TEMP (I, J), J=1, N), FLAG, TEMP (I, N+2)
10     CONTINUE
       WRITE (3, 11)
11     FORMAT (/2X´设计变量下、上限:´)
       DO 15 I=1, N
           READ (2, *) ALB (I), UB (I)
           WRITE (3, *) ALB (I), UB (I)
15     CONTINUE
       WRITE (3, *)´-----以上为原始数据------´
       WRITE (3, *)
       DO 20 I=1, M
         DO 30 J=1, N
           A (I, J) = TEMP (I, J)
30       CONTINUE
         ISORT0 (I) = TEMP (I, N+1)
         B (I) = TEMP (I, N+2)
20     CONTINUE

       CALL OPTLP (A, B, C, ALB, UB, ISORT0, M, N, MM, NN, X, FX, IFLAG,
     1                   IEQT, X_STEP, ITERA)

       IF (IFLAG.EQ.-1) THEN
          write (3, 80)
80        FORMAT (/,´无可行解´)
       ELSEIF (IFLAG.EQ.-2) THEN
          WRITE (3, 90)
90        FORMAT (/,´无有限最优解´)
       ELSE
```

```
            WRITE (3, 95)
95      FORMAT (/,´有最优解，变量及目标变化过程:´)
        DO 96 I = 2, ITERA
            WRITE (3, *)
            WRITE (3, *)´迭代步´, I-1
            WRITE (3, *)´设计变量=´, (X_STEP (J, I), J=1, N)
            WRITE (3, *)´目标函数=´, X_STEP (NN+1, I)
96      CONTINUE
        WRITE (3, *)´-------------------´
        WRITE (3, *)´总迭代次数:´, ITERA
        WRITE (3, 100)
100     FORMAT (/,´设计变量最优值:´)
        if (minmax. eq. 2) fx = -fx
        WRITE (3, *) (x (i), i = 1, n)
        write (3, 70) fx
70      FORMAT (/2x,´目标函数最优值:´, f16.5)
        ENDIF
        WRITE (3, *)
        WRITE (3, *)´------The End------´
        CLOSE (3, STATUS = ´KEEP´)
        RETURN
        END


C       --------------------
C       线性规划求解器子程序                    |
C                                              |
C       N---设计变量个数                        |
C       M---约束个数                            |
C       A0---存放 (约束系数矩阵) 单纯形表        |
C       B0---右端向量                           |
C       C---目标函数系数                        |
C       ALB, UB---分别为变量的下、上界          |
C       ISORT0---代表约束                       |
C       ISORT0 (I) = 1，表示 " <= " 约束         |
```

```
C       ISORT0 (I) = 2，表示 " = " 约束                      |
C       ISORT0 (I) = 3，表示 " >= " 约束                     |
C       XB - - - 解向量                                      |
C       FX - - - 目标函数值                                  |
C       IFLAG - - - 为标记                                   |
C       IFLAG = -1 无可行解                                  |
C       IFLAG = -2 无有限最优解                              |
C       - - - - - - - - - - - - - - - - - - - - - - -
        SUBROUTINE OPTLP (A, B, C, ALB, UB, ISORT0, M, N, MM, NN, X, FX,
     1                   IFLAG, IEQT, X_STEP, ITERA)
        IMPLICIT INTEGER (I-N)
        INTEGER ISORT0 (MM), ISORT (MM), II0 (MM, 2)
        REAL A (MM, NN), B (MM)
        REAL C (NN), X (NN), X_STEP (NN+1, NN)
        REAL ALB (NN), UB (NN)
        CALL CLEAR3 (MM, ISORT)
        CALL CLEAR4 (MM, 2, II0)
        IFLAG = 1
        DO 10 I = 1, M
           ISORT (I) = ISORT0 (I)
   10   CONTINUE
C       - - - 形成标准线性规划模型
        CALL FMSP (A, B, ALB, UB, ISORT, M, N, MM, NN, IEQT)

C       - - - 求标准线性规划模型的初始基本可行解
        CALL SIMPLE1 (A, B, X, MM, NN, FX, IFLAG, II0)
        IF (IFLAG. EQ. -1. OR. IFLAG. EQ. -2) GOTO 100
           FX = 0
        DO 20 I = 1, N
           FX = FX + C (I) * (X (I) + ALB (I))
           X_STEP (I, 1) = X (I)
   20   CONTINUE
        X_STEP (NN+1, 1) = FX
        WRITE (3, *)´初始基本可行解´
```

```
          WRITE (3, *) (X (I), I = 1, NN)
C     ----求标准线性规划模型的最优解
          CALL SIMPLE2 (A, B, C, X, MM, NN, FX, IFLAG, IIO, X_STEP, ITERA)
          IF (IFLAG. EQ. -1. OR. IFLAG. EQ. -2) GOTO 100

          FX = 0
          DO 80 I = 1, N
             FX = FX + C (I) * (X (I) + ALB (I))
             X (I) = X (I) + ALB (I)
             DO 75 J = 1, ITERA
                X_STEP (I, J) = X_STEP (I, J) + ALB (I)
75           CONTINUE
80        CONTINUE
          DO 90 J = 1, ITERA
             F_STEP = 0
             DO 85 I = 1, N
                F_STEP = F_STEP + C (I) * X_STEP (I, J)
85           CONTINUE
             X_STEP (NN + 1, J) = F_STEP
90        CONTINUE
100       CONTINUE
          RETURN
          END
C     ---------------------------------
C     THIS SUBROUTINE IS FOR THE FORMATION OF STANDARD
C     LINEAR PROGRAMMING PROBLEM
C     形成标准线性规划问题
C     ---------------------------------
          SUBROUTINE FMSP (A, B, ALB, UB, ISORT, M, N, MM, NN, IEQT)
C     A--------约束矩阵（入、出）
C     B--------右端向量（入、出）
C     C--------目标系数（入）
C     ALB------变量下限（入）
C     UB-------变量上限（入、出）
```

```
C       ISORT－－－－约束类型（入）
C       M－－－－－－－约束个数（入）
C       N－－－－－－－变量个数（入）
        IMPLICIT INTEGER (I－N)
        INTEGER ISORT (MM)
        REAL A (MM, NN), B (MM)
        REAL ALB (NN), UB (NN)

C       －－－－－－变量上、下限约束转换为（Y＜＝）不等式约束
        DO 80 I = 1, N
          A (M + I, I) = 1
          B (M + I) = UB (I) － ALB (I)
          ISORT (M + I) = 1
          DO 75 J = 1, M
            B (J) = B (J) － A (J, I) * ALB (I)
75        CONTINUE
80      CONTINUE
C       －－－－－将不等式约束转化为等式约束
        NUMK = 0
        DO 85 I = 1, MM
          IF (ISORT (I) .EQ. 1) THEN
            NUMK = NUMK + 1
            A (I, N + NUMK) = 1
          ELSEIF (ISORT (I) .EQ. 3) THEN
            NUMK = NUMK + 1
            A (I, N + NUMK) = － 1
          ENDIF
85      CONTINUE
C       －－－－－－－－－－－－－－－－－－－
        IF (NUMK. NE. (M + N － IEQT)) WRITE (3, *)´Error´
C       －－－－－将右端项的负值变为正值
        DO 90 I = 1, MM
          IF (B (I) .LT. 0) THEN
            DO 92 J = 1, NN
```

```fortran
                A (I, J) = - A (I, J)
92         CONTINUE
               B (I) = - B (I)
           ENDIF
90      CONTINUE
        RETURN
        END
C       - - - - - - - - - - - - - - - - - - - - - - - - -
C           THIS SUBROUTINE IS FOR THE SOLUTION OF STANDARD    |
C           LINEAR PROGRAMMING PROBLEM                         |
C           求解标准线性规划问题的初始基可行解                  |
C       - - - - - - - - - - - - - - - - - - - - - - - - -
        SUBROUTINE SIMPLE1 (A, B, X, M, N, FX, IFLAG, II0)
C       A - - - - - - - - 约束矩阵（入）
C       B - - - - - - - - 右端向量（入）
C       C - - - - - - - - 目标系数（入）
C       X - - - - - - - - 初始基可行解 \ 最优解（入 \ 出）
C       M - - - - - - - - 约束个数（入）
C       N - - - - - - - - 原始变量个数（入）
C       FX - - - - - - - 目标函数值（出）
C       IFLAG - - - - 解的性质（最优、无解、无限解）（出）
C       II0 - - - - - - 记录基础可行解的变量序号
        IMPLICIT INTEGER (I - N)
        INTEGER II0 (M, 2)
        REAL A (M, N), B (M), A1 (M, N + M), B1 (M)
        REAL X (N), X1 (N + M), C1 (N + M), X_STEP (N + 1, N)
        CALL CLEAR1 (N + M, C1)
        CALL CLEAR1 (N + M, X1)
        CALL CLEAR2 (M, N + M, A1)
        DO 2 I = 1, M
           B1 (I) = B (I)
2       CONTINUE
        DO 5 I = 1, M
           DO 4 J = 1, N
```

```
               A1 (I, J)  = A (I, J)
   4      CONTINUE
   5    CONTINUE
C       - - - - - - - - - - -检测约束矩阵中只有一个元素不为0的列
C         WRITE (3, *)´检测约束矩阵中只有一个元素不为0的列´
        IBASE = 0
        DO 50 J = 1, N
          AMAXA = 1E - 10
          DO 10 I = 1, M
            IF (ABS (A1 (I, J)) .GT. AMAXA) THEN
              AMAXA = ABS (A1 (I, J))
              IDENI = I
              IDENJ = J
            ENDIF
   10     CONTINUE
          IZERO = 0
          DO 20 I = 1, M
            IF (ABS (A1 (I, J) /AMAXA) .LT. 1E - 9) THEN
              IZERO = IZERO + 1
            ELSE
              NZERO = I
            ENDIF
   20     CONTINUE
          IF (IZERO. EQ. (M-1)) THEN
            ITRUE = 1
            IF (A1 (IDENI, IDENJ) .LT. 0) ITRUE = 0
            DO 30 I = 1, M
              IF (II0 (I, 2) .EQ. NZERO) ITRUE = 0
   30       CONTINUE
            IF (ITRUE. EQ. 1. AND. ABS (AMAXA) .GT. 1E - 9) THEN
              IBASE = IBASE + 1
              DO 40 I = 1, N
                A1 (NZERO, I) = A1 (NZERO, I) /AMAXA
   40         CONTINUE
```

```
              B1 (NZERO) = B1 (NZERO) /AMAXA
              II0 (IBASE, 1) = J
              II0 (IBASE, 2) = NZERO
           ELSE
              GOTO 49
           ENDIF
        ENDIF
        IF (IBASE.EQ.M) GOTO 51
 49     CONTINUE
 50     CONTINUE
 51     CONTINUE
        IF (IBASE.EQ.M) THEN
C       - - - - - - - - - - - - - - - - - - -本身已有基本可行解
           DO 60 I = 1, M
              X (II0 (I, 1)) = B (II0 (I, 2))
 60        CONTINUE
        ELSEIF (IBASE.EQ.0) THEN
C       - - - - - - - - - - - - - - - - - - -本身无基列
           DO 70 I = N + 1, N + M
              C1 (I) = 1
 70        CONTINUE
           DO 80 I = 1, M
              A1 (I, N + I) = 1
              II0 (I, 1) = N + I
              II0 (I, 2) = I
 80        CONTINUE
           N1 = N + M
           CALL SIMPLE2 (A1, B, C1, X1, M, N1, FX, IFLAG, II0, X_STEP, ITERA)
           IF (ABS (FX) .GT.1E - 9) THEN
              IFLAG = - 1
              GOTO  99
           ENDIF
           DO 82 J = 1, N
              X (J) = X1 (J)
```

```
   82       CONTINUE
            DO 84 I = 1, M
               DO 83 J = 1, N
                  A (I, J) = A1 (I, J)
   83          CONTINUE
   84       CONTINUE
         ELSE
C        − − − − − − − − −本身有基列但少于基本可行解
            DO 86 I = N + 1, N + M − IBASE
               C1 (I) = 1
   86       CONTINUE
            NEWB = 0
            DO 90 I = 1, M
               JBASE = 1
               DO 88 J = 1, M
                  IF (II0 (J, 2) .EQ. I) JBASE = 0
   88          CONTINUE
               IF (JBASE. EQ. 1) THEN
                  NEWB = NEWB + 1
                  II0 (NEWB + IBASE, 1) = N + NEWB
                  II0 (NEWB + IBASE, 2) = I
                  ILIE = II0 (NEWB + IBASE, 1)
                  IHAN = II0 (NEWB + IBASE, 2)
                  A1 (IHAN, ILIE) = 1
               ENDIF
   90       CONTINUE
            N1 = N + M − IBASE
            CALL SIMPLE2 (A1, B, C1, X1, M, N1, FX, IFLAG, II0, X_STEP, ITERA)
            IF (ABS (FX) .GT. 1E − 9) THEN
               IFLAG = − 1
               GOTO 99
            ENDIF
            DO 92 J = 1, N
               X (J) = X1 (J)
```

```
 92       CONTINUE
          DO 94 I = 1, M
            DO 93 J = 1, N
              A (I, J) = A1 (I, J)
 93         CONTINUE
 94       CONTINUE
        ENDIF
 99     CONTINUE
        RETURN
        END
C       - - - - - - - - - - - - - - - - - -
        SUBROUTINE CLEAR1 (M, A)
C     实数组 A (M) 清零
        INTEGER M
        REAL A (M)
        DO 5 I = 1, M
          A (I) = 0.
  5     CONTINUE
        RETURN
        END
C       - - - - - - - - - - - - - - - - - -
        SUBROUTINE CLEAR2 (M, N, A)
C     实数组 A (M, N) 清零
        INTEGER M, N
        REAL A (M, N)
        DO 5 I = 1, M
        DO 5 J = 1, N
          A (I, J) = 0.
  5     CONTINUE
        RETURN
        END
C       - - - - - - - - - - - - - - - - - -
        SUBROUTINE CLEAR3 (M, IA)
C     整数组 IA (M) 清零
```

```
          INTEGER M, IA (M)
          DO 10 I = 1, M
   10     IA (I) = 0
          RETURN
          END
C         - - - - - - - - - - - - - - - - - - - - - - - - - -
          SUBROUTINE CLEAR4 (M, N, IA)
C         整数组 IA (M, N) 清零
          INTEGER M, N, IA (M, N)
          DO 5 I = 1, M
             DO 5 J = 1, N
                IA (I, J) = 0
    5     CONTINUE
          RETURN
          END
C         - - - - - - - - - - - - - - - - - - - - - - - - - -
C         单纯形法求最优解（已有初始基可行解）
C         - - - - - - - - - - - - - - - - - - - - - - - - - -
C         A - - - - - - - - 约束矩阵（入）
C         B - - - - - - - - 右端向量（入）
C         C - - - - - - - - 目标系数（入）
C         X - - - - - - - - 初始基可行解\最优解（入\出）
C         M - - - - - - - - 约束个数（入）
C         N - - - - - - - - 原始变量个数（入）
C         FX - - - - - - - 目标函数值（出）
C         IFLAG - - - - 解的性质（最优、无解、无限解）（出）
C         IIO - - - - - - 记录基础可行解的变量序号
          SUBROUTINE SIMPLE2 (A, B, C, X, M, N, FX, IFLAG, IIO, X_STEP, ITERA)
          IMPLICIT INTEGER (I - N)
          INTEGER IIO (M, 2), JZ (N), IL (M), KKL (100, 2)
          REAL A (M, N), A1 (M, N), B (M), B1 (M), CITA (M)
          REAL X (N), C (N), X_STEP (N + 1, N)
          REAL TEST (N), TEST1 (N), ZJ (N)
          CALL CLEAR1 (N, TEST)
```

```
          CALL CLEAR1 (N, TEST1)
          CALL CLEAR2 (M, N, A1)
          CALL CLEAR1 (M, CITA)
          CALL CLEAR3 (N, JZ)
          CALL CLEAR4 (100, 2, KKL)
          DO 10 I = 1, M
              X (II0 (I, 1)) = B (II0 (I, 2))
 10       CONTINUE
          IJK = 0
C     = = = = = = = = = 主循环开始
 100      IJK = IJK + 1
          ITERA = IJK
          I _ ALL _ TEST = 0
C         - - - - - - - - - - KJZ 为负的检验数个数
          KJZ = 0
C         - - - - - - - - - - 计算检验数 TEST 并确定指标集合 JZ
          CALL CLEAR1 (N, ZJ)
          DO 12 J = 1, N
             DO 11 I = 1, M
                ZJ (J) = ZJ (J) + C (II0 (I, 1)) * A (II0 (I, 2), J)
 11          CONTINUE
             TEST (J) = C (J) - ZJ (J)
 12       CONTINUE
          DO 15 J = 1, N
             IF (TEST (J) .LT. - 1E - 9) THEN
                I _ ALL _ TEST = 1
                KJZ = KJZ + 1
                JZ (KJZ) = J
             ENDIF
 15       CONTINUE
C         - - - - - - - - - - 检验是否已是最优解
          IF (I _ ALL _ TEST. NE. 1) THEN
C     !!!!!! 已是最优解!!!!!!
             GOTO 998
```

```
              ENDIF
              IF (IJK.EQ.N) THEN
                 WRITE (3, *) ´基底转换次数超过设定值´
                 GOTO 995
              ENDIF
C         - - - - - - - - - - -确定进基列 KK
              IAK = 0
              CMINJZ = 100000
              DO 22 I = 1, KJZ
                 IF (TEST (JZ (I)) .LT. CMINJZ) THEN
                    CMINJZ = TEST (JZ (I))
                    KK = JZ (I)
                 ENDIF
      22      CONTINUE
              DO 25 I = 1, M
                 DO 20 J = 1, KJZ
                    IF (A (I, JZ (J)) .GT. 0) IAK = 1
      20      CONTINUE
      25      CONTINUE


C         - - - - - - - - - - -问题为无有限最优解
              IF (IAK.EQ.0) THEN
C             问题为无有限最优解
                 GOTO 995
              ENDIF


C         - - - - - - - - - - -计算 CITA 及指标集 IL
              ILJ = 0
              DO 30 I = 1, M
                 IF (A (I, KK) .GT. 0) THEN
                    ILJ = ILJ + 1
                    CITA (ILJ) = B (I) /A (I, KK)
                    IL (ILJ) = I
                 ENDIF
```

第 10 章 优化设计及软件

```
   30   CONTINUE

C        - - - - - - -L 为离基变量所在的行号，LX 为离基变量所在的列号
         CMIN_CITA = 100000
         DO 35 I = 1, ILJ
            IF (CITA (I) .LT. CMIN_CITA) THEN
               CMIN_CITA = CITA (I)
               L = IL (I)
            ENDIF
   35   CONTINUE
         DO 38 I = 1, M
            IF (IIO (I, 2) .EQ. L) THEN
               LX = IIO (I, 1)
               IIO (I, 1) = KK
            ENDIF
   38   CONTINUE

C        - - - - - -确定是否发生基底循环，若是，则定为无无限最优解
         KKL (IJK, 1) = KK
         KKL (IJK, 2) = LX
         IF (IJK. GE. 2) THEN
            DO 39 I = 1, IJK - 1
               IF (KKL (IJK, 1) .EQ. KKL (I, 1) .AND. KKL (IJK, 2) .EQ. KKL (I, 2)) THEN
                  GOTO 995
               ENDIF
               IF (KKL (IJK, 1) .EQ. KKL (I, 2) .AND. KKL (IJK, 2) .EQ. KKL (I, 1)) THEN
                  GOTO 995
               ENDIF
   39      CONTINUE
         ENDIF
C        - - - - - - - - - - -无法换基迭代
         IF (ABS (A (L, KK)) .LT. 1E - 10) THEN
C           无法换基迭代
               IFLAG = - 1
```

```
              GOTO 999
            ENDIF
C     ----------进行换基迭代
            DO 45 I = 1, M
              IF (I.EQ.L) THEN
                DO 40 J = 1, N
                  A1 (L, J) = A (L, J) /A (L, KK)
40              CONTINUE
                B1 (L) = B (L) /A (L, KK)
              ELSE
                DO 42 J = 1, N
                  A1 (I, J) = A (I, J) - A (L, J) * A (I, KK) /A (L, KK)
42              CONTINUE
                B1 (I) = B (I) - B (L) * A (I, KK) /A (L, KK)
              ENDIF
45          CONTINUE
C     ----------换基迭代完毕
            DO 58 I = 1, M
              DO 56 J = 1, N
                A (I, J) = A1 (I, J)
56            CONTINUE
              B (I) = B1 (I)
58          CONTINUE
C     ----------求新的基本可行解
            DO 52 I = 1, N
              X (I) = 0
52          CONTINUE
            DO 55 I = 1, M
              X (IIO (I, 1)) = B (IIO (I, 2))
55          CONTINUE
            DO 60 I = 1, N
              X_STEP (I, IJK + 1) = X (I)
60          CONTINUE
C     ----------进一步迭代
```

```
              GOTO 100
995      IFLAG = -2
         GOTO 999
998      IFLAG = 1
         FX = 0
         DO 85 I = 1, N
            FX = FX + C (I) * X (I)
85       CONTINUE
999      CONTINUE
         RETURN
         END
```

10.5 二次规划源程序

```
C    * * * * * * * * * * * * * * * * * * * * * * * * *
C    *                                                 *
C    *         用 LEMKE 算法求解二次规划                  *
C    *             MIN 0.5 * X * H * X + C * X         *
C    *             S.T.  A * X < = B                   *
C    *                   X > = 0                       *
C    *                                                 *
C    * * * * * * * * * * * * * * * * * * * * * * * * *
         PARAMETER (LMAX = 500, LMAX1 = LMAX + 1)
         DOUBLE PRECISION MM (LMAX, LMAX1), Q (LMAX), D (LMAX), C (LMAX)
         DOUBLE PRECISION ZZ (LMAX), YY (LMAX), ALB (LMAX), UB (LMAX)
         DOUBLE PRECISION OBJ2 (LMAX)
         DOUBLE PRECISION, ALLOCATABLE :: H (:,:), A (:,:), B (:)
         INTEGER, ALLOCATABLE :: ISORT (:)
         INTEGER IBASE (LMAX), NOBASE (LMAX1), ISUPDOWN
         LOGICAL VALID
         CHARACTER * 50 INDAT
         CALL DZERO2 (MM, LMAX, LMAX1)
         CALL DZERO1 (Q, LMAX)
         CALL DZERO1 (D, LMAX)
         CALL DZERO1 (C, LMAX)
```

```
      CALL DZERO1 (ZZ, LMAX)
      CALL DZERO1 (YY, LMAX)
      CALL DZERO1 (ALB, LMAX)
      CALL DZERO1 (UB, LMAX)
      WRITE (*, *)´Input data file name:´
      READ (*, *) INDAT
      OPEN (2, FILE = INDAT, STATUS = ´OLD´)
      OPEN (9, FILE = ´CADQ.TXT´, STATUS = ´UNKNOWN´)
      OPEN (10, FILE = " TEMP", STATUS = ´replace´)
      OPEN (12, FILE = ´RES.TXT´, status = ´replace´)
      READ (2, *) N, M, MINMAX, ISUPDOWN
      ALLOCATE (H (N, N), A (M, N), B (M), ISORT (M))
      CALL DZERO2 (H, N, N)
      CALL DZERO2 (A, M, N)
      CALL DZERO1 (B, M)
      DO 10 I = 1, N
         READ (2, *) (H (I, J), J = 1, N)
 10   CONTINUE
      READ (2, *) (C (I), I = 1, N)
      NEQT = 0
      DO 20 I = 1, M
         READ (2, *) (A (I, J), J = 1, N), ISORT (I), B (I)
         IF (ISORT (I) .EQ. 2) NEQT = NEQT + 1
 20   CONTINUE
      IF (ISUPDOWN.EQ.1) THEN
         READ (2, *) (ALB (I), I = 1, N)
         READ (2, *) (UB (I), I = 1, N)
      ENDIF
      WRITE (12, *)´二次规划结果文件´
      WRITE (12, *)´原始数据文件名:´, INDAT
      WRITE (12, *)
      WRITE (12, 11)
 11   FORMAT (2X, 20 (1H = ),´初 始 模 型´, 20 (1H = ))
      WRITE (12, *)´变量个数 = ´, N
```

```fortran
      WRITE (12, *)'约束个数 =', M
      WRITE (12, *)'海森矩阵 H =', ((H (I, J), J = 1, N), I = 1, N)
      WRITE (12, *)'目标函数一次项 C =', (C (I), I = 1, N)
      WRITE (12, *)'约束矩阵 A =', ((A (I, J), J = 1, N), I = 1, M)
      WRITE (12, *)'约束右端项 B =', (B (I), I = 1, M)
      IF (ISUPDOWN.EQ.1) THEN
        WRITE (12, *)'设计变量下限 =', (ALB (I), I = 1, N)
        WRITE (12, *)'设计变量上限 =', (UB (I), I = 1, N)
      ENDIF
      WRITE (12, *)
      CALL FormStard (ALB, UB, ISUPDOWN, MINMAX, C)
      CALL INPUT (NUMVAR, NUMVC, LMAX, MM, Q, VALID)
      IF (.NOT.VALID) THEN
          WRITE (12, 100)
100       FORMAT ('- INPUT DATA INVALID')
          STOP
      ENDIF
C     ----FIND A SULUTION OF THE LINEAR COMPLEMENTARITY PROBLEM
      CALL COMPL (NUMVC, LMAX, MM, Q, D, ZZ, YY, IBASE, NOBASE, INDEX,
     *            IT, ISUPDOWN, ALB, NUMVAR, MINMAX, C)
      CLOSE (10, STATUS = 'KEEP')
      IF (INDEX.EQ.0) THEN
          CALL OUTPUT (NUMVAR, NUMVC, ZZ, IT, ALB, ISUPDOWN)
          NCONUM = NUMVC - NUMVAR
          CALL FUN (NUMVAR, NCONUM, YY, MM, ZZ, ALB, ISUPDOWN, MINMAX,
     *    C, OB)
          OPEN (10, FILE = 'TEMP', STATUS = 'OLD')
          DO 30 I = 1, IT
            READ (10, *) J, OBJ2 (I)
30        CONTINUE
          WRITE (9, *) IT
          DO 40 I = 1, IT
            WRITE (9, *) I
40        CONTINUE
```

```
            WRITE (9, 45) (OBJ2 (I), I = 1, IT)
45      FORMAT (4X, F16.6)
        ENDIF
        IF (INDEX.EQ.1) THEN
            WRITE (12, *)´未找到解!´
            WRITE (12, *)´迭代次 =´, IT
        ENDIF
        IF (INDEX.EQ.2) WRITE (12, *)´迭代次数超过 ITER =´, IT
        CLOSE (2, STATUS = ´KEEP´)
        CLOSE (9, STATUS = ´KEEP´)
        CLOSE (12, STATUS = ´KEEP´)
        CLOSE (7, STATUS = ´DELETE´)
        CLOSE (10, STATUS = ´DELETE´)
        CLOSE (13, STATUS = ´DELETE´)
        STOP
        END

C       ~~~~~~~~
        SUBROUTINE FormStard (ALB, UB, ISUPDOWN, MINMAX, C)
        IMPLICIT INTEGER (I - N)
        DOUBLE PRECISION ALB (1), UB (1), C (1)
        REAL, ALLOCATABLE:: H (:,:), A (:,:), B (:)
        REAL, ALLOCATABLE:: H1 (:,:), C1 (:), A1 (:,:), B1 (:)
        INTEGER, ALLOCATABLE:: ISORT (:), ISORT1 (:)
        REWIND (2)
        OPEN (7, FILE = ´MIDDLE.TXT´, STATUS = ´unknown´)
        READ (2, *) N, M, MINMAX, ISUPDOWN
        ALLOCATE (H (N, N), A (M, N), B (M), ISORT (M))
        DO 10 I = 1, N
            READ (2, *) (H (I, J), J = 1, N)
10      CONTINUE
        READ (2, *) (C (I), I = 1, N)
        NEQT = 0
```

```
      DO 20 I = 1, M
         READ (2, *) (A (I, J), J = 1, N), ISORT (I), B (I)
         IF (ISORT (I).EQ.2) NEQT = NEQT + 1
20    CONTINUE
      IF (ISUPDOWN.EQ.1) THEN
         READ (2, *) (ALB (I), I = 1, N)
         READ (2, *) (UB (I), I = 1, N)
      ENDIF

C     - - - - - - - - - - - - - 将求极大值问题转化为求极小值问题
      IF (MINMAX.EQ.1) THEN
         H = - H
         C = - C
      ENDIF

C     - - - - - - - - - - - - - 计算扩充后的数组维数
      IF (ISUPDOWN.EQ.0.AND.NEQT.EQ.0) THEN ！无等式约束与变量上界
     *约束
         MM = M
      ELSEIF (ISUPDOWN.EQ.0.AND.NEQT.NE.0) THEN ！有等式约束无变量上
     *界约束
         MM = M + NEQT
      ELSEIF (ISUPDOWN.EQ.1.AND.NEQT.EQ.0) THEN ！无等式约束有变量上
     *界约束
         MM = M + N
      ELSEIF (ISUPDOWN.EQ.1.AND.NEQT.NE.0) THEN ！有等式约束有变量上
     *界约束
         MM = M + NEQT + N
      ELSE
15       WRITE (*, *)'数据错误！'
         RETURN
      ENDIF
      ALLOCATE (H1 (N, N), C1 (N), A1 (MM, N), B1 (MM), ISORT1 (MM))
      H1 (1：N, 1：N) = H (1：N, 1：N)
```

```
            C1 (1：N) = C (1：N)
            A1 (1：M, 1：N) = A (1：M, 1：N)
            B1 (1：M) = B (1：M)
            ISORT1 (1：M) = ISORT (1：M)


      C     - - - - - - -将"≥"不等式约束转换为"≤"不等式约束
            DO 18 I = 1, M
               IF (ISORT (I) .EQ. 3) THEN
                  ISORT1 (I) = 1
                  DO 19 J = 1, N
                     A1 (I, J) = - A (I, J)
      19          CONTINUE
                  B1 (I) = - B (I)
               ENDIF
      18    CONTINUE


      C     - - - - - - -变量上、下限约束转换为（Y＜=）不等式约束
            IF (ISUPDOWN. EQ. 1) THEN
               DO 30 I = 1, N
                  A1 (M + I, I) = 1
                  B1 (M + I) = UB (I) - ALB (I)
                  ISORT1 (M + I) = 1
                  DO 25 J = 1, M
                     B1 (J) = B1 (J) - A (J, I) * ALB (I)
      25          CONTINUE
                  DO 28 K = 1, N！修改目标函数
                     C1 (I) = C1 (I) + ALB (K) * H (K, I)
      28          CONTINUE
      30       CONTINUE
            ENDIF


      C     - - - - - - - - - - -将等式约束转化为"＜="不等式约束
            IF (NEQT. NE. 0) THEN
               IEQT = 0
```

```
            DO 50 I = 1, M
               IF (ISORT1 (I) .EQ. 2) THEN
                  IEQT = IEQT + 1
                  ISORT1 (I) = 1
                  DO 40 J = 1, N
                     A1 (M + ISUPDOWN * N + IEQT, J) = - A1 (I, J)
40                CONTINUE
                  B1 (M + ISUPDOWN * N + IEQT) = - B1 (I)
                  ISORT1 (M + ISUPDOWN * N + IEQT) = 1
               ENDIF
50          CONTINUE
         ENDIF

         WRITE (7, * ) N,´,´, MM,´,´,´-1,´
         DO 60 I = 1, MM
            WRITE (7, 55) (A1 (I, J), J = 1, N)
            WRITE (7, 58) ISORT1 (I), B1 (I)
55          FORMAT (2X, F16.5,´,´)
58          FORMAT (2X, I5,´,´, F16.5,´,´)
60       CONTINUE
         DO 70 I = 1, N
            WRITE (7, 65) (H1 (I, J), J = 1, N)
            WRITE (7, 68) C1 (I)
65          FORMAT (2X, F16.5,´,´)
68          FORMAT (2X, F16.5,´, ´)
70       CONTINUE
         CLOSE (7, STATUS = ´KEEP´)
         RETURN
         END

C    ~~~~~~~~~~~~~~~~~~~~~~
         SUBROUTINE SKAIN (II, IN, XSCAN)
         INTEGER II, IN, MF (3)
         REAL XSCAN
```

```fortran
      INTEGER IARG (80), IDT, JFLAG
      REAL RF (3), XVAL, DT4 (1000)
      COMMON IDT (500)
      INTEGER INF, INL, ITYP, I
      EQUIVALENCE (RF (1), DT4 (151)), (IDT, DT4), (MF (1), DT4
     * (154)), (IARG, IDT (313)), (NCARD, IDT (473)), (JFLAG, IDT (474)),
     * (IDT (475), ITYP)
      INF = 1
      IF (JFLAG. EQ. 0) THEN
         CALL SKANAR (IARG, INF, INL)
         I = IARG (INF)
         ITYP = 1
         IF (I. EQ. 197) THEN
            II = 3
         ELSEIF (I. EQ. 214) THEN
            II = 5
         ELSEIF (I. EQ. 198) THEN
            JFLAG = 1
            ITYP = 1
            DO 10 I = 1, 3
            INF = 1
            CALL SKANAR (IARG, INF, INL)
            CALL NUMBER (IARG, INF, INL, IR, MF (I), XVAL)
            RF (I) = XVAL
 10         IF (IR. EQ. 2) ITYP = 2
         ELSEIF (I. EQ. 193) THEN
            II = 4
         ELSEIF (I. EQ. 211) THEN
            II = 7
         ELSEIF (I. EQ. 201) THEN
            II = 6
         ELSE
           CALL NUMBER (IARG, INF, INL, IR, IN, XSCAN)
           II = IR
```

```fortran
            ENDIF
         ENDIF
         IF (JFLAG.EQ.1) THEN
            IF (ITYP.EQ.2) THEN
               XSCAN = RF (1)
               II = 2
               RF (1) = XSCAN + RF (2)
            ELSE
               IN = MF (1)
               II = 1
               MF (1) = IN + MF (2)
            ENDIF
            MF (3) = MF (3) - 1
            IF (MF (3).EQ.0) JFLAG = 0
         ENDIF
         RETURN
         END

C     ~~~~~~~~~~~~~~~~~~~
      SUBROUTINE SKANAR (IARG, INF, INL)
      INTEGER IARG (*), INF, INL
      INTEGER ISCA, IBUF (80), NCARD, IDT
      CHARACTER * 1 CIBUF (80), IC, IA
      COMMON IDT (500)
      EQUIVALENCE (NCARD, IDT (473)), (IBUF, IDT (393)), (ISCA, IDT (476))
      DATA IC/´C´/, IA/´ *´/
      IF (NCARD.LE.0) ISCA = 80
      INL = INF - 1
      DO 8000 I80 = 1, 10000
         DO 7500 I75 = 1, 10000
            ISCA = ISCA + 1
            IF (ISCA.GT.80) THEN
               ISCA = 1
               NCARD = NCARD + 1
```

```
7212          READ (7, 212) (CIBUF (I), I = 1, 80)
              IF (CIBUF (1) . EQ. IC. OR. CIBUF (1) . EQ. IA) GOTO 7212
212           FORMAT (80A1)
211           FORMAT (1X, 6HNCARD = , I4, 5X, 80A1)
311           FORMAT (52X, 80A1)
              CALL CHTOIN (1, 80, CIBUF, IBUF)
          ENDIF
          I = IBUF (ISCA)
          IF (I. NE. 64) GOTO 7600
7500   CONTINUE
7600   INL = INL + 1
       IARG (INL) = I
       IF (I. EQ. 107. OR. I. EQ. 94) GOTO 8100
       IF (I. EQ. 126) INL = INF − 1
8000 CONTINUE
8100 CONTINUE
     RETURN
     END


C       ~~~~~~~~~~~~~~~~~~~~
        SUBROUTINE NUMBER (IN, KF, KL, ITYP, IVAL, XVAL)
        INTEGER KF, KL, ITYP, IN (80), IVAL, INT
        REAL XVAL, P10
        INTEGER IKF, ISW, IA, ISIGN, LS, IC
        IKF = KF − 1
        ITYP = 1
        ISW = 1
        GOTO 111
15      IA = IN (IKF)
        IVAL = INT
        XVAL = IVAL
        IF (.NOT. (IA. EQ. 75)) GOTO 902
            ITYP = 2
            ISW = 2
```

```
            GOTO 111
16      XVAL = XVAL + INT/P10
902   CONTINUE
        IF (IA.NE.197) GOTO 22
        IF (ITYP.EQ.2) GOTO 21
        ITYP = 2
        XVAL = IVAL
21      ISW = 3
        GOTO 111
17      XVAL = XVAL * (10.0 * * INT)
22    CONTINUE
        RETURN
111   P10 = 1.0
        INT = 0
        LS = 0
        IF (ISW.EQ.2) LS = 1
        IF (ISW.NE.2) ISIGN = 1
10      IKF = IKF + 1
        IA = IN (IKF)
        IC = IA - 240
        IF (0.LE.IC.AND.IC.LE.9) THEN
            INT = INT * 10 + IC
            P10 = P10 * 10.0
            LS = 1
        ELSEIF (IA.EQ.78.OR.IA.EQ.96) THEN
            IF (LS.EQ.1) GOTO 3520
            IF (IA.EQ.96) ISIGN = -1
            LS = 1
        ELSE
            GOTO 3520
        ENDIF
        GOTO 10
3520  IF (ISIGN.EQ.-1) INT = -INT
        IA = IN (IKF)
```

```
      GOTO (15, 16, 17), ISW
      RETURN
      END


C     ~~~~~~~~~~~~~~~~~~
      SUBROUTINE CHTOIN (IFIRST, LAST, IFROM, ITO)
      CHARACTER * 1 IFROM (80), CH
      INTEGER ITO (80), IFIRST, LAST, I, ICONVE (127)
      DATA ICONVE/31 * 0, 64, 90, 127, 123, 91, 108, 80, 125, 77,
     1 93, 92, 78, 107, 96, 75, 97, 240, 241, 242, 243, 244, 245,
     2 246, 247, 248, 249, 122, 94, 76, 126, 110, 111, 124,
     3 193, 194, 195, 196, 197, 198, 199, 200, 201, 209,
     4 210, 211, 212, 213, 214, 215, 216, 217, 226, 227,
     5 228, 229, 230, 231, 232, 233, 4 * 0, 109, 32 * 0/
      DO 10 I = IFIRST, LAST
      CH = IFROM (I)
      ICH = ICHAR (CH)
10    ITO (I) = ICONVE (ICH)
      RETURN
      END


C     ~~~~~~~~~~~~~~~~
      SUBROUTINE INPUT (NUMVAR, NUMVC, LMAX, MM, Q, VALID)
      DOUBLE PRECISION MM (LMAX, 1), Q (1), ZERO
      LOGICAL VALID
      VALID = . TRUE.
      ZERO = 1. 0D - 8
      OPEN (7, FILE = 'Middle. txt', status = 'old')
      CALL SKAIN (IJ, NUMVAR, R)
      CALL SKAIN (IJ, NUMCON, R)
      CALL SKAIN (IJ, IN, R)
      NUMVC = NUMVAR + NUMCON
      IF (NUMVC. LE. 0. OR. NUMVC. GT. LMAX) THEN
        WRITE (12, * )'INVALID NUMVC'
```

```
            VALID = .FALSE.
            RETURN
        ENDIF
        DO 20 ICON = 1, NUMCON
            II = NUMVAR + ICON
            DO 30 IVAR = 1, NUMVAR
                CALL SKAIN (IJ, IN, R)
                MM (II, IVAR) = -R
                MM (IVAR, II) = R
30          CONTINUE
            CALL SKAIN (IJ, IN, R)
            CALL SKAIN (IJ, IN, R)
            Q (NUMVAR + ICON) = R
20      CONTINUE
        DO 10 IVAR = 1, NUMVAR
            DO 40 JVAR = 1, IVAR
                CALL SKAIN (IJ, IN, R)
                MM (IVAR, JVAR) = R
                MM (JVAR, IVAR) = R
40          CONTINUE
            DO 41 JVAR = IVAR + 1, NUMVAR
41          CALL SKAIN (IJ, IN, R)
            CALL SKAIN (IJ, IN, R)
            Q (IVAR) = R
10      CONTINUE
        DO 50 IVC = NUMVAR + 1, NUMVC
        DO 50 JVC = NUMVAR + 1, NUMVC
            MM (IVC, JVC) = 0.0D0
50      CONTINUE
        WRITE (12, 11)
11      FORMAT (2X, 20 (1H =),´标 准 模 型´, 20 (1H =))
        WRITE (12, *)´变量个数 =´, NUMVAR
        WRITE (12, *)´约束个数 =´, NUMCON
        WRITE (12, *)´海森矩阵 H =´, ( (MM (I, J), J = 1, NUMVAR),
```

```
      * I = 1, NUMVAR)
        WRITE (12, *)´目标函数一次项 C = ´, (Q (I), I = 1, NUMVAR)
        WRITE (12, *)´约束矩阵 A = ´, ( (MM (J, I), J = 1, NUMVAR), I =
        NUMVAR + 1, NUMVC)
        WRITE (12, *)´约束右端项 B = ´, (Q (I), I = NUMVAR + 1, NUMVC)
        WRITE (12, *)
        WRITE (12, *)
        OPEN (13)
        WRITE (13, *) ( (MM (I, J), J = 1, NUMVAR), I = 1, NUMVAR)
        WRITE (13, *) (Q (I), I = 1, NUMVAR)
        WRITE (13, *) ( (MM (J, I), J = 1, NUMVAR), I = NUMVAR + 1,
      * NUMVC)
        WRITE (13, *) (Q (I), I = NUMVAR + 1, NUMVC)
        WRITE (12, *)´ = = = = 中 间 结 果 = = = ´
        RETURN
        END


C     ~~~~~~~~~~~~~
      SUBROUTINE COMPL (NUMVC, LMAX, MM, Q, D, ZZ, YY, IBASE,
     * NOBASE, INDEX, IT, ISUPDOWN, ALB, NUMVAR, MINMAX, C)
      DOUBLE PRECISION MM (LMAX, 1), Q (1), D (1), ZZ (1), YY (1),
     * ZERO, ZI, QD
      DOUBLE PRECISION ALB (1), C (1)
      INTEGER IBASE (1), NOBASE (1), COL, SMALLROW, OUTSUB, ISUPDOWN
      ZERO = 1. 0D - 8
      DO 1 IVC = 1, NUMVC
1     D (IVC) = 1. 0D0
      INDEX = 0
      ZI = - Q (1) /D (1)
      SMALLROW = 1
      DO 2 IVC = 2, NUMVC
         QD = - Q (IVC) /D (IVC)
         IF (QD. GT. ZI) THEN
            ZI = QD
```

```
                SMALLROW = IVC
            ENDIF
2       CONTINUE
        IF (ZI.LE.ZERO) THEN ！约束右端项均大于 0
            DO 3 IVC = 1，NUMVC
                ZZ (IVC) = 0.0
                YY (IVC) = Q (IVC)
3       CONTINUE
        RETURN
        ENDIF
        DO 4 IVC = 1，NUMVC
            MM (IVC，NUMVC + 1) = - D (IVC)
            IBASE (IVC) = - IVC
            NOBASE (IVC) = IVC
            DO 4 JVC = 1，NUMVC
                MM (IVC，JVC) = - MM (IVC，JVC)
4       CONTINUE
        NOBASE (NUMVC + 1) = 0
        COL = NUMVC + 1
        ITMAX = 10 * NUMVC
        IT = - 1

        GOTO 6
C       - - - - - - - - - - - 迭代循环开始
C       - - - - - - - - - - - FIND A LEAVING VARIABLE
5       CALL RTEST (NUMVC，LMAX，MM，Q，SMALLROW，COL，INDEX，ZERO)
        INSUB = NOBASE (COL)
        IF (INDEX.EQ.1) THEN
            IF (INSUB.GT.0) THEN
                WRITE (12，100)´ZZ (´，INSUB
            ELSE
                WRITE (12，100)´YY (´，- INSUB
            ENDIF
100     FORMAT (/´非基变量´，A，I3,´) 可以无限增加,´,
```

```fortran
      *              /´WHILE MAINTAINING COMPLEMENTARITY´)
                  RETURN
              ENDIF
6         CALL PIVOT (NUMVC, LMAX, MM, Q, SMALLROW, COL)
          OUTSUB = IBASE (SMALLROW)
          IBASE (SMALLROW) = INSUB
          NOBASE (COL) = OUTSUB
          IT = IT + 1
C     - - - - - - SET THE VALUES OF ZZ (I) AND YY (I)
          DO 7 I = 1, NUMVC
              ZZ (I) = 0.0D0
              YY (I) = 0.0D0
7         CONTINUE
          DO 8 IVC = 1, NUMVC
              IF (IBASE (IVC).GT.0) THEN
                  ZZ (IBASE (IVC)) = Q (IVC)
              ELSE
                  IF (IBASE (IVC).LT.0) YY (-IBASE (IVC)) = Q (IVC)
              ENDIF
8         CONTINUE
          CALL PRNT (NUMVC, LMAX, MM, Q, IBASE, NOBASE, SMALLROW, COL,
      *   OUTSUB, INSUB, ZZ, YY, IT, ISUPDOWN, ALB, NUMVAR, MINMAX, C)

C     - - - - CHECK IF A SOLUTION HAS BEEN OBTAINED
          IF (OUTSUB.EQ.0) RETURN
C     - - - - - DETERMINE THE ENTERING VARIABLE
          DO 9 JVC = 1, NUMVC + 1
              IF (NOBASE (JVC).EQ.-OUTSUB) THEN
                  COL = JVC
                  GOTO 10
              ENDIF
9         CONTINUE
10        IF (IT.GT.ITMAX) THEN  ! 迭代次数过多
              INDEX = 2
```

第 10 章　优化设计及软件

```
            RETURN
        ENDIF
        GOTO 5
        END


C       ~~~~~~~~~~~~~~~~
        SUBROUTINE PRNT (NUMVC, LMAX, MM, Q, IBASE, NOBASE,
      * SMALLROW, COL, OUTSUB, INSUB, ZZ, YY, IT, ISUPDOWN, ALB,
        NUMVAR, MINMAX, C)
C       结果输出
        DOUBLE PRECISION MM (LMAX, 1), Q (1), ZZ (1), YY (1), ZZ1 (NUM-
        VC), ALB (1)
        DOUBLE PRECISION C (1), OBJ1
        INTEGER IBASE (1), NOBASE (1), SMALLROW, COL, OUTSUB, ISUP-
        DOWN, NUMVAR
        CHARACTER * 5 VAR
        IF (IT. EQ. 0) GOTO 1
        IR = IABS (OUTSUB)
        IF (OUTSUB. GT. 0) THEN
            VAR = ´ ( ZZ (´
        ELSEIF (OUTSUB. LT. 0) THEN
            VAR = ´ ( YY (´
        ENDIF
        IF (OUTSUB. EQ. 0) THEN
100         FORMAT (/´轴行 =´, I3,´ （人工变量）´)
        ELSE
110         FORMAT (/´轴行 =´, I3, 2X, A, I3,´))´)
        ENDIF
        NB = IABS (INSUB)
        IF (INSUB. GT. 0) THEN
            VAR = ´ ( ZZ (´
        ELSE
            VAR = ´ ( YY (´
        ENDIF
```

```
120     FORMAT ('轴列 =', I3, 2X, A, I3, ')')')
        WRITE (12, 130) IT
130     FORMAT ('迭代步:', I4)
        WRITE (12, *)'变量值:'
     IF (ISUPDOWN.EQ.1) THEN ! 变量有上下界
        DO 30 I = 1, NUMVAR
           ZZ1 (I) = ZZ (I) + ALB (I)
30      CONTINUE
        DO 35 I = NUMVAR + 1, NUMVC
           ZZ1 (I) = ZZ (I)
35      CONTINUE
     ELSE
        DO 40 I = 1, NUMVC
           ZZ1 (I) = ZZ (I)
40      CONTINUE
     ENDIF
        WRITE (12, *) (ZZ1 (I), I = 1, NUMVC)
        NUMCON = NUMVC - NUMVAR
        CALL FUN (NUMVAR, NUMCON, YY, MM, ZZ, ALB, ISUPDOWN, MINMAX,
   *    C, OBJ1)
        WRITE (10, 50) IT, OBJ1
50      FORMAT (2X, I4, 4X, F16.5)
1       DO 2 I = 1, NUMVC
2       CONTINUE
        RETURN
        END


C           ~~~~~~~~~~
        SUBROUTINE RTEST (NUMVC, LMAX, MM, Q, SMALLROW, COL, INDEX,
   *    ZERO)
        DOUBLE PRECISION MM (LMAX, 1), Q (1), ZERO, RATIO, QM
        INTEGER COL, SMALLROW
        RATIO = 1.0D20
        SMALLROW = 0
```

```
         DO 1 IVC = 1, NUMVC
            IF (MM (IVC, COL) .LT. ZERO) GOTO 1
            QM = Q (IVC) /MM (IVC, COL)
            IF (QM. GT. RATIO) GOTO 1
            RATIO = QM
            SMALLROW = IVC
1        CONTINUE
         IF (SMALLROW. EQ. 0) INDEX = 1
         RETURN
         END


C        ~~~~~~~~~~~~
         SUBROUTINE PIVOT (NUMVC, LMAX, MM, Q, SMALLROW, COL)
C        旋转变换
         DOUBLE PRECISION MM (LMAX, 1), Q (1), PP
         INTEGER COL, SMALLROW
         PP = 1. 0D0/MM (SMALLROW, COL)
         MM (SMALLROW, COL) = PP
         DO 1 IVC = 1, NUMVC
1        IF (IVC. NE. SMALLROW) MM (IVC, COL) = - MM (IVC, COL) * PP
         DO 3 JVC = 1, NUMVC + 1
            IF (JVC. EQ. COL) GOTO 3
            DO 2 IVC = 1, NUMVC
               IF (IVC. EQ. SMALLROW) GOTO 2
               MM (IVC, JVC) = MM (IVC, JVC) + MM (SMALLROW, JVC) * MM (IVC, COL)
2           CONTINUE
            MM (SMALLROW, JVC) = MM (SMALLROW, JVC) * PP
3        CONTINUE
         DO 4 IVC = 1, NUMVC
            IF (IVC. EQ. SMALLROW) GOTO 4
            Q (IVC) = Q (IVC) + Q (SMALLROW) * MM (IVC, COL)
4        CONTINUE
         Q (SMALLROW) = Q (SMALLROW) * PP
         RETURN
```

```
              END


C        ~~~~~~~~~~~~~~
         SUBROUTINE OUTPUT (NUMVAR, NUMVC, ZZ, IT, ALB, ISUPDOWN)
         DOUBLE PRECISION ZZ (1), ALB (1), ZZ1 (NUMVAR)
         WRITE (12, *)
         WRITE (12, *)
         WRITE (12, *)´= = = =最 终 结 果= = = =´
         WRITE (12, *)
C            DO 1 I = 1, NUMVC
C1              WRITE (12, *) I, ZZ (I), YY (I)
         WRITE (12, *)´总迭代次数 =´, IT
         WRITE (12, 15)
15       FORMAT (2X, 48 (1H - ))

         IF (ISUPDOWN. EQ. 1) THEN ! 变量有上下界
            DO 30 I = 1, NUMVAR
               ZZ1 (I) = ZZ (I) + ALB (I)
30          CONTINUE
         ELSE
            DO 40 I = 1, NUMVAR
               ZZ1 (I) = ZZ (I)
40          CONTINUE
         ENDIF
         WRITE (12, *)´设计变量最优值 =´
         WRITE (12, 25) (I, ZZ1 (I), I = 1, NUMVAR)
25       FORMAT (12X, 2HX (, I3, 3H) = , F15.6)
         WRITE (12, 15)
         RETURN
         END


C        ~~~~~~~~~~~~~~
         SUBROUTINE FUN (NUMVAR, NUMCON, YY, MM, ZZ, ALB,
     *   ISUPDOWN, MINMAX, C, OBJ1)
```

```
C     计算目标函数值
      DOUBLE PRECISION MM (NUMVAR, 1), ZZ (1), YY (1), OBJ, OBJ1,
     ALB (1), C (1)
      DOUBLE PRECISION YYY (NUMVAR, 1), MM1 (NUMVAR, NUMVAR + NUMCON)
      DOUBLE PRECISION YY1 (NUMVAR), YY2 (NUMVAR),
     ALB1 (NUMVAR, 1), OBJ2
      DOUBLE PRECISION OBJINC
      REWIND (13)
      READ (13, *) ( (MM1 (I, J), J = 1, NUMVAR), I = 1, NUMVAR)! MM1
      为海森矩阵
      DO 5 I = 1, NUMVAR
          YYY (I, 1) = ZZ (I)
5     CONTINUE
      CALL MULT (ZZ, MM1, YY1, 1, NUMVAR, NUMVAR)
      CALL MULT (YY1, YYY, OBJ, 1, NUMVAR, 1)
      OBJ = OBJ/2.0D0
      READ (13, *) (YYY (I, 1), I = 1, NUMVAR)! 目标函数一次项
      CALL MULT (ZZ, YYY, OBJ1, 1, NUMVAR, 1)
      OBJ = OBJ + OBJ1

      IF (ISUPDOWN.EQ.1) THEN ! 变量有上下界
      DO 15 I = 1, NUMVAR
          ALB1 (I, 1) = ALB (I)
15    CONTINUE
          CALL MULT (ALB, MM1, YY2, 1, NUMVAR, NUMVAR)
          CALL MULT (YY2, ALB1, OBJ2, 1, NUMVAR, 1)
      OBJ2 = OBJ2/2.0D0
      OBJINC = 0
      DO 30 I = 1, NUMVAR
          OBJINC = OBJINC + C (I) * ALB (I)
30    CONTINUE
      OBJ1 = OBJ + OBJ2 + OBJINC
      ELSE
          OBJ1 = OBJ
```

```
      ENDIF
      IF (MINMAX.eq.1) obj1 = -obj1 ! 求最大值问题

      WRITE (12, 40) OBJ1
40    FORMAT (2X,´目标函数值 = ´, F15.6)
      WRITE (12, *)´* * * * * * * * * * * * * * * *´
      RETURN
      END
```

C   ~~~~~~~~~~~~~~~

```
      SUBROUTINE DZERO1 (A, N)
```
C   双精度数组 A (N) 清零
```
      DOUBLE PRECISION A (N)
      DO 10 I = 1, N
10    A (I) = 0.0D0
      RETURN
      END


      SUBROUTINE DZERO2 (A, N, M)
```
C   双精度数组 A (N, M) 清零
```
      DOUBLE PRECISION A (N, M)
      DO 10 I = 1, N
      DO 10 J = 1, M
10    A (I, J) = 0.0D0
      RETURN
      END


      SUBROUTINE ZERO1 (A, N)
```
C   实数组 A (N) 清零
```
      REAL A (N)
      DO 10 I = 1, N
10    A (I) = 0.0
      RETURN
      END
```

```
      SUBROUTINE ZERO2 (A, M, N)
C     实数组 A (M, N) 清零
      REAL A (M, N)
      DO 10 I = 1, M
      DO 10 J = 1, N
10    A (I, J) = 0.0
      RETURN
      END


      SUBROUTINE IZERO1 (A, N)
C     实数组 A (N) 清零
      REAL A (1)
      DO 10 I = 1, N
10    A (I) = 0
      RETURN
      END


      SUBROUTINE MULT (A, B, C, L, M, N)
C     矩阵相乘（双精度）C (M, N) = A (L, M) * B (M, N)
      DOUBLE PRECISION A (L, M), B (M, N), C (L, N)
      DO 10 I = 1, L
      DO 10 J = 1, N
         C (I, J) = 0.0D0
         DO 20 K = 1, M
20          C (I, J) = C (I, J) + A (I, K) * B (K, J)
10    CONTINUE
      RETURN
      END


      SUBROUTINE MULTRL (A, B, C, L, M, N)
C     矩阵相乘（实型）C (M, N) = A (L, M) * B (M, N)
      REAL A (L, M), B (M, N), C (L, N)
      DO 10 I = 1, L
```

```
          DO 10 J = 1, N
             C (I, J) = 0.0D0
             DO 20 K = 1, M
20              C (I, J) = C (I, J) + A (I, K) * B (K, J)
10        CONTINUE
          RETURN
          END


          SUBROUTINE INV (A, N, L)
C     求正定对称矩阵 A (N, N) 的逆
C     A (N, N) —输入时为原矩阵，输出时为矩阵的逆
C     N—矩阵的维数
C     L—输出参数，L = 0，工作失败
          REAL A (N, N), B (N)
          L = 1
          DO 100 K = 1, N
             M = N - K + 1
             W = A (1, 1)
             IF (ABS (W) .LT. 1E - 12) THEN
                L = 0
                RETURN
             ENDIF
             DO 80 I = 2, N
                G = A (I, 1)
                B (I) = G/W
                IF (I.LE.M) B (I) = - B (I)
                DO 70 J = 2, I
70                 A (I - 1, J - 1) = A (I, J) + G * B (J)
80           CONTINUE
             A (N, N) = 1./W
             DO 90 I = 2, N
90              A (N, I - 1) = B (I)
100       CONTINUE
          DO 110 I = 1, N - 1
```

```
          DO 110 J = I + 1, N
110   A (I, J) = A (J, I)
      RETURN
      END


      SUBROUTINE TRANSE (A, M, N, B)
C     求矩阵 A (M, N) 的转置矩阵 B (N, M)
      REAL A (M, N), B (N, M)
      DO 10 I = 1, M
         DO 10 J = 1, N
         B (J, I) = A (I, J)
10    CONTINUE
      RETURN
      END
```

参 考 文 献

曹金凤. ABAQUS 有限元分析常见问题解答. 北京：机械工业出版社，2009.
陈垚光. 精通 MATLAB GUI 设计. 北京：电子工业出版社，2008.
董霖. MATLAB 使用详解. 北京：科学出版社，2008.
高耀东. ANSYS 机械工程应用 25 例. 北京：电子工业出版社，2007.
刘相新. ANSYS 基础与应用教程. 北京：科学出版社，2006.
刘欣怡，周跃东，田秀丽. 软件工程. 北京：清华大学出版社，2007.
龙连春，叶宝瑞，晏祥慧. 最优化——从自然、到工程、到社会. 石油大学学报（社科版），2002（2）：51-53.
龙述尧，蒯行成，刘腾喜. 计算力学. 长沙：湖南大学出版社，2007.
陆惠恩. 软件工程基础. 北京：人民邮电出版社，2005.
齐治昌，谭庆平，宁洪. 软件工程. 北京：高等教育出版社，2002.
秦襄培. MATLAB 图像处理与界面编程宝典. 北京：电子工业出版社，2009.
秦宇. ANSYS 11.0 基础与实例教程. 北京：化学工业出版社，2009.
尚晓江. ANSYS 结构有限元高级分析方法与范例应用. 北京：中国水利水电出版社，2008.
盛和太. ANSYS 有限元原理与工程应用实例大全. 北京：清华大学出版社，2006.
石亦平，周玉蓉. ABAQUS 有限元分析实例详解. 北京：机械工业出版社，2006.
隋允康，龙连春. 智能桁架结构最优控制方法与数值模拟. 北京：科学出版社，2006.
唐焕文，秦学志. 实用最优化方法. 大连：大连理工大学出版社，2000.
王勖成. 有限单元法. 北京：清华大学出版社，2009.
吴家铸，党岗，刘华峰，等. 视景仿真技术及应用. 西安：西安电子科技大学出版社，2001.
吴永礼. 计算固体力学方法. 北京：科学出版社，2003.
谢政，李建平，汤泽滢. 非线性最优化. 长沙：国防科技大学出版社，2003.
许家珆，曾翎，彭德中. 软件工程——理论与实践. 北京：高等教育出版社，2004.
徐瑞. MATLAB 2007 科学计算与工程分析. 北京：科学出版社，2008.
杨庆生. 现代计算固体力学. 北京：科学出版社，2007.
张洪武，关振群，李云鹏，等. 有限元分析与 CAE 技术基础. 北京：清华大学出版社，2004.
张可村，李换琴. 工程优化方法及其应用. 西安：西安交通大学出版社，2007.
张志涌. MATLAB 教程. 北京：北京航空航天大学出版社，2010.
周宁. ANSYS 机械工程应用实例. 北京：中国水利水电出版社，2006.
周苏，王文，吴燕. 软件工程基础. 浙江：浙江科学技术出版社，2008.
庄茁. ABAQUS 非线性有限元分析与实例. 北京：科学出版社，2005.

参考文献

ABAQUS 公司. ABAQUS 用户手册. 2007.

ABAQUS 公司. ABAQUS 有限元软件 6.4 版入门指南. 庄茁,朱以文,肖金生,等译. 北京:清华大学出版社,2004.

ANSYS 公司. ANSYS 用户手册. 2008.

Ferreira A J M. MATLAB codes for finite element analysis-Solids and structures. Springer,Portugal,2009.

Hanselman D,Littlefield B. 精通 Matlab 7. 朱仁峰译. 北京:清华大学出版社,2006.

Mitchell J C. 程序设计语言概念. 冯建华,王益,廖雨果,等译. 北京:清华大学出版社,2005.

MSC 公司. Msc. Nastran 用户手册. 2005.

Sebesta R W. 程序设计语言原理. 张勤,王方矩译. 北京:机械工业出版社,2008.

Zienkiewics O C,Taylor R L. The finite element method. London:Mcgraw-Hill Book Company,1991.